台灣的
海洋安全戰略

從海洋的視角檢視台灣的國家安全

常漢青 著

五南圖書出版公司 印行

推薦序

　　台灣四面環海，不折不扣具有海洋國家的屬性，必須思考如何善用此一海洋地緣戰略格局，追求國家最大化的戰略利益。同時，台灣位處東亞地區第一島鏈中心點，面對中國強勢的從「陸權」走向「海權」，突破西太平洋「第一島鏈」，從而進逼「第二島鏈」，威脅「第三島鏈」，企圖掌控整體「太平洋」到「印度洋」的兩洋戰略構想。台灣就如同打開中國海洋戰略關鍵鑰匙點，只要掌握台灣就可進出兩洋，從而掌握東亞的戰略格局。因此，台灣如何「知己知彼」，了解中國的海洋戰略布局，才能讓台灣在美中戰略東亞海權競逐之際，尋找台灣基於海洋地緣戰略下的安身立命之道。

　　基於上述台灣的戰略價值，美國近年來透過年度《中國軍力報告書》，不斷強調中國將是未來最迫切面對的戰略威脅，不僅僅是因為 2012 年習近平主政以來，提出「強國夢」與「強軍夢」口號下，北京每年國防預算呈現兩位數字增長，並且透過 2016 年以來的軍隊現代化改革：「軍委管總、戰區主戰、軍種主建」，並在「海上武力」方面，陸續組建「遼寧號」、「山東號」與「福建號」3 個航母戰鬥群，並持續針對台海周邊地區進行「實戰化」海空機艦軍事演習，其目的就是要反以美國盟邦為首的「反介入」與「區域拒止」軍事戰略。是以，理解中國人民解放軍的海洋戰略，就必須更了解台灣的海洋安全與戰略規劃。

　　漢青博士從中正預校、海軍官校、國防大學海軍學院到戰爭學院，軍事經資歷完整，歷任中華民國海軍拉法葉軍艦接艦種子軍官，其後擔任艦長與戰隊長，一生為海軍奉獻犧牲，在退伍前轉換戰鬥崗位，擔任國防大學戰爭學院軍事理論組主任教官，孜孜不倦從事誨人教育工作，其後為補民間學歷之不足，攻讀碩士班到博士班，以優異成績完成學業，藉以達成文韜武略之生涯規劃。

　　此本《台灣的海洋安全戰略：從海洋的視角檢視台灣的國家安全》，不僅是其就讀淡江大學國際事務與戰略研究所之學術研究成果，更是其近年來持續研究台灣的海洋安全戰略與政策的精華累積。透過此專著，更是有助於社會各界與大

學通識教育課程，重新理解台灣海洋立國的必要性，並在海洋戰略主導下，海洋政策與海洋行政相互協調，從戰略角度窺探台灣的海洋國家安全面貌。是以，特為專文推薦之。

翁明賢 博士 2023 年 11 月 13 日

淡江大學國際事務與戰略研究所榮譽教授

社團法人台灣戰略研究學會創會理事長

自序

　　1979 年中國與美國建交雙邊恢復正常關係。對台灣而言，與美國的斷交顯示台灣反攻大陸的企圖已完全破滅。自 2018 年美國發起對中國的貿易戰以來，雙方已從貿易戰演變成科技戰。另俄烏戰爭期間，美國及西方強權發起對俄羅斯的經濟制裁，以及美國升息對世界金融的影響，引發發展中國家走向「去美元化」趨勢，使得在可見的未來，中美之間發生金融戰的機率將逐漸升高。換言之，在美國現實主義原則指導下的國家安全戰略，美國與中國之間「合作」的可能性已不存在，由「競爭」走向「對抗」已是不可避免的趨勢，台海危機將是一個觸發點。

　　台灣是一個四面環海的海島國家，從美國的視角，自冷戰開始，台灣被視為是圍堵中國共產勢力擴張的戰略前沿。若從中國的視角，台灣是中國走向世界的鎖鑰。而台灣依附美國的協助對抗中國，但又脫離不了在國際上「一個中國」的框架下，使得台灣對於國家安全、國防戰略及軍事戰略的構想上，「海洋」始終未納入軍事戰略思考的核心要素，更不用說台灣在「海權」與海洋安全戰略上的規劃與運用；而是僅將台灣海峽視為一個地理屏障，忽略海洋對台灣生存發展的重要性。

　　自 2000 年民進黨執政開始就積極推動所謂「海洋國家」的概念，並於 2006 年提出第一本《國家安全報告 2006》，其中明確地將海洋發展與安全納入國家安全的思考要項中。而國民黨雖然於 2008 年重掌執政權，並提出「藍色革命、海洋興國」的口號；然兩黨對於推動海洋事務的差別，在於一個是建構在「統獨」的意識形態上，另一個則是淪為選舉的口號，缺乏以客觀的視角分析影響台灣國家安全的因素。雖然兩黨的施政理念不盡相同，但在國家安全上有一個共通點，那就是所有的威脅都是建構在中國的威脅上；但卻忽略位於東海的釣魚台列嶼與南海 11 段線內的領土、領海主權的伸張，以及台灣周邊海域專屬經濟區海洋權益的維護。

　　台灣的軍事戰略發展從 1949 年至 1969 年的反攻大陸「攻勢作戰」、1969年至 1979 年的「攻守一體」、1979 年至 2002 年的「守勢防衛」，到 2002 年至2006 年的「積極防衛」。雖然 2023 年台灣的《國防報告書》中，指出軍事戰略指導是「防衛固守，重層嚇阻」，採取「整體防空、聯合截擊、聯合國土防衛」作戰行動，迫使中國犯台失敗。並增加「縱深防衛」構想，強調有效發揮海峽天塹優勢，發揮重層攻擊戰力，但仍脫離不了以地面防衛作戰為主體的「殲滅戰」軍事戰略思想。

　　台灣是一個四面環海的島嶼，所有的威脅都來自於海洋，即使是來自中國的威脅，也是來自於海洋。故本書即從海洋的視角，檢視台灣當前所面臨的安全困境，並運用整合國際關係與戰略理論研究途徑，從事實面、影響面、發展面、戰略面及執行面 5 個思考面向，解析海洋對台灣的影響、影響台灣海洋安全戰略的內外在環境因素，及台灣國家安全的選擇；從而提出台灣的內在身分屬性是海洋國家的身分，面對中國與美國在西太平洋的權力平衡對抗下，台灣的海洋安全戰略目標，應建構成為中美權力平衡的砝碼，以獲取台灣的自主權。

　　台灣在戰略研究上，對於海洋事務通常不是專注在「海權」概念的陳述，就是強調「海洋政策」的執行面問題，卻忽略「國家戰略」與「海洋戰略」、「國家安全戰略」與「海洋安全戰略」之間的關係，以及其具體的戰略目標與手段。本書在思考如何撰寫論文綱要與內容的過程中，使用了一年的時間不斷與指導老師翁明賢教授交換意見，方讓我在撰寫本書時的思維更清晰與明確。本書亦感謝內人高寶玲女士的支持與鼓勵，寫作期間常以旁觀者立場提醒我，不要陷入自我主觀的意識形態，而要時時自我反思與反省。

常漢青

目錄

推薦序

自序

第一章　海洋意識與國家安全　　　　　　　　　　　　*1*

第二章　整合運用國際關係與戰略研究理論　　　　　*49*

第三章　海洋對台灣的影響　　　　　　　　　　　　*111*

第七章　結論　　　　　　　　　　　　　　　　*333*

參考文獻　　　　　　　　　　　　　　　　　*357*

圖目錄

第一章

海洋意識與國家安全

　　自 1949 年 10 月 1 日中國共產黨於北京成立「中華人民共和國」掌控整個中國大陸，而 1950 年 3 月 1 日蔣介石於台灣復職中華民國總統，進而形成內戰下的一個中國、兩個政府的狀態。然由於 1950 年 6 月韓戰的爆發，促使美國改變立場支持據守台灣的國民政府，以及維持中華民國在聯合國唯一代表中國的合法政府。1953 年 7 月 27 日我國與美國簽訂《中美共同防禦條約》，進而開啓兩岸冷對抗的主權分治局面。若從中國主權分治的觀點，在台灣的中華民國不管以國家的角度或地區的角度來看，基本上屬於一個海島型的國家或地區。對於一個資源匱乏的海島型國家，如英國、日本等國家，原則上視「海洋」爲國家生存與發展最重要的一環；然而對於爲何台灣始終未能將海洋威脅納入國家生存與發展的思考要項而感到疑惑。而「海權」（sea power）思想、理論或現今的「海洋戰略」（maritime strategy）與「海洋安全戰略」（maritime security strategy）概念，亦有讓人混淆不清的情況。

　　囿於台灣社會內部對於「統獨」議題存在相當大的敏感性與爭議性，且「台灣社會內部的「統獨」問題，不是本書研究的重點；因此，爲避免因名稱的使用，而引發統獨者意識形態的爭議，以及爲使讀者避免在閱讀本書時，發生因重複出現「中華民國」與「中華人民共和國」論述，而產生混淆主體的問題，故本書所指的「台灣」代表「中華民國」，「中國」即爲「中華人民共和國」。

第一節　海洋意識與國土關係

　　1994 年 11 月 16 日《聯合國海洋法公約》生效，確認沿海國家的海洋權利與義務。[1]爲此我國行政院於 1998 年 7 月委託中山大學召開首次「國家海洋研討會」，會議最終決議爲加強我國對海洋的發展與運用，將協助政府研擬《國家海洋政策白皮書》作爲未來施政的參考。[2]但直到 2000 年民進黨政府執政後，才在

1　〈聯合國海洋法公約已於民國八十三年十一月十六日正式生效〉，外交部，1996年4月19日，<https://www.mofa.gov.tw/News_Content.aspx?n=FAEEE2F9798A98FD&sms=6DC19D8F09484C89&s=D5BBFC8E31BFA9C3>（檢索日期：2019年4月24日）。

2　邱文彥，《海洋與海岸管理》（台北：五南圖書，2017），頁190。

積極推展所謂「海洋立國」的倡議下，於 2001 年由行政院研究發展考核委員會公布第一本《海洋白皮書》。並陸續於 2004 年公布《國家海洋政策綱領》，以及 2006 年公布第二本《海洋政策白皮書》。[3] 雖然對於海洋安全、資源、管理、經營及發展等提出政策方向與願景，但這些政策僅對當前的狀況提出建議，並未對海洋的運用提出具體戰略指導。

更遺憾的是，自 2008 年國民黨重新取得執政權後，到 2016 年再次政黨輪替由民進黨執政，期間對於海洋事務的相關政策指導則付之闕如，直到 2020 年 6 月 8 日，行政院再次公布《海洋政策白皮書》。然而 2001 至 2008 年民進黨政府執政時期，對於海洋事務的發展雖然提出具體的政策指導方向，並且在國防部公布的《中華民國 106 年國防報告書》中，對於經略海洋的軍事戰略（military strategy），卻僅依據政府「海軍策護海巡，海巡保護合法作業漁船、漁民」政策提出相關指導，以支援逐行專屬經濟海域聯合護漁、執法及演訓等。[4] 但對於指導「海洋安全政策」方向（maritime security policy）所需的「海洋安全戰略」論述，並未有明確的論述。

1949 年之後中華民國的「國家戰略」（national strategy），雖然沒有明確的正式文件，但基本上國家戰略中的軍事戰略目標，從 1949 至 1969 年的「攻勢作戰」，以反攻大陸為主要的軍事戰略。1969 至 1979 年的「攻守一體」，為因應 1971 年我國被迫退出聯合國，調整軍事戰備方向由「以攻為主」調整為「以守為主」的防衛部署需求。1979 至 2000 年為因應中國與美國建交，國家戰略以建設台灣、發展經濟為主，並調整軍事戰略為「守勢防衛」；另於 1995 年將軍事戰略構想調整為「防衛固守、有效嚇阻」。2000 至 2008 年首次執政的民進黨政府，將國家安全戰略構想調整為「全民總體防衛」，而軍事戰略構想則由「防衛固守、有效嚇阻」，調整為「有效嚇阻、防衛固守」。[5]

3　〈世界海洋日 四、海洋台灣〉，行政院農委會漁業署，2013 年 10 月 1 日，<https://www.fa.gov.tw/cht/ResourceWorldOceansDay/content.aspx?id=6&chk=81775f27-b2ef-4981-98c4-dafea8450011>（檢索日期：2019 年 4 月 15 日）。

4　中華民國「106 年國防報告書」編纂委員會，《中華民國 106 年國防報告書》（台北：國防部，2017），頁 161。

5　中華民國「95 年國防報告書」編纂委員會，《中華民國 95 年國防報告書》（台北：國防部，

　　2008 至 2016 年再次政黨輪替，台灣由國民黨執政，在「固若磐石」的安全理念指導下，再次將軍事戰略構想調整為「防衛固守、有效嚇阻」。[6]2016民進黨執政後，則將軍事戰略修訂為「防衛固守、重層嚇阻」。[7]從台灣各時期的國防報告書內容來看，台灣的國防與軍事戰略構想，係從對中國大陸地區所採取的兵力投射攻勢作戰開始轉變。然隨著國際環境局勢的變遷，轉變為以台灣本島為主的國土防衛作戰。對於「軍事戰略」中有關海軍作戰的角色，僅是作為台灣本島陸上作戰的火力延伸。若以海洋的視角來看，台灣是一個缺乏天然資源的海島型國家或地區，海上交通線就是台灣生存與發展的生命線。但「國家戰略」（national strategy）或是「國家安全戰略」（national security strategy）始終關注在本島陸上的防衛，而對於指導海洋安全事務的戰略，卻僅輕描淡寫的將反封鎖作戰納入軍事作戰的一環，未能從海洋視角分析台灣的「國家安全戰略」。

　　歐洲自15世紀大航海時代開始，海權發展簡略的說就是「海軍」與「貿易」的交互使用。歐洲強權運用「海軍」奪取殖民地，並從殖民地所獲得的資源與貿易，再發展海軍以保護殖民地，以及獲得新的殖民地。然隨著二次大戰結束後的殖民地解放，傳統的海權從掠奪轉為對海洋權益的維護與運用。然而「戰略」研究的核心在於目標的確認與行動的指導，也就是「建力」與「用力」的指導。「海洋安全戰略」即為針對海洋事務所建構的戰略目標與指導，海權思想則關係著海洋戰略目標的設定與運用。惟台灣沒有像美國一樣，新總統就職後會儘速公布「國家安全戰略」，以作為政府各部門戰略規劃與政策制定的指導文件。

　　而對台灣是否有「國家戰略」或「國家安全戰略」的爭論，由於「國家戰略」具有隱密的特性，且不是本書研究的核心重點，故不做評論。但可以確認的是，台灣自1949年至2019年期間，負責國家戰略規劃的總統府諮詢機構「國家安全會議」，沒有公布一個明確、正式的「國家戰略」或「國家安全戰略」文件，

2006），頁92-94。

6　中華民國「98年國防報告書」編纂委員會，《中華民國98年國防報告書》（台北：國防部，2009），頁75-79。

7　中華民國「106年國防報告書」編纂委員會，《中華民國106年國防報告書》（台北：國防部，2017），頁56-57。

以作爲國家「海洋戰略」或「海洋安全戰略」的指導依據。因此，台灣戰略體系架構爲何？以及如何建構台灣的「海洋安全戰略」？是必須思考的核心重點。

　　對於海洋事務的發展、運用與維護，不管是從古典海權的觀點，如美國馬漢（Alfred Thayer Mahan）將軍及英國柯白（Julian Stafford Corbett）爵士的海權理論，或是英國柯白海洋政策研究中心主任提爾（Geoffrey Till）從全球化的視角提出21世紀的海權發展，基本上係從國家安全與軍事戰略的角度，建構「海權」理論。換言之，大部分的「海權」理論植基於「海軍戰略」的設定。然而當今21世紀的「海洋安全戰略」所涵蓋的層面，不應僅著重於軍事層面。雖然不可否認軍事戰略中的「海軍戰略」是支撐「海洋安全戰略」的基石，但自2001年9月11日在美國紐約等地發生的「911恐怖攻擊事件」之後，非傳統安全的挑戰有逐漸升高趨勢。因此，「海洋安全戰略」如何指導海上武力運用，以達到維護海洋安全的目標，亦成爲我們思考海洋安全的另一個面向。

　　2000年在台灣的中華民國政府由民進黨執政，即所謂第一次政黨輪替。民進黨政府爲遂行其政黨理念，遂在2001年10月25日成立「政府改造委員會」，負責規劃當前政府改革問題。[8]前總統陳水扁在2002年3月30日的政府改造委員會第三次委員會議中，對於有關設置「海洋事務部」乙案認爲，應以國家的實際需求爲考量。對於海洋生物、礦物資源以及海洋漁業，做完善的規劃與發展，並以國際海洋法制體系爲依歸，確保國家的權利與義務。行政院海洋事務部的設置，代表著台灣將成爲一個熱愛海洋、善待海洋、善用海洋的國家。[9]如果包含「海洋事務部」的《行政院組織法草案》獲得立法院半數通過，行政院下轄的「海洋事務部」可於2004年5月20日正式設立。[10]

　　由於當時政府並沒有推展海洋事務的專責機構，遂於2004年1月7日成立

8　〈全球化的行政院〉，行政院組織改造檔案展，<https://atc.archives.gov.tw/govreform/guide_03-4.html>（檢索日期：2019年4月15日）。

9　〈政府改造委員會第三次委員會議〉，總統府，2002年3月30日，<https://www.president.gov.tw/NEWS/1619#>（檢索日期：2019年4月15日）。

10　胡念祖，〈海洋事務部之設立：理念與設計〉，《國家政策季刊創刊號》，2002年9月，頁53-90。

「行政院海洋事務推動委員會」，作為各部會推動海洋事務的決策協調平台。[11] 但 2004 年 6 月 23 日公布的《中央行政機關組織基準法》，確立行政院組織改造架構為「13 部、9 委員會、2 獨立機關、2 特殊機關」，作為未來《行政院組織法》修法的依據。[12] 有關「海洋事務部」的設立，由於海洋事務之職能包含運輸交通、海事安全、資源開發、環境保育、休閒遊憩、產業經濟、漁民保障、領海維護，以及防杜走私偷渡等業務，這些業務和交通部、經濟部、環保署、國科會、農委會、外交部等之業務多有重疊，如果將海洋事務從其他各部會獨立出來，將會發生分工與協調上的困難，故認為海洋專責機構應屬協調性質。[13] 因此，可將負責海洋事務的專責機構朝成立「海洋委員會」方向設立。

2008 年 5 月 20 日政府由國民黨主政，同年 8 月行政院將「行政院海洋事務推動委員會」名稱調整為「行政院海洋事務推動小組」。[14] 然前總統馬英九於總統競選期間，提出「藍色革命，海洋興國」的政見，希望設立「海洋部」統籌海洋相關事務。[15] 但 2010 年 2 月 3 日在《行政院組織法》第 7 次修正條文時，仍維持設置「海洋委員會」而不是成立「海洋事務部」，故未能實踐其競選政見實為遺憾之事。[16] 雖然 2011 年立法院完成《行政院組織法》修正案三讀通過，確認增設「海洋委員會」，但直到 2018 年 4 月 28 日方於高雄完成掛牌運作。[17]

---

11 〈世界海洋日 四、海洋台灣〉，行政院農委會漁業署，2013年10月1日，<https://www.fa.gov.tw/cht/ResourceWorldOceansDay/content.aspx?id=6&chk=81775f27-b2ef-4981-98c4-dafea8450011>（檢索日期：2019年4月15日）。

12 蕭全政、張瓊玲，〈行政院組織改造效益及其實施方式之研究〉，《行政院研究發展考核委員會委託研究》，2009年11月，頁18。

13 蕭全政、張瓊玲，〈行政院組織改造效益及其實施方式之研究〉，頁29。

14 〈行政院設立「海洋委員會」之理由及海岸巡防署組織調整規劃〉，國家發展委員會，2010年3月8日，<https://www.ndc.gov.tw/News_Content.aspx?n=4E74733CFC036328&sms=245623737C91E0FC&s=4924F1C8B480CD7A>（檢索日期：2019年4月15日）。

15 立法院，〈立法院公報〉（委員會紀錄），第102卷，第5期，頁20-30，<http://口袋國會.tw/document/law_process_final/1491/P.2028-2064.pdf>（檢索日期：2019年4月15日）。

16 行政院，〈行政院組織法的制定及修正經過〉，行政院，<https://www.ey.gov.tw/Page/D3FC-C10227EB927E>（檢索日期：2019年4月15日）。

17 〈海洋委員會28日成立賴揆：系統性統合海洋事務〉，行政院，2018年4月26日，<https://www.ey.gov.tw/Page/9277F759E41CCD91/fd6a23af-7a01-45c2-8c59-4a4bb48cb442>（檢索日期：2019

　　中山大學海洋事務研究所胡念祖教授認為，馬英九政府之所以未成立「海洋事務部」的核心原因，在於馬政府的行政團隊以及行政院研究發展考核委員會與組織改造推動小組成員，缺乏對海洋事務的認識與專業。即使當時民調高達一半以上的民眾贊成成立「海洋事務部」，都無法改變政府官員及民間學者對我國海洋發展的重視。[18] 對於「海洋事務部」的設立與否，其核心價值關乎國家安全的思維，以及政府、人民對海洋的了解。因此，對於台灣未來生存與發展，必將成為重要的影響因素。

　　2009 年 12 月 31 日，中華民國海洋事務與政策學會由胡念祖教授主持舉辦的「海洋專責機構之設立」座談會，與會的學者、專家如海軍藍寧利將軍，從國家安全的觀點分析，認為以台灣的地理位置現況而言，海洋不僅僅關乎國家的競爭力，更是國家生存的核心。台灣屬於一個海洋型態的國家，卻被一個陸權思想所主導，這是中華民國發展的困境所在。若從《聯合國海洋法公約》的觀點，海洋是具有「獨占性」的。除非國家建立在以海洋發展為核心的國家戰略之上，否則在任何領域談論海洋政策都是空談。因此，以台灣的特殊性而言，成立一個負責海洋事務的專責機構，統籌處理相關事宜是絕對必要的。

　　政治大學周祝瑛教授從教育的觀點認為，海洋不僅僅是一個思維，也關乎政策。不僅要懂得海洋的科學，也要了解海洋的教育。從教育部於 2017 年 10 月公布的《海洋教育白皮書》而言，仍然是以陸地思維看海洋，並不具備海洋開創性的思維。而中央警察大學邊子光教授從海巡的觀點認為，海巡署籌備的隸屬關係，可以看到大陸軍主義所主導的思想，使得海巡署變成一個很奇怪的單位，其功能無法真正發揮。成功大學高家俊教授以海洋科學研究的觀點認為，由於海洋的遼闊性需要大量投資。雖然台灣國家能力有限，但台灣有生存之需要。因此，更有必要由一個事權統一、有執行力、專責的「海洋部」來集中力量，內部形成一個機制以運作。[19]

年 4 月 15 日）。

18　胡念祖，〈對海洋設部的總體觀〉，《海洋與水下科技季刊》，第 19 卷，第 1 期，2009 年 4 月，頁 17。

19　胡念祖，〈政策論談〉，「海洋專責機構之設立」座談會（台北教師會館 120 室：中華民國海洋事務與政策協會，2009 年 12 月 31 日），頁 3-8。

　　依據上述學者、專家對台灣海洋事務研究的觀點，本書將依下列五項思考邏輯探究台灣的「海洋安全戰略」，如下：

一、建構台灣地理位置的身分：當前在台灣的中華民國就地理環境來看，基本上處於一個島嶼國家化的地區，但何以未將「海洋」納入「國家戰略」或「國家安全戰略」的思考要項，主要在於國家及人民缺乏海洋意識與文化。因此，希望從「身分」的認知開始建構台灣的海洋意識與文化，以作爲建構台灣「海洋安全戰略」理論的核心基礎。

二、分析影響台灣「海洋安全戰略」的外在因素：台灣所處的地理位置在西太平洋第一島鏈的中央位置，在建構台灣的「海洋安全戰略」時，必須思考對中國、美國、日本、南韓、菲律賓、越南、印尼等國家的影響與可能的反應，以及這些國家的「海洋安全戰略」對台灣的影響。尤其台灣位處中國傳統陸權國家與日本、美國海權國家的地緣戰略前沿。

三、建構台灣的「海洋安全戰略」：藉由對英國、美國及俄羅斯等國的「海權」思想與「海洋戰略」理論，以及台灣戰略體系架構之研究，尋找適合台灣的「海權」與「海洋安全戰略」理論。透過台灣「身分」屬性的確認、影響台灣安全的外在環境及當前台灣在海洋安全事務工作執行現況之檢討，建構符合台灣的「海洋安全戰略」。

四、建構台灣的「海洋安全政策」：海洋安全政策制定之目的是達成海洋安全戰略目標的具體實踐，主要目的在指導與海洋安全事務有關的政府各部會，據以制定達成海洋安全戰略目標所需的執行計畫。

五、建構達成台灣海洋安全戰略所需的「海上武力」：「海上武力」是達成「海洋安戰略」目標的核心工具。「戰略」所思考的是「目標」與「手段」，也就是「目的」與「途徑」。而「政策」所思考的是「方法」與「能力」，也就是「工作指導」與「執行力」。因此，藉由「海洋安全戰略」與「海洋安全政策」之間相互的關係，以及「海軍戰略」與「海洋安全戰略」之間關係的研究，以爲「海洋安全戰略」中有關「海上武力」的籌建、發展及運用提供理論依據。

第二節　台灣海洋事務推動的歷程

對於台灣「海洋安全戰略」的探討，首先必須從台灣對地理位置與環境的「認知」與「身分」定位之內在因素分析開始，其次為探討影響台灣「海洋安全戰略」的外在周邊國家之「海洋安全戰略」目標與作為。因此，本書將以國際關係理論有關國際、國家及個人3個分析層次為架構，區分成兩個部分探討。第一部分是理論探討：分別為國際關係理論、國家戰略與國家安全戰略、海權、海洋戰略與海洋安全戰略、海軍戰略等理論（屬國際層次），以及海洋政策（屬國家層次）；第二部分是台灣海洋戰略研究成果（屬個人層次）。

壹、國際關係與戰略理論探討

一、國際關係理論

當今國際關係理論對於國家或地區在國際的互動過程中，從社會學「身分」的角度，探討國家在國際關係中的角色，為建構主義特有的國際關係理論。建構主義自1980年代末期開始逐漸發展，大約在1990年代末期開始影響國際關係領域研究，促使建構主義理論基本主張逐漸發展成形。[20] 而國際關係建構主義理論的形成，主要係借用涂爾幹（Emile Durkhiem）及韋伯（Max Weber）對於社會、社會實體或社會事實等社會學的觀點，對社會科學的知識論、本體論及方法論產生影響。因此，建構主義所關注的是社會事實的本質、起源、功能及相關研究方法論需求。[21] 是故，基本上國際關係中的建構主義學者，他們都是將社會科學或

---

[20] Guzzini對國際關係的建構主義起源，有一段相當詳述的說明，Palan, Ronen指出建構主義在社會科學與國際關係的相關著作，參閱Guzzini, Stefano, A Reconstruction of Constructivism in International Relations, "*European Journal of International Relations*, Vol. 6, No. 2 (2000), pp. 150-155; Palan, Ronen, Evaluating the Constr Ctivism Critique in International Relations," *Review of International Studies*, Vol. 26 (2000), pp. 575-598。轉引自莫大華，〈國際關係「建構主義」的原型、分類與爭論——以Onuf、Kratochwil及Wendt的觀點分析〉，《問題與研究》，第41卷，第5期，2002年9月，頁111。編按：本書註釋英文人名依「姓,名」格式。

[21] 莫大華，《建構主義國際關係理論與安全研究》（台北：時英出版社，2003），頁69。

人文科學引入國際關係理論中，進而成為國際關係理論研究之一。

秦亞青教授認為，溫特（Alexander Wendt）的社會建構主義之所以引起國際關係學界關注，主要是他在 1987 年博士生研究時期，在《國際組織》（*International organization*）期刊發表的專文〈國際關係理論中的能動者—結構問題〉（The Agent-Structure Problem in International Relations Theory），提出能動者與結構相互建構的基本論述。另於 1992 年又在《國際組織》發表的專文〈無政府狀態是國家造成的：權力政治的社會建構〉（Anarchy is What State Make of It：The Social Construction of Power Politics），對現實主義無政府狀態提出質疑。1994 年再次於《美國政治學評論》發表專文〈集體身分形成和國際性國家〉（Collective identity formation and international states），而 1999 年由劍橋大學國際關係劍橋研究所出版的《國際政治的社會理論》專書，就是溫特對建構主義彙整而集大成之作。[22]

溫特認為，國際體系的無政府文化是「自我實現的預言」。因為國家內部的社會「共有觀念」產生對外政策行為，此行為會自我加強與再造這樣的觀念。如果國家的共有觀念是相互敵對的思維，就會創造霍布斯文化的世界；如果國家的共有觀念是相互競爭的思維，就會創造洛克文化；而「共有期望」的自我實現特徵，既是創造結構變化的阻力，同樣的，也可能創造結構的變化。另一方面又期望其「共有性質」所表達的是，任何一個國家或幾個國家都很難改變體系文化。所以，雖然無政府邏輯是社會建構的結果，但卻十分穩定或牢固。共有觀念是建構主義的黏著劑，這意味著「共有觀念」的存在是取決於具有知識之行為體間的互動。沒有實踐活動，結構就不會發揮作用。

自二次大戰以來，北大西洋地區產生從洛克無政府文化轉向康德無政府文化的結構變化。這種變化說到底就是要建立一種基於國家之間友誼的集體身分。建立這種集體身分的根本問題，即是協調共同體需要與其他個體成員需要之間的關係。所以，友誼並不是要建立一種毫無差異的統一世界，而是要建立更高層次的

---

[22] Wendt, Alexander著，秦亞青譯，《國際政治的社會理論》（上海：人民出版社，2001），頁 II。

身分。換言之，這種身分不在於消滅行為體得以獨立存在的個體性特徵。[23]

　　另外，1989 年奧努弗（Nicholas Onuf）發表專著《世界中我們的決策：在社會理論和國際關係的規則和規範》（*World of Our Making: Rules and Rule in Social Theory and International Relations*）、1996 年芬尼莫爾（Martha Finnemore）發表專著《國際社會中的國家利益》（*National Interests in International Society*）、以及 1996 年卡贊斯坦（Peter J. Katzenstein）主編的專著《國家安全的文化：世界政治中的規範與認同》（*The culture of national security: norms and identity in world politics*）等，都是建構主義的重要著作。[24]

　　台灣學者在建構主義理論的研究領域中仍屬少數，然隨著中國的崛起，運用建構主義理論探討國際與兩岸關係，有日趨增多的趨勢。主要著名學者有翁明賢的《解構與建構：台灣的國家安全戰略研究（2000-2008）》，係以溫特的建構主義理論觀點，分析國家身分的意義、種類、建構與內化，說明國家身分的定位。並從溫特對個人（團體）、類屬、角色及集體的 4 種分類身分，進一步分析台灣在國際間身分的建構；並運用 3 種無政府文化角色（敵人、競爭者及朋友）身分，說明國家之間的角色關係。[25]

　　鄭瑞耀對於國際關係的社會建構主義評析，認為社會建構主義的特質具有以人為主體的社會本質之「社會性」，強調實踐決定存在的「實踐性」，以及社會能動者本身是實踐者的「發展性」或「變化性」，同時也是開創者。雖然會受到社會環境的約束，但也具有創造環境的能力，兩者之間存在互動關係。[26] 而建構

---

23 Wendt, Alexander，〈國際政治中第三種無政府文化〉，《美歐季刊》，第15卷，第2期，2001年夏季號，頁153-198。

24 Onuf, Nicholas, *World of Our Making: Rules and Rule in Social Theory and International Relations* (Columbia, SC: University of South Carolina Press,1989); Martha, Finnemore, *National Interests in International Society* (New York: Cornell University Press, 1996); Katzenstein, Peter J., *The Culture of national security: norms and identity in world politics* (New York: Columbia University Press, 1996).

25 翁明賢，《解構與建構：台灣的國家安全戰略研究（2000-2008）》（台北：五南圖書，2010），頁85-101。

26 鄭瑞耀，〈國際關係「社會建構主義理論」評析〉，《美歐季刊》，第15卷，第2期，2001年夏季號，頁208-209。

主義對國家角色的主張，就是國家與國際結構的相互構成。國際結構不只是影響國家行為，而且也會影響國家認同與利益。同樣的，國家對外行動不只是反應對外在環境的回應，也包含內在認同與利益的建議。[27]

秦亞青對於建構主義理論的評析觀點，認為溫特的建構主義理論主要有 3 個取向。一是國際政治體系的基本結構和體系單位；二是能動者與結構互動及無政府邏輯；三是行為體認同和利益的社會建構。[28] 袁易則對於溫特的社會建構主義有關國家身分與利益的評論，認為社會建構主義的理論推論有 5 個基本特色。一是為「身分」的意義做出界定的規範，也是他人「認知」和「確認」到某一特定身分，並且也能針對此一身分做出適當的回應；二是文化和制度結構的建構或塑造出基本的國家身分；三是國家身分的改變將對國家安全利益或政策造成影響，身分不僅產生利益，也塑造利益；四是影響國家在結構性規範的國家身分之結構輪廓；五是國家的政策將會（也會）再生與再造文化和制度性的結構。[29]

綜上所述研究，台灣海洋安全戰略的建構，應從地理位置及國際間相關國家的互動，來確認台灣的國家身分。建構主義的「共有觀念」對其對外政策的影響觀點，有利於台灣對「海洋性」國家身分的解析。另從無政府文化的特點，有利於解析台灣與周邊國家之間的身分確認，進而建構台灣的「海洋安全戰略」。因此，溫特的社會建構主義中的「共有觀念」、「身分」及「無政府文化」觀點，將是本書研究的理論運用核心重點。

二、國家戰略（National strategy）與國家安全戰略（National security strategy）

我國三軍大學（國防大學的前身）對於「國家戰略」的定義為：「建立國力，藉以創造與運用有利狀況之藝術，俾得在爭取國家目標時，能獲得最大之成

---

27 鄭瑞耀，〈國際關係「社會建構主義理論」評析〉，頁226。

28 秦亞青，〈國際政治的社會建構〉，《美歐季刊》，第15卷，第2期，2001年夏季號，頁269-270。

29 袁易，〈對於Alexander Wendt有關國家身分與利益分析之批判：以國際擴散建置為例〉，《美歐季刊》，第15卷，第2期，2001年夏季號，頁270。

功公算與有利之效果。」[30]而「國家戰略」一詞被廣泛使用則是在二次大戰之後，由美國率先使用，德國及日本則稱之為「戰爭指導」，英國稱之為「大戰略」，蘇聯時代稱之為「戰爭路線」，法國則為「總體戰略」。美國戰爭學院對「國家戰略」的定義，則為：「凡國家在和平與戰爭時期，為實現國家目標之工作中，發展及運用國家之政治、經濟、社會、心理諸力量，及其陸、海、空三軍之藝術與科學。又此等事項發展與運用之基本策略及綱要亦屬之。」[31]

依據美國《國防部軍語辭典》（*Department of defense dictionary of military and associated terms*）對「國家戰略」一詞的定義：「在平時或戰時，發展及使用國家的政治、經濟及心理力量，並與軍事武力結合，以獲得國家目標。」[32]而我國國防部的《國軍統帥綱領》對於「國家戰略」的定義為：[33]

> 建立國力，藉以創造與運用有利狀況之藝術，俾得在爭取國家目標時，能獲得最大成功公算與有利的效果。國家戰略尚包括政治戰略、經濟戰略、心理戰略、軍事戰略，亦即建立與綜合運用政治、經濟、心理、軍事諸國力因素，已獲致國家目標。

我國國防部的《國軍軍事戰略要綱》對於「國家戰略」的要義為：[34]

> 國家層級運用國家權力，以達成國家目標之藝術。故國家戰略之運用，為國家階層之最高決策，無論為締造國家或治理國家，均須有國家戰略之指導，才能達到目的。又國家戰略之運用，宜兼顧平時與戰時。平時可謀求繁榮、安定與進步，戰時為可獲致勝利成功。

然對於「國家戰略」一詞，施正鋒認為「國家政策」（national policy）又可

---

[30] 武官宏主編，《領袖國家戰略思想之研究》（台北：三軍大學政治研究所，1973），頁12。

[31] 李樹正，《國家戰略研究集》（台北：新文化，1989），頁25-26。

[32] 《國防部軍語辭典》（*Department of defense dictionary of military and associated terms*）為美國國防部聯合術語主要資料庫於1998年6月10日出版的準則，頁303。

[33] 「國軍統帥綱領」編審指導委員會，《國軍統帥綱領》（台北：國防部，2001），頁1-14-1-15。

[34] 三軍大學，《國軍軍事戰略要綱》（台北：國防部，2000），頁3-2。

稱爲「國家戰略／策略」或是國家「大戰略」（grand strategy），可從廣義及狹義兩個面向定義。從廣義的面向，就是指國家要追求的基本目標；從狹義的面向，所指的則是如何追求這些目標的具體作爲，如外交、經濟、社福、族群或國防戰略。就概念而言，政策意涵各有不同，也就是工具不同，而且在國家資源的運用上，各業管部門也許會有相互競爭的情況，但最終目標是相同的，特別是在國家安全的確保上。[35] 王芳與楊金森則認爲，「國家戰略」是指導國家各領域的整體戰略，是運用國家整體資源以達成國家戰略目標，其所謂整體資源，包含政治、外交、經濟、科技、軍事等專業領域。[36]

從歷史的觀點，歐洲國家在冗長的 30 年戰爭後，於 1648 年簽訂《西伐利亞和平條約》（Peace of Westphalia），確認了現代對「國家」的概念。因此，國家安全成爲各國關注的焦點。[37] 美國《國防部軍語辭典》對於「國家安全戰略」一詞的定義，解釋爲：「發展、應用和協調國家權力工具（外交、經濟、軍事和資訊）以達成國家安全目標的藝術和科學，也稱爲國家戰略或大戰略。」[38] 顧立民認爲，國家安全戰略就是以維護國家安全爲目的而規劃、設計的戰略。[39]

因此，國家安全的概念原則上是隨著國際局勢、國家內、外部環境的變化而改變，有著主客觀環境因素的認知。所以，國家安全戰略在特質上具有時間的延續性（平時與戰時）、空間的全球性（區域與國際環境）、力量的綜合性（除了軍事外，更加重在經濟、政治、社會及文化綜合力量的運用）及實施對象的整體性（國家整體的利益）4 項。因此，一個有效的國家安全戰略，必須包括對國家

---

[35] 施正鋒，〈戰略研究的過去與現在〉，《台灣國際研究季刊》，第6卷，第3期，頁31-64，2010秋季號，頁33。

[36] 王芳、楊金森著，〈中國的海洋戰略〉，高之國主編，《中國海洋發展報告》（北京：海軍出版社，2010），頁460。

[37] Haftendorn, Helga, "The Security Puzzle: Theory-Building and Discipline-Building in International Security," *International Studies Quarterly*, Vol.35, No.1, Mar., 1991, p. 5.

[38] 《國防部軍語辭典》（*Department of defense dictionary of military and associated terms*）爲美國國防部聯合術語主要資料庫於1998年6月10出版的準則，頁303。

[39] 顧立民，〈國家安全戰略規劃與設計〉，翁明賢主編，《新戰略論》（台北：五南圖書，2007），頁83。

利益、威脅及可動用與可分配的資源等 3 個要素。[40]

　　翁明賢從「安全」的角度分析國家戰略，認為「安全」的概念涉及「利益」的保全與「威脅」的化解。而「安全」與「危險」兩者是相對性的概念，也涉及主客觀的心理因素。就國家安全的概念層次而言，已從傳統的軍事事務與外交政策，擴展到經濟、政治及文化層面。[41]因此，「國家安全戰略」係在「國家戰略」體系下，針對安全事務所建構的戰略。

　　在現今全球化時代，對於國家安全的概念，馬維野認為「國家安全戰略」是國家安全理念和安全政策的具體化，指導國家安全整體的規劃與指導。「國家安全戰略」的基本框架與要素為明確當前國家利益、確定國家安全戰略目標、判斷國家安全所面臨的威脅，以確認潛在的敵人及達成戰略目標的戰略資源和手段。以美國為例，其國家利益主要不在國內，而是全球威脅其霸權地位的國家與非政府組織。而俄羅斯認為經濟是當前國家利益的關鍵，國家安全的威脅主要來自於內部。[42]

　　楊毅則認為，「國家安全戰略」是調節和指導一個國家或國家集團的全部資源，以達到戰爭的政治目的。也就是國家實現與維護自身安全狀態的科學和藝術。現今的「國家安全戰略」已超越「軍事戰略」的範疇，從戰略目標的觀點來看，「國家安全戰略」的目標是從獲取戰爭勝利擴展到維護和平。國家安全戰略目標的達成，除了軍事手段之外，也要運用政治、外交及經濟等手段配合完成。[43]另瑞里（Thomas P. Reilly）認為，「國家安全戰略」的目的，在平衡國家執行戰略的手段、方法及目的，以達成國家安全並保護、維持及提升人民生活的方式。[44]

　　另趙丕及李效東從國家的戰略選擇分析「國家安全戰略」，認為由於其涉及各個領域，如安全戰略、政治制度、經濟制度與發展模式、科技教育制度與發展

---

40 顧立民，〈國家安全戰略規劃與設計〉，頁92-93。

41 翁明賢，《突圍：國家安全的新視野》（台北：時英出版社，2001），頁17-28。

42 馬維野主編，《全球化時代下的國家安全》（武漢：湖北教育出版社，2003），頁36-37。

43 楊毅，《國家安全戰略理論》（北京：時事出版社，2008），頁16-19。

44 Reilly, Thomas P., *The national security strategy of the united states: Development of grand strategy* (Pennsylvannia: U.S. army war college, 2004), p. 1.

道路及軍事戰略等選擇。其中的國家安全戰略選擇，則是決定國家生存與發展等核心利益的戰略選擇。國家安全戰略選擇主要取決於國家利益、威脅判斷、戰略目標、戰略措施等之認知與確定。這些基本戰略要素雖然有一定的客觀因素，但更多的是戰略決策者的主觀戰略認知與戰略指導。[45]

綜合上述各學者、專家對於「國家戰略」的研究，認為「國家戰略」具備全方位性、整體性及未來性的特性。隨著全球化的發展趨勢、資訊科技的快速發展及工業技術的精進，傳統政治、經濟、軍事、心理層面的戰略思考已無法滿足 21 世紀國家生存與發展的需求。例如：美國對中國所發動的貿易戰，從表面上看來是美國對中國不公平的貿易措施，以及兩國巨幅貿易逆差所採取的反制作為。但實際的核心目標是針對「中國製造 2025」政策，即其所建構的未來中國科技發展對美國霸權的挑戰。[46] 此外，2004 年中國隨著經濟實力的提升，依循美國二戰以來為強調美國價值，對世界各國的文化入侵戰略。中國從 2004 年在南韓首爾開辦第一所孔子學院開始[47]，至 2018 年 12 月 31 日止，共計在 154 個國家（地區）開設 548 所孔子學院及 1,193 個孔子課程。[48] 因此，「國家戰略」所涵蓋的層面除了政治、經濟、軍事及心理外，還包括文化、社會、科技、資訊等領域。

另在「國家戰略」與「國家政策」的主從關係上，有些美國學者認為是先有「國家政策」，後有「國家戰略」。[49] 主要因素在於國家體制的不同，美國的國家行政體系是總統制，由總統府下轄 14 個部、院及多個專門機構（局及委員會）。基本上是由總統個人意志所形成的政策，用以指導所屬各部門機構擬定其

---

[45] 趙丕、李效東主編，《大國崛起與國家安全戰略選擇》（北京：軍事科學出版社，2008），頁9-10。

[46] 陳家倫、馮昭，〈中國製造2025分析：或成中美貿易談判的障礙〉，中央通訊社，2018年12月4日，<https://www.cna.com.tw/news/firstnews/201812040208.aspx>（檢索日期：2019年4月22日）。

[47] 許惠萍，〈自文化間傳播視角探論中共推展「孔子學院」的問題與因應作法〉，《復興崗學報》，第16期，2015年6月，頁135-156。

[48] 〈關於孔子學院／課堂〉，孔子學院／課堂，<http://www.hanban.org/confuciousinstitutes/node_10961.htm>（檢索日期：2019年4月22日）。

[49] Cerami, Joseph R. & Holcomb Jr., James F.編著，高一中譯，《美國陸軍戰爭學院戰略指南》（*U.S. Army War College Guide t o Strategy*）（台北：國防部史政編譯局，2001），頁25。

戰略構想、目標及行動。[50] 而台灣的政府組織架構，由於設有行政院及院長總理國家行政業務，基本上與法國的雙首長制行政體制類似。由此，在台灣的戰略體系架構中，沒有美國的「國防戰略」層級，而且台灣對於某項議題的國家政策通常由行政院發布。若從台灣的行政組織體系與架構來觀察，「國家戰略」應屬於總統職權，「國家政策」則應屬於行政院院長的職權。因此，以台灣的國家行政組織體系現況觀點，「國家戰略」應在「國家政策」之上。

「國家利益」原則上是策定國家戰略的基礎。[51] 對於「國家戰略」的思考要項與步驟部分，經綜合各學者、專家的觀點計有 5 個步驟，如下：

步驟 1 解析國家利益所在：不僅僅要落實國家的生存與安全維護的基本要求，還要針對未來發展建構各階段的願景。

步驟 2 建構國家戰略目標：依據國家當前能力與未來可獲得的能力，確認國家戰略目標；並以各階段未來發展願景，設定短、中、長期的國家戰略目標，其最終是國家核心利益戰略目標的達成。

步驟 3 建構國家戰略構想：藉由國內、外環境與國際未來發展趨勢分析，以國家戰略目標之達成為著眼，完成國家戰略構想以作為國家政策制定的依據。

步驟 4 制定國家政策：依據各階段的國家戰略目標，在政治、經濟、外交、國防、科技、資訊與網路安全、社會及文化等各領域制定國家政策，律定國家整體施政與工作方向。

步驟 5 制定國家戰略計畫：國家戰略計畫是獲取國家利益的具體行動作為，是指導國家各部門工作協調與執行的行政命令依據。主要目的是讓國家戰略的概念思維，透過具體的行動與指標的檢討，檢證「國家戰略」的執行成效。例如：美國 1997 年開始的「四年期國防總體檢」報告，以系統化的方式針對威脅、戰略、執行、資源等步驟，考量各項規劃作為，其目的除檢討美國國防當前處境外，並對前瞻未來規劃與努力重點提供願景。[52]

---

50 〈聯邦行政機構〉，美國資料中心，<https://www.americancorner.org.tw/zh/executive-dept.html>（檢索日期：2019年5月2日）。

51 三軍大學，《國軍軍事戰略要綱》（台北：國防部，2000），頁3-3。

52 "National Defense Authorization Act for Fiscal Year 1997, Public Law 104-201," *Homeland security*

　　然以翁明賢的觀點，認為須從「安全」的面向思考國家戰略。也就是說，「國家安全戰略」是針對國家安全為導向的「國家戰略」，依此「國家安全戰略」應服從於「國家戰略」之下。但若從現今「安全」所涵蓋的層面來看，其涵蓋的領域幾乎與「國家戰略」領域相同。因此，「國家安全戰略」的核心概念重點應屬於「維護」、「防禦」的思維，而「國家戰略」則除了「維護」的考量外，還有「發展」、「攻勢」的面向。故「國家戰略」、「國家安全戰略」與「海權」、「海洋戰略」之間的關係研究，將是本書建構我國「海洋安全戰略」研究的第一個重點。

三、海權（Sea power）

　　從18世紀以來的西方海權理論思維，基本上係以二次大戰及冷戰結束時間為分界點。計分為二次大戰之前以美國的馬漢將軍（A.T. Mahan）及英國的柯白爵士（Sir Julian Corbett）為主的傳統海權理論，二戰後冷戰時期蘇聯高希柯夫（Gorshkov）元帥的國家海權論，以及冷戰結束後在全球化時代下的海權理論等3個時期。雖然各時期所強調的海權思維不同，但海權理論不是一部斷代史，而是隨著時代在其核心理論仍有價值的情況下，做適當的調整。而蘇聯國家海權理論的提出，主要在為蘇聯的海軍發展提供一個海權理論基礎。同樣的，馬漢及柯白的海權理論思想也是為其國家海軍發展提供一個海權理論基礎。

　　因此，要了解台灣未來的海洋安全戰略發展方向，必須從海權理論的歷史研究中，尋找或建構一個適合台灣海權發展的理論。在現今美國海上強權尚無法取代的情況下，對美國海權發展影響甚深的「馬漢海權理論」是首要檢閱的文獻。馬漢將軍所建構的海權理論基礎，係從1688年至1783年英國曾經發生過的海戰研究中獲得。他認為英國之所以強大的原因，在於英國比其他國家更重視海洋。由於制海權的取得，得以在對西班牙與法國的戰爭中獲得勝利。[53] 認為海軍

---

digital library, September 23, 1996, pp. 2624-2625, <https://www.hsdl.org/?view&did=702603>（檢索日期：2019年5月2日）。

[53] Mahan, Alfred Thayer, *The influence of sea power upon history 1660-1783* (New York: Dover publication, Inc., 1987), p. iv.

應始終保持攻勢防禦，不論是否在我方或敵方的海岸，應用盡所有手段與武器前去迎戰敵人的艦隊，而不是等待敵人攻擊。[54] 這樣的海權思想，基本上美國海軍至今奉行不渝。

相較於美國馬漢將軍的海權思想，英國的海權思想則為柯白的海權理論。柯白從政治理論觀點分析戰爭的本質，認為戰爭有兩種分類。第一類是政治目標的達成，可分為積極性或消極性，簡單的說就是攻勢與防禦。[55] 第二類是依據克勞塞維茨對戰爭目標之達成，區分為「有限」與「無限」戰爭。[56] 然而不管戰爭的本質是攻勢或防禦、有限或無限。從海洋的觀點，「制海權」的獲得是海軍作戰的目的。其目標是控制海上交通線，其與陸上作戰的領土占領不同。對一個海島國家而言，就是扼殺國家生命的權力。同樣的，海軍戰術性的貿易封鎖，也就是封鎖港口，亦可延伸及支援對貿易航道的戰略性封鎖。[57]

高希柯夫元帥的海權理論是從蘇聯海軍戰略發展需求而來，認為「國家海權」是一國經濟及軍事實力的表現，也代表這個國家在世界上的地位。其主要觀點為以國家整體利益為考量，對海洋做有效的利用。就其定義而言，在於對海洋及其資源的運用、商漁船隊的狀態及其配合國家需要的能力，更重要的是，建立一個配合國家利益的海軍艦隊。而「國家海權」所強調的是與國家經濟相關的事務。雖然如此，海軍能力實為確保國家經濟發展的重要手段之一。而「海權」所著重的則是國家抵抗來自海上侵略的能力。因此，海權的發展必須有賴於海軍的實力。[58]

然而隨著各國海洋事務的快速發展，高希柯夫元帥認為國際海洋法將是未來海權發展必要的思考要件，對國際海洋爭端提供一個和平解決的方法，如公海航

54　Mahan, Alfred Thayer, *The influence of sea power upon history 1660-1783*, p. 87.

55　Corbett, Julian S., *Some principles of maritime strategy* (Lexington: Filiguarian publishing, LLC., 2014), p. 15.

56　Corbett, Julian S., *Some principles of maritime strategy*, p. 19.

57　Corbett, Julian S., *Some principles of maritime strategy*, pp. 41-44.

58　Gorshkov, S. G., *The sea power of the state* (Florida: Robert E. Krieger publishing company, 1983), pp. 1-2.

行自由及軍艦豁免權等原則。[59] 由此可以了解即使在美蘇冷戰時期，海權仍是以強調實力為原則，但《聯合國海洋法公約》卻是所有強權國家對海洋事務處理的重要基本依據。

英國柯白海洋政策研究中心主任提爾（Geoffrey Till）從「安全」的觀點，認為「全球化」對現今的國防具有下列意涵。第一，全球化促進無國界世界的發展。由於跨國經濟與科技技術的發展，對國家的絕對統治權有逐漸削弱的現象，促使現代體系的戰略家偏向從地緣戰略的視角分析國家安全。英國前首相布萊爾（Tony Blair）及澳洲前國防部長尼爾森（Brendan Nelson）均認為，世界上任何偏遠地區發生的事件，影響所及不再僅僅是周邊國家，而是與此有關的世界上任何國家；第二，從歷史的面向觀察，貿易與商業活動興衰變化不斷，各種不同形式的衝突似乎與經濟的波動有關。因此，全球是一個動態體系。國際安全環境的塑造必須結合外交、經濟、社會及軍事政策的全面性作為；第三，全球化必須仰賴自由的海上運輸，因為以海洋為基礎的全球化，在本質上是極具脆弱性的。[60]

另在全球化的演進過程中，「海權」是處於一個核心的位置，主要因素為「海運」是全球化體系的基礎。因此，後現代海軍的發展必須具備達成制海、遠征作戰、海上良好秩序及維護海洋共識等四大目標所需的兵力與戰略。制海及遠征作戰基本上屬於傳統的海權作為與企圖，後兩項則是全球化時代下海權發展的意圖與目的。[61]

提爾亦從海權輸入與輸出的特性觀點，認為海權的輸入因子包括海軍、海岸防衛隊、海洋產業及對海權有相關貢獻的陸、空軍（如圖1）。從輸出的觀點，認為海權不單是對海洋有關的利用，也是藉由海上的行動作為影響他人行為或事物的能量。因此，在綜合馬漢將軍與柯白爵士的海權理論後，提出兩點結論。第一，海權並不是僅指海軍艦艇，還包括其他軍種對海上事件的影響能力，以及海軍對陸地或空中事件影響的能力；第二，海權是一種相對性的概念，任何臨海的國家都有海權，只不過是程度的大與小，這樣的相對關係對於平時與戰時均有重

---

[59] Gorshkov, S. G., *The sea power of the state*, p. 46.

[60] Till, Geoffrey, *Sea power: a guide for the twenty-first century* (Oxon: Routledge, 2009), pp. 2-3.

[61] Till, Geoffrey, *Sea power: a guide for the twenty-first century*, pp. 6-7.

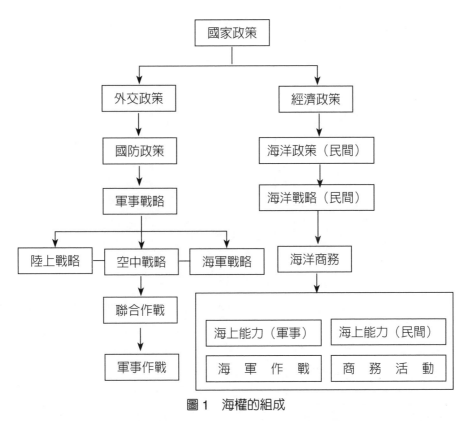

圖1 海權的組成

資料來源：Till, Geoffrey, *Seapower: a guide for the twenty-first century* (Oxon: Routledge, 2009), p. 21.

要的戰略意涵存在。[62]

依據圖1海權組成的架構，提爾教授認爲海權來自於國家政策中的外交與經濟政策兩個部分，經濟政策指導民的海洋政策、海洋戰略、海洋商務進入海權的經濟貿易領域；外交政策則指導國防政策、軍事戰略及戰役作戰進入海權的制海作戰領域。因此，海權是外交、軍事與經濟的結合運用。

另從人類海洋發展的歷史角度來看，海洋具有作爲資源、運輸、資訊及支配的手段。這4項特性雖各自運作，但又相互有所關聯。而在國際關係的領域上，各自展現出既合作又衝突的面向。對於此4項特性是否能充分利用，基本上取決

---

62 Till, Geoffrey, *Sea power: a guide for the twenty-first century*, pp. 21-22.

於海軍直接或間接的能力。（如圖2）因此，海權的構成要素係以海軍為主的海權發展。（如圖3）

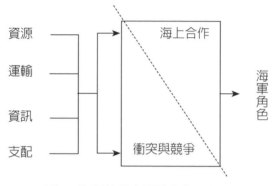

圖2　海洋的四大屬性與海軍角色

資料來源：Till, Geoffrey, *Sea power: a guide for the twenty-first century* (Oxon: Routledge, 2009), p. 24.

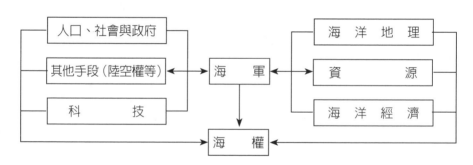

圖3　海權構成要素

資料來源：Till, Geoffrey, *Sea power: a guide for the twenty-first century* (New York: Routledge, 2009), p. 84.

　　依據圖2回應海洋的四大屬性，提爾教授認為對於海洋事務基本上涵蓋資源、運輸、資訊及支配等4種屬性，當國家在發展海權時，將會與其他海洋國家在經濟活動的發展上，產生衝突與競爭及海上合作兩個面向。因此，在國家的戰略選擇上，海軍將扮演重要的角色。依據圖3的海權構成要素，提爾教授則認為海軍的內部因素（即海軍力量）及外部因素（科技、資源及經濟等支持海權的力

量），這些要素相互關聯與影響，決定國家的海軍與海上強權之發展。

綜上所述分析，馬漢的海權理論重點在於對海軍戰略與戰術的描述，其內線作戰、外線作戰、集中、中央位置及交通線，基本上是受到法國軍事戰略學家約米尼（Antoine Henri Jomini）的影響。[63]而柯白對戰爭本質的論述，可以了解柯白的海權理論深受德國戰略理論家克勞塞維茨的影響。兩者的海權思想與理論之形成背景，主要為因應西方海權國家在世界各地的殖民地奪取，以及殖民地資源維護與貿易開發的需求。因此，海權思想的重點在於如何運用海軍武力確保殖民地資源的獲得，以及交通線的維護，以確保海上貿易暢通。「制海」及「制海權」的取得是海權的核心，敵人的海上武力，也就是「艦隊」，乃是戰略的核心目標。

馬漢的海權理論主要專注於敵人艦隊殲滅的海軍「制海」作戰行動，是一種「絕對」優勢的思維。而柯白則依據確保交通線的需求，對敵人採取「制海」作戰的行動，原則上是一種「相對」優勢的思維。兩者海權理論思想的差異，在於美國與英國地理位置、自然資源的不同。美國在地理位置上沒有鄰國陸上的威脅，且海岸線長，涵蓋大西洋與太平洋，擁有眾多港口可供選擇運用，以及自然資源豐富。除可以自給自足外，亦能向外出口，海上交通線被敵人完全封鎖的機率微乎其微。英國相對而言，其自然資源先天不足，以及須面對歐陸強權（如西班牙、法國、德國等）的挑戰。所以，來自海外殖民地的海上貿易交通線的確保，則是英國國家生存的核心重點。

蘇聯國家海權論的理論核心，在於面對美國強權的壓迫。蘇聯從國家安全的觀點，防禦美國來自海上攻擊所發展出來的海權理論，為蘇聯海軍艦隊的發展提供理論基礎。基本上是從陸權的角度發展海權，以對抗美國海權的攻勢作為。蘇聯海權的發展，先天受到地理環境的限制，從軍事的角度來看，蘇聯的海權發展僅是陸上防禦之延伸。對於海洋資源的爭取與維護，則強調以國際海洋法規範的方式獲得。

對於全球化時代下的海權發展，隨著海上航運科技的進步，以及海洋軍事工

---

[63] 約米尼（Jomini, Antoine Henri）著，鈕先鍾譯，《戰爭藝術》（台北：麥田出版，1999），頁88-123。

業的擴展，海權已非西方強權專屬的權力。海上貿易交通線的運用，亦非某個國家專屬運用的權力。由於海上交通線與陸上交通線不同之處，在於不受地理障礙的影響，只要海洋能相互連結的地區都可成為交通線。因此，以目前的船運科技來說，對全球海上交通線扼制點的封鎖，其效果基本上有限。以日本為例，依其海洋戰略的觀點，南海水域的交通線有著日本生命線之稱。

如果中國在南海水域對日本海上能源交通線實施封鎖，從海上交通線有無限條的觀點來看，日本從中東獲得的能源航運線亦可選擇經由印尼的龍目與巽他海峽，由菲律賓呂宋島及台灣東岸進入日本宮古群島，再回到日本本島完成能源的獲得。而日本另一個選擇則可由地中海進入大西洋，藉由通過巴拿馬運河，從北太平洋回到日本本島。除非日本除了與中國為敵外，同時與美、英、法等海權強國為敵，否則日本沒有被中國長期、完全封鎖的危險。因此，即使現今的美國海軍武力要達到長期、完全封鎖的機率也是有限的。

而在全球化時代下的海權概念，傳統的海軍武力雖是海權一個非常重要的部分，但不是海權思維的全部，海洋的非傳統（非軍事）安全（如海盜、走私、毒品）、國際海洋合作、海洋環境維護及海洋資源開發等，也是海權思想的一部分。因此，「海權」與「海洋安全戰略」之間的關係，將是本書研究的第二個重點。

四、海洋戰略（Maritime strategy）

自美國海軍官校畢業的著名軍事記者包爾溫（Hanson W. Baldwin）對於「海洋戰略」一詞，認為「海洋戰略是與海權（現有海空武力）密切配合為主的一種戰略，旨在利用海洋以供商業及補給之需，藉由水面及可以潛航的海軍艦艇、陸上基地及艦載飛機與飛彈、兩棲部隊，以及作戰戰略部署的島嶼基地，對海洋及其重要地理瓶頸通道加以控制。」[64]

在「海洋戰略」與「國家政策」的問題上，美國海軍戰爭學院哈頓道夫（John B. Hattendorf）及喬丹（Robert S. Jordoan）教授認為，在 20 世紀中期，英、美

---

64 包爾溫（Baldwin, Hanson W.）著，溪明遠譯，《明日戰略》（台北：黎明文化，1976），頁 448。

兩國都曾把「海洋戰略」當作「大戰略」的一部分，用以應付「權力平衡」的問題。傳統上英國是歐洲的權力平衡者，海洋權力經常是英國運用的關鍵因素。然若缺乏陸軍、經濟及外交等因素的配合，其成功的機會就非常低。因此，在權力平衡的各種戰略選項中，海洋戰略是不會單獨使用的。[65]

而美國知名戰略學者及軍事裝備發展史專家傅利曼（Norman Friedman）認為，美國的國家戰略就是只有一個海洋戰略，主要因素是美國的潛在敵國多數為臨海國家。[66] 如美國脫離英國獨立後的歐洲列強（如西班牙、葡萄牙、荷蘭及法國等）、一次大戰的德國、二次大戰的德國與日本、冷戰時期的蘇聯。然冷戰時期的美國戰略重心係以歐洲為主，海洋戰略的目標，則是在美蘇衝突的第一階段爭奪「制海」（sea control），透過決定性的會戰，摧毀蘇聯海軍艦隊，此海洋戰略的目的，即在北約核子威脅可信度逐漸下降時，提供相當程度的嚇阻能力。[67]

1981 年美國海軍內部即開始規劃建構「海洋戰略」的定義與內容，為美國海軍建軍構想提供明確的戰略指導。傅利曼認為 1988 年的美國「海洋戰略」，乃是承繼美國早期的「海軍戰略」，特別是將美國的「海洋戰略」視為海軍的先制作戰，用以對付以陸權為主的蘇聯為手段，防止蘇聯從側翼威脅北約。從海洋的角度而言，先制作戰的目的在於運用海洋力量直接影響陸地態勢，以摧毀蘇聯海軍威脅或使其威脅失效。由此，「海洋戰略」必然是全球性的，以及具備聯合戰略的性質。因此，「海洋戰略」是一種前進的、全球的、同盟的、（軍種）聯合的戰略。[68]

由於「戰略」的概念衍生於「現在或某假設之起始想定，用以達成某所望目標的全般計畫。」也就是從整體的規模進行設計，作為分析與評估作戰備選方案的方法。戰略所涵蓋的不僅僅是軍事，同時也包含政治。從賽局理論的觀點，

---

[65] Hattendorf, John B., Jordoan, Robert S., *Maritime strategy and the balance of power* (New York: ST. Martin's press, 1989), p. 349.

[66] 諾曼·傅利曼（Friedman, Norman）著，翟文中譯，《海權與戰略》（桃園：國防大學，2001），頁71。

[67] 諾曼·傅利曼（Friedman, Norman）著，翟文中譯，《海權與戰略》，頁300-302。

[68] Friedman, Norman, *The US maritime strategy* (New York: Jane's Publishing, 1988), p. 3.

1980年代的美國「海洋戰略」是在總體戰的背景下，對抗蘇聯作戰的概念。因此，美國的「海洋戰略」便成為一個用來定義美國海軍未來的建軍構想，以執行「海洋戰略」所需的武力。1980年代美國的「海洋戰略」必須滿足以下4個條件：第一，「海洋戰略」必須符合國家戰略的需求；第二，「海洋戰略」所定義的武力必須有效因應平時作戰或有限戰爭的要求；第三，海軍武力必須能擔負執行「海洋戰略」的需求；第四，「海洋戰略」必須公開，讓潛在的敵人了解我方可能發展出來的反制手段。[69]

所以，「海洋戰略」具有3個互為體用的根源，一是對於海軍的建軍計畫具有一貫性，得以說服國會的支持；二是公開的「海洋戰略」可有效陳述海軍兵力投資的方式；三是有效評估海軍武力的效能。[70]美國「海洋戰略」所講求的是爭取「制海」，「海軍戰略」只是「海洋戰略」的其中一項。若從戰略的觀點，「制海」的主要目的即在戰爭初期採取攻勢作戰。[71]因此，1982年所形成的美國「海洋戰略」理論，主要強調的是「制海」的概念。[72]使得美國的「海洋戰略」之未來發展方向，朝向交通線的確保、扼制地區制海權（command of the sea）的取得及集中艦隊武力打擊敵人。[73]

英國海軍歷史學家格羅夫（Eric Grove）認為，「海權」目標的達成必須藉由「海洋戰略」的規劃來執行。因此，對於「海洋戰略」的界定，則是「指導使用一個國家的海洋資產（包含運用於海面、海洋上空及水下）之藝術，以達到所期望的政治目的。」[74]「制海」是海軍達成「海洋戰略」目標的手段，「制海權」的主要成果是確保航運的暢通。所以，西方傳統「海洋戰略」的核心目標，基本上是傾向於確保貨物與資源的航運暢通為主。[75]

世界各國隨著冷戰結束，大環境的改變凸顯出各國對海洋議題的關注。1982

---

[69] Friedman, Norman, *The US maritime strategy*, pp. 4-5.

[70] Friedman, Norman, *The US maritime strategy*, p. 6.

[71] Friedman, Norman, *The US maritime strategy*, p. 114.

[72] Friedman, Norman, *The US maritime strategy*, p. 182.

[73] Friedman, Norman, *The US maritime strategy*, pp. 212-214.

[74] Grove, Eric, *The future of sea power* (Maryland: Naval institute press, 1990), p. 11.

[75] Grove, Eric, *The future of sea power*, p. 22.

年的《聯合國海洋法公約》已日益彰顯其重要性，除了提供解決國家之間海洋爭端的和平途徑外，也給予各國對其海洋領土的權利與義務做一明確的界定。[76] 但從 1986 年美國在處理利比亞領海線的事件上，以及蘇聯潛艦多次侵入瑞典及其他鄰國領海等案例，不可否認國際法仍然是強權採取霸權行動的使用工具。

另從美蘇冷戰時期的海軍對抗來看，可以發現兩大海軍強國都不是依賴海洋作為經濟的主體。但在現今高度全球化的時代，國家藉由運用海洋獲得經濟利益是一種趨勢。[77] 雖然海軍的主要任務是作戰，但在和平時期亦需擔負起支援外交政策與「警察性」的任務，以因應日趨多樣化的海洋事務。也因為警察性事務的需求，使得各國海岸防衛隊的海上組織應運而生。[78]

提爾則認為，「海洋戰略」一詞使得傳統「海權」在全球化時代下的概念中，其具有排他性的「制海權」之「制海」意義，已從「控制」轉變成「監督」（supervise），具有共同捍衛合法使用海洋的精神。[79] 因此，海軍必須扮演致動者（enablers）的角色。從北歐海軍近年的發展來看，現代海軍受限於國家資源有限，無法單獨達成維護國家本身的安全，在集體海上作為的考量下，形成所謂「共同戰略」的概念。其目的在於與有共同戰略目標的其他相關國家建立「共同艦隊」（contributory fleets），而非共同組成艦隊。

而現代海軍傾向於維持「平衡艦隊」（balanced fleet）與獨立國家海防工業，使其具備廣泛且獨立的行動能力，以因應未來無法預測的挑戰。因此，現代海軍與後現代海軍主要的不同點，在於現代海軍不期待其他國家海軍彌補自己戰力的不足，而是專注於自己某項專業領域的發展。[80] 1986 年美國海軍所提出的「海洋戰略」理論，基本上反映出一部分馬漢的海權思想，強調建構海軍優勢戰略。[81]

美國海軍戰爭學院的埃里克森（Andrew S. Erickson）教授認為，一個完整「海洋戰略」所涉及的事務，包含海洋資源、海洋工程、海洋工業、海洋環境、

---

[76] Grove, Eric, *The future of sea power*, p. 169.

[77] Grove, Eric, *The future of sea power*, p. 173.

[78] Grove, Eric, *The future of sea power*, p. 187.

[79] Till, Geoffrey, *Sea power: a guide for the twenty-first century*, p. 8.

[80] Till, Geoffrey, *Sea power: a guide for the twenty-first century*, pp. 12-17.

[81] Till, Geoffrey, *Sea power: a guide for the twenty-first century*, p. 55.

海洋安全、海洋權利的主張、海洋運輸、海洋執法及國際海洋合作。[82] 另劉赤忠認爲「海洋戰略」是「國家戰略」及以上階層的戰略，以海洋爲著眼。而「海洋戰略」的運用需整合全國或同盟國政治、經濟、心理及軍事等國力。藉由海洋建設富裕民生，並建立以海洋爲中心的武力，以確保海洋利益，以及阻止敵人獲得其利益，發揮「以海制陸」的國家大政。[83]

依據上述學者、專家對「海洋戰略」的論述，可以了解 1982 年冷戰時期美國海軍所建構的「海洋戰略」一詞，其目的是以蘇聯威脅爲想定的假設下，藉由「圍堵政策」的戰略思維，運用海軍武力聯合北約國家對蘇聯採取「制海」作爲。也就是當蘇聯具有明顯的威脅行動時，運用美國海軍武力摧毀蘇聯的艦隊。另從「海洋戰略」的發展目的來看，「海權」基本上是一種抽象的概念思維。即使馬漢及柯白在其對「海權」的論述中，仍以「海軍戰略」、「海軍作戰」的運用概念與行動指導，作爲「海權」理論的依據。因此，可以說冷戰時期的「海洋戰略」與傳統海權理論一樣，其理論的核心重點是「海軍戰略」，以及「海軍艦隊」的運用。

但在 21 世紀全球化的時代來看，以往強權國家透過其他國家領土、主權或權利的割讓等要求，來彰顯強權國家的霸權能力已不復存在。雖然台灣與中國在東海釣魚台列嶼和日本有主權爭議，以及在南海與菲律賓、越南等周邊國家的島礁、領海及專屬經濟區等有主權爭端，或如中國與印度在麥克馬洪線的邊界，以及 2014 年俄羅斯占領烏克蘭克里米亞島、2022 年俄羅斯入侵烏克蘭，占領烏克蘭東部兩省及烏克蘭南部等爭端；原則上是二次大戰後，西方殖民地解放後所遺留下來的問題，而烏克蘭與俄羅斯的領土爭端又有其歷史因素。所以，在現今 21 世紀的國家領土邊界，基本上不會因外力的介入而改變。西班牙加泰隆尼亞自治區的公民自決獨立運動，歐洲強權英國、法國、德國與美國都表態不支持就是最好的例證。[84]

---

82 安德魯‧埃里克森（Erickson, Andrew S.）等主編，徐勝等譯，《中國、美國與21世紀海權》（*China, the United States, and 21st century sea power*）（北京：海軍出版社，2014），頁21。

83 劉赤忠，《海洋與國防》（台北：中央文物供應社，1983），頁399。

84 〈加泰隆尼亞宣布獨立歐盟表態不挺〉，中央通訊社，2017年10月27日，<https://www.cna.

　　因此，「海洋戰略」除保有海軍武力建設對傳統安全的爭取與確保之外，對於海洋環境保護、海洋資源開發及海洋航運與安全維護等非傳統安全所需之海上武力（海岸巡防艦隊）的建構，亦將是「海洋戰略」未來發展的重點。故「海洋安全戰略」與「海洋安全政策」之間的關係，將是本書研究的第三個重點。

五、海軍戰略（Naval strategy）

　　馬漢將軍在其著作《海軍戰略：全面透析海權在英國、美國、德國、俄羅斯等大國興衰中的歷史影響》（*Naval Strategy: Compared and contrasted with the principles and practice of military operations on land*）一書中指出，從16到18世紀歐洲陸上及海上戰爭的歷史研究中得出，「海軍戰略」基本上與陸軍作戰相同，強調的重點是集中、中央位置、內線運動及交通線。[85] 主要是因為海軍戰術也如陸上作戰一樣，可以引用到海軍的攻擊行動。若從集中的角度分析，美國面對大西洋及太平洋的兩洋邊境需求，艦隊要能集中，就必須有一個快速又安全的連結航線。因此，美國在這樣的海軍戰略考量下，使得巴拿馬運河得以完成，縮短了兩洋的交通線，並取得戰略的中央位置。[86]

　　除此之外，英國在與荷蘭的海權爭霸中，由於英國艦隊的集中，控制了荷蘭海軍全部航線，致使荷蘭的海上貿易遭受嚴重打擊，也造成荷蘭的海權拱手讓給英國。此不僅僅是艦隊作戰的結果，更重要的是，荷蘭的貿易航線被英國艦隊戰略控制的結果。[87] 另從16至17世紀英國在法國的海洋爭霸過程中，英國於1713

---

com.tw/news/aopl/201710270394.aspx>（檢索日期：2019年4月23日）。

[85] 阿爾弗雷德・賽耶・馬漢（Mahan, Alfred Thayer）著，簡寧譯，《海權戰略：全面透析海權在英國、美國、德國、俄羅斯等大國興衰中的歷史影響》（*Naval Strategy: Compared and contrasted with the principles and practice of military operations on land*）（北京：新世界出版社，2015），頁18。

[86] 阿爾弗雷德・賽耶・馬漢（Mahan, Alfred Thayer）著，簡寧譯，《海權戰略：全面透析海權在英國、美國、德國、俄羅斯等大國興衰中的歷史影響》，頁34-38。

[87] 阿爾弗雷德・賽耶・馬漢（Mahan, Alfred Thayer）著，簡寧譯，《海權戰略：全面透析海權在英國、美國、德國、俄羅斯等大國興衰中的歷史影響》，頁54。

年藉由《烏德勒支合約》（Utrecht Treaty）於地中海獲得兩處海軍永久基地[88]，對後續英國的海上霸權提供一個有利戰略位置。

馬漢認為相較陸軍戰略，海軍戰略的特殊性，在於海軍透過海洋可到達世界任何臨海的國家。而陸軍如要同樣的作為，除必須仰賴海軍的運輸外，更需要海軍獲得制海權。尤其是平時的海上貿易商業往來，更顯示出此領域的需求。[89] 而對於戰略位置的價值，必須考量下列 3 個基本原則：一是位置（position），即相對位置，基本上係以戰略線的相互關係來決定其價值；二是強度（strength），即攻勢及守勢的強度，如果戰略位置的強度不夠，也將失去其戰略價值；三是資源（resources），也就是本身或附近的資源。通常戰略基地幅員越小，資源和強度也越薄弱。另從海軍戰略原則的角度分析 1905 年的「日俄海戰」，認為俄國之所以戰敗，主要在於海軍「要塞艦隊」的軍事思想，讓艦隊成為要塞的附屬品，違反海軍作戰機動的原則，當要塞失守，艦隊在沒有保護之下，也會跟著被殲滅。[90]

對於海軍艦隊作戰，柯白則認為雖然傳統的準則指出，艦隊的主要任務是尋獲敵人主要目標並予以殲滅。但面對一個採取守勢，並在防護下伺機實施反擊的艦隊而言，最有效的做法則是威脅敵人海洋貿易交通線，盡可能誘使敵人艦隊在我所期望的海域與我決戰。[91] 而對於確保制海權的方法，除了驅逐敵方無法有效運用該海域，或防止干擾我方對該海域運用的方法之外，另一個方法就是以封鎖的方式達成，而這種方式較有利於具有相對優勢的海軍艦隊。[92]

以海洋國家而言，對於相對優勢海軍的攻勢作為，劣勢海軍的守勢防禦則必須保持艦隊的機動存在，其不僅僅是存在，而是很機動、有活力的存在。這是所

---

88 阿爾弗雷德・賽耶・馬漢（Mahan, Alfred Thayer）著，簡寧譯，《海權戰略：全面透析海權在英國、美國、德國、俄羅斯等大國興衰中的歷史影響》，頁72。

89 阿爾弗雷德・賽耶・馬漢（Mahan, Alfred Thayer）著，簡寧譯，《海權戰略：全面透析海權在英國、美國、德國、俄羅斯等人國興衰中的歷史影響》，頁86-87。

90 阿爾弗雷德・賽耶・馬漢（Mahan, Alfred Thayer）著，簡寧譯，《海權戰略：全面透析海權在英國、美國、德國、俄羅斯等大國興衰中的歷史影響》，頁262。

91 Corbett, Julian S., *Some principles of maritime strategy*, pp. 72-73.

92 Corbett, Julian S., *Some principles of maritime strategy*, pp. 75-76.

謂「存在艦隊」的精神所在，也就是說，海軍最佳的防禦原則即是獲得新進兵力後轉守為攻。[93] 另從跨越海洋的遠征作戰觀點，柯白認為在交通線控制的攻勢作為上，海軍的主要目標是敵人的運輸船團，而非護航艦艇。在守勢作為上，則是護衛載運登陸部隊的船團。[94]

美國海軍戰略學家多姆布羅夫斯基斯（Peter Dombrowski）從海權歷史的發展分析，對於海軍兵力的運用，計有艦隊作戰、封鎖、商船襲擊、存在艦隊、海岸防禦及海軍兵力投射等 6 種戰略；這代表國家在海軍作戰上，採取攻勢、守勢或混合型的海軍戰略。通常擁有優勢海軍武力的國家，較傾向於選擇攻勢作為，如封鎖與兵力投射。當國家的海軍武力處於相對弱勢時，通常會選擇採取艦隊作戰、商船襲擊或海岸防禦其中之一項或多項。如果海軍武力運用在國家安全戰略的政治目標上，若無法有效影響陸上情勢的改變，從長期或間接的影響觀點來看，即使摧毀敵人艦隊亦於事無補。同樣的，無法讓敵人改變政策的封鎖，以及無法改變敵人意圖與行動的武力投射（force project），也都是無效與浪費的。[95]

另格羅夫（Eric Grove）以布希（Ken Booth）對海軍任務的三位一體架構為基礎，重新建構布希的海軍任務三角形。三角形的中間為海洋運用，底邊為「軍事性任務」，左斜邊為「外交性任務」，右斜邊為「警察性任務」。如進一步區分，可分為武力投射、制海及海洋拒止（sea deny）。（如圖 4）[96]

依上所述，對於「海軍戰略」的理論思維，基本上仍是軍事安全的觀點。不管是馬漢或是柯白的「海軍戰略」觀點，都強調為因應敵人的威脅，適時採取武力投射、封鎖等艦隊殲滅主義的攻勢作為。即使是採取防禦作為，在適當的時機，仍須採取攻勢行動，這是傳統海軍戰略在「戰時」的戰略指導原則。而對於海軍武力在和平時期的任務，則扮演「海洋安全行動」的協助者。對外配合外交政策執行武力展示，以及在國際海洋合作上執行反海盜等警察性任務之外，對內

[93] Corbett, Julian S., *Some principles of maritime strategy*, p. 98.

[94] Corbett, Julian S., *Some principles of maritime strategy*, pp. 131-134.

[95] 彼得・多姆布羅夫斯基斯（Dombrowski, Peter）著，張台航等譯，《廿一世紀的美國海軍戰略》（桃園：國防大學，2006），頁256-257。

[96] Grove, Eric, *The future of sea power*, pp. 233-234.

圖 4　海軍任務的三位一體架構

資料來源：Grove, Eric, *The future of sea power* (Maryland: Naval institute press, 1990), p.234.

則為維護海洋資源、環境及領海等。但對具有司法警察身分的公務船「海岸防衛隊」，在和平時期及戰爭時期，與「海軍武力」之間的協調合作關係，並未提供明確的指導方向。因此，「海上武力」與「海洋安全戰略」之間的關係，將是本書研究的第四個重點。

六、海洋政策

　　胡念祖對於「海洋政策」名詞的定義認為：「海洋政策」是處理國家使用海洋之有關事務的公共政策或國家政策。其內容包含海軍政策、漁業政策、海洋環境政策、國際海洋法政策、海洋科學研究政策、海洋礦物資源政策、海岸地區管理政策等；目的則在平衡各種海洋利用上的利益，增進與其他國家政策間的和諧，以及保障國家在世界海洋上的權益。[97]

　　他並提出國家海洋政策分析系統，以作為擬定國家「海洋政策」的指導依據。其系統分析流程計分為 4 個步驟，分別為政策投入、政策轉換過程、政策產出及政策結果，說明如下：[98]

　　步驟 1 政策投入（政策環境）：其思考要項，在外在環境部分，為國際體系趨勢與其他國家的海洋政策；在內部因素部分，為地理環境、自然資源、社會因素（人口、經濟和政策）、意識形態等。

97　胡念祖，《海洋政策：理論與實務研究》（台北：五南圖書，2013），頁14。

98　胡念祖，《海洋政策：理論與實務研究》，頁19。

步驟 2 政策轉換過程：其包含產業／部門的漁業、海域石油與天然氣、海運與造船、海洋環境、海洋科技、海域防衛與執法、海洋地區管理、其他與海洋相關之產業或部門，以及政府／社會機制與海洋政策制定有關之各種機構、組織與運作方式。

步驟 3 政策產出：其內容包含國內法規、宣言、國際協定、官方聲明、海洋法之主張等。

步驟 4 政策結果：其核心目的為顯現在海洋生物、非生物資源之開發、利用、養護與管理，海運、海洋環境保護、海岸地區管理等各種環境與資源上，以及他國政策或國際環境上的各種改變或影響；並於結果產出後，將相關資料反饋到第 1 步驟政策投入及第 2 步驟政策轉換過程。

我國行政院於 2001 年及 2006 年分別公布《海洋白皮書》與《海洋政策白皮書 2006》，另於 2004 年公布《國家海洋政策綱領》，但隨著 2008 年政黨輪替到 2016 年結束，8 年來馬英九政府對於海洋事務未提出任何明確的政策指導。即使 2013 年胡念祖針對「海洋政策」的思考邏輯與作業指導，已提供一個明確的方向，但 2016 年接替執政的蔡英文政府亦未對海洋事務提出一個明確的政策。因此，台灣「海洋安全政策」之建構，亦是本書研究的第五個重點。

貳、台灣海洋安全戰略研究成果探討

對於國家海洋事務的運作，翁明賢及吳東林認為，為海權、海洋戰略、海洋政策及海上武力四者的性質及相互關係做了一個界定。而海權是一項「享有」的權利，是海洋戰略規劃的核心；海洋戰略是「運用」海權的藝術；海洋政策是執行海洋戰略的「途徑」；海上武力則是達成海洋政策的「工具」。因此，「海洋戰略」是「國家戰略」的海洋規劃部分，由上而下運用海權指導海洋政策，再由海洋政策指導海上武力的發展。同樣的，由下而上則為運用海上武力支持海洋政策的執行，以達成海洋戰略。[99]

翁明賢與吳東林並依據美國政治學家羅根士（Richard N. Rosecrance）的國

---

[99] 翁明賢、吳東林，〈新安全環境下的台灣海洋戰略〉，《國防政策評論》，第二卷，第二期，2001/2002年冬季，頁235。

際關係理論架構為基礎，提出新安全環境下台灣「海洋戰略」的研究架構，認為「海洋戰略」係以「國家戰略」為指導原則，以海權發展為面向的「國家戰略」思維，以及「海洋戰略」與「國家安全」之間的關係，作為發展台灣「海洋戰略」的規範性概念；並結合新安全環境的特質與影響，解析台灣「海洋戰略」發展特有的考慮因素，據以提出台灣應有的「海權」思想與「海洋戰略」的發展目標、「海洋政策」規劃及「海上武力」籌建等內涵。（如圖5）

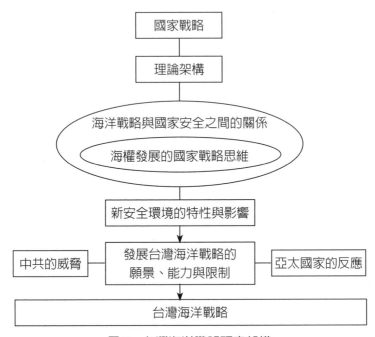

圖5　台灣海洋戰略研究架構

資料來源：翁明賢、吳東林，〈新安全環境下的台灣海洋戰略〉，《國防政策評論》，第二卷，第二期，2001/2002 年冬季，頁 240。

　　兩位學者另從「國家戰略」思維的海權發展角度思考，認為海洋戰略規劃的實質目標計有維護海洋基本利益、確保海上生命線及海上威望政策 3 項。[100] 因此，中國的威脅與亞太各國反應的外在環境影響下，依據上述台灣海洋戰略規劃

---

100 翁明賢、吳東林，〈新安全環境下的台灣海洋戰略〉，頁244。

的 3 項實質目標思維，台灣海洋戰略發展目標應為：1. 維護台灣領海、專屬經濟區、公海及大陸架基本利益；2. 確保台灣海峽至南海的交通線；3. 運用海上武力參與及進行國際海洋事務合作。

在海洋政策具體規劃部分，應朝向建全海洋立法相關規定、設立海洋事務專責機構及釐清海域執法專責單位，[101] 並認為國家在海洋的競爭中，其目的不外乎海洋資源、海域管轄範圍及海域與島嶼的爭奪。海洋性國家如果僅有海權而無「海洋戰略」，就如同國家雖有主權而沒有國家戰略，是無法維護國家的生存與發展。因此，認為「國家戰略」中有關海洋部分的「海洋戰略」，是用以指導「海洋政策」，再以「海洋政策」指導「海上武力」的建構，並以「海上武力」由下向上的予以支持。（如圖 6）[102] 對於海軍武力的籌建，認為在警察的角色上，應涵蓋東沙及南沙太平島的海防武力；在軍事的角色上，應建構確保台灣周邊海域與南海交通線安全的兩支海軍特遣部隊；在外交的角色上，則為維持參與國際事務的適當兵力。[103]

格羅夫（Eric Grove）發表一篇〈台灣海權的整體分析〉的論文，認為台灣是一個典型的海權國家，經濟及安全必須仰賴海洋。台灣要成為一個全面性的海權國家，「制海」是一個相當重要的手段。[104] 因此，從英國的觀點，可以看得出「海權」及「海洋戰略」的定義與內涵，主要著重於海軍武力的發展與運用。

依上所述分析，對於台灣「海洋安全戰略」發展的外在環境因素，如中國、美國及日本的「海洋安全戰略」發展方向及反應，對我國「海洋安全戰略」的發展，將會產生何種影響，將是本書研究的第六個重點。

翁明賢認為國際關係理論的運用，有助於我們對於問題的思考與解析，但缺乏解決問題的具體因應行動之目標與途徑。而戰略研究理論則著重於因應作為的

---

[101] 翁明賢、吳東林，〈新安全環境下的台灣海洋戰略〉，頁269。

[102] 翁明賢、吳東林，〈建構新世紀的台灣海洋戰略願景〉，《尖端科技》，第211期，2002年3月，頁68-69。

[103] 翁明賢、吳東林，〈建構新世紀的台灣海洋戰略願景〉，頁77。

[104] 艾克·格羅夫（Grove, Eric），〈台灣海權的政體分析〉，《國防政策評論》，第二卷，第二期，2001/2002年冬季，頁283。

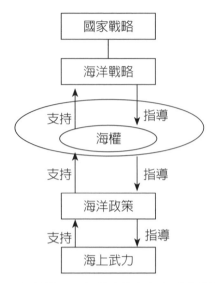

圖6　海洋戰略、海洋政策與海上武力關係圖

資料來源：翁明賢、吳東林，〈建構新世紀的台灣海洋戰略願景〉，《尖端科技》，第211
期，2002年3月，頁69。

行動方案建構，但缺乏對問題意識及問題本質的內涵分析。[105]因此，整合國際關
係與戰略研究理論之運用，對於台灣「海洋安全戰略」之建構可提供一個理論研
究途徑，此為本書研究的第七個重點。

參、綜合評析

　　從與「海洋戰略」有關之理論與研究成果的文獻檢閱與探討，可以了解到
「海洋安全戰略」之建構最主要的核心重點，在於國家海洋屬性「身分」的確認。
以歐洲強權英國、德國及法國為例，英國由於天然資源缺乏、耕地不足，而且是
四面環海的島嶼國家，基本上是歸類於典型的海洋屬性國家。對於德國，北邊雖
然臨海，但受限於通往海洋的出入口受到他國海峽的牽制，致使德國向外的海
權發展受到限制。另從地緣政治的角度來看，德國的主要威脅是來自於陸上的法
國及俄國兩個強權，因而德國基本上歸類於陸地屬性國家。而法國地理位置北臨

105翁明賢、常漢青，《兵棋推演：意涵、模式與操作》（台北：五南圖書，2019），頁126。

英吉利海峽與英國對望、向西面向開闊的大西洋、南臨地中海及東與歐陸相連；對法國來說，既有海洋性國家屬性，又有陸地性國家屬性。因而使得其國家戰略目標，除了期望在海洋與英國爭奪霸權外，也須防範來自德國的陸上威脅。因此，從建構主義的身分與利益之國際關係理論，可以了解「海洋安全戰略」的建構，首先必須要確認國家的身分屬性，才能了解國家利益的所在。

當國家的身分與利益確認後，才能形成具體的「國家戰略」，或以安全為主的「國家安全戰略」之概念與指導。以美國為例，東臨大西洋、西臨太平洋，而南北邊境之鄰國又不足以威脅美國。因此，美國在無陸上威脅源的狀況下，基本上可視為海洋屬性國家。所以，對美國來說，就如同英國一樣，「海洋戰略」就是「國家戰略」，「海洋安全戰略」就如同「國家安全戰略」。然對於德國與法國來說，海洋的安全與發展，僅是國家安全與發展的一部分。所以「海洋戰略」僅是「國家戰略」第一部分，而不是全部。其所占的比例，則須依國際政治環境的變化與國家的需求不同而有所調整。所以，對於德國與法國這一類的國家而言，「海洋戰略」或「海洋安全戰略」必須在「國家戰略」或「國家安全戰略」的指導下發展。

對於「海洋政策」的制定，則必須以「海洋戰略」作為指導依據，以建立各相關部門協調合作的機制與運作能力，否則負責資源開發、漁業發展、海洋執法、領海維護等各項海洋事務的「海洋政策」，將各自為政無法聚焦。尤其是海巡署與海軍之間的協調合作，是維護國家海洋權益、達成國家「海洋安全戰略」目標的主要手段，更需要制定明確的「海洋安全政策」，以作為建構與運用「海上武力」之依據。

綜合上述分析，「海洋安全戰略」的建構，必須依據國家「身分」與「利益」的確認，並遵循「國家安全戰略」指導，運用海權及海洋戰略理論，擬訂適當的「海洋安全戰略」構想，據以指導「海洋安全政策」的制定。使得達成「海洋安全戰略」所需的「海上武力」得以有效發展。

第三節　台灣海洋國家安全理論建構

壹、研究途徑

社會科學的研究，基本上區分「質性」與「量化」兩種研究方式。若從科學哲學思想理論層次觀點，「量化研究」主要是將演繹邏輯（deductive logic）運用於整個研究過程；而「質性研究」則是將歸納邏輯（inductive logic）運用於對社會現象的探究過程。[106]「量化研究」認為，事物可以透過量化方式進行測量與分析，從而檢證研究者對相關事物之某些理論假設的研究方法。其基本步驟為從研究者建立假設開始，確認哪些具有因果關係的相關變項，以機率抽樣的方式選擇樣本，再透過標準化的量測工具與程序蒐集數據資料，並針對相關數據資料實施分析，以建立不同變項之間的關係，進而檢驗研究的假設。[107]

而「質性研究」則重視研究者在自然情況下，藉由個案研究、個人生活史、歷史回溯、訪談、觀察、互動或視覺等資料，以進行豐富且完整的資料蒐集過程，深入了解研究對象如何詮釋其社會行為的意義。[108]由於台灣在國際政治地位具有其特殊性，雖具有國家形式的所有條件，但在國際主要強權的「一個中國」政策下，中華民國是一個不被國際社會承認的獨立國家，但卻有效行使國家具有的權力與義務。若從主權獨立的觀點來說，在台灣的中華民國是一個四面環海的海洋國家；然從地域的觀點，台灣是一個海島區域。所以不管是從主權的觀點，抑或是地域的觀點，台灣在安全、經濟、外交、文化的發展上，海洋事務是不可或缺的核心因素。因此，西方從 15 世紀以來至今的海權發展歷史研究，是可作為台灣建構「海洋安全戰略」的有效途徑。

「歷史研究途徑」是一種傳統與常見的研究方式，對於國家、軍事、外交，乃至於民間企業等領域的國際關係與戰略研究，絕大部分是透過對相關歷史事件報導、材料有系統的蒐集，歸納出歷史事件的因果關係與影響。藉由對某項議題

---

[106]潘淑滿，《質性研究：理論與應用》（台北：心理出版社，2008），頁15。

[107]陳向明，《質的研究方法與社會科學研究》（北京：教育科學出版社，2009），頁10。

[108]潘淑滿，《質性研究：理論與應用》，頁18。

的回溯，深入了解與詮釋目前的現象與問題的探索，使得歷史不再是過往的簡單陳述，而能賦予解釋其蘊含的意義，指出某一特定時空發生歷史事實有關的前因後果，進而尋找出某項議題的應變項、依變項及中介變項。

由於歷史研究分析的資料範圍廣大，對於所研究的相關歷史資料，歷史學家可能已經對相關問題做過研究，其結論通常可以成為研究主題的基礎，進而作為深入研究的起點。在進一步的研究過程中，研究者通常會想超越他人的結論，並且檢視一些「原始資料」，成為自己的分析結論。由於歷史分析的資料來源廣泛，在研究的過程中，必須掌握兩個原則。第一，確認資料或紀錄的正確性：即官方的或非官方的，初級的或二手的資料。所以確保資料正確性的保護措施就在於複證。但假使許多資料來源都對事實的陳述相同時，則對於資料所陳述事實的正確性信心可以得到合理的增加；第二，審視資料來源的偏差問題。[109]

然本書的問題意識，主要在於思考一個天然資源不足的台灣，卻未對有關海洋的安全事務工作納入施政重點。雖然「歷史研究途徑」有利於透過相關歷史資料的研究，可分析出我國政府面對海洋的思維與態度，但對因果關係無法做理論性分析。主要原因在於在台灣的中華民國對於國家在地理環境上的「身分」屬性未做一明確的定位，也就無法了解國家利益與安全之所在。當政府無法明瞭國家利益與安全之所在時，國家就無從確立「國家戰略」與「國家安全戰略」的目標；進而影響達成「國家戰略」與「國家安全戰略」目標的手段或途徑的建構，以及國家施政方向。

研究問題僅僅是對我們所欲得知事務的一項陳述而已，然而問題本身有時是與根植於抽象或爭辯的理論中之深層意義或定義緊密聯繫的。[110]理論是一個邏輯性的命題，或是針對現象之間的關係所提出的一組命題。對於提出對於某事物的論點，可能牽涉到非常廣大的議題。實際上，一個理論的所有假設皆有其意涵，以及其後更多的意義。特別當一個理論是相當適用，並且帶有世界必定是以

---

[109] Babbie, Earl著，陳文俊譯，《社會科學研究方法》（台北：新加坡湯姆生亞洲私人台灣分公司，2005），頁457-459。

[110] Malcolm, Williams著，王盈智譯，《研究方法的第一本書》（台北：韋伯文化國際出版公司，2005），頁40。

某種方式呈現或運作的意涵時，理論的發展就不僅僅是歷史研究取得學術正當性的道路，也同樣是一項強而有力的解釋性工具，使得理論的建構與檢驗之間具有互動的關係。[111]

因此，「國家安全戰略」爲本書研究的應變項，「海洋安全戰略」爲依變項；內在的「海權」思想及外在影響台灣的美、日及中國的「海洋安全戰略」則爲干擾項，而台灣在「身分」屬性界定上則爲中介變項。因此，本書的研究途徑採取整合國際關係與戰略研究的綜合理論運用途徑，運用建構主義解析台灣「國家安全戰略」與「海洋安全戰略」的因果關係，以及運用戰略研究理論建構台灣的海洋安全戰略、海洋安全政策及海上武力。

貳、研究方法

在研究的方法中，歸納與演繹不僅是研究工作中交替運用的步驟或方法，也是啓發概念、引導概念，以及整理事實的技術。[112] 而所謂「方法」，乃指蒐集資料與處理資料的技術。蒐集資料的技術包含抽樣、問卷、訪問、實驗、參與觀察等，處理資料則包括各種統計方法與電腦模擬法。而「研究方法」旨在建立一個組織性的概念（organizing concept）或一套概念架構（conceptual framework），以期確定研究方向，並彙整各種資料。例如：採取「歷史研究法」（historical approach）的政治學者，通常堅信「歷史是過去的政治，政治是現在的歷史」，或者通常深信「僅政治學而無歷史學，猶如有樹而無根；僅歷史學而無政治學，猶如有花而無果」，因而會將「歷史」當作政治研究的一個組織性概念，以期蒐集並彙整各種史料，並致力於特定時期之政治制度或政治思想的歷史研究。[113]

石之瑜主張社會科學研究的本土化，是要讓研究者意識到研究主體的存在。故本土化不是否定在研究過程中有主體的存在，而是提醒研究者，自己作爲研究主體，會關係到研究如何進行。其所針對的是研究主體自以爲客觀的虛驕，只有先認識到在社會科學研究過程中，作爲一個研究者，其本身特質會影響

---

111 Malcolm, Williams著，王盈智譯，《研究方法的第一本書》，頁48。

112 韓乾，《研究方法原理》（台北：五南圖書，2008），頁4。

113 郭秋永，《社會科學方法論》（台北：五南圖書，2010），頁11-12。

到研究的過程，才有理由要求研究者必須根據研究的對象，做一種位置上的轉移，亦即設法把自己放入研究對象的情境裡，再來理解他們的想法行為。[114]

在社會科學的研究方法中，雖然社會調查是主流，但是這種調查研究問題的缺失，主要在於研究問題的產生，往往依賴西方既有的理論假設。但有時候所要研究的問題不僅是現代，可能回溯至已經不存在的人。當所研究的課題存在大量文獻，可借重已經存在的文獻，從字裡行間中尋找當代的或歷史的問題意識。研究對象所要解決的問題有什麼樣的歷史根源，是社會科學研究者應當認真反省的課題。[115]

關於文獻探討（literary review）的問題，Earl Babbic 提出 5 個問題：「別人如何看待這個主題？哪些理論與此主題相關？而這些理論又如何描述這個主題？有沒有什麼缺點可以改進或修正的？」[116] 而 Royce Singleton 與 Jr. Bruce Strait 則認為：「了解欲探討之問題的語意（theoretical context），別人如何研究該主題？引述與該主題在語意與方法論上的相關文獻，同時重點在於引用這些關鍵研究與重要發現，並非試圖說明每一項研究或是詳述不必要的細節。」[117]

而「文獻分析法」是指「任何把符號─媒介物分類的技術。這種分類完全依據一位或一群分析者的判斷，但其判斷的基礎必須是明確建立的規則。」其目的在於將檔案中的文字歸類，以便從符號的運用來探索運用者行動。[118] 因此，就我們研究相關課題裡，哪些資訊或理念已被現存的參考文獻所討論過？之前的研究人員在理論建構過程中，曾發展出哪些有用觀點？在研究過程中曾發生過哪些錯誤？我們可從以前的參考文獻中，學習到何種與研究方法相關的知識？[119]

---

[114] 石之瑜，《社會科學方法新論》（*A Contemporary Methodology of the Social Sciences*）（台北：五南圖書，2003），頁90。

[115] 石之瑜，《社會科學方法新論》，頁181-183。

[116] Babbie, Earl, *The Practice of Social Research,* 9[th]ed. (U.S.: Wadsworth/Thomson Learning, 2001), p. 113.

[117] Singleton Jr. , Royce A., Straits, Bruce C. and Straits, Margarer Miller, *Approach to Social Research* (New York: Oxford University Press, 1993), p. 381.

[118] 呂亞力，《政治學方法論》（台北：三民書局，1994），頁134。

[119] Manheim, Jarol B. 及Rich, Richard C. 著，冷則剛、任文姍譯，《政治學方法論》（台北：五南圖書，1998），頁48-49。

　　石之瑜認爲文獻研究分析法的目的有三，一是透過文獻了解當時人們的想法和動機；二是了解事件發生的過程、經歷的階段，以及每一個階段引起作用的是哪些事件；並認識歷史的發展是具有偶然性，以及重視由某一些當時發生的特定事件，及其所帶動的整個歷史發展的進程；三是了解當時涉入事件過程有哪些人物，這些人物各自是來自什麼背景、抱持著什麼立場？[120]

　　綜上分析，依據本書的研究主題特性，在研究方法上採用文獻分析法。在資料蒐集的處理上，期望透過相關專書、學術期刊、報刊、正式的學術論文及官方資料等文獻的蒐集，藉由已經發生的歷史事件，使研究者更能夠摒除個人主觀價值判斷，客觀準確的跨越時空，藉由眞實歷史事件資料的蒐集、綜整、分類、歸納、分析重現歷史[121]，再經由重新詮釋以建構台灣的「海洋安全戰略」。

參、命題與假設

　　長久以來對於獲得安全保障的生存與提升自我能力的發展，不管是個人、家庭、部落或團體，乃至於國家或盟國，這兩項都是在「社會」互動過程中不可或缺的思考要項。尤其自歐洲強權經過 30 年戰爭後，於 1648 年簽訂《西伐利亞和平條約》後確立國家主權的原則。隨著 18 世紀工業革命與科學進步的發展，造就西方列強採取殖民主義對世界的統治。使得「國家」成爲國際社會中，國家與國家之間互動的基本「行爲體」（actor）。

　　因此，國家行爲體在國際之間與他國的互動過程中，必須思考其生存的安全與發展的方向。對於一個四面環海的台灣，其國家安全的建構，應將「海洋」的環境因素納入核心思考要項。基此，本書擬探討下列 5 個研究命題與假設：

　　命題一：基於傳統「一個中國」的因素，使得一個四面環海並在台灣海峽、東海及南海擁有島嶼主權的台灣，從未以海洋的角度思考台灣的安全與發展。

　　假設一：長久以來台灣在兩岸對抗的狀態下，「國家戰略」構想從「反攻大陸，統一中國」轉換到「國土防衛，保護台灣」。台灣始終是從陸權的思想思考國家安全，卻忽略台灣當前所能治理的主要國土是台灣本島，及其周邊海域的島

---

[120] 石之瑜，《社會科學方法新論》，頁199。

[121] 石之瑜，《社會科學方法新論》，頁181-201。

嶼，以及東沙島與南沙太平島；主要原因在於台灣的領導者及政府欠缺對於台灣所處地理環境的屬性認知。

命題二：由於台灣欠缺一個明確的「國家安全戰略」，使得台灣的「國防戰略」構想被限縮在國防部所負責的軍事安全層面。

假設二：現今國防安全的內涵已超越傳統的軍事安全層面，包括非傳統安全（如人道救援、災害救防、環境汙染、邊境安全與疫情防治等）及非戰爭下軍事行動（如海洋專屬經濟區權利的維護、反海盜、反恐怖主義等）。而台灣與日本、越南及菲律賓等國家，在東海、南海、巴士海峽有領土、領海與海洋專屬經濟區之爭端；因此，在權利行使過程中是有可能發生非傳統安全及非戰爭狀態下產生軍事衝突的情勢，但卻未能明確納入國防戰略構想之中。主要因素在於長期以來我國將中國統一台灣的企圖，視為台灣唯一安全威脅的來源，致使支撐國家安全需求的「國防戰略」，始終無法跳脫軍事安全層面的思維。

命題三：從台灣的國防報告書由國防部長署名公布的觀點分析，台灣現行的戰略體系架構，行政院長是被排除在外的。

假設三：行政院在憲法上是政府最高行政機構，行政院院長則是國家最高行政首長，負有承擔達成總統國家戰略構想與施政方向之責。然台灣在行政院院長對於總統職責所任命的人事權失去副署權，且總統所任命的行政院院長不需要立法院行使同意權，以及傳統認為國防與外交是總統之專屬權利的狀況下，造成行政院院長被排除在國家戰略體系架構外。主要原因在於行政院院長迫於其職務屬於政治任命，使得行政院院長無法有效行使憲法賦予的行政權責。

命題四：沒有「海洋安全戰略」，「海洋安全政策」就失去其目標；沒有「海洋安全政策」，「海洋安全戰略」就缺乏行動力與執行力。

假設四：對於指導有關台灣海洋事務工作的政府政策報告，僅分別於 2001 與 2006 年公布過兩次《海洋政策報告書》，以及 2004 年公布《國家海洋政策綱領》，共計 3 本，之後就未再有相關的政策報告書公布。而這些政策報告書也僅對台灣的海洋事務工作狀況提出建議，使得台灣無法對四面環海的海洋資源做有效運用與管理，以及進行領海安全的維護；主要原因在於缺乏指導海洋安全的「海洋安全戰略」。

命題五：從軍事戰略的角度來說，國防部希望海巡署的武力在戰時能成為第

二海軍。

假設五：從海洋安全的觀點，海軍武力與海巡武力是支持海洋安全所需的海上武力兩大支柱。在和平時期的非傳統安全與非戰爭下軍事行動，海軍武力的支援可有效提升海巡武力，行使與海洋安全有關的司法警察權之能力。戰時在海軍武力執行制海作戰任務時，對於海岸安全防護則可運用海巡武力填補海軍武力的不足。海軍艦隊與海巡署巡防艦隊在建軍與兵力運用構想上，無法連接與相互支援的主要原因，在於缺乏一個共同的「海洋安全政策」之指導，以使「海軍武力」及「海巡武力」可據以執行相互協調與支援的工作，達成台灣的「海洋安全戰略」目標。

肆、研究範圍

本書研究的主題為「台灣的海洋安全戰略：從海洋的視角檢視台灣的國家安全」，也就是說台灣的國家戰略、國家安全戰略、海權發展、海洋戰略、海洋安全戰略、海軍戰略及海洋安全政策為本書研究的主體。如何從台灣的國家身分屬性與利益取向認知的內在因素分析，以及台灣在與中國、美國及日本的互動過程中，了解影響台灣外在海洋安全環境的因素，進而提出台灣海洋安全戰略的目標與途徑，並據以指導制定台灣的海洋安全政策，以及建構達成台灣海洋安全戰略目標所需的海上武力。

一、研究主體：台灣各時期政府對海權、海洋安全戰略的了解與海洋政策的執行效益。本書主要藉由兩岸對抗的互動歷程，以及相關台灣的國家安全戰略思維與政策，解析台灣各時期政府的海洋安全戰略。其次，海軍戰略在海洋安全戰略中所扮演的角色，將一併加以分析。

二、研究客體：雖然本書所關切的是以台灣為主體的海洋安全戰略，但由於海洋安全戰略，原則上屬於向外發展型的戰略，對於台灣的主要敵人中國，應屬本書論述的主要客體。因此，台灣與中國雙方在海洋事務的互動過程中，中國的態度與作為會影響台灣海洋安全戰略發展的方向。而美國對台灣的態度，以及美國與中國的關係，也間接影響台灣海洋安全戰略發展的能力。另台灣與日本在東海釣魚台列島的主權爭端，以及日本對南海事務的介入，亦影響台灣海洋政策的規劃方向。由此，美國與日本的海洋安全

戰略為本書論述的次要客體。

三、研究時間範疇：本書研究的期程，係自 1949 年 3 月 1 日中華民國政府由蔣介石在台灣復行視事為研究的起始點，1949 年 10 月 1 日中華人民共和國成立，至 2023 年 9 月我國國防部公布《112 年國防報告書》為終止點。2024 年 5 月 20 日之後的發展，將在結論中以未來發展的方式加以分析，並提出具體的海洋安全戰略與政策建議。

四、研究的空間範圍：在兩岸敵對的互動下，面對當前中國日趨壯大的海上武力，已對台灣的國家安全產生直接、立即與可預見的威脅。台灣在有限的資源下，其海洋安全戰略的範圍將以區域性為主。因此，本書的研究空間範圍係以東海（含台灣海峽）、南海的領海為主，其他周邊的國際海域為輔。主要因素在於面對中國的直接武力威脅下，台灣原則上沒有足夠的海上武力從事國際水道海上交通線的維護。

伍、研究限制

一、在理論的運用上，本書將整合運用溫特的社會建構主義理論與戰略研究中目標及手段之理論架構。從台灣所處亞太地區的地緣戰略環境中，分析國家在國際互動過程中的身分，確認台灣的國家屬性（海洋性或陸地性國家）。並透過海權理論的概念（如美國馬漢的海權理論、英國柯白的海權理論及蘇聯高希柯夫元帥的國家海權論）探討，尋找出較適合台灣的海權理論。另從台灣的地理特性、所處地理環境及國家生存與發展需求的觀點來看，其海上交通線的維護、局部制海權的取得及商船隊的護航，是維護台灣海洋安全的核心重點。因此，本書在海權的運用上，將以英國柯白的海權理論為基礎，作為建構台灣海洋安全戰略的主要理論；輔以美國馬漢的海權理論及蘇聯高希柯夫元帥的國家海權論作為檢證，以檢視日本、美國及中國研究客體的理論依據。

二、對「海洋安全戰略」內容的探討部分，由於「海洋戰略」所涵蓋的範圍非常廣泛，凡是與海洋事務有關的海洋資源（漁業、海底礦藏）之開發、海洋工程與工業（港口設施與船舶工業）、海洋環境管理、海洋領土維護、海洋權利伸張、海洋運輸確保、海洋執法（人口販賣、走私及緝毒）及國際海洋

合作等均屬之。為避免本書研究領域過於龐大複雜，致使研究有可能失去焦點，因此，台灣的「海洋安全戰略」係以台灣的安全與生存發展為研究核心。故本書研究重點著重於海上交通線、海洋安全及海洋領土主權的維護。有關海洋探勘、船舶製造技術、港口建設與設施規劃、漁業資源管理及海洋開發等規劃，不在本書討論的範圍。

三、有關國家安全的認知部分，兩岸之間對於「統一」或「獨立」可能引發的軍事衝突，將不在本書研究的範圍。雖然國家戰略或國家安全戰略在軍事領域上具備重要的影響因素，但是台灣內部的統獨爭議，從客觀的條件上不具備成為影響台灣海洋安全戰略的因素。另對於越南及菲律賓在南海及南沙太平島對台灣所構成的潛在威脅，由於對國家整體安全威脅的影響較小，故越南與菲律賓的海洋安全戰略研究，不納入本書研究的範圍。

第四節　小結

本書係以國家層次為研究主體，從國家的戰略內涵分析「國家戰略」，其內容主要涵蓋兩個層面：一為安全，二為發展。而國家在生存的安全維護上與願景的發展上，基本上是互為體用，相互支持。所以，「國家發展戰略」（national development strategy）與「國家安全戰略」是建構「國家戰略」所需的兩個主軸。然對於一個臨海的國家而言，在安全的潛在思考上，除了國家領土主體的安全外，海洋的島嶼領土、領海及專屬經濟區等，屬於國家專屬的海洋領土與權利，也是臨海國家在安全上必須思考的要項之一，尤其是位於台灣的中華民國。同樣的，在「國家安全戰略」的思考上，應也涵蓋「國土安全」與「海洋安全」兩個面向。

由於台灣四面環海，島內自然資源不足，石油、天然氣及煤礦等能源約98%需要由海上運輸進口，[122] 海洋安全對台灣來說具有非常重要的戰略價值。所以，台灣的安全戰略體系由上而下應為「國家戰略」、「國家安全戰略」到「海洋安全戰略」；而這些都應是「國家安全會議」以總統「治國構想」為依據，研擬「國

---

[122] 經濟部能源局，《106年經濟部能源局年報》，2018年6月，頁9。

家戰略」、「國家安全戰略」及「海洋安全戰略」，以提供總統參考，並以總統之名公布，以作為行政院院長及所屬各部會的施政依據。

當前在台灣的中華民國從其所處的地理位置來看，基本上是一個海洋屬性的國家。所以，我國更應從海洋的視角看待國家安全的需求，並以「國家安全戰略」為依據，建構台灣的「海洋安全戰略」。依據憲法行政院為我國最高行政機關，行政院院長係由總統直接任命，秉承總統的意志施行國政。因此，行政院應依據總統所公布的「海洋安全戰略」之目標與途徑，據以制定「海洋安全政策」，並以行政院院長之名公布之。行政院所屬各部會再依據行政院院長所公布之「海洋安全政策」的施政工作指導與協調，執行各項有關海洋安全事務的工作，以達成總統所訂定的國家「海洋安全戰略」目標。

本書研究重點著重於海洋領土、領海、專屬經濟區等主權與權利的維護，以及海洋環境、海洋資源、海上交通線、海上災害防救與人道救援、國境安全與反海盜等安全維護之國家海洋安全事務研究。最後藉由負責海洋執法與海洋安全維護，建構達成海洋安全戰略目標所需的海上武力（海軍武力及海巡武力）。經由戰略體系邏輯思考由上而下的指導，以及由下而上的支持，使台灣的「海洋安全戰略」具備全面性、整體性、系統性及有效性。（如圖7）

另本書參考由翁明賢所建構的戰略與國際關係分析架構，藉由事實面、影響面、發展面、戰略面及執行面等5個面向的邏輯思考順序，運用整合國際關係與戰略研究理論[123]，從台灣的「身分」屬性定位，以確認台灣在「國家安全」上的利益。當確認台灣在身分上偏向於「海洋」屬性的國家時，台灣即應在「國家安全戰略」的規劃上，將有關海洋的安全納入主要思考要項，以建構符合台灣海洋安全面向的國家層次「海洋安全戰略」；並透過海洋安全戰略目標的訂定，以獲取台灣海洋安全的最大利益。且於「海洋安全戰略」目標確認後，運用達成戰略目標的途徑分析與指導工作執行方法之研究，以使最終具體執行工作的單位施政有所依據。而其成效則透過回饋，以檢視是否達到台灣最初對於國家安全的概念認知與需求。（如圖8）

---

[123] 翁明賢，〈建構戰略與國際關係的解析架構〉，《戰略與國際關係：運籌帷幄之道》（台北：五南圖書，2021），頁112-118。

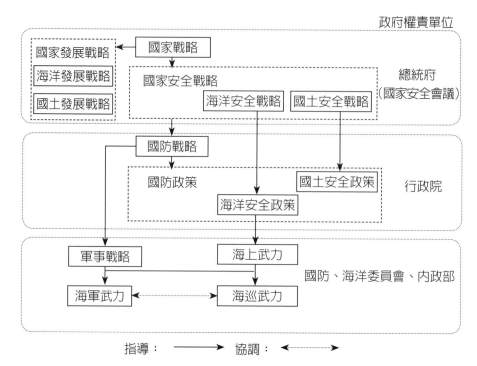

圖7 台灣海洋安全戰略概念架構圖

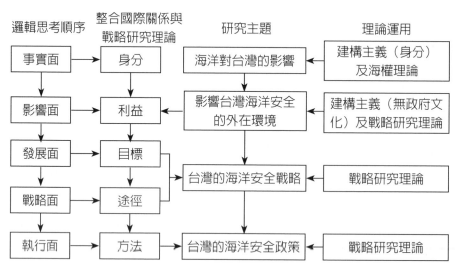

圖8 整合國際關係與戰略研究理論分析架構圖

資料來源：翁明賢，〈建構戰略與國際關係的解析架構〉，《戰略與國際關係：運籌帷幄之道》（台北：五南圖書，2021），頁112-118。

第二章

整合運用國際關係與戰略研究理論

「理論」（theory）是對台灣「海洋安全戰略」研究過程中，有關因果關係的中介變項。「理論」一詞的定義，結構現實主義學者華爾茲（Kenneth N. Waltz）從國際關係的觀點對「理論」做出詮釋，認為「理論」是從屬於特定行為或現象（phenomenon）法則的集合或組合，並對法則做一個解釋。[1] 也有學者認為，「理論」是對「現象」做一種系統性的反映，目的是解釋「現象」與顯示各個不同「現象」相互之間的關聯性（interrelated）。此外，「理論」也是一種象徵性的思維建構，其中包括相互關聯的假設、定義、法則、觀點和原理等一系列的邏輯思考。[2]「理論」也可以說是將事實組合在一個框架中，從對事實的認知與選擇事實的模式，到以事實為依據做系統化分析的手段，也是對事實現象做客觀上的抽象思維。[3] 利伯（Robert J. Lieber）就社會科學的觀點，認為「理論」所代表的是一種「取向」（orientation），一種概念架構，也是一種分析的技巧，[4] 其具備對現象描述、解釋和預測的功能。[5]

國際關係理論係將「國家」視為一個具有自主行為的個體，也就是所謂的行為體（actor）。透過「理論」客觀性、系統化的邏輯分析架構，探究國際之間國家與國家互動的現象，並對未來互動的方向與結果提供預測。而戰略研究理論的重點則在於確立目標後，尋求達成目標的手段。國家行為體在國際之間與其他國家行為體的互動過程中，國際關係理論可以幫助國家行為體了解其他國家行為體的思考邏輯與行為模式，並預測未來可能的行為與結果。但國家行為體將如何因應未來可能的發展態勢，這是國際關係理論所欠缺的要素。然對於戰略研究理論則是從建立目標的「假定」（assumption）開始，從而尋求達成目標的手段。但由於缺乏對問題意識或本質的認知，使得所設定目標與手段往往偏離原先預期的目標。

1 Waltz, Kenneth N., *Theory of International Politics* (Long Grove Il: Waveland Press, 2010), pp. 2-5.

2 Dougherty, James E., Pfaltzgraff Jr., Robert L., *Contending Theories of International Relations: a comprehensive survey* (New York: Longman, 1981), pp. 15-21.

3 McClelland, Charles, *Theory and International System* (New York: macmillan, 1996), pp. 6-11.

4 Lieber, Robert J., *Theory and World Politics* (Cambridge, Mass.: Winthrop, 1972), pp. 5-8.

5 Singer, David J., "Inter-nation Influence: A Formal Model," *The American Political Science Review*, Vol. 57, No.2 (Jun., 1963), p. 380.

　　因此，建構整合國際關係與戰略研究理論的目的，係提供本書在研究台灣「海洋安全戰略」的過程中，所需的理論分析架構依據。也就是運用國際關係理論分析本書的問題意識或本質，以探究「海洋」對台灣國家安全的影響，進而預測影響國家安全的未來發展趨勢與結果。再藉由戰略研究理論對問題性質的解析，建構符合台灣國家安全需求的「海洋安全戰略」，並依據台灣「海洋安全戰略」所設定的戰略目標與戰略行動途徑（手段），指導制定「海洋安全政策」；以作為台灣「海上武力」之建構與政府各部會工作協調的依據，使台灣「海上武力」有效運作，得以支持台灣「海洋安全戰略」目標的達成，以獲取國家安全的最大利益。

第一節　國際關係理論運用

　　美國總統川普就任後，於 2017 年 12 月 20 日公布任內第一本的《國家安全戰略》，在其結論中明確指出美國的國家安全戰略是以「現實主義」（realism）原則為指導。作為一個現實主義者的美國，承認在國際政治中「權力」（power）扮演著核心的角色。肯定主權國家是和平世界的最大希望，並且依此明確定義美國的國家利益。植基於對此認知的原則，得以促進美國在全球傳播和平與繁榮。美國將以美國的價值觀為指導，以美國的利益為約束力。[6]

　　2020 年自美國民主黨拜登政府上台後，原本美國對中國的貿易戰，並未因民主黨政府執政後而有所緩和，反將貿易戰提升到科技戰的層級，尤其在半導體與資訊產業部分，美國以國家安全為由，對中國相關企業及個人採取強硬的限制與脫鉤的政策，從美國對中國資訊企業「華為」的技術全面封殺政策。[7]依此，我們原則上可以現實主義理論為基礎，分析美國在國際之間與他國互動的行為模式，以及預測未來可能的政策方向與因應他國行動的反應作為。

6　Seal of the President of the United States, "National Security Strategy of the United States of America," December 2017, p. 55

7　〈華為5G：美國再出重手全方位封殺 第三方擔心「巨大衝擊」〉，BBC News中文，2020年8月18日，<https://www.bbc.com/zhongwen/trad/world-53820545>（檢索日期：2023年9月28日）。

同樣的，中國國家主席習近平於 2012 年 2 月，以時任副主席的身分訪問美國時，首次提出建構「中美新型大國關係」的概念，並於接任國家主席後，持續向美國遊說與推動此概念的建構，且將其概念內涵定義爲不衝突、不對抗、相互尊重與合作共贏。其中「相互尊重」是建構「中美新型大國關係」的基本原則，也就是尊重彼此的核心利益，而「合作共贏」則是中國與美國共同合作維護世界和平。[8] 假設我們運用「建構主義」（constructivism）理論觀點，解析中國的美國政策，可以解讀爲中國期望藉由美國這個世界唯一超級強權的身分，建構中國在國際上有別於俄羅斯、英國、法國、德國及日本等國，可與美國相對應「身分」（identity）的「大國」（great power）。若運用溫特的社會建構主義理論中，對於「國家利益來自身分的取向」觀點，[9] 可以解讀爲中國是期望能以「大國」的身分，在國際上以維護其主觀認定的國家利益，爲其所採取的影響力行動做出合理化的立論。

2017 年 4 月 20 日美國總統川普對世界各國開啓關稅戰以來，已演變成爲美國對中國的貿易戰與科技戰，並轉變成爲獲取與維持未來國際貿易及經濟主導權的戰爭。中國在美國積極採取保護主義的同時，運用「一帶一路」建設倡議的機會推動「多邊主義」，以反制美國採取「保護主義」（protectionism）的國際貿易經濟發展。因此，從中美貿易戰對國際的影響過程，我們亦可以運用「新自由主義」（neoliberalism）理論中有關國際制度與規範的觀點[10]，分析中國及美國在與其他國家的互動過程中，如何處理權力與利益之間的關係。

在現今全球化時代，中國在 20 世紀末的經濟發展成果，其對世界的影響力已不容忽視。尤其經過 21 世紀開始後 20 年的快速發展，中國的整體實力提升，使美國在國力展現上更顯示出弱化的態勢。但中國在科技、精密技術與軍事力量

8　王緝思、仵勝奇，〈中美對新型大國關係的認知差異及中國對美政策〉，中國共產黨新聞網，2014 年 10 月 14 日，<http://cpc.people.com.cn/BIG5/n/2014/1014/c68742-25828529.html>（檢索日期：2020 年 2 月 16 日）。

9　Wendt, Alexander, "Constructing International Politics," *International Security,* Vol.20, No.1 (Summer 1995), p. 81.

10　秦亞青，〈國際制度與國際合作——反思新自由制度主義〉，《外交學院學報》，第 1 期，1998 年，頁 41。

上，仍不足以取代美國的狀況下，「一超多強」的國際體系格局仍未到達轉變的關鍵點。此現象似乎引發了美國政治菁英的憂心，進而促使美國政府在國際與他國的互動過程中，揚棄冷戰結束後所崇尚之新自由主義中的國際制度與規範指導國家行為體的理論原則，朝向新現實主義（neorwalism）「權力平衡」（balance of power）的國際政治理論原則發展。

而中國對美國所發動之貿易戰的態度，在其《關於中美經貿磋商的中方立場白皮書》中強調，中國願意採取合作的方式解決，對於貿易戰的態度是不願打、不怕打，必要時不得不打。如果我們跳脫所謂「陰謀論」的角度看待中國，運用新自由主義理論中的「相互依賴」（interdependence）、多邊合作（multilateral cooperation）原則，似乎較適合解讀中國在面對美國權力平衡作為下，在國際上與他國之互動行為與原則。

然而建構主義從對新現實主義的批判，將「觀念」與「社會學」納入對國際關係的解釋，又可說明中國在崛起過程中與美國的互動行為模式。因此，本文將從新現實主義、新自由主義及建構主義三大國際關係理論的探討，分析如何綜合運用國際關係理論，解析國家在國際之間與他國的互動原則。期望從國家在尋求國家利益時，運用國際關係理論對事件的問題意識或本質解析成果，作為後續因應戰略研究的思考依據。

壹、新現實主義

第一次世界大戰結束後，讓當時的西方學者和政治家們期望在多變的國際情勢中，尋找出避免殘酷戰爭再度發生的解釋方法與建構理論的途徑。希望藉由集體安全體系或組織的建構，防止世界大戰的悲劇重演。和平民主論和法律道德論視戰爭為一種罪惡的理念，促使提倡建立國際組織和機制，以防止戰爭發生的「理想主義」（idealism）國際關係理論因此應運而生。理想主義者認為人性的惡可以透過教育改造，國家透過與他國利益調整，可以避免戰爭的發生；並且藉由國際機構的建立、國際法與國際公約的履行及公眾輿論的壓力，可確保世界的

和平。[11]

　　理想主義學者迪金森（Lowes Dickinson）認爲戰爭不是人性天生的產物，而是人性在某種環境影響下的結果。[12]對於國際機制的建立，霍布森（John Atkinson Hobson）在其《帝國主義研究》著作中，更認爲國際的和平與合作需要大的國家集團共同努力完成。[13]另齊默恩（Alfred Zimmern）在其《中立與集體安全》（*Neutrality and Collective Security*）著作中，認爲「集體安全」（Collective Security）的意涵就是民主概念下的「所有人的所有安全」（safety of all by all），也就是沒有自由（即指民主憲法），集體安全就沒有合作可能。[14]

　　然理想主義最具代表性的實踐，就是美國總統威爾遜（Woodrow Wilson）於1918年1月8日於國會針對第一次世界大戰結束後的國際秩序發展，提出「十四點原則」的世界和平方案作爲美國主導歐洲各國和平談判的基礎。但是第一次大戰後，在西方的德國於經濟受到國際壓迫的狀況下，走向具有種族歧視與排他性的社會主義國家；以及在東方的日本於1868年推行明治維新政策後的成果，除了擺脫西方列強的威脅外，也加入了西方列強殖民主義的行列。1937年日本在中國東北成立滿州國及入侵中國；1938年德國併吞奧地利，1939年併吞捷克與波蘭，進而導致第二次世界大戰的發生。

　　第二次大戰結束後，國際政治學者在研究戰爭發生原因的過程中，促使現實主義的興起，本書將從古典現實主義、新現實主義到新古典現實主義的發展過程，分析國際關係新現實主義的理論核心要點。

貳、古典現實主義

　　由於理想主義所建構的國際組織與機制，已無法抑制日本及德國發動戰爭的企圖，引發新興的現實主義學派對理想主義的挑戰，首先是英國學者卡爾（Ed-

---

11　倪世雄，《當代國際關係理論》（台北：五南圖書，2014），頁28-31。

12　Dickinson, G. Lowes, *Causes of International Warp* (New York: Harcourt Brace & Howe, 1920), p. 8.

13　Hobson, John Atkinson, *Imperialism a Study* (London: James Nisbet, 1902), p. 174.

14　Zimmern, Alfred, Edited by Wright, Quincy, *Neutrality and Collective Security* (Chicago: University of Chicago Press, 1936), pp. 4-23.轉引自Kelsen, Hans, *Collective Security under International Law* (Washington: United States Government Printing Office, 1956), p. 9.

ward H. Carr）認為，理想主義對於國際政治中道德與利益和諧是不存在的。事實是唯一的標準，是政治性的。道德只能是相對的，不是普遍性的。[15] 政治行動必須植基於道德和權力的調和。[16] 任何國際政府體系在關鍵時刻的政策決定，基本上是取決於可提供國際政府展現威權所依賴的國家。因此，在國際領域政治權力的使用上，通常涵蓋軍事力量、經濟力量及支配輿論的力量，而此 3 種類型的力量，彼此又具有高度依賴性。[17]

在軍事力量部分：由於在國際關係中權力的最終程度（ultima ratio）是戰爭，所以軍事手段極為重要。從權力面向來說，國家的每一個行為都指向戰爭。雖然並不意味著武器是值得擁有的，但武器的使用仍是戰爭的最後手段。[18] 西方兵聖克勞塞維茨對於戰略的經典論述就是「軍事是政治的延伸」，所以，外交政策既不能也不應該從戰略分離出來，一個國家的外交政策不僅受到所設定的目標限制，也受限於軍事力量。更準確的說，是受到本國與他國之間軍事力量比例的限制。對於外交政策的民主控制所面臨的最嚴重問題，就是沒有一個政府能坦然公布本身所有軍事力量的資訊，或掌握其他國家有關軍事力量的知識。由於軍事權力是國家生存的本質因素，不僅僅是一個工具，而且是自身存在的目的。國家發動大規模戰爭是為了增強自己的軍事力量，但更多情況是防止其他國家擁有較強的軍事力量。[19]

在經濟力量部分：經濟成為政治的一個面向時，國家可以運用經濟制裁及資本出口與控制對外貿易兩個手段來遂行外交政策。如果經濟力量與軍事工具能夠

---

[15] Carr, Edward Hallett, *The twenty years' crisis, 1919-1939: an introduction to the study of international relations* (London: Macmillan, 1946), p. 21.

[16] Carr, Edward Hallett, *The twenty years' crisis, 1919-1939: an introduction to the study of international relations*, p. 96.

[17] Carr, Edward Hallett, *The twenty years' crisis, 1919-1939: an introduction to the study of international relations*, p. 108.

[18] Carr, Edward Hallett, *The twenty years' crisis, 1919-1939: an introduction to the study of international relations*, p. 109.

[19] Carr, Edward Hallett, *The twenty years' crisis, 1919-1939: an introduction to the study of international relations*, pp. 110-111.

有效結合使用，即是國家發揮其對外政治權力的最佳工具。[20] 另在支配輿論力量部分，有組織的使用支配輿論的力量，已成爲外交政策的常用工具。雖然民主國家與極權國家對於輿論的態度有著本質上的差異，然在危機時期，此差異即成爲決定性的因素。不過，這兩種國家都承認支配輿論的權力是極爲重要的。[21]

卡爾雖然從民族國家領土特徵的觀點，對於國際政治中「國家」是否仍是基本權力單位提出質疑，但在現今國際政治中，國家是國際社會的基本單位現況仍未改變。在每一個政治秩序中，權力是必須的組成部分。政府在治理國家的過程中，權威需要以權力爲基礎，而道德也需以被統治者的同意爲基礎。國際秩序也不能僅以權力爲基礎，因爲任何國際秩序維持的先決條件是高度的普遍認可。[22]

依據卡爾對理想主義的批判，提出了古典現實主義的 4 項核心觀點：1.「國家」是構成國際體系的基本單位；2.「權力」是國際秩序的基礎；3.「戰爭」是國際政治的核心因素；4.雖然「軍事」力量是權力的核心要素，但是經濟力量與支配輿論的力量也是影響權力的因素之一，如果與軍事力量結合，更能有效發揮政治工具的能力。

1949 年摩根索（Hans J. Morgenthau）在其《國家間政治：權力的追求與平和》（*Politics Among Nations: The Struggle for Power and Peace*）著作中，爲古典現實主義理論奠定了基礎。認爲國際政治如同所有的政治一樣，都是爲了努力獲取「權力」。無論國際政治的終極目標是什麼，最直接的目標就是「權力」。當政治家藉由國際政治手段力求實現目標時，權力的追求也就納入其中，所以政治家才是國際政治舞台的行爲者。

摩根索質疑理想主義所提倡的國際制度中有關國際法的有效性，認爲國家主權是國際法規鬆散、劣勢及無效率的眞正根源。國際法之所以鬆散的意涵，在於只對建立在同意此法律規則的國家具有約束力，對於雖然同意此規則，但仍保留

---

[20] Carr, Edward Hallett, *The twenty years' crisis, 1919-1939: an introduction to the study of international relations*, pp. 113-125.

[21] Carr, Edward Hallett, *The twenty years' crisis, 1919-1939: an introduction to the study of international relations*, pp. 134-135.

[22] Carr, Edward Hallett, *The twenty years' crisis, 1919-1939: an introduction to the study of international relations*, pp. 226-236.

許多條件和規定限制的國家來說，則是希望保持國家在執行國際法時擁有最大的自由度。也就是如果各國無法相互尊重屬地管轄權及法律的執行，國際法及植基於國際法的國家體系顯然就不存在。[23]

「主權」所表現出的意義就是獨立、平等與全體一致；獨立所表達是對其他國家權威的排他性；平等所展現的是在國際政治中，國家是受到國際法的約制，而不是受制於他國，各國主權是平等的。全體一致則說明在國際法的制定中，無論各國的國力大小都是一票；而否決權的行使則具有破壞性與創建性雙重功能。[24] 依此，摩根索認為在國際政治中，國家僅會受到國際制度的國際法約束，雖然國際體系中的國家權力均平等，但大國的否決權仍扮演國際政治權力中的核心影響因素。

所以，政治權力無論如何必須與實際運用身體暴力的武力意識做區分。當警察行動、限制、重大懲罰或戰爭等物質暴力的威脅成為政治內部因素時，使得暴力變成事實，就意味著軍事力量與準軍事力量取代了政治權力。而對於權力的本質，認為政治權力是權力行為者與權力行使對象之間的心理關係，權力行為者透過影響權力行使對象的意志，得以控制權力行使對象的特定行動；而此影響力通常以規則、威脅、說服或任何一種聯合的方式執行。[25] 因此，摩根索對於「權力」的解釋與卡爾相同，均認為軍事力量與政治權力兩者之間有密切的相互關係。

摩根索認為每當在國際事務下討論經濟、財政、領土或軍事政策時，必須區別這些政策是出於自身的利益，或是成為政治政策的一種工具。如果這些政策是政治政策的工具，這些政策目標只不過是達成控制他國政治的手段。[26] 所以國家在追求「權力」的過程中，為達成政治目的的政策手段可分為「現狀政策」（status quo policy）與「威望政策」（prestige policy）兩種。「現狀政策」的目標是維持存在歷史上某特定時刻的權力分配，通常這樣的政策需求都是運用在一

---

[23] Morgenthau, Hans J., *Politics Among Nations: The Struggle for Power and Peace* (New York: Alfred A. Knopf, 1949), p. 244.

[24] Morgenthau, Hans J., *Politics Among Nations: The Struggle for Power and Peace*, pp. 245-247.

[25] Morgenthau, Hans J., *Politics Among Nations: The Struggle for Power and Peace*, p. 13.

[26] Morgenthau, Hans J., *Politics Among Nations: The Struggle for Power and Peace*, p. 15.

場戰爭結束之後，以法律條文的方式保證權力分配的穩定性。[27]而「威望政策」則是現狀政策與帝國主義政策為達到其目的所使用的一個手段，也就是社會承認願望是追求社會關係的潛在動能力量與創建社會制度。[28]基本上使用軍事展示是達成威望政策目的的手段，尤其海軍的高度機動性，最能使他國留下深刻印象。[29]

依上所述，可以了解摩根索的古典現實主義對於國家權力、國際體系及權力平衡的觀點如下：

一、「國家權力」（state power）

在內涵分析上，認為考量因素必須關注在穩定與不斷變化兩大要素；在穩定的要素上，計有地理、天然資源及工業能力 3 項。其中最穩定的要素就是「地理」，因為所有國家的政治決策，不管任何時期都必須先考量到這個因素。而在自然資源的要素中，石油能源是國際政治的一種制約力量。在工業能力要素部分，本質上處於工業技術領導地位的國家就是大國。因為工業技術能力的優劣影響著國家的總體能力。而軍事準備（military preparedness）則是將國家權力中的地理、自然資源及工業能力 3 項穩定要素，賦予具體的意義。[30]因此，依據摩根索對於國際政治目標的觀點分析，國家係藉由地理位置的分析、自然資源的評估及工業能力的檢視，作為提升國家所需軍事能力的依據，以彰顯國家權力，並透過「現狀」或「威望」政策的執行，以達到獲取政治目的所需的「權力」。

二、國際體系

在多國的國際政治環境中，由於部分國家試圖以維持或推翻現存的國際體系，以追求國家權力，勢必導引出所謂權力平衡的態勢，以及維護此種態勢的政策。使得權力平衡與以維護權力平衡為目的之政策，不僅僅是無法避免，也是主權國家所構成之國際社會中穩定的基本因素。國際政治的權力平衡之所以不穩

---

27 Morgenthau, Hans J., *Politics Among Nations: The Struggle for Power and Peace*, p. 22.

28 Morgenthau, Hans J., *Politics Among Nations: The Struggle for Power and Peace*, p. 50.

29 Morgenthau, Hans J., *Politics Among Nations: The Struggle for Power and Peace*, p. 54.

30 Morgenthau, Hans J., *Politics Among Nations: The Struggle for Power and Peace*, pp. 80-87.

定，主要不是歸因於原理上的缺失，而是必須在國際社會的特定條件下，主權國家方能操作權力平衡。[31]

三、權力平衡

由於多樣性與敵對性是構成國際社會基礎的兩個因素，個別國家在追求權力時，可能將引發兩種模式的衝突。一種是 A 國對 B 國採取帝國主義政策，B 國可能以現狀政策或自己的帝國主義政策回應。這樣的模式是國家之間的直接對抗之一，也就是某國家希望建立在其他國家之上的權力，而後者拒絕屈服。

另外一個模式爲當 A 國對 C 國採取帝國主義政策，而 C 國採取默認政策。而 B 國隨之對 C 國也採取帝國主義政策或現狀政策的情況下，C 國即成爲 A 國支配的目標。換句話說，B 國反對 A 國政策的主因，可能是希望維持現狀政策以尊重 C 國，抑或是希望自己支配 C 國。此時 A 國與 B 國之間在追求權力的模式上，不是直接對抗模式，而是競爭模式，目的是對 C 國的支配。使得 A 國與 B 國之間的權力爭奪，僅藉由 C 國這樣的競爭介物來取代。在此情況下權力平衡才能得以操作，並且履行其典型的功能。但不可否認這種權力模式的假設前提，是建立在國家權力能獨立自主之上，並以防止他國權力的侵害爲基礎。[32]

所以，在權力平衡的過程中，可透過削弱天平上權力比例較大一側的權力，或增加權力較輕一側的權力，以達到權力平衡。因此，平衡權力的手段可用補償政策（如領土的割讓，以削弱國家的實力）、軍備競賽或裁軍（軍備武力的強化或削減），以及聯盟政策（獲得其他國家的支援）等手段執行。[33]

然在聯盟的過程中，有可能出現不受兩國權力平衡羈絆的第三種力量，也是權力平衡的「掌控者」或「平衡者」。平衡者的唯一目的就是維持各國的權力平衡狀態。[34] 最典型的例子就是英國在歐陸強權的權力平衡過程中，前英國首相邱吉爾認爲在權力平衡的運用上，二戰前的英國是最典型的國家，長期以來在歐陸

---

[31] Morgenthau, Hans J., *Politics Among Nations: The Struggle for Power and Peace*, p. 125.

[32] Morgenthau, Hans J., *Politics Among Nations: The Struggle for Power and Peace*, pp. 129-131.

[33] Morgenthau, Hans J., *Politics Among Nations: The Struggle for Power and Peace*, pp. 134-135.

[34] Morgenthau, Hans J., *Politics Among Nations: The Struggle for Power and Peace*, p. 143.

的強權政治中，扮演一個砝碼的平衡者角色，也是英國對外政策的基本原則；[35]時而加入法國的聯盟，時而支持普魯士聯盟。

當權力平衡作為現代國家體系的基本原則時，權力平衡就必須用實際的或潛在的戰爭為手段。如果這是事實，權力平衡作為國際政治指導的原則，將會產生不確定（權力大小的定義及資訊不透明）、不實際（憂心權力處於劣勢）和不適當（共識不足）3個弱點。[36]權力平衡只有在個別國家公開宣稱是為了自我保護為目的的時候，其原則才能實現。也因為如此，國家對於權力平衡的追求便轉化為一種意識形態。[37]所以，在國際政治中有能力扮演主要角色之國家數量的減少，將對權力平衡的操作產生重大影響；使得國家在權力平衡的原則下，於追求權力的過程中喪失彈性與不確定性。冷戰後美蘇對抗兩極化，而其他國家的實力不足以破壞兩國的權力平衡能力，以及使得平衡者的角色消失。[38]美蘇冷戰的權力平衡，只剩下增強自己及盟國的實力一途。依此狀況美蘇所建構的權力平衡，不是取決於機制的運作，而是實現其最終目的的道德和物質力量。[39]

由此，當「權力平衡」成為主權國家在國家政治間追求「權力」的一種政策時，其主要目的在於避免戰爭發生。所以，「權力平衡」是主權國家追求「權力」的過程中，所形成的一種國際體系「狀態」。然「權力平衡」要達到穩定的狀態，摩根索認為參與的主權國家必須在3個以上。

對於「權力平衡」理論摩根索雖然做了系統性的闡述，而卡普蘭則對「權力平衡」理論做了更進一步的說明。他認為權力平衡體系的形成具有6項基本規則：一是所有國家的行為都在增加自身的能力，但是寧願談判而不願發動戰爭；二是所有國家寧願放棄增加本身能力的機會也要發動戰爭；三是所有國家寧願停止發動戰爭，也不願消滅重要的國家；四是所有國家的行為在反對任何聯盟，或在體系範圍內具備控制地位的單一國家；五是所有國家的行為在約束其他國家簽

---

[35] Churchill, Winston S., *The Gathering Storm* (Boston: Houghton Mifflin, 1978), pp. 207-210.

[36] Morgenthau, Hans J., *Politics Among Nations: The Struggle for Power and Peace*, pp. 150-165.

[37] Morgenthau, Hans J., *Politics Among Nations: The Struggle for Power and Peace*, p. 157.

[38] Morgenthau, Hans J., *Politics Among Nations: The Struggle for Power and Peace*, p. 271.

[39] Morgenthau, Hans J., *Politics Among Nations: The Struggle for Power and Peace*, pp. 284-285.

訂超越國家的組織規則；六是當一個可接受的角色夥伴或將重要的國家等級範圍內一些先前不重要的國家帶進協定內時，所有國家允許阻撓或強迫重要的民族國家重新進入體系，對待所有重要的國家成為可接受之角色夥伴。[40]

　　在權力平衡系統中，上述基本規則卡普蘭認為是不能減少的。系統中任何一條基本規則都與其他規則維持平衡，且相互依賴。除了在設定的基本規則範圍內平衡外，也有兩個類型的國際系統平衡特性。一為設定的基本規則與其他不同國際系統之間的平衡；二為國際系統與其環境或背景之間的平衡。[41]另在權力平衡系統的基本國家行為體數目部分，3個以上的國家對於維持系統平衡的概率較高，數目越多權力平衡系統越具有足夠的靈活性。[42]

　　而史派克曼（Nicholas J. Spykman）認為各國追求權力平衡的過程中，是建立一種對自己有利的平衡。目標不是權力平衡而是優勢，一種不受他國支配，又能擁有決定性力量與發言權的平衡。[43]依此克勞德（Inis L. Claude, Jr.）提出權力平衡有「情勢」（situation）、「政策」（policy）及「制度」（system）3種含義。認為權力平衡有時是指一種均衡（equilibrium）的「情勢」，就意義而言屬於描述性質。描述國家與國家之間的權力分配，雙方之間呈現差距不大或完全均等的狀態。當權力平衡在均衡的情勢上，同時具備平衡與不平衡的含義時，就使權力平衡獲得一種超然的中立地位。當使用此方法運用權力平衡時，權力平衡便等同於「權力分配」。[44]

　　其次，權力平衡是促成或維持權力平衡的一種「政策」。多爾蒂（James E. Dougherty）及普法爾茨格拉夫（Robert L. Pfaltzgraff）認為從理論的觀點，可將「權力平衡」視為一種局面或態勢、一種國家行為體的普遍傾向或法則、國家領

---

[40] Kaplan, Morton A., *System and Process in International Politics* (New York: John Wiley & Son Inc,1957), p 23.

[41] Kaplan, Morton A., *System and Process in International Politics*, pp. 25-26.

[42] Kaplan, Morton A., *System and Process in International Politics*, p. 31.

[43] Spykman, Nicholas John, *Ameriva's Strategy in World Politics* (New York: Harcourt, Brace and Company, 1942), pp. 20-21

[44] Claude Jr., Inis L., *Power and International Relations* (New York: Random House, 1962), pp. 13-15.

導者的一種行動指南或是國際體系特有的維持自身之方式。[45] 所以，在一個多國存在的國際社會，唯一可以防止強者欺負弱者的政策就是以權力對抗權力。各國為確保其利益與生存，運用各種策略將權力相互抵銷，使權力平衡成為一種謹慎政策。有此論點者認為，權力平衡的真正意義，是指國家之間的聯合策略對抗潛在侵略者的一種自然趨勢。因此，如果權力平衡是在描述不平衡的情勢，同樣的，也可作為一種追求這種情勢的政策。當權力平衡成為一種政策運用而不是權力分配的情況時，就成為促成或維持有利平衡的意思，實際上也就是不平衡。國家在國際間設法取得優勢，所從事的權力平衡政策或手段，兩者之間並無相互矛盾。由此，「權力平衡」又可視為是對「權力分配」的一種政策。

當權力平衡當作是一種國際政治的「制度」時，這種用法是國際關係對多國世界的一種解釋方法，而不是將其看成是一種權力分配的狀態或是政策概念。國際之間在實際的運作中，權力平衡如被假定用於安排所有事務，致使任何國家欲尋求擾亂和平，將自動引起具有充足能力的相對強權，勸說該國不要採取愚蠢的行為。因此，對於權力平衡的定義也可以看成是一種制度。[46]

綜合上述古典現實主義對國際政治的論述，可以了解古典現實主義強調「主權國家」是國際體系運作的基本單位；追求「權力」是國家的終極目標；「權力平衡」是維持和平的一種政策；「權力」的主要憑藉是軍事力量，其次是經濟力量與支配輿論的力量；「權力平衡」要達到穩定，必須至少要有「3 個以上」的國家參與。

參、新現實主義

現實主義無疑是美國在與蘇聯對抗中的對外政策，在 1970 年代中東戰爭所引發的石油危機，美國的科技發展受到新興國家的挑戰（如日本、德國、法國及英國等），以及越戰與蘇聯入侵阿富汗事件的影響。美國學者認為傳統的現實主義已無法解釋冷戰時期新的國際情勢發展所出現的新問題，國際權力結構已發

---

[45] Dougherty, James E. and Pfaltzgraff Jr., Robert L., *Contending Theories of International Relations: A Comprehensive Survey* (New York: Addison Wesley, 1996), p. 38.

[46] Claude Jr., Inis L., *Power and International Relations*, pp. 16-22.

生重大變化，顯示出權力受到分散、政治呈現多級化，以及霸權顯露出弱化的現象，[47] 故引發古典現實主義學者對古典現實主義的修正。

華爾茲在 1979 年的《國際政治理論》（*Theory of International Politics*）著作，成為新現實主義理論的經典論述，又稱之為「結構現實主義」。華爾茲提出國際關係層次分析觀點，認為國際關係可從個人或團體、國家和國際 3 個體系層次分析。[48] 即以體系方法與理論的角度，分析政治結構。他認為體系是由結構與互動的單位所構成，體系能夠被視為一個整體，主要在於結構是體系的組成要件。所以結構要能成為運用的理論，就必須將單元的屬性，如政治領導者、社會和經濟制度及意識形態信仰等，以及各種文化、經濟、政治、軍事等關係的互動抽離，也就是忽略單元層次內的互動，視國家為一個整體的單元。[49]

在國際社會的形式上，各國都處於平等地位，國家與國家之間沒有命令與服從的權力與義務。國際體系是一個分權與無政府的狀態，就如同羅西瑙（James N. Rosenau）所說，國際政治是一個沒有政府治理（governance without government）的政治。雖然國際組織確實存在而且數量不斷的增加，但超越國家的機構只有在某些國家具有此特性與能力的情況下，才能夠有效的發揮作用。任何在國際舞台上出現威權的情況，實力幾乎都是不能缺少的基礎。所以，實力是威權轉化的一種特殊形式。

由於國家單元只關心自我，在互動的共同行為中形成了國際政治體系。所以國際政治體系在本質上是自發形成的，而不是人為有意的創建。國家的生存、繁榮或消亡，都取決於自己的努力，國家所信奉的是自助原則。當國家在一個安全無法得到保障的世界裡，一切行為的動機都是以生存為基礎。國家行為體可能會認識到體系結構會約束國家的行為，也了解結構具有對行為體獎勵與懲罰的能力。因此，結構界定行為體參與其中的遊戲，並決定何種博弈者可能會獲得成功；[50] 以至於每個國家只考慮自己的利益，並決定其遵守哪些規範和不理睬哪些

---

47 倪世雄，《當代國際關係理論》（台北：五南圖書，2014），頁106。

48 Waltz, Kenneth N., *Theory of International Politics,* Chap. 1, "Laws and Theories".

49 Waltz, Kenneth N., *Theory of International Politics* (Long Grove: Waveland Press, 2010), pp. 79-80.

50 Waltz, Kenneth N., *Theory of International Politics*, pp. 88-92.

規範。[51]

　　由於國家對於武力的使用沒有任何限制，使得每一個國家為了生存都必須經常處於警戒狀態。所以戰爭狀態是國家之間的自然狀態，但不意味著會經常爆發戰爭，而是戰爭隨時有可能爆發。不論是家庭、社區和全球範圍內，衝突是無法避免的。因此，無政府狀態經常聯想的是暴力。在國際的自助體系中，每一個國家行為體都花費部分精力發展自衛的手段，而非用於增進自身的利益。當面對共同利益開展合作機會的同時，由於國家的不安全感所產生之意圖與行動的不確定性，造成對受益的懷疑而阻礙了雙方的合作；致使在任何自助系統中，國家行為體都對自身的生存感到憂慮，因而限制了自身的行動。

　　在國際政治結構中，國家所關注的是相對收益，而非絕對利益。就國家來說，一個國家專業化程度越高，就越依賴他國提供自身無法生產的原料和商品。進出口的額度越大，則對他國依賴的程度就越深。國家之間相互依賴越緊密，越會受到脆弱性的影響。在無政府的自助體系下，每一個國家的動機就是在尋求自我保護，「關心自我」是國際事務中不變的原則。國防支出所能帶來的回報不是利益的增加，而是獲得獨立自主的能力。[52]

　　對於武力的使用上，肯南（George F. Kennam）認為，儘管在國際事務中使用力量不能完全排除，但也暗示使用武器仍是無可避免的。[53] 華爾茲也認為，國家之間的戰爭，在於決定競爭者之間損失與收益的分配，以及確認誰是強者。強國遏制弱國提出要求的原因，不在於強國具有統治弱國的合法性，而是弱國考量與強國競爭並非明智之舉。但不可否認，國家在國際政治的互動過程中，武力是最終使用的手段，通常也是主要與經常使用的手段。國家之間唯有藉由相互適應才能獲得調整與和解，因為國家必須考慮是否值得去冒戰爭的風險來獲得利益。[54]

---

[51] Waltz, Kenneth N., *Theory of International Politics*, p. 113.

[52] Waltz, Kenneth N., *Theory of International Politics*, pp. 102-107.

[53] Kennam, George F., "World Problems in Christian Perspective," *Theology Today*, XVI, July 1959, pp. 155-172.

[54] Waltz, Kenneth N., *Theory of International Politics*, pp. 112-113.

　　對於國家在權力的追求上，吉爾平（Robert Gilpin）認為權力是一個行為體根據其意願，影響另一個行為體去做或不去做某件事的能力。[55] 鮑德溫（David Baldwin）則認為權力是一種因果關係，也就是行使權力的行為體影響其他行為體的行為、態度、信仰和行為傾向。[56] 多爾蒂及普法爾茨格拉夫認為，現實主義與新現實主義都假設民族國家（nation-state）是追求國家利益（以權力的術語觀點）的理性行為體，其處在一個無政府的社會中，一個自助的國際體系中。在這個體系中，「安全問題」（即生存問題）仍是國家的首要考量。[57] 吉爾平亦認為即使在各國經濟日益全球化和一體化的時代，國家仍會利用自己的權力來影響經濟活動，爭取國家經濟利益與政治利益的極大化。[58]

　　國家在無政府狀態的權力平衡體系下，摩根索認為國家的目的在追求權力的極大化，以創造對他國的影響力。但華爾茲則認為國家的最高目標是尋求安全，只有國家安全獲得保障的情況下，才有可能追求國家的利益與權力。國家追求權力是手段，而不是目的。權力平衡體系促使國家朝向追求「安全」的目標，以及維持自身在體系中的地位，而不是權力的極大化。[59]

　　對於「權力平衡」穩定論，華爾茲認為即使在冷戰時期的美蘇兩大強權之兩極體系，權力平衡的政治形態依然正常存在。只是彌補權力失衡的手段，主要是依靠國家內部能力的強化。外部手段的聯盟因素，已無法影響兩極的體系格局。[60] 這否定了摩根索認為多極體系下，「權力平衡」較穩定的立論。主要因素在於兩極世界中軍事相互依賴的程度低於多極的世界，因為第三方的加入或退

---

[55] Gilpin, Robert, *U.S. Power and the Multinational Cooperation: The Political Economy of Foreign Direct Investment* (New York: Basic Book, 1975), p. 24.

[56] Baldwin, David A., "Neoliberalism, Neorealism, and World Politics," in David A. Baldwin, ed., *Neorealism and Neoliberalism: The Contemporary Debate* (New York: Columbia University Press., 1993), p. 16.

[57] Dougherty, James E. and Pfaltzgraff Jr., Robert L., *Contending Theories of International Relations: A Comprehensive Survey* (New York: Addison Wesley, 1996), p. 30.

[58] Gilpin, Robert, G*lobal Political Economy: Understanding the International Economic order* (New Jersey: Princeton University Press, 2001), p. 102.

[59] Waltz, Kenneth N., *Theory of International Politics*, pp. 126-127.

[60] Waltz, Kenneth N., *Theory of International Politics*, p. 117.

出聯盟並不會改變兩極的權力平衡。聯盟領袖可以根據自身對利益的計算採取靈活的戰略行動，而不須滿足盟友的要求，其所受到的約束力主要來自於對手的反應。蘇聯威脅的存在令美國不安心，反之亦然。

因此，爆發戰爭危險的根源在於其中一方的過度反應。也由於兩極體系具有簡單性的緣故，所產生的強大壓力使得雙方變得保守，進而維持了和平與穩定。另在核武的議題上，擁有核武的小國雖然對大國具有談判的籌碼，但不會改變美蘇兩極權力平衡的態勢，因為核武不會是改變國家實力的經濟基礎。由此可了解到大國之所以強大，不只是因為擁有核子武器，而是在於還擁有龐大的資源，能夠在戰略和戰術層面上，形成與維持軍事及其他方面的各種權力。[61]

米爾斯海默（John J. Mearsheimer）在其《大國政治的悲劇》（*The Tragedy of Great Power Politics*）著作中，提出「攻勢現實主義」（offensive neorealist）的觀點，認為引發國家追求權力的是體系結構，所以攻勢現實主義也是國際政治的結構理論延伸分支。對於攻勢現實主義與守勢現實主義的差異，在於國家對於追求權力多寡的問題。其堅信在國際政治上很少發現權力能維持現狀，因為國際體系為國家創造一個強烈動機，尋求增加權力的機會使競爭者付出代價，以及當利益超過代價時，即可獲取對競爭者的優勢。[62]而守勢現實主義（defensive neorealism）認為國家不再尋求權力收益的最大化，而是在與對手的競爭中力求使權力損失最小化，也就是國家採取其他的戰略來防止他國權力增長，以達到維護自身安全的目的。[63]

綜合華爾茲、吉爾平、鮑德溫、多爾蒂及普法爾茨格拉夫對於新現實主義的國際政治觀點，以及米爾斯海默的攻勢現實主義觀點，可以了解到新現實主義的理論核心為：1. 國際無政府狀態是自然形成的，而不是人為創造的；2. 從國家利益的觀點，國家獲取的是相對收益，而不是絕對利益。而權力的追求是手段，安

---

[61] Waltz, Kenneth N., *Theory of International Politics*, pp. 169-183.

[62] Mearsheimer, John J., *The Tragedy of Great Power Politics* (New York: Norton paperback, 2003), pp. 21-22.

[63] Dougherty, James E., Pfaltzgraff Jr., Robert L., *Contending Theories of International Relations: A Comprehensive Survey* (New York: Addison Wesley Longman, 2001), p. 90.

全才是目的；3.「權力平衡」是國家的一種制度；4.兩極體系格局的「權力平衡」較爲穩定。

肆、新古典現實主義

　　新古典現實主義學者瑪斯坦多諾（Michael Mastanduno）、雷克（David A. Lake）及伊肯貝里（John G. Ikenberry）等認爲國家生存目標的達成，取決於國家領導人的能力；而此能力必須通過國內社會集團與社會環境的挑戰，並獲得它們的支持，以維持其領導權的合法性。[64] 因此，新古典現實主義是對新現實主義的權力重新界定，認爲對外政策是國際體系和國家在層次內及兩個層次之間的複雜互動結果。儘管國家權力及國家體系中的地位影響國家的選擇，但對於認知與價值觀等國內因素的影響，同樣會影響國家的對外政策。[65]

　　綜合上述對古典現實主義、新現實主義及新古典現實主義理論觀點的分析，可以了解新現實主義基本上是以現實主義的理論核心爲基礎，新古典現實主義中的國內層次因素，則補充新現實主義中有關國內層次對國家行爲體對外政策影響因素的不足。

伍、新自由主義

　　自由主義源於理想主義的概念，以康德、洛克及盧梭的政治思想爲基礎。強調合作的重要性，期望建構一個互利的國際秩序，並希望透過國際組織和國際法控制國家之間的衝突，消弭人類的戰爭而走向和平世界。[66] 二次大戰後自由主義在現實主義的批判下，似乎失去對國際關係現況合理解釋的價值，直到基歐漢（Robert O. Keohane）及奈伊（Joseph S. Nye）重新詮釋自由主義理論，方才再次獲得重視。基歐漢與奈伊在 1977 年出版的《權力與相互依存》（*Power and*

---

[64] Mastanduno, Michael, Lake, David A., and Ikenberry, John G., "Toward a Realist Theory of State Actors," *International Studies Quarterly,* Vol.33, No.4 (Dec., 1989), pp. 463-464.

[65] Dougherty, James E., Pfaltzgraff Jr., Robert L., *Contending Theories of International Relations: A Comprehensive Survey*, p. 89.

[66] 林碧炤，〈國際關係的典範發展〉，《國際關係學報》，第29期，2010年1月，頁19-20。

Interdependence）一書中，為新自由主義理論開創新的時代。此書開宗明義就指出我們生活在一個相互依賴的時代，隨著跨國公司、跨國社會運動與國際組織等非領土行為體（nonterritorial actors）的出現，領土國家的作用在減弱。[67]這成為新自由主義理論的先驗假設。

基歐漢與奈伊認為世界政治中的相互依賴，所指的是國家之間或不同國家的行為體之間互惠影響的特徵情況，當互惠成為交易的代價結果（costly ef-fects），就會發生相互依賴情形，代價結果有可能是由其他行為體直接或間接的作用。因此，相互依賴不會僅限於互利，在相互依賴限制了自主權之後，代價總是與相互依賴有所關聯。而相互依賴關係的代價與利益基本上有兩種觀點，一種為關注在涵蓋各方的共同利益或共同損失，另一種為強調相對利益與分配議題。[68]

對傳統國際政治分析家而言，權力通常所指的是軍事實力。然而在全球化時代，造就權力能力的資源已非單一的軍事力量，而有越來越複雜的趨勢。由於權力被視為一種控制成果的能力，所以權力在相互依賴的作用，將會產生「敏感性」（sensitivity）與「脆弱性」（vulnerability）兩種結果。「敏感性」所指的是政策框架內的反應程度，也就是一國對他國企圖改變代價所做的改變速度，以及代價的結果是多少，而「脆弱性」則取決於各行為體面對相對能力與代價的選擇性。就依賴的代價而言，敏感性傾向於在試圖改變情勢的政策轉變前，受到外部強化代價結果的影響。脆弱性可被定義為行為體受到外部事件的影響，甚至在政策已被改變之後，傾向於承受代價。然而政策的改變通常不是快速的，所以外部改變的立即結果通常反射在「敏感性依賴」上。對於「脆弱性依賴」僅能藉由行為體在環境改變後的一段期間內，做出有效調整代價來量測。基本上脆弱性對了解相互依賴關係的政治結構是非常重要的，其不僅適用於社會政治關係，也適用於政治經濟關係。[69]

基歐漢及奈伊認為操縱經濟或社會政治的脆弱性，有可能要承擔風險。當一國試圖操縱相互依賴戰略，將有可能導致另一個戰略反擊。此外，若僅靠經濟手

---

[67] Keohane, Robert O., Nye, Joseph S., *Power and Interdependence* (New York: Longman, 2001), p. 3.

[68] Keohane, Robert O., Nye, Joseph S., *Power and Interdependence*, pp. 7-8.

[69] Keohane, Robert O., Nye, Joseph S., *Power and Interdependence*, pp. 10-13.

段對抗重大的軍事武力是無效的，在某種意義上，軍事力量對經濟力量具有支配的地位。[70]

對於複合相互依賴概念，基歐漢及奈伊認為，複合相互依賴具有連結社會的多重管道特性（例如：政府與非政府組織、跨國組織等），由於複合議題所組成之國家間關係的議題、沒有明確或固定階級組織的安排，以及當複合相互依賴存在時等 3 個特徵，區域範圍內的政府是不會使用軍事武力對付其他政府，這 3 個特徵更接近對國際機制變遷現況的解釋。所以，國際政治互動的過程在複合相互依賴下，國家行為體的目標會因議題領域不同而有所不同，使得權力資源與議題領域有著相當大關係。當議程受到議題領域範圍內權力資源分配的影響，以及強國遭受武力無法發揮效用影響時，會使議題的連接更加困難。然弱國則可藉由國際組織侵蝕議題的連接而非加強等級制度，以及國際組織議程的設置，促使聯盟的形成與提供弱國政治活動的場所。[71] 由此，在複合相互依賴的條件下，國家目標的達成著重於議題內經濟相互依賴、國際組織及跨國行為體的操縱。[72]

對於國際機制的發展，基歐漢於 1984 年出版的《霸權之後：世界政治經濟中的合作與紛爭》（*After Hegemony: Cooperation and Discord in the World Political Economy*）專書指出，世界政治經濟的相互依賴產生衝突，人們因外國不預期的改變而受到傷害，轉變到由政府負責救援；促使政府採取不同的政策與創造紛爭，如果紛爭是有限的並且避免衝突惡化，合作的選擇就會發生。雖然霸權國家可以扮演調和的角色，然而在沒有霸權國家扮演調和的角色下，合作也許是困難的。但是霸權國家之前所建立的國際機制，仍會扮演非常重要的角色。不是因為構成的國際機制類似中央政府，而是因為政府之間促進了協議，以及分權實施協議。它們藉由降低制定交易成本以符合機制的原則，提高了合作的可能性，進而創造共同利益。[73]

---

[70] Keohane, Robert O., Nye, Joseph S., *Power and Interdependence*, p. 14.

[71] Keohane, Robert O., Nye, Joseph S., *Power and Interdependence*, pp. 21-32.

[72] Keohane, Robert O., Nye, Joseph S., *Power and Interdependence*, p. 103.

[73] Keohane, Robert O., *After Hegemony: Cooperation and Discord in the World Political Economy* (New Jersey: Princeton University Press, 1981), pp. 243-246

　　由於全球主義是相互依賴的一種類型，其所指的連接網路，也就是多邊關係，以及全球性的網路關係。[74] 因此，社會空間可視為一個由市場、政府及公民社會圍繞的三角形。三角形的各角與相互關係受到資訊革命和全球化現象的影響，市場的擴張使公司結構朝向網路化，新的組織和聯絡管道跨越了國家邊境。同時，經濟及社會的改變也迫使政府組織形式與功能發生改變，最終改變也可能發展到個人的意志。[75]

　　對於華爾茲的結構現實主義觀點，基歐漢認為即使國際政治的有效作用必須考慮無政府的限制因素，但是我們更需要關注世界政治面向中，被降低或忽視的經濟與生態的相互依賴，其改變了政府功能的能力、資訊效益的變化及國際制度與機制的角色。[76] 布讚認為華爾茲強調國際政治上結構層次的權力及分配，卻嚴重低估國際行為體的威權作用和組織作用；規則、機制及國際組織也應該包括在國際政治結構的定義之中，並認為政治結構雖然包含無政府狀態，但也包含等級結構，即所謂「深層結構」（如聯合國、歐盟）。[77] 金德曼（Gottfried-Karl Kindermann）認為權力手段和制裁手段不能排除在國家法律之外，同樣的，把權力當作國家政治的工具，也不是說權力就是最重要的工具。[78]

　　奈伊認為一次大戰後美國所創建的國際聯盟集體安全制度之所以失敗，除了缺少美國這樣的大國承擔維護國際秩序的責任外，另一個因素是日本及德國對姑息主義錯誤認知所蓄意發動的戰爭。[79] 冷戰期間美蘇兩大強權之所以能保持和平的狀態，以及韓戰、越戰等所謂代理人的戰爭及古巴危機，最終能以協議的方式和平收場，主要在於雙方核子嚇阻的作用。而冷戰後由於國家在國際間相互依賴

---

[74] Keohane, Robert O., Nye, Joseph S., *Power and Interdependence*, p. 229.

[75] Keohane, Robert O., Nye, Joseph S., *Power and Interdependence*, p. 262.

[76] Keohane, Robert O., "Realism, Neorealism and the Study of World Politics," *Neorealism and Critics* (New York: Columbia University Press, 1986), p. 24.

[77] Buzan, Barry, Jones, Charles, and Lattle, Richard, *The Logic of Anarchy: Neorealism tp Structural Realism* (New York: Columbia University Press., 1993), pp. 36-38.

[78] Kindermann, Gottfried-Karl, *The Munich School of Neorealism in International Politics* (Unpublished Manuscript: University of Munich, 1985), pp. 10-11.

[79] Nye Jr., Joseph S., Welch, David A., *Understanding Global Conflict and Cooperation: An Introduction to Theory and History* (New York: Longman, 2010), pp. 106-127.

的程度加深，以及國際行為合法性的狀況下，對國際組織與國際法有所需求，使得國際之間的衝突得以有效控制。[80]

　　對於新自由主義相互依賴的概念，奈伊更進一步說明在全球化的時代，沒有任何一個國家可以孤立或分離於國際社會之外，如果國家試圖採取此政策，將付出相當大的經濟代價。社會相互依賴的根源，在軍事上存在於對威脅的心理認知；在經濟上存在於對價值和成本的政策選擇問題；在相互依存的利益上，由於國際事務與對外事務之間的政治及經濟問題，所發生相互依賴的狀態，使得國家不僅關心絕對利益（零和），也關心相對利益（非零和）。在成本上則是對相互依賴情勢改變所反應的敏感性與脆弱性；而對稱性部分，所指的是相互依賴的平衡性。在國際政治中，誰能操縱相互依賴的對稱性，誰就有權力資源。因此，不對稱性基本上是相互依賴政治的核心，也就是相互依賴較小的一方，可獲得對另一方較大的權力選擇空間。[81] 在資訊全球化時代，雖然國家仍然是世界政治舞台上最重要的行為體，但是跨國行為體對國際政治仍具有一定的影響力。[82]

　　依據上述對新自由主義觀點的探討，基本上國際結構屬於無政府狀態與新現實主義的觀點是一致的。但國家之間在權力與利益的追求上，合作仍是有可能。而且跨國行為體、非政府組織及國際組織的制度與機制等，對政府的對外政策也具有一定的影響力。當美國發生逐漸喪失經濟主導權的趨勢時，將會使得美國與中國兩大國相互依賴的不對稱性縮小，因而限制了美國權力使用的選擇空間。[83] 另軍事力量不再是獲取權力的主要考慮因素，而對國家利益的追求上則強調絕對利益。

---

[80] Nye Jr., Joseph S., Welch, David A., *Understanding Global Conflict and Cooperation: An Introduction to Theory and History*, p. 187.

[81] Nye Jr., Joseph S., Welch, David A., *Understanding Global Conflict and Cooperation: An Introduction to Theory and History*, pp. 246-251.

[82] Nye Jr., Joseph S., Welch, David A., *Understanding Global Conflict and Cooperation: An Introduction to Theory and History*, p. 292.

[83] 熱拉爾·迪梅尼爾（Dumenil, Gerard）、多米尼克·萊維（Levy, Dominique）著，魏怡譯，《新自由主義的危機》（*The Crisis of Neoliberalism*）（北京：商務印書館，2015），頁247。

陸、建構主義

建構主義主要興起於蘇聯解體之後，由於新現實主義與新自由主義都無法預測及解釋，蘇聯的解體與冷戰是如何結束的，進而觸發對冷戰後國際關係理論的重建需求。莫大華認為，建構主義主要源自於國際政治學者對當時主流理論的不滿，企圖引用其他科學理論與國際關係理論結合，為既有的理論困境尋找出另類的理論觀點。[84] 例如：史普勞特夫婦（Harold and Margaret Sprout）認為，大部分人類的活動都會受到人力和物力資源分布不平衡的影響，這種人力與物力有著自然因素，也有非自然的人為因素，即統稱為「環境」。當人對情勢與事件做有意識的回應，且做出明確決策時，是透過認知與詮釋以往的經驗，及其感到需要及渴望的內在心理因素；也就是人的認知與如何對其他人及非人類環境的行為風格。[85] 若從國際政治的觀點，各國在各時期的對外政策上，基本上無法排除受到脅迫與屈服、權勢與依從等不同的情境模式。若以政治的觀點，則這些模式也明確的反映出國家在地理環境上所遭遇的挑戰。[86]

然大部分學者認為建構主義係以涂爾幹（Emile Durkheim）和韋伯（Max Weber）的社會學觀點為基礎所發展出來的，他們認為社會、社會實體或社會事實是建構出來的，也就是經由相關的行為者（actors）共同同意而存在的事實。國際關係的建構主義主要是探討人類意識及其國際關係的角色，以及國家認同利益的形成。[87] 而杉南秀美（Hidemi Suganami）則認為，依據羅傑（John G. Ruggie）在 1973 年的著作《建構世界政治組織》（*Constructing world polity*）中，提出有關國際制度化的觀點，使得關注於社會事實的性質、起源和作用，以及研究可能涉及任何具體方法要求的「社會建構主義」，在國際關係的討論文獻中被大量引用。

---

[84] 莫大華，《建構主義國際關係理論與安全研究》（台北：石英出版社，2003），頁72-73。

[85] Sprout, Harold and Margaret, "An Ecological Paradigm for the Study of International Politics," *Monograph No.30* (Princeton, N. J. : Center for International Studies, 1968), pp. 11-21.

[86] Sprout, Harold and Margaret, *The Ecological Perspective on Human Affairs* (Westport: Greenwood Press, 1979), pp. 12-15.

[87] 莫大華，《建構主義國際關係理論與安全研究》，頁69-70。

　　但在國際關係的研究中，最早提出有關「建構主義」理論的學者之一的是曼寧（Charles A. Manning），他在 1975 年出版的《國際社會的性質》（*The nature of international society*）一書中，提出國際社會、國際法、傳統國際道德及主權國家都是相互主體的心智建構（inter-subjective mental constructs），並由他稱之爲「社會上普遍的社會理論」（socially prevalent social theory）來維持。[88]而對於「建構主義」一詞能被國際關係學者所接受，主要是奧努夫（Nicholas Greenwood Onuf）在其《我們造就的世界：規則與社會理論與國際關係中的規則》（*World of Our Making: Rules and Rule in Social Theory and International Relations*）著作中，第一章即對「建構主義」的內涵提出觀點，認爲社會事實（social facts）是藉由人與人之間的互動所建構而成的。[89]

　　奧努夫的觀點認爲人類屬性是社會屬性的命題，成爲「建構主義」的基本原則。因爲我們不是只有人，還有社會關係的存在。換句話說，社會關係使人（我們）成爲或構成我們存在的那種人。相反地說，從自然界所提供處於自然狀態的物質，做我們彼此做的事，說出我們彼此說的話，使我們造就現在的世界。人造就社會，社會也造就人的雙向過程是持續不斷的。[90]

　　我們是在一個集體能動者所建立的社會世界中，作爲能動者（agents）、我們自己和他人的自覺、體現、規範及積極的社會自我功能。對於個人身分的概念，從自我與他者、他者作爲能動者、對象關係到兩個以上的他者之分析；可以了解當自己在從事行爲的過程中，我們證實了我們作爲個體的身分。我們也可以成爲個別他者的能動者，這對我們自己或對其他人，也許有同樣的影響。當我們成爲一群其他人（可能包括我們自己）的能動者從事行爲時，我們爲他人行事，就好像他們，或者我們是一個單一的團體。同樣的，我們透過這種行爲，證實我

---

[88] Sugnani, Hidemi, "A Note on Some Recent Writings on International Relations and Organizations," *International Affair*, Vol.74, No. 4, Oct. 1998, p. 905.

[89] Onuf, Nicholas Greenwood, *World of Our Making: Rules and Rule in Social Theory and International Relations* (Columbia, SC: University of South Carolina Press, 1989), Chapter 1, pp. 35-65.

[90] Onuf, Nicholas Greenwood, *Making Sense, Making Worlds: Constructivism in Social Theory and International Relations* (New York: Routledge, 2013), pp. 3-4.

們個人的身分，也許我們對團體的其他成員身分也做了同樣的事。[91]這可說是「集體身分」（collective identity）的建構。

慕尼黑學派的新現實主義雖然把權力視為一個不可或缺的變量，用於解釋政治轉變和發展動力，但國內政治和國際政治的核心概念是政治，而不是權力。國際體系的存在是由互動的因素所構成，其不僅要依靠古典現實主義的概念，也要以「跨文化比較研究」中的變量為基礎。[92]

莫大華認為歐洲的「詮釋學」是建構主義引述的哲學理論基礎，並源於法蘭克福學派的「批判主義」、英國學派的「國際社會」，以及相關社會學理論與語言分析哲學的觀點。「批判主義」部分：主要在回應華爾茲的新現實主義，對於後冷戰時期戰略與安全議題的觀點；在「國際社會」部分：建構主義所關注的是國際規則與規範中，有關文化與認同，以及詮釋的取向；在社會學理論部分：建構主義引用「結構論」、「象徵互動論」及「社會心理學」的「社會認同理論」，其中奧努夫認為吉登斯（Gidden）的理論是建構主義的範例；在語言分析哲學部分：關注語言與其意義在相互建構的重要性，以及認為使用語言是構成世界的一種行動。[93]

1989年奧努夫所提出之「建構主義」的內涵與觀點，廣為國際關係學者接受後，引發法蘭克福學派、英國學派等學者從不同的關注點提出建構主義的理論觀點。例如：霍普夫（Ted Hopf）從批判理論的運用程度，區分傳統（conventional）與批判（critical）的建構主義。佩特曼（Palph Pettman）以「科學推理」（scientific reasoning）的方式，區分保守（conservative）、社會理論（social theory）及常識（commonsense）的建構主義。霍布森（John M. Hobson）以國內（domestic）與國際（international）行為體權力（agential power）之高低程度，區分國際社會中心（international society-centric）、國家中心（state centric）及激

[91] Onuf, Nicholas Greenwood, *Making Sense, Making Worlds: Constructivism in Social Theoury and International Relations*, pp. 77-95.

[92] Dougherty, James E., Pfaltzgraff Jr., Robert L., *Contending Theories of International Relations: A Comprehensive Survey* (New York: Addison Wesley Longman, 1997), p. 81.

[93] 莫大華，《建構主義國際關係理論與安全研究》，頁77-90。

進（radical）的建構主義。克盧南（Anne Clunan）以國家認同體的形成過程中，對於國家特質與角色的差異，區分重視國家在國際關係的角色、國家對國內社會角色與政治的兩類建構主義。

而溫特則將現代論者與後現代論者對於國際關係理論的知識論辯論作為區分，分為現代論者（modernist）與後現代論者（postmodernist）的建構主義。羅傑（John G. Ruggie）從哲學與社會科學詮釋的角度，區分為新古典建構主義（neoclassical constructivism）、後現代論建構主義（postmodernist constructivism）及自然主義的建構主義（naturalistic constructivism）。帕蘭（Ronen Palan）引用溫特建構主義的觀點，區分強硬（hard）與溫和（soft）的建構主義。[94]

但溫特 1999 年的著作《國際政治的社會理論》（*Social Theory of International Politics*），可說是對「建構主義」做一個廣泛的、有系統的說明，已成為建構主義理論的經典典範。溫特認為建構主義有兩個基本原則：1. 人類交往的結構主要來自於共有觀念（shared idea），而不是由物質力量來決定；2. 目的性行為體的身分和利益是由共有觀念所建構，不是自然形成的。在國際政治中，國家是主要的行為者，內含社會體系的行為者，其具有相當高的獨立性。行為體的對外政策行為，主要經常取決於國內政治（類似個別的個人）的決定，而不是國際體系（社會）。在國際體系的結構觀點上，建構主義有別於新現實主義將國際體系結構視為物質力量的分配，以及新自由主義則視為物質力量加上國際制度，而是將國際體系視為「觀念的分配」（distribution of ideas）。[95]

對於新自由主義在國際治理的過程中，非國家行為體如環保團體、人權團體等非政府組織，對國際體系是具有一定的影響力。然溫特認為雖然這些行為體可能無法排除，但體系的變化最終還是要透過國家來完成。也就是說，國家是透過利益、需要、責任及理性將自己塑造成能動者，並且國家與國家之間相互造就成為能動者。所以很少發現國家與其他國家完全隔絕，大多數的獨立國家都置身於

---

[94] 莫大華，《建構主義國際關係理論與安全研究》，頁108-121。

[95] Wendt, Alexander, *Social Theory of International Politics* (Cambridge: Cambridge University Press, 1999), pp. 1-5.

相對穩定的體系中，並時有侵犯到其他國家的行為。[96]

對於國際體系結構的形成，新現實主義認為是無政府狀態下的物質力量分配之結果。對此溫特認為，新現實主義的無政府體系之自我形成，主要是因為國家在追求安全考慮所創造出來的一個自助體系，而不是無政府在自然狀態下所形成的。國際結構不是物質現象而是觀念現象，換言之，國際生活的特徵取決於國家與其他國家之間相互的信念與期望，很大程度上是由社會結構構成的，而不是物質結構。但不否定物質力量與利益的重要性，而是認為物質力量與利益及效果需依賴體系的社會結構。[97]

權力與國家利益傳統上是國際關係理論研究的起點，權力最終是朝向軍事力量的能力，利益則是對權力、安全和財富的自私追求，這些基本上屬於物質因素。然部分學者批判新現實主義與新自由主義只重視物質因素，認為包含身分、意識形態、論述、文化的「觀念」，可以用來解釋權力、利益和制度（新自由主義的觀點）所無法解釋的行為特點。但溫特認為權力的意義與利益的內容，很大的程度上是觀念的作用。而制度是由規範和規則所構成的，是「共有思想模式」（shared mental models）的觀念現象。[98]

對於現實主義認為國家利益是出於自私需求，溫特不否認國家行為是基於對利益的認知，是自私的行為。但權力的意義僅小部分是建構在利益分配上，因為建構利益的物質力量是人性。從理性主義的觀點，「願望」（desire）是「為」（for）獲得某件事物，而信念（belief）是「關於」（about）事務的認知。也就是願望是動機，信念是認知。所以，願望所指的是國家利益，是引導國家行動的基本因素。[99]

對於國際政治中無政府狀態的社會結構，溫特運用社會學中「知識」（knowledge）的觀點，也就是行為體的信念是真實的，知識可以自有（private），也可以共享（shared）。以國家而言，自有知識往往來自於國內或意識形

---

[96] Wendt, Alexander, *Social Theory of International Politics*, p. 10.

[97] Wendt, Alexander, *Social Theory of International Politics*, pp. 16-18.

[98] Wendt, Alexander, *Social Theory of International Politics*, pp. 92-96.

[99] Wendt, Alexander, *Social Theory of International Politics*, pp. 114-118.

態的考量，亦為表達國際環境與定義國家利益的關鍵決定因素。而社會的共有知識則稱之為「文化」（culture），其具體形式包括規範、規則、制度、意識形態、組織、威脅體系等；並認為文化可以被視為是自我實現的預言，但是「過程」（process）也是結構變化的潛在因素。[100]

溫特認為能動者及其互動是結構因果力量的本質，任何社會體系的結構都可以在國家與國際兩個層次上構成，其內容可能包含物質性、觀念性或兩者兼具。由於共有知識（common knowledge）涉及行為體相互間對於理性、戰略、偏好、信念，以及外部世界狀態的認知，使得共有知識所構成的文化形式（culture forms）具有主觀與互證（intersubjective）之現象。所以共有知識既不是微觀（單位）層次（觀念性）結構，也不是宏觀層次（物質性）結構，而是互動層次的現象。然而規範、規則、制度、習俗、意識形態、習慣、法律等具體的文化形式，都是由共同知識所建構而成的。[101]由於結構具備因果與建構兩種作用，而因果關係是「互動」或「相互決定」（co-determination）性質的關係；建構關係則是「概念的依賴」（conceptual dependence）或「相互構成」（mutual constitution）。文化的規範如同結構，對能動者的因果與建構作用，可運用在他的行為、屬性（身分及利益）或兩者兼有。因此，能動者與社會結構之間的相互建構，使得文化具有自我再造的趨勢。[102]

在國際政治中，建構主義不否認現實主義將國家視為國際社會中單一的行為體之個體，如同個人之於國家社會具有成為能動者的意義。因此，國家是具有身分與利益的實體。當身分成為有意圖行為體的屬性時，就會產生動機與行為特徵；使得身分具有「自我持有」（held by the self）與「他者持有」（held by the other）的觀念，並由內在與外在結構兩者建構而成。身分的多樣性展現出個人或團體（personal or corporate）、類屬（type）、角色（role）及集體（collective）等4種類型。國家是一個「團體自我」（group self），具有自生（auto-generic）的特徵，因而對於他者來說，本質上則是外生（exogenous）的。

---

100 Wendt, Alexander, *Social Theory of International Politics*, pp. 140-145.

101 Wendt, Alexander, *Social Theory of International Politics*, pp. 146-160.

102 Wendt, Alexander, *Social Theory of International Politics*, pp. 165-187.

　　對於身分的屬性，其具有固有文化面向，使得構成類屬身分的基礎特徵是植基於行為體的內在本身，與角色和集體身分有所不同。相較類屬身分的社會先驗內在屬性，角色身分則依賴共有期望的外在文化互動。而集體身分則是透過認同（identification）將自我與他者結合，具有角色身分與類屬身分結合的獨特性。其因果力量促使行為體將他者行為體的利益定義為自我利益的一部分，具有「利他主義」（altruistic）的特性。[103]

　　溫特對於身分與利益之間的關係，認為身分所指的是行為體是誰或內容是什麼？也就是表明社會的類別或存在的狀態。而利益所指的是行為體想要的，表明解釋行為體的行為動機。所以，「沒有利益，身分就失去動機的力量；沒有身分，利益就失去方向。」而利益則可區分為「客觀利益」（objective）與「主觀利益」（subjective）兩種面向，客觀利益是需要或功能需求，也是身分再造時不可缺少的執行要素；主觀利益的概念，則是指行為體實際如何需要其「身分需求」（identity needs）的信念。當國家視為一個行為體，其行為亦將受到傳統、類屬、角色與集體身分的多樣利益所驅動。因此，國家利益的概念係指國際社會複合體的再造需求或安全，以其特徵定義所指的是客觀利益，即生命、獨立、經濟財產與「集體自尊」（collective self-esteem）。[104]

　　「集體自尊」所指的是，群體為了尊重或地位所展現的一種自我感覺良好之需求，而這樣的需求包含正面與負面兩種形式，如果是負面形象，意味著經由他國認知的不尊重或羞辱所形成；正面形象則是來自於與他國的相互尊重與合作。其結果是當負面形象形成後，國家就會藉由自我主張及／或貶低和侵犯他國以彌補自我的負面形象。對於正面形象則是國家的主權得到其他國家承認，其意義是國家至少在形式上被他國視為具有平等的地位。因此，國家擁有對其利益解釋的權力，但不代表具有為所欲為建構自以為是的國家利益。[105]

　　對於無政府社會結構部分，溫特認為由於共有觀念所形成的文化是社會結構的次結構，從國際政治的觀點，可以了解到政治文化是影響國際體系結構的關鍵

---

[103] Wendt, Alexander, *Social Theory of International Politics*, pp. 198-229.

[104] Wendt, Alexander, *Social Theory of International Politics*, pp. 231-235.

[105] Wendt, Alexander, *Social Theory of International Politics*, pp. 236-238.

因素；角色的本質是結構的屬性，而不是能動者。所以，國際體系文化是植基於角色的結構。同時，任何文化形式的關鍵面向是文化形式內的角色結構，也就是共有觀念，使得擁有此觀念的行為體具有「主體位置」（subject position）格局。由於「主體位置」是自我與他者重現所建構而成，所以無政府狀態的核心就是一種主體位置。對此，溫特運用霍布斯對國際政治是權力追求的觀點、洛克期待一個和平、良好與相互幫助的世界，[106]以及康德共和主義的國際道德思想觀點，說明主體位置的文化關係。[107]

因此，溫特認為無政府體系的結構和趨勢取決於以霍布斯文化（hobbesian culture）為主體位置的「敵人」（enemy）、以洛克文化（lockean culture）為主體位置的「對手或競爭者」（rival），及以康德文化（kantian culture）為主體位置的「朋友」（friend）。國家在國際體系文化的支配壓力下，其角色會內化於他的身分與利益之中。[108]霍布斯文化是在自我與他者之間支配暴力的使用中，「敵人」位於角色關係頻譜的一端，不同於競爭者和朋友的類屬。此三者不同類屬的位置構成了社會結構，主要是基於自我定義他者再現的態度。所以，敵人是由他者再現所構成的，而具有他者的行為體所表現的，則是不承認自我獨立存在的權利。因此，不願意自我使用暴力的傾向。[109]

在無政府結構所展現的 3 種文化狀態，溫特認為處於霍布斯文化角色的國家，其對外政策態度與行為，至少具備下列 4 種含義，並轉換成某種特定的互動邏輯：1. 國家將傾向於經由成為積極的修正主義者來回應敵人，並試圖摧毀或征服敵人；2. 決策傾向於不考慮未來，而是面對最壞的狀況，以及減少以合作方式回應敵人任何合作的機會；3. 相對軍事能力被視為決定性因素，當敵人的修正主義傾向被認知，國家就可以使用敵人的軍事能力來預測其行為；4. 如果實際戰爭到來，國家將以敵人的方式（自我的認知）進行戰鬥，意味著無限制的使用

---

[106] Thompson, Kenneth W., *Fathers of International Thought: The Legacy of Political Theory* (Baton Rouge and London: Louisiana State University Press, 1994), pp. 82-83.

[107] Thompson, Kenneth W., *Fathers of International Thought: The Legacy of Political Theory*, p. 112.

[108] Wendt, Alexander, *Social Theory of International Politics*, pp. 251-259.

[109] Wendt, Alexander, *Social Theory of International Politics*, p. 260.

暴力。[110]

　　霍布斯文化亦可以內化為 3 種等級，分別為武力、代價及合理性。當文化規範只在行為體的第一等級內化時，行為體基本上是在受到外力脅迫的情況下服從規範。不過一旦強制性脅迫壓力消失，行為體就會打破這個規範。如果改變這個文化規範失敗，行為體又會被迫服從規範。第二等級的內化，在於行為體會服從外力脅迫的文化規範之原因，主要是可獲得外生給予的利益。雖然外部脅迫是主要制約的因素，但不是脅迫，而是自身利益的選擇。不過一旦所付出的代價超過收益，行為體就會改變其行為方式。而第三等級的內化，則是行為體視文化規範具有合理性，所以願意遵循規範的要求。其意味著願意承擔其他行為體所給定的角色，並將其當作是主觀認定的身分。當這種制約因素存在，敵意不僅可被視為內容，也可視為合理。以國家而言，則可以合理的承擔敵人的身分，並獲得相對應的利益。因此，共有知識的文化以某種特定方式給予行為體具體的身分與利益，使國家得以確定自己的身分、利益和思維方式。[111]

　　洛克文化所展現的競爭形態，如同敵人。競爭者是由自我與他者涉及暴力方面的再現所建構而成的。但競爭者所期望的，像是對主權承認的相互行為，如同生命與自由的權力，不會試圖征服與統治對方。基於競爭者是對主權行使的權利，但主權唯有在其他國家承認的狀況下才具備「權利」。由於享有權利的建構特徵是他者的自我設限，也就是他者接受自我享有某些權力。因此，對於他國採取「保持現狀」（status quo）政策，就是一種含蓄的對主權的承認。若國家承認相互主權是一種權利，我們即可以說主權不僅是個體國家的特徵，也是許多國家共有的一種制度。制度的核心是共有的期望，國家將不試圖奪取其他國家的生命及自由。基於現代國家之間的競爭，受到國際法承認的主權結構之限制。廣義的說，競爭是以法治為基礎，但以暴力解決爭端仍是競爭者無法排除的手段。雖然洛克文化不是一種完全的法治體系，但對於暴力的使用程度，期望會限制在「生存」（life）與「允許生存」（let life）的界線內。[112]

---

[110] Wendt, Alexander, *Social Theory of International Politics*, p. 262.

[111] Wendt, Alexander, *Social Theory of International Politics*, pp. 268-274.

[112] Wendt, Alexander, *Social Theory of International Politics*, pp. 279-281.

　　洛克文化的競爭，對國家的對外政策至少有 4 種含義：1. 國家在與其他國家有可能發生的任何衝突中，都必須表示尊重相互主權維持現狀的樣子；2. 敵人必須基於高風險規避、時間急迫及相關權力制定決策，也就是競爭者容許更緩和的觀點；3. 相對軍事力量仍是重要的，因為競爭者了解其他競爭者有可能使用武力解決爭端。但是競爭者的軍事力量意義與敵人的軍事力量不同，在於主權制度改變「威脅平衡」（balance of threat）；4. 如果爭端持續引發戰爭，競爭者將限制自己暴力的使用。[113] 洛克文化是強迫、自利及合理性等 3 種程度規範現象內化的集合體，第一級內化認為國家遵守主權規範是受到其他較強國家的強迫；第二級內化認為國家遵守規範是由於符合外生給定的利益，如安全與貿易；第三級內化認為國家之所以會接受主權規範的原因，在於剛開始將主權規範視為一種工具的態度。[114]

　　相較於霍布斯與洛克文化，康德文化是以友誼的角色結構為基礎，也就是國家期望不使用戰爭和／或威脅使用戰爭來解決爭端，以及任何一方的安全受到第三方的威脅，雙方共同作戰，相互遵守規則。這兩條規則產生與「多元安全共同體」（pluralistic security communities）和「集體安全」（collective security）相似的概念。「多元安全共同體」的形成並不保證衝突不會發生，而是認為戰爭不再是解決爭端的合法手段，取而代之的是談判、仲裁或訴諸法律等方式解決。而「集體安全」具有互助的原則，以集體的行動保護體系內各成員不受外部成員的威脅。[115]

　　康德文化也如同洛克文化一樣，具有強迫、自利及合理性等 3 種程度規範現象的內化。第一級內化認為在以全球安全為考量的因素下，對環境的惡化與核戰的巨大毀滅性，創造出國家在國安的問題上，不以自己利益為中心的合作；第二級內化認為是國家基於個體的私利而遵守文化的規範；第三級內化是國家接受文化規範，主張國家的行為具有合理性，國家在相互認同的過程中，相互以政策方式將彼此的安全視為自己的安全。將自我的認知界線擴展到他者，並形成一個單

---

113 Wendt, Alexander, *Social Theory of International Politics*, p. 282.

114 Wendt, Alexander, *Social Theory of International Politics*, pp. 286-288.

115 Wendt, Alexander, *Social Theory of International Politics*, pp. 298-300.

一的「認知領域」（cognitive region）。[116]

　　溫特認為在國家身分形成上具有的兩種機制，一種是自然選擇，即適者生存的競爭是行為體追求物質過程的自然行為，也是不要求認知、理性或意圖的無法再造過程；另一種文化選擇是一種進化機制，包含經由社會學習、模仿或一些類似的步驟，係從個體到個體、世代到世代傳播行為的決定因素，也就是行為體透過認知、理性和意圖的再造而獲得。身分和利益不僅僅是在互動中學習而來的，而且也支撐著身分與利益。因此，文化選擇才是主導身分與利益的基礎。[117]

　　因此，無政府狀態的文化是建構在共有知識上。當國家與國家之間沒有共有知識的存在，現實主義的權力平衡，也就不是真正的權力平衡。雖然可能會出現所謂的機械性的平衡，但是當行為體無法意識到權力平衡的存在，權力平衡就無法形成。[118]而「敵手共生」（adversary symbiosis）形式是國家之間成為相互敵人的要件，而此要件至少有 3 種方式：1. 軍工複合體集團，為了企業利益將國家身分建構在敵對他者存在的情況下；2. 自群體（in-group solidarity）的內在團結，也就是敵人是透過國家之間相互建構而成的；3. 投射認同（projective identifica-tion），強調敵人的角色來自於內心自我的陰暗面投射。[119]

　　自二次大戰以來，北大西洋地區產生從洛克無政府文化轉向康德無政府文化的結構變化。這種變化即是要建立一種基於國家之間友誼的集體身分，而建立這種集體身分的根本問題，則是協調共同體需要與其個體成員需要之間的關係。所以，友誼並不是要建立一種毫無差異的統一世界，而是要建立更高層次的身分，這種身分絕對不會是以泯滅得以獨立存在的行為體個體性特徵而來。[120]

　　建構主義認為結構的改變是發生在行為體重新定義其身分與利益時，能動者藉由特定的實踐活動造就與再造社會結構，使得社會結構的制度及規範這些實踐的活動與身分產生交聯。雖然能動者與社會結構是相互建構，並且互為決定因

---

[116] Wendt, Alexander, *Social Theory of International Politics*, pp. 302-305.

[117] Wendt, Alexander, *Social Theory of International Politics*, pp. 320-331.

[118] Wendt, Alexander, *Social Theory of International Politics*, pp. 266-267.

[119] Wendt, Alexander, *Social Theory of International Politics*, pp. 274-276.

[120] Wendt, Alexander，〈國際政治中第三種無政府文化〉，《美歐季刊》，第15卷，第2期，2001年夏季號。頁155-156。

素，但是互動產生的機制仍須由能動者扮演實際活動開始的角色。行為體在認同的過程中，將群體的一部分或群我當作認知意識，就形成社會意識或集體身分。由於任何內化文化的結構與集體身分是相互交聯的，結構發生改變將牽涉到集體身分的改變，包括舊身分的消亡與新身分的浮現。

　　對於影響集體身分的主要變量因素，分別為相互依存、共同命運、同質性與自我約束等4種。第一類為相互依存、共同命運及同質性，是集體身分形成的主動或有效原因；第二類為自我約束，是能夠或許可的因素。當4種因素程度越高，集體身分發生的可能性越大。然而在此4個變量中，「自我約束」扮演相當關鍵的角色。因為集體身分的有效性能夠作用，在於自我約束，而自我約束是根植於尊重與自己有所差異的他者。[121]

　　從溫特對建構主義理論的綜合整理，我們可以了解建構主義的理論核心為「身分」與「利益」的關係，身分對利益的觀點及自我與他者之間的互動決定社會結構。在國際無政府狀態的自助特性下，社會結構通常以霍布斯、洛克及康德3種文化顯現。而個體從認同到「集體身分」的構成，也影響社會結構中文化的轉變。由於溫特的社會建構主義排除國內政治對國家行為體影響的探討，就如同現實主義一樣，都認為以國家為國際政治的主體中心，對外政策的行為來自於國際結構與互動的因素，故屬於一種弱式物質主義。

　　但建構主義的興起主要在於冷戰結束後，兩極體系的國際格局產生結構性的變化。科斯洛夫斯基（Rey Koslowski）和克拉托奇維爾（Fridrich V. Kratochwil）從蘇聯解體的研究分析中，認為冷戰兩極體系結構之所以瓦解，主要是戈巴契夫決定廢止布里茲涅夫主義（brezhnev doctrine）所引發的蘇聯這個非正式帝國的結束。這與新現實主義的理論相反，戈巴契夫的決定不是由體系的約束所驅動，而是在東歐和蘇聯的國內政治重大發展背景下，所做出的一項對外政策選擇，也就是戈巴契夫決定結束布里茲涅夫主義的結果。國際體系因構成集團政治的規範被改變而重建，從而改變超級大國關係的規則。[122] 提出國內政治對國際社

---

[121] Wendt, Alexander, *Social Theory of International Politics*, pp. 336-360.

[122] Koslowski, Rey and Kratochwil, Fridrich V., "Understanding change in international politics: the Soviet empire's demise and the international system," *International Organization,* Vil. 48, No. 2 (Spring

會結構也具有相當大的影響作用，補充了溫特社會建構主義理論上的不足之處。

對此，科斯洛夫斯基和克拉托奇維爾對於冷戰後的超級大國與大國之間的國際政治，認爲新現實主義已無法對國際政治格局的轉變提供連貫的解釋，需要採用建構主義的方法作爲替代的理論框架。因而提出不管是國內還是國際，在所有政治中的爭論，都是行爲者藉由自身的行動來複製或改變體系。由於結構不會改變，所以任何給定的國際體系都不會存在，而是結構再製完全依賴行爲者的實踐。當行爲者藉由實踐改變構成國際互動的規則和規範時，國際體系就會發生根本性的變化。此外，國際行爲者（即國家）實踐的再製取決於國內行爲者（即個人和團體）實踐的再製。因此，當國內行爲者的信念和身分發生變化，從而也改變了構成其政治實踐的規則和規範時，國際政治就會發生根本變化。[123]

另霍布森對於建構主義的觀點，引用卡讚斯坦（Peter Katzenstein）的國家中心建構理論（state-centric constructivist theory），提出規範結構與國內代理權之間建立一種相互嵌入的關係。認爲國家可以擁有不同程度的國內行爲主體權力，這個權力會影響規範，反之亦然。以 1868 至 1945 年期間爲例，擁有中等高程度的國內行爲主體權力國家，有可能發展軍國主義的對外政策。同樣的，軍事與經濟安全規範的強化，也反過來推動了軍國主義的對外政策。

然而，1945 年之後，有爭議的軍事安全規範和無爭議的經濟安全規範存在爭議，破壞了軍事的自主權，促進了國家經濟部門的自主權，反過來導致和平主義的對外政策立場（經濟超級大國地位的迅速提升）。總體而言，無可爭議的規範性結構，導致僵化的政策具有靈活性。相反的，有爭議的規範結構導致政策的僵化。以日本爲例，「攻勢防禦」（offensive-defensive）姿態的轉變，是經由國家推行兩個層級的政策來達成。這暗示日本不只是一個國內規範結構的被動受害者，同時也擁有中等程度的國內行爲主體能力。[124]

1994), p. 228.

[123] Koslowski, Rey and Kratochwil, Fridrich V., "Understanding change in international politics: the Soviet empire's demise and the international system," pp. 215-216.

[124] Hobson, John M., *The State and International Relations* (Cambridge: Cambridge University Press, 2000), p. 171.

　　綜合上述對建構主義理論的解析，建構主義認同新現實主義將國家視為國際社會行為體的基本單位。然對於影響國家行為體的因素，除了國際因素外，國內的因素也須納入考量。雖然溫特將國內政治因素排除在其社會建構主義理論的討論範圍，但是以科斯洛夫斯基、克拉托奇維爾及霍布森之觀點，則認為國內政治對國家行為主體亦會產生影響，所以影響國家行為主體所採取之對外政策的國內政治取向，應該也是建構主義理論需要思考的範圍。因此，國際關係建構主義的理論核心要項，分別為：1.「觀念」對「身分」與「利益」的影響；2. 國際結構無政府狀態的文化轉變；3. 從認同到對「集體身分」的建構；4. 國內次級行為體對「身分」、「利益」及「對外政策」取向的影響。

　　依據上述對國際關係新現實主義、新自由主義及建構主義等三大主義理論的綜合探討，有助於我們對國家在國際政治互動過程中所引發的事件（包含衝突、合作、國際機制的運作等），提供解析問題意識或本質的理論依據。對於新現實主義與新自由主義之間觀點上的差異，鮑德溫（David A. Baldwin）認為主要有 6 點爭論：1. 在無政府的性質與結果上，新現實主義強調國家行為體對生存與安全的動機，新自由主義則認為是國家之間相互依賴的存在；2. 在國際合作部分：新現實主義認為很難實現與維持，新自由主義則認為在相互依賴的全球化中是有可能的；3. 相對獲利與絕對獲利：新自由主義強調國際合作中的絕對利益，新現實主義則認為是權力平衡下的相對利益；4. 國家目標的優先順序：新現實主義關注國家安全事務的相對化，而新自由主義則關注經濟利益的極大化；5. 意圖對抗能力、制度與機制：新現實主義認為國家為獲取權力的優勢，所關注的是能力的獲得，而新自由主義則認為由於相互依賴的敏感性與脆弱性，國家所關注的是他國的意圖；6. 制度與體制：新自由主義認為國際制度與體制具有一定的有效性，而新現實主義則否認國際制度與體制的功能。[125]

　　而溫特認為國際體系的無政府文化是「自我實現的預言」，因為國家所持的社會共有觀念造就對外政策行為，這種行為又加強和再造這樣的觀念。如果國家以相互敵對的方式思維，就會創造霍布斯世界；如果國家以相互競爭的方式思

---

[125]Baldwin, David A., "Neoliberalism, Neorealism, and World Politics," Baldwin, David A., *Neoliberalism and Neorealism* (New York: Columbia University Press, 1993), pp. 4-8.

維，就會創造洛克文化；共有期望的自我實現特徵既創造了結構變化的阻力，也創造結構變化的可能。一方面期望的共有性質意味著任何一個國家、甚至幾個國家都很難改變體系文化，所以，雖然無政府邏輯是社會建構的結果，但卻十分穩定或牢固。共有觀念是建構主義的黏著劑，其意味著共有觀念的存在取決於具有知識的行為體之間的互動。沒有實踐活動，結構就不會發揮作用。

因此，不同的國際關係理論觀點，所獲得之對問題意識或本質解構的結果也不同。然重點在於何者較接近對實事的解釋與推測，可作為尋找適合的因應戰略目標與行動方案之參考依據，以降低國家在國際社會互動過程中的損失，或增加家國家利益。例如：日本自美國總統川普執政之後，改變「親美抗中」的對外政策，傾向於調整為「親美友中」的對外政策；但拜登政府上台後，再次回歸到「親美抗中」的政策。另從日美與日韓關係的互動過程，以及北韓問題對日本安全的影響，不僅可以運用新現實主義的權力平衡理論分析美日韓三國的安全利益，亦可運用新自由主義的國際機制論點探討北韓去核化問題，以及運用建構主義的集體身分觀點，探討中國與日本的關係，以及對日本國家安全與利益的影響。

第二節　戰略研究理論運用

戰略研究所涉及的層面相當廣泛，不僅僅是物質層面，也涵蓋心理層面。在物質層面部分，量化的計算與質性的分析，提供戰略研究一個具體的實證考量因素。在心理層面部分，除了指揮者的心理狀態與思考邏輯因素外，其中「以寡擊眾」、「以少勝多」的戰史案例，所表達的是群眾心理的因素，也是戰略研究的一個重要分析要素。本書將從探討西方戰略理論、中國戰略思想及現代戰略研究，分析戰略研究理論的思考途徑。

壹、西方戰略理論

談到戰略（strategy）通常會與戰爭聯想在一起，這是無可厚非的事實。因為戰略研究理論的目的，就是在為維護國家安全與發展國家的願景上，提供一

個思考途徑。戰略一詞最早源於羅馬皇帝毛里斯（Maurice）所著《將軍之學》（*Strategikon*）。其中對於將軍必須考量的要點（戰略），如祈禱旗幟、方陣的組織、蒐集敵方情報、鼓勵部隊的演說、偵察俘虜敵人、犯罪者的處罰、士兵的維護（兵營及軍帳）、對陌生戰場的考量、馬匹的飲水、攜行口糧、馬車戰、行軍中受到敵人突襲、馬匹的營地與維護、戰鬥中不要理會敵人的屍體及為敵人取綽號等，提出於作戰前有關戰略的思考要項。[126]

鈕先鍾認為，戰略一詞正式被使用源於法國梅齊樂（Paul Gideon Joly de Maizeroy）的《戰爭理論》（*Theorie de la guere*）著作中，並將戰略界定為「作戰指導」。[127]但拿破崙對歐洲所發動的戰爭，卻深深影響西方國家的戰略思想。對於戰略，拿破崙始終相信「戰爭藝術是簡單的，一切都在於執行。」並將政治目的作為思考戰略的前提，有準備攻勢是拿破崙成功的戰略手段，並且不讓有限戰爭的對外政策限制軍事運用的自由度。[128]而拿破崙時代曾加入法國陸軍的瑞士人約米尼（Antoine-Henri Baron de Jomini）上將，可說是對法國戰略思想做具體論述的首創者。認為戰略就是在地圖上遂行戰爭的藝術，以及理解作戰的所有威脅。大戰術則是依據地面實況部署部隊、帶領行動及實際作戰的藝術，並與地圖上的計畫相互配合。[129]

而富有西方兵聖之稱的克勞塞維茨（Carl Von Clausewitz）對於戰略理論的經典指導，提出「戰爭是政治另外一種形式的延續」[130]，簡單地說，就是「軍事是政治的延伸」。認為政治目的是戰爭原始的動機，只有在政治目的能對動員群眾發生作用時，政治目的才能具有度量的尺度。政治目的有時可作為戰爭行為的目

---

[126] Dennis, George Y., *Maurice's Strategikon: Handbook of Byzantine Military Strategy* (Philadelphia: University of Pennsylvania, 1984), pp. 64-69.

[127] 鈕先鍾，《戰略研究入門》（台北：麥田出版，1998），頁13。

[128] Paret, Peter, "Napoleon and the Revolution in War" Paret, Peter, Craig, Gordon Alexander, and Gilbert, Felix, *Makers of Modern Strategy: From Machiaveli to the Nuclear Age* (Princeton, N. J. : Princeton University Press, 1986), pp. 128-134.

[129] Jomini, Antoine-Henri Baron de, *Art of War*, trans. Mendell, G. H. and Craighill, W. P. (Westport: Greenwood Press, 1971), p. 62.

[130] 克勞塞維茨（Clausewitz, Carl Von）著，楊南芳譯校，《戰爭論（卷一）：論戰爭的性質、軍事天才、精神要素與軍隊的武德》（新北：左岸文化，2013），頁79。

標，例如：占領某一地區；有時也不適宜當作戰爭行為的目標，此時就需要另行選定目標作為政治目的的對等物，並於媾和時能夠替代政治目標。[131] 在戰爭的過程中，能夠使軍事行動停頓的原因，即是一方的軍事目標是以奪取對方某一地區作為談判籌碼，當達到其政治目的後，如果對方願意接受戰爭後的結果，就會同意媾和。[132] 因此，戰爭理論的目的在於考察目的與手段，在戰術上，軍隊進行戰鬥是手段，勝利是目的；在戰略上，戰術成果是手段，能直接導致媾和才是最終目的。然而手段與目的之間，離不開影響達成目的的條件與因素。[133] 所以，戰爭是一種人類交往的行為。由於貿易與人的關係密切，往往引發衝突，但是更接近戰爭的是政治。政治可看作是一種大規模的貿易，政治是孕育戰爭的母體，戰爭透過政治孕育而出。[134]

因此，克勞塞維茨將「戰略」定義為運用戰鬥以達到戰爭目的。戰略必須經由研究戰鬥可能產生的結果，以及影響戰鬥作用的智力與感情力量。戰略必須擬訂戰爭計畫，為整個軍事行動確立一個符合戰爭目的的目標，並規劃各個作戰方案和各個戰鬥部署。在制定戰略計畫時，透過戰略理論的方法，闡明事物本身和事物之間的相互關係，提列出原則和規則。所以，戰略計畫必須具備非凡的洞察力。[135] 其戰略思考可分為精神、物質、數學、地理和統計 5 個要素。[136]

克勞塞維茨的戰略思想及理論構想，係以第一次大戰前的拿破崙時代戰爭為參考依據。而第一次大戰之後，對戰略研究有所影響的，則是英國的軍事史學家

---

[131] 克勞塞維茨（Clausewitz, Carl Von）著，楊南芳譯校，《戰爭論（卷一）：論戰爭的性質、軍事天才、精神要素與軍隊的武德》，頁64-65。

[132] 克勞塞維茨（Clausewitz, Carl Von）著，楊南芳譯校，《戰爭論（卷一）：論戰爭的性質、軍事天才、精神要素與軍隊的武德》，頁67。

[133] 克勞塞維茨（Clausewitz, Carl Von）著，楊南芳譯校，《戰爭論（卷一）：論戰爭的性質、軍事天才、精神要素與軍隊的武德》，頁176-179。

[134] 克勞塞維茨（Clausewitz, Carl Von）著，楊南芳譯校，《戰爭論（卷一）：論戰爭的性質、軍事天才、精神要素與軍隊的武德》，頁190。

[135] 克勞塞維茨（Clausewitz, Carl Von）著，楊南芳譯校，《戰爭論（卷一）：論戰爭的性質、軍事天才、精神要素與軍隊的武德》，頁249-250。

[136] 克勞塞維茨（Clausewitz, Carl Von）著，楊南芳譯校，《戰爭論（卷一）：論戰爭的性質、軍事天才、精神要素與軍隊的武德》，頁259。

富勒（J. F. C. Fuller），以及戰略思想家李德哈特（Basil Henry Liddell-Hart）。富勒從軍事史研究的觀點，認為在歐洲拿破崙時代讓英國最感到憂心的是一個聯合的歐洲，當此聯盟形成，英國就不能夠再以支配性的海上強權自居，英國也必然因海上貿易的崩潰而衰弱。拿破崙的失敗在於沒有認清真正的戰略目標是英國。[137] 對於克勞塞維茨的戰略理論，富勒認為戰爭的真正目標是「和平」，而非克勞塞維茨所說的「勝利」，而「勝利」僅是達成目標的「手段」。[138] 富勒的《戰爭指導》，基本上屬於戰史研究的範圍，缺乏理論的建構與研究，但其戰略研究的核心，在於探討科技的進步與武器裝備的發展對戰略選擇之影響。並認為政治目標對軍事戰略具有優先性，但不可否認軍事戰略的能力往往決定政治目標的選擇。

而李德哈特認為，克勞塞維茨的戰略定義與內涵，除了入侵了政府決策者的政策職責，並將戰略範圍限制在會戰層次，很容易混淆戰略的目的和手段。另德國毛奇將軍對戰略的定義，認為是一位將軍為達政策目標，對手段的實際調整。也就是指揮官受僱於政府領導者，在指定的戰場運用所獲得的資源遂行戰爭，以達到政策目的。對此，李德哈特認為，毛奇對戰略的意涵僅限定在擊毀敵人軍事力量這個單純目標上，這失去了戰略具有全面性的特性。因此，李德哈特將戰略定義為「分配與運用軍事手段達成政策目的的藝術」。而「大戰略」或「高級戰略」（higher strategy）則是協調和指導所有國家資源，或一群國家以達成戰爭的政治目標，其最終目標由基本政策來定義。[139] 簡言之，戰略僅關注在贏得軍事勝利的問題，而大戰略則必須採取較長的願景，是贏得和平的問題。[140]

因此，戰略要能獲得成功，首重「目的」與「手段」的計算與協調。而真正的調節是建立一個完美的「武力的節約」（economy of force）。所以，戰略是要產生決定性的戰果而不是嚴重性的戰鬥。當一個國家不以尋求征服來維護安全

---

[137] Fuller, J. F. C., *The Conduct of War* (London: Eye & Spottiswoode, 1962), pp. 54-58.

[138] Fuller, J. F. C., *The Conduct of War*, p. 76.

[139] Liddell Hart, B. H., *Strategy* (London: Faber & Faber, 1967), pp. 319-322.

[140] Liddell Hart, B. H., *Strategy*, pp. 349-350.

時，其戰略目標在於威脅的解除，也就是迫使敵人放棄其目的。[141]

李德哈特在戰略的思考上，更強調間接路線的重要性。大戰略的目標是發現及刺穿敵人政府製造戰爭力量的阿基里斯腳跟；戰略則是尋找刺穿敵人部隊防護面中的連接點。換言之，由於政策與戰略具有一致性，因而外交戰略與軍事戰略的間接路線，其最大的效能在使敵人的心理與物質方面失去平衡。[142]因此，戰爭原則簡言之就是集中力量攻擊敵人的弱點，其運用的原則計有 8 條：1. 調整你的目的以配合你的手段；2. 永遠記住你的目標；3. 選擇一條期待最小的路線（或方向）；4. 擴張一條阻力最小的路線；5. 採取一條提供自由選擇目標的作戰線；6. 確保計畫與部署具備彈性，以適應作戰情況；7. 當敵人有所警戒時，不要投擲你的力量在一次的作戰打擊中；8. 在一次攻擊失敗後，不要沿著相同的路線再攻擊一次。依據上述原則，要獲取成功的基本真理，必須解決「顛覆」（dislocation）與「擴張」（exploitation）兩個主要的問題。[143]

上述為第一次大戰後，西方國家戰略研究的理論思想與原則，而第二次大戰後的冷戰時期，著名的戰略思想家就是法國的薄富爾（D'Armee Andre Beaufre）將軍，其戰略思想基本上是延續李德哈特的觀點，但對於李德哈特及克勞塞維茨將戰略範疇僅設定在軍事力量上，認為是過於狹隘了。所以，薄富爾將戰略定義為「一種運用力量的藝術」，以便使用最有效的力量達成政治政策所設定的目的。其目的是將可用的資源做最大的使用，以達政策所擬訂的目標。[144]並認為法國福熙元帥對戰略的原則，提出「力量節約」與「行動自由」兩個抽象的概念，最能代表法國的傳統戰略觀點。所以戰略決策的元素，必須在時間、空間、可用力量的大小與士氣及戰術行動（manoeuvre）4 個主要協調事項的架構內，在任何給定的時刻管理任何情況。[145]

薄富爾可說是在核子武器時代，首先提出「核武戰略」概念的戰略思想家。

---

[141] Liddell Hart, B. H., *Strategy*, pp. 322-325.

[142] Liddell Hart, B. H., *Strategy*, pp. 212-213.

[143] Liddell Hart, B. H., *Strategy*, pp. 334-337.

[144] Beaufre, D'Armee Andre, *An Introduction to Strategy* (London: Faber & Faber, 1965), pp. 22-23.

[145] Beaufre, D'Armee Andre, *An Introduction to Strategy*, pp. 34-35.

他認為「核武戰略」具有 4 種可能的行動路線：1. 防止敵人武器的摧毀（直接攻擊法）；2. 攔截飛行途中的敵人核子武器（防禦法）；3. 對抗核子爆炸影響的實體防護（進一步的防禦法）；4. 報復性的威脅（間接攻擊法）。[146] 這 4 種核武戰略行動路線，形成所謂的「嚇阻戰略」（deterrent strategy）。而嚇阻的基礎是物質因素，必須具有巨大摧毀的能力、高度的精確性及適當的穿透能力。所以，嚇阻的效力不是依賴攻擊部隊的能力，而是依賴於吸收敵人第一波攻擊之後的剩餘能力。[147]

美國陸軍上將泰勒（Maxwell Taylor）提出所謂的「彈性反應」（flexible response）戰略[148]，認為薄富爾對戰略研究的真正意義是依據價值來對待每一種狀況，僅在最後手段才被驅使採用巨型報復，其戰略目的是產生有效反應的同時也限制衝突。[149]

綜合上述分析，西方的戰略理論思想係以拿破崙時代的戰爭研究開始，對戰略理論做系統性的分析，除將政治目的與軍事戰略之間的關係做明確界定外，並釐清目標與手段之間的作用，以及對戰略研究的思考要項與原則做邏輯性的解析，讓戰略研究不僅僅是將思想理論化，更將概念具體化成為操作原則。

貳、中國戰略思想

對中國來說，「戰略」一詞是引自日本明治維新時期，翻譯西方歐洲強權國家的軍事戰略書籍而來的，[150] 這並不代表中國缺乏「戰略」的思想。鈕先鍾認為，司馬遷在《史記》中記載周武王伐紂的評論，其中的「謀」字，基本上就具備中國的「戰略」觀念。[151] 然中國最早將戰略概念做系統化論述的兵書，即為《孫子兵法》，其可說是中國兵書的始祖。

《孫子兵法》在開章〈始計篇〉，就開宗明義指出：「兵者，國之大事，死

---

[146] Beaufre, D'Armee Andre, *An Introduction to Strategy*, p. 74.

[147] Beaufre, D'Armee Andre, *An Introduction to Strategy*, p. 79.

[148] Taylor, Maxwell D., *Swords and Plowshares* (New York: Norton & Company, 1972), p. 166.

[149] Beaufre, D'Armee Andre, *An Introduction to Strategy*, p. 88.

[150] 鈕先鍾，《戰略研究入門》，頁15。

[151] 鈕先鍾，《中國戰略思想新論》（台北：麥田出版，2003），頁13。

生之地，存亡之道，不可不察也。故經之以五事，校之以計，而索其情。」，並且進一步說明「兵者，詭道也。」「夫未戰而廟算勝者，得算多也；未戰而廟算不勝者，得算少也。多算勝，少算不勝，而況於無算乎？吾以此觀之，勝負見矣。」[152] 這明確說明戰爭對國家的嚴重性，若要從事戰爭，就必須先思考、比較敵人與自己在天時、地利、人和、將才與法治等面向的優劣狀況。這可說是孫武對於戰爭的分析，已將現代科學量化研究的概念納入戰略研究的思考範圍。鈕先鍾則認為，這個概念如同現代戰略思考中的「淨評估」（net assessment），評估等於量度加判斷。[153] 換言之，中國的戰略研究不僅僅包含量化的統計，同時也包含質性的分析。

孫武對於用兵作戰的看法，在〈作戰篇〉中強調：「兵聞拙速，未睹巧之久矣。夫兵久而國利者，未之有也，故不盡知用兵之害者，則不能盡知用兵之利者。」[154] 這說明作戰的目的與手段之間的問題，「速戰速決」是戰爭勝利的不二法門。另在〈謀攻篇〉提出「不戰而屈人之兵，善之善者也。」「故上兵伐謀、其次伐交、其下攻城。攻城之法，為不得已。」「知彼知己，百戰而不殆。」[155] 這些觀點即強調在戰爭發生之前，掌握敵我雙方的狀況，運用謀略方式迫使敵人屈服為最上策。換言之，戰爭不是達成戰略目標的唯一選擇。

《孫子兵法》自第四篇〈軍形篇〉之後，大部分著重於軍事戰術行動的思考原則。例如：〈軍形篇〉云：「昔之善戰者，先為不可勝，以待敵之可勝。不可勝在己，可勝在敵。」[156] 說明防禦與攻擊之間的關係。戰爭要能獲勝，先要防禦自己，再等待攻擊敵人的時機；〈虛實篇〉云：「出其所不趨，趨其所不意。」「故善攻者，敵不知其所守；善守者，敵不知其所攻。」[157] 以及〈軍形篇〉云：「以迂為直，以患為利。故迂於途，而誘之以利，後人發，先人至，此迂直之計

---

152 《武經七書：陽明先生手批》（桃園：國防大學戰爭學院，1988），頁79-81。

153 鈕先鍾，《中國戰略思想新論》，頁43。

154 《武經七書：陽明先生手批》，頁83。

155 《武經七書：陽明先生手批》，頁87-90。

156 《武經七書：陽明先生手批》，頁93。

157 《武經七書：陽明先生手批》，頁101-102。

者也。」[158] 均說明作戰目標選擇的自由度，以及間接路線的作用。以上說明《孫子兵法》著重於思考戰爭發起的戰略時機，以及軍事作戰的戰術指導原則。可惜的是，《孫子兵法》未將政治目的與政策目標納入戰略思考與研究的範疇，而僅限於軍事戰爭層面的戰略指導與作戰原則。

中國的兵書主要以宋神宗元豐三年（西元1080年）正式頒定的「武經七書」為主，[159] 因此，除了《孫子兵法》外，尚有《吳子》、《司馬法》、《尉繚子》、《六韜》、《三略》及《李衛公問對》6本官方正式認可從事軍事教育所需的兵書。基本上這些兵書都脫離不了《孫子兵法》的作戰原則，只是所處的時代不同、面臨的環境不同、使用的武器不同等因素，而做進一步的闡述。這些兵書都著重於戰術層面的部隊指揮與行動，戰略目標就只有贏得全面勝利這個目標。

對於國家政治層面的目的與目標，兵書所強調的主要是國家治理與防禦敵人侵略。例如：《吳子·圖國》云：「凡兵之所起者有五，一曰爭名，二曰爭利，三曰積惡，四曰內亂，五曰因飢。其名又有五，一曰義兵，二曰強兵，三曰剛兵、四曰暴兵，五曰逆兵。禁暴救亂曰義，持眾以伐曰強，因怒興師曰剛，棄禮貪利曰暴，國亂人疲，舉事動眾曰逆，五者之服，各有其道，義必以禮服，強必以謙服，剛必以辭服，暴必以詐服，逆必以權服。」[160] 又如《司馬法·仁本》云：「古者，以仁為本，以義治之之謂正，正不獲意則權，權出於戰，不出於中人。是故殺人安人，殺之可也；攻其國，愛其民，攻之可也；以戰止戰，雖戰可也。」[161] 說明引發戰爭的可能因素與如何因應這些因素所引發的戰爭，以及說明發動戰爭的正當性。同樣的，《尉繚子》、《六韜》與《三略》的開章篇，以及武經七書之外的《黃石公素書》第一篇中云：「夫道德仁義禮，五者一體。」「夫欲為仁之本，不可無一焉。」[162] 等，兵書所談的仍是以如何治理國家、增強國力為重點。

---

[158] 《武經七書：陽明先生手批》，頁107。

[159] 鈕先鍾，《孫子三論》（台北：麥田出版，1997），頁198。

[160] 《武經七書：陽明先生手批》，頁155-156。

[161] 《武經七書：陽明先生手批》，頁193。

[162] 啟南主編，《中國傳統兵法大全》（長沙：三環出版，1992），頁484-485。

　　然而中國的兵書思想與西方的戰略思想不同之處，在於中國兵書之思想是植基於一個中華帝國架構下，在天子無法有效統治帝國的狀況下，國家之間的戰爭原則上屬於內戰的狀態，所追求的是國家統一。其與西方主權國家的概念不同之處，在於歐洲的國家是一個互不隸屬的民族國家，所追求的是民族國家的生存。尤其歐洲強權國家經過 30 年戰爭後，所簽訂之《西伐利亞和平條約》將國家定義為不以單一民族的國家為基礎，而是強調國家政府在其領土內的絕對統治權。此定義隨著西方強權對世界的擴張，已成為國際政治的核心原則。因此，不難理解鈕先鍾將儒、道、墨、法四家的政治思想亦納入戰略研究領域中，有關政治目的與目標的理論研究。[163]

參、戰略思考途徑

　　對於戰略研究，翁明賢認為必須從國家的地緣環境分析為思考基點，其中包含國家的內在與外在環境因素。其次解析威脅的來源與安全的需求，確立國家利益所在，以作為設定國家目標的依據。最後經過審慎的戰略評估後，擬訂達成國家目標所需的戰略目標途徑，也就是手段。[164]時殷弘從西方戰略史的考察研究中，則認為大戰略的核心目標具有合理、明確、集中、有限與內在平衡等基本要素，其植基於目標和手段之間密切合理的關係，而在手段上的特徵包含金錢、操縱性外交、嚇阻、強制性外交與戰爭等。[165]

　　柯林斯（John M. Collins）認為目的就是利益與目標，手段則是可供利用的資源。[166]利益與目標建立了戰略的要求，政策提供如何滿足這些要求的法則，為可供使用的資源提供工具（手段）。[167]美國海軍少將魏利（J. C. Wylie）認為，「戰略是一種設計用來達到某種目的的行動計畫」，其中包括目標與完成目標的一系

---

163 鈕先鍾，《中國戰略思想新論》，頁87。

164 翁明賢，〈緒論〉，翁明賢等主編，《新戰略論》（台北：五南圖書，2007），頁1。

165 時殷弘，《國際政治與國家方略》（北京：北京大學出版社，2006），頁35-36。

166 Collins, John M., *Grand Strategy: Principles and Practices* (Maryland: Naval Institute Press, 1973), p. 5.

167 Collins, John M., *Grand Strategy: Principles and Practice*, p. 7.

列措施。[168]而國家戰略是把國家的一切力量融合爲一體，在平時與戰時達到國家利益和目標，涵蓋政治、經濟、軍事等各種戰略；國家安全戰略則是達到國家安全利益與目標的藝術和科學。軍事戰略是準備使用物質暴力或暴力威脅，憑藉武力以求勝利，大戰略則屬於政治的範疇，控制著軍事戰略。[169]

而戰略的基本路線爲：1. 順序戰略（連續的行動直到達到最終目標）與累積戰略（分散的行動最後產生壓倒性的結果）；2. 直接戰略與間接戰略；3. 嚇阻戰略（阻止戰爭的爆發或限制戰爭的範圍）與戰鬥戰略（戰爭開始後如何進行）；4. 對抗兵力戰略與對抗價值戰略（恐怖平衡）（核子戰爭下的戰略）。[170]

近年來中國學者在戰略的研究上，提出所謂「國際戰略」新的戰略理論概念，其特徵爲：1. 以國家爲行爲體主體；2. 是國家處理國際事務與外交工作的總體方針與原則，其涵蓋軍事、安全、地緣、外交政策方針、對外經濟戰略及對外文化宣傳戰略等；3. 屬於長期性的整體規劃與決策，其內涵爲戰略指導構想、目標、資源與手段、環境、模式（權力平衡、霸權、聯盟、地緣、核子嚇阻、遏制戰略等）、計畫制定、實施及評估與調整八大步驟。[171]

雖然翁明賢從現代觀點對「戰略」一詞賦予新的定義，就是「戰略是對問題或目標的思考邏輯與策略行動的建構」。但在「兵棋推演」的實際操作過程中，發現此定義欠缺對問題分析的解構。因此，作者對於「戰略」一詞的定義，修正爲「戰略是對問題或目標的解析與行動方案的建構」。依此定義是將戰略研究的思考層面，從原有的軍事面向擴展到政治，外交、經濟、心理、商業、文化、資訊、網路、金融等各個領域，運用戰略思考邏輯處理所面對的問題。

然而戰略研究也不僅限於針對問題提出解決之道，對於未來發展願景也具有運用的效能。尤其當威脅與安全已不再是主要問題時，不管個人、團體或企業，乃至於國家與國際社會，未來發展該朝向何種方向，亦可透過戰略理論思考邏輯建構發展願景，讓未來的工作方向有所依循。因爲，在建構未來願景目標

---

[168] Collins, John M., *Grand Strategy: Principles and Practices*, p. 14.

[169] Collins, John M., *Grand Strategy: Principles and Practices*, pp. 14-15.

[170] Collins, John M., *Grand Strategy: Principles and Practices*, pp. 15-17.

[171] 康紹邦、宮力，《國際戰略新論》（北京：解放軍出版社，2010），頁16-17。

的同時，必定會產生許多待解決的問題，從而可以運用戰略思考邏輯的分析方式，建構與擬訂達成願景目標的手段或方法。

綜觀上述中西方戰略理論，以及現代戰略思維，翁明賢在《兵棋推演：意涵、模式與操作》一書中，對「戰略」一詞的定義及戰略分析步驟做了有系統的說明，本書將運用此書的戰略分析步驟，作為整合國際關係與戰略研究理論運用中，有關戰略研究部分的基本運用架構。[172]

當戰略被定義為對問題或目標的解析與行動方案之建構後，如何將戰略構想與目標具體化為行動執行，就必須以戰略分析作為戰略研究的開端。其基本步驟程序除了翁明賢所提問題性質解構、戰略目標設定、與問題有關的因素分析、可能行動方案的擬訂與利弊分析及選擇當前最適合的行動方案 5 項步驟程序外，作者認為還須增加 2 個步驟，即行動後成效分析與調整戰略目標或修訂行動方案，共 7 個戰略分析步驟。目的在於藉由行動後的成效分析，檢視預期目標與實際達成目標之間的落差，作為思考是否調整戰略目標以配合行動方案的執行，抑或是修正行動方案以減低預期目標與實際目標之間的落差。（如圖 9）分析如下：

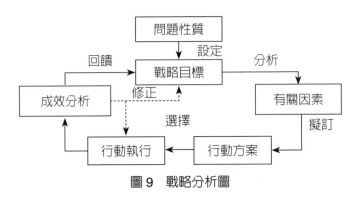

圖 9　戰略分析圖

資料來源：綜整參考翁明賢、常漢青，《兵棋推演：意涵、模式與操作》，頁 119-126。

步驟 1 問題性質解構：問題性質的解析是戰略分析的開端，不僅僅對問題的性質做分析，也對未來發展欲達成的目標或願景提供一個主要思考面向。而問題性質解析的目的，在於釐清所謂「戰爭之霧」（fog of war）。不管在戰爭之中

---

[172] 翁明賢、常漢青，《兵棋推演：意涵、模式與操作》，頁119-126。

或各個領域的任何事件，所獲得與問題或願景有關的情報或訊息，在現實的狀況下對於情報或資訊的眞與假，很難做絕對性的判斷，最多只會對所獲得的情報或訊息與事實之間的差距程度，以及情報或訊息之不確定性的機率做考量。因此，戰略分析的第一個步驟必須解構、釐清與確認事件的問題核心因素或影響達成發展願景的關鍵因素是什麼？

以 2019 年 11 月從中國武漢市開始爆發的「COVID-19」（新冠肺炎）大規模傳染爲例，美國是第一個宣布考慮撤僑的國家，中國則不滿的表示美國「不夠厚道」。[173] 就問題性質的解析，此事件是傳染疾病的處理問題？還是政治問題？如果是傳染疾病的問題，在美國沒有此病毒特效藥與足夠檢驗設備，以及對此病症傳播與症狀了解不足的狀況下，貿然將可能已感染病毒的潛在人員帶入美國境內，即有可能造成美國國內感染的風險。相對的，協調中國對病患提供良好的治療，以及未染病之美國公民的照顧，更可將病毒隔離控制在美國國境之外。同時美國將有更充分的時間對國內可能的疫情採取有效防範措施，以因應無法預期的大規模感染狀況。[174] 因此，從此事件的問題性質來看，似乎政治問題的因素較大。

步驟 2 戰略目標設定：當問題性質確立後，接下來就是解決事件問題或達成發展願景的戰略目標設定。對於戰略目標的設定，通常可分爲核心目標與階段性目標兩種。核心目標所指的是，解決事件問題或完成願景的最終目標，而階段性目標則是當核心目標無法一次達成時，可分階段方式逐步達成核心目標，或因其他因素無法達成所預定的目標時，可先完成有助於達成最終目標的輔助目標（次目標），爲獲取最終目標提供有利的契機與能力。此外，階段性目標可分爲

---

173 安德烈，〈亞洲對中國關閉多國撤僑加速　北京警告不要無謂恐慌批美國不厚道〉，法國廣播電台（rfi），2020年1月31日，<http://www.rfi.fr/tw/%E4%B8%AD%E5%9C%8B/20200131-%E4%BA%9E%E6%B4%B2%E5%8D%8D%E4%B8%AD%E5%9C%8B%E9%97%9C%E9%96%89-%E5%A4%9A%E5%9C%8B%E6%92%A4%E5%83%91%E5%8A%A0%E9%80%9F-%E5%8C%97%E4%BA%AC%E8%AD%A6%E5%91%8A%E4%B8%8D%E8%A6%81%E7%84%A1%E8%AC%82%E6%81%90%E6%85%8C-%E6%89%B9%E7%BE%8E%E5%9C%8B%E4%B8%8D%E5%8E%9A%E9%81%93>（檢索日期：2020年3月22日）。

174 Prasad, Ritu, "Coronavirus: Will US be ready in the weeks ahead?," BBC News, 17 March 2020, <https://www.bbc.com/news/world-us-canada-51938528>（檢索日期：2020年3月22日）。

短、中、長期目標及次要目標。因此，本階段的戰略目標設定，就如同李德哈特所提之戰爭8項原則中的第二條「心中永遠記住你的目標」所表達之涵意。

若以中國爆發的新冠肺炎傳染為例，當中國將美國撤僑的動機視為政治性質的對抗時，中國因應美國作為的戰略目標設定，除了要確立核心目標之外，還要考量不同目標的主從關係。假設中國的核心目標是「減低美國聯合各國對抗中國」，其因應此事件問題的短期目標，主要應以防範疫情的擴大，減低對其他國家的影響為主。次要目標為透過國際衛生組織與各國醫病合作機制，以強化多邊安全合作與降低美國的影響力為從。中期目標為對疫情國家主動提供相關醫療資源協助，長期目標則為主導國際醫病議題。以上為因應事件問題中對戰略目標的假設分析範例說明。

步驟3 與問題有關的因素分析：主要在思考與分析可能影響事件問題和願景目標的內、外在因素。內部因素基本涵蓋組織內部的人、事、時、地、物等事項；外部因素則是與事件問題或願景目標相關聯的國家或組織、相關利益與事件反應，以及相關國家或組織對事件問題或願景目標的因應目標與目的。以新冠肺炎事件為例，就美國立場而言，如果排除政治考量因素，而是從傳染疾病防治的方式來處理，可能會得出一個較為良好的結果。例如：將此事件定位為全球性傳染病防治問題，協助中國採取有效的防疫作為，合作研發治療藥品與疫苗，及以避免美國發生疫情為目標，獲取掌控疫情的主動權為目的。在內部因素部分，則檢討美國國內醫療體系現況，與對疫情處理和防範的能力，將事件的屬性定位為緊急公共衛生事件，以及確定實施的時間因素與地區範圍。以上是以美國立場，針對新冠肺炎事件問題的假設分析列舉範例說明，而不是嚴謹的實際分析結果。

步驟4 可能行動方案的擬訂與利弊分析：此步驟係依據步驟2所設定的戰略目標，以及已完成步驟3與事件問題或願景目標有關因素的分析之後，開始建構各種具有達成戰略目標的行動方案途徑。包含我方與相對方之間的能力比較，環境對雙方的影響，相對方可能的戰略目標與行動方案，以及第三方可能支援的目的與能力。在擬訂任何可達成戰略目標的可能途徑及行動方案時，原則上至少提供兩個以上的行動方案途徑。不過行動方案越多，發生認為荒謬的提案就會越多，所造成的影響不僅是增加作業的困難度，亦造成時間的浪費。但不可否

認，即使有些被認爲是異想天開的戰略行動方案，但往往卻是歷史上奇襲得以成功的原因。例如：中印戰爭時，中國軍隊採取穿越喜瑪拉雅山進入印度領土並展開攻擊的軍事行動，雖然出乎印度軍隊的預料，獲得奇襲之功，但在軍隊行動過程也發生重大的非戰爭傷亡。

在戰略行動方案擬訂與利弊、得失的分析過程中，必須跳脫主觀的偏見，也就是所謂「專業的迷失」。從客觀利益的角度分析並列舉，以提供決策者更多思考與選擇的機會，讓決策者明確了解哪些是可能的損失，哪些是符合達成戰略目標需求的可獲得利益。

步驟5 選擇當前最適合的行動方案：李德哈特的戰爭8項原則中的第三至五條，選擇一條期待最小的路線（或方向）、擴張一條阻力最小的路線及採取一條提供自由選擇目標的作戰線，其說明選擇戰略行動方案時的考量原則。然每一個決策者對於可獲得的資源及可承擔損失的考量因素不同，所以選擇的行動方案也不同。參謀作業的功能，基本上在於盡可能針對已知的資訊，據以擬定各種行動方案途徑與客觀的分析。然最終的選擇決定仍須由決策者自己承擔，即所謂決策者的孤獨。

步驟6 行動後成效分析：行動後成效分析的目的，在於檢視預期目標與實際完成目標之間的差距。這必須透過指標的設定，以量化的方式呈現結果，再以質性研究的方法分析每個指標所代表的意義，以及相互的關係與最終結果的判斷。當然不可否認在現實世界，沒有任何一個計畫可以稱得上完美，百分之百可以到達所設定或預期的戰略目標。因此，目標達成率到底需要達到多少，才能確認其行動方案是可行的？這需要決策者在利益與損失之間做平衡考量，以確認行動方案的可行性與戰略目標的達成率。此步驟是作爲是否需要修訂行動方案或戰略目標的依據。

步驟7 調整戰略目標或修訂行動方案：依據行動後分析的結果，評量行動方案成效。如果實際完成的目標與預期目標的落差過大時，除了重新依據步驟程序再執行戰略分析外，另一個方式就是修訂行動方案或調整戰略目標。戰略目標的設定，原則上是以核心目標爲主要考量。所以，修訂行動方案是首要考量的選項，期望透過行動方案的修訂提升戰略目標的達成率。若修訂後的行動方案執行成效，仍與預期戰略目標有無法接受的差距時，則必須執行第二個選項，即調整

戰略目標以配合行動方案的能力，也就是如同李德哈特戰爭 8 項原則中的第一條「調整你的目的以配合你的手段」之涵意。

以上為戰略分析七大邏輯思考步驟，係綜合中西方傳統戰略理論，以及現代戰略思考邏輯，提出支持本書研究有關中介變項、整合國際關係與戰略研究理論中之戰略研究理論的運用部分。

第三節　整合國際關係與戰略研究理論架構

李德哈特認為，政治目標與軍事目標雖然有所不同，但是並不是分立的。因為國家不會為了戰爭而發動戰爭，而是實行政策。軍事目標僅是達成政治目的的手段，因此，軍事目標應該由政治目標控制，但基本條件是政策不能要求軍事達成不可能達成的目標。戰爭的目的是想獲得一個更好的和平狀態，即使這個是你自己的觀點。但往往當戰爭開始之後，政策經常被軍事目標所控制，而忽視基本的國家目標，使得軍事目標被當成政治目標而不是手段。[175]

李德哈特對於政治目的與軍事目標的關係做了明確、清晰的闡述，這點出問題意識或本質與戰略目標設定之間的鏈結盲點。本書期望透過整合國際關係與戰略研究理論架構之研究成果，作為解析與建構台灣海洋安全戰略的理論基礎。因此，參考翁明賢所建構的戰略與國際關係分析架構概念[176]，運用整合國際關係與戰略研究理論架構，從事實面、影響面、發展面、戰略面及執行面等 5 個面向（如圖 10），以中國崛起對國際體系影響之研究為假設範例，依序說明整合國際關係與戰略研究理論分析架構，如下：

---

[175] Liddell Hart, B. H., *Strategy*, p. 338.
[176] 翁明賢，〈建構戰略與國際關係的解析架構〉，翁明賢主編，《戰略與國際關係：運籌帷幄之道》，頁 111-119。

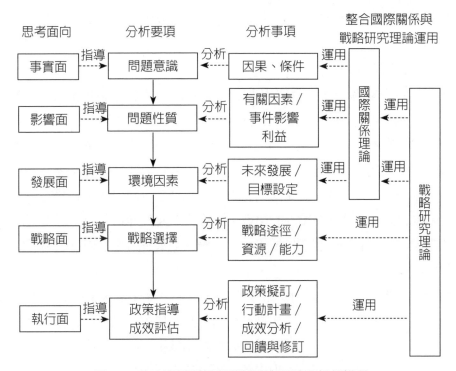

圖 10　整合國際關係與戰略研究理論分析架構圖

資料來源：翁明賢，〈建構戰略與國際關係的解析架構〉，翁明賢主編，《戰略與國際關係：運籌帷幄之道》，頁 111-119。

壹、事實面

　　研究方法論的問題意識是對事件本質做一釐清的基礎分析工作，也是整合理論對事件研究的開端。因此，中國崛起的問題本質為何？對最終擬訂的因應戰略執行計畫是否能達到核心目標，具備關鍵性的影響因素。如果問題的本質無法釐清，後續所有設定的因應戰略目標即使達成，對於事件的處理仍是沒有任何助益的。其意義如同高希均所提出之「錯誤的決策比貪汙更可怕」的觀點意涵。[177] 決策錯誤雖然可能耗費巨大的財力、人力及時間的損失，但更致命的是，可能失去

---

[177] 高希均，《我們的V型選擇：另一個台灣是可能的》（台北：天下遠見出版公司，2007），頁81-83。

了轉危爲安或發展關鍵點的契機。對個人、企業或國家而言，當契機失去了，後續的結果即已註定。

　　例如：台灣在 1993 年採納日本經濟學者大前研一「推動亞太營運中心」的概念，提出以中國爲腹地的台灣「亞太營運中心」國際經濟戰略目標，涵蓋製造中心、金融中心、海運中心、空運中心、電信中心及媒體中心。但當時主政者採取「戒急用忍」、「積極管理、有效開放」的兩岸經濟政策，使得這個國際經濟戰略目標的達成困難重重。然中國自 2000 年開始發展更加快速，不僅使台灣資金大舉淨流出，人才、技術與消費力也嚴重外流，除侵蝕了台灣的國際競爭力，也造成台灣永久性與持續性的傷害。[178]隨著中國於 2018 年起，將上海市打造成爲國際航運中心的戰略目標完成後[179]，台灣的亞太營運中心經濟戰略目標將成爲不可能的夢想。

　　另肯南在 1947 年面對蘇聯共產黨的擴張提出「圍堵政策」的概念，其主要目的在於經由幫助西歐與日本人民恢復經濟與政治自信，以阻止該國共產黨的壓力。對於蘇聯攻擊主要西方強權與日本的危險相當小，圍堵政策強調的是蘇聯的政治危險，而不是軍事危險。[180]但由於美國軍方不同的解讀，並且奉爲對抗蘇聯的圭臬，進而造就所謂美蘇對抗的冷戰狀態，直到蘇聯於 1991 年解體。40 多年的冷戰危機，曾讓人類面臨毀滅的威脅。

　　因此，以中國崛起對國際體系影響之研究爲假設範例時，在事實面對問題意識的分析中，我們必須思考「中國崛起」與「國際體系」這兩個因果關係的應變項與依變相。首先要分析的是，對於「中國崛起」本質的認知，如果「中國崛起」的事實是不存在的，則此研究議題就是僞議題，因爲假設的前提不存在，其結果也不具意義。因此，「中國崛起」的問題本質在事實面的分析論證是非常重要的

---

178 童振源，〈台灣對外經濟戰略之檢討與建議〉，《研習論壇》，第98期，2009年2月，頁15-18。

179 〈上海舉行國際航運中心建設三年《行動計劃》新聞發布會〉，中華人民共和國國務院新聞辦公室，2018年6月14日，<http://www.scio.gov.cn/xwfbh/gssxwfbh/xwfbh/shanghai/Document/1631439/1631439.htm>（檢索日期：2020年3月25日）。

180 Kennam, George F., *At a Century's Ending: Reflections, 1982-1995* (New York: Norton & Company, 1996), p. 94.

假設前提。

對於「中國崛起」的問題本質分析，必須從回顧中國的現代歷史開始。中國自 1840 年抵抗英國入侵的鴉片戰爭失敗後，於 1842 年 8 月 29 日簽訂第一個與西方列強的不平等條約《南京條約》以來。中國在科技落後與政治腐敗的狀況下，除了失去對越南、朝鮮等藩屬國的主導權，以及領土的割讓與被強迫租借外，中國本身也淪為次殖民地，主權受到西方及日本等強權的干涉與侵略。2003 年 12 月 26 日中國前國家主席胡錦濤於毛澤東誕辰 110 周年座談會上，強調要堅持「和平崛起」的道路和獨立自主的和平外交政策。[181]

2008 年美國爆發的金融危機造成全球經濟大衰退，唯獨中國所受到的衝擊相對較小，促使西方各國呼籲中國採取積極性財政政策的方式，讓全球經濟能夠借助中國之力而重回穩定。[182]自 2010 年起，中國 GDP 超越日本，成為僅次於美國的世界第二大經濟體。[183]2012 年 2 月中國國家主席習近平訪問美國期間，提出建構「中美新型大國關係」的概念。[184]2017 年 5 月 14 日中國主導舉辦「一帶一路」國際合作高峰論壇，確立連接亞、歐、非及拉丁美洲的跨區域經濟合作組織；[185]並於 2016 年由中國倡議籌辦的「亞洲基礎設施投資銀行（Asian Infrastructure Investment Bank, AIIB）」（簡稱「亞投行」）正式成立運作，可說除了加速人民

---

[181] 〈胡錦濤在紀念毛澤東誕辰110周年座談會的講話〉，中華人民共和國中央人民政府，2009年11月27日，<http://www.gov.cn/test/2009-11/27/content_1474642.htm>（檢索日期：2020年3月26日）。

[182] 張弘遠，〈全球金融風暴下的中國角色與地位〉，《展望與探索》，第6卷，第12期，2008年12月，頁11。

[183] 李宗澤、王歡，〈日本公布2010年GDP數據中國超越日本世界第二〉，環球網，2011年2月14日，<http://world.huanqiu.com/roll/2011-02/1494343.html?test=1>（檢索日期：2019年6月22日）。

[184] 躍生，〈透視中國：一廂情願的「新型大國關係」〉，BBC News中文，2015年8月26日，<https://www.bbc.com/zhongwen/trad/china/2015/08/150826_focusonchina_us_china_new_relations>（檢索日期：2019年6月22日）。

[185] 〈習近平在「一帶一路」國際合作高峰論壇開幕式上的演講（全文）〉，中華人民共和國國防部，2017年5月14日，<http://www.mod.gov.cn/shouye/2017-05/14/content_4780544_4.htm>（檢索日期：2019年6月23日）。

幣的國際化之外，並配合中國「一帶一路」倡議提供資金來源。[186]

相對應世界唯一超級霸權的美國，美國總統川普於 2017 年 12 月公布其任內首份〈國家安全戰略〉報告，將中國與俄羅斯定位為「修正主義強權」，並認為中國和俄羅斯正期望塑造一個與美國價值觀和利益背道而馳的世界。[187]因此，從中國發展的成果事實與美國的反應，可說明以美國為首的傳統西方強權國家，已認定「中國崛起」不僅是現在式，也是未來式的事實，並且在短期內改變的機率不高。

當「中國崛起」已成為一個客觀的事實時，從美國的立場觀點，可以認定中國不僅具備挑戰美國霸權的能力，也具有潛在的企圖。即使現在不會發生，不代表未來不會發生。若從中國的立場觀點，其目的可能不是要挑戰美國的霸權或企圖改變現有國際格局、機制與制度，而是想獲得大國地位的尊重。這將使得「國際體系」這個依變數的問題本質探討，必須從美國與中國各自的立場觀點分析。

從美國的立場分析，自二次大戰後，在國際政治上，美國依據一次大戰後所成立的「國際聯盟」（League of Nations）架構，再次成立全球性的「聯合國」（United Nations）；在軍事上，因應蘇聯可能的軍事威脅，由美國發起與歐洲民主自由國家結盟成立「北大西洋公約組織」（North Atlantic Treaty Organization, NATO），以對抗由蘇聯發起與東歐共產國家組成之「華沙公約組織」（Warsaw Treaty Organization）。在面對中國的威脅下，美國與日本、南韓、台灣及菲律賓簽訂《共同防禦條約》，以圍堵中國的軍事擴張。

在國際經濟上，由美國建構布列敦森林體系（Bretton Woods System）下的「國際貨幣基金」（International Monetary Fund, IMF）組織及「世界銀行」（World Bank），也就是「國際復興開發銀行」（International Bank for Reconstruction and Development, IBRD）的前身，確立了世界貿易以美元為核心的國際貨幣金融制度。

---

[186] 吳若瑋，〈中國大陸倡設「亞投行」的策略、發展與影響〉，《展望與探索》，第16卷，第3期，2018年3月，頁43-50。

[187] Seal of the President of the United States, "National security strategy of the United States of America," December 2017, p .25.

　　在國際軍事上，冷戰期間雖然蘇聯具有威脅美國的能力，但也僅限於軍事上的威脅。而在政治及經濟上，美國始終保持優勢的地位。1991年蘇聯崩解後冷戰結束，雖然俄羅斯繼承蘇聯主要的權力，但國內經濟制度的崩解使得俄羅斯失去足以抗衡美國的能力。此時，剛從改革開放政策獲得經濟成果的中國，在國家的整體發展上相較西方國家，仍處於落後的階段。

　　因此，對於美國來說，即使美國在國際政治、經濟與軍事上，沒有任何一個國家具備成為立即威脅美國霸權的敵人，而且經濟雖有衰弱的現象，但由於高科技與高附加價值的產品專利權仍保有世界領先地位，且經濟規模仍在世界排名第一位，使得美元仍具備成為國際貨幣核心的地位。但面對中國這個新興強權可能的挑戰，未雨綢繆的權力平衡政策，將是美國壓制中國的手段。

　　然從中國的立場分析，依據2018年12月8日中國國家主席習近平在慶祝改革開放40周年的演講內容，指出中國目前在經濟上，國內的生產總值占世界生產總值的15.2%，對世界經濟增長貢獻率超過30%。貨物進出口總額已超過4萬億美元，累計使用外商直接投資超過2萬億美元，對外投資總額達到1.9萬億美元。現在是世界第二大經濟體、製造業與貨物貿易世界第一、商品消費及外資流入世界第二、外匯儲備位居世界第一。

　　在國際政治上，中國由封閉、半封閉到全方位開放，轉變為積極參與經濟全球化。推動建構開放型世界經濟與「人類命運共同體」，促進全球治理體系變革、反對霸權主義和強權政治，為世界和平與發展貢獻中國智慧、中國方案、中國力量。全面增強經濟實力、科技實力、國防實力、綜合國力，堅持和發展中國特色社會主義與實現中華民族偉大復興。[188]

　　因此，「中國崛起」的最終目的，是否就是針對美國霸權以及現行國際體系的挑戰？我們不能說絕對不可能，但可以確認的是，中國在科技技術、經濟及軍事上未達到超越美國之前，中國會採取積極改變國際體系的企圖，基本上機率不高。這如美國前國務卿與著名的國際政治現實主義學者季辛吉（Henry Alfred Kissinger）在其著作《論中國》（*On China*）中認為，中國是一個「務實主義」

---

[188] 〈在慶祝改革開放40周年大會的講話〉，新華社，2018年12月18日，<http://www.xinhuanet.com/politics/leaders/2018-12/18/c_1123872025.htm>（檢索日期：2019年6月24日）。

國家。[189]

貳、影響面

當第一個面向事實面對問題意識的本質完成解析，並從美國的立場確認「中國崛起」的本質就是在挑戰美國的霸權與現有國際體系後，接下來就進入到第二個分析面向影響面，對問題性質的解構。

從國際關係理論的角度分析，美國對中國所發動的貿易戰與科技戰，可明確說明美國已認定中國將成為挑戰美國的新興霸權。並且美國也毫不諱言的在2017年的〈國家安全戰略〉報告中，明確指出現實主義是指導美國國家安全戰略目標與途徑的原則。即使2020年美國由民主黨的拜登政府掌權，不僅未改變前川普政府對中國的對抗立場，反而在中美貿易戰的基礎上，運用科技聯盟的手段，深化對中國科技發展採取更嚴厲的壓制措施。[190] 因此，現實主義的「權力平衡」理論，基本上就成為美國對「中國崛起」的挑戰所採取之因應政策。我們可以從美國在西太平洋上3個熱點的因應作為來做論證。1. 北韓的去核問題談判上，為何企圖採取排除中國的影響因素，直接對北韓施加壓力？對於雙方去核問題上的談判，即使北韓採取讓步作為，美國仍以不信任為藉口不肯妥協；2. 在台灣問題上，採取強化與台灣的政軍交流與支持「親美抗中」的政府，期望在第一島鏈的圍堵政策效能得以發揮；3. 在南海問題上，藉由國際合作強化南海自由航行的權利，抑制中國因南海島礁軍事設施建設的強化，並強化美國在東南亞區域安全合作機制的影響力。

以上分析不難看出從國際關係理論的觀點，以美國立場而言，中國崛起的問題性質是對美國霸權的挑戰與轉移。另從戰略研究的角度分析，中國崛起的問題性質，可從領域與範圍兩個面向分析；也就是軍事性的，如同冷戰時期的蘇聯，以及經濟性的，如同日本、德國等，抑或是區域性或全球性，對美國霸權地位

---

[189] Kissinger, Henry, *On China*, (New York: The Penguin Press, 2011), p. 294.

[190] Olcott, Eleanor, "US struggles to mobilise its East Asian 'Chip 4' alliance," *Financial Times,* September 13 2022, <https://www.ft.com/content/98f22615-ee7e-4431-ab98-fb6e3f9de032>（檢索日期：2023年9月29日）。

的挑戰。因此，在領域面向部分，經濟上從中美當前的科技戰可以看出，中美之間在經濟上已發生在中、短期內，無法切割的複合相互依賴情況。雙方經濟的對抗，不僅會產生所謂「殺敵一萬，自損八千」的窘境，更會波及到全球的經濟發展體系。在軍事上，中國大部分軍事科技與工業技術主要來自於俄羅斯及烏克蘭，並逐步朝自主研發的方向發展。雖然近十年來中國不斷提升的軍事技術能力已不容小覷，但美國仍保有軍事科技與技術的優勢，並對中國崛起採取壓制政策。

在範圍面向部分，在經濟上，中國預定於 2020 年與 15 國完成《區域全面經濟夥伴關係協定》（Regional Comprehensive Economic Partnership, RCEP）之簽署，並持續推動擴大「一帶一路」全球性的經濟合作。雖然經濟能力具備全球性的影響力，並具備抵抗美國經濟的對抗壓力，但在軍事能力上，在未取得功能健全的海外前進基地，以及完成航空母艦支隊具備投射打擊能力之前，其作戰能力仍將被限制在其空軍戰機有效支援的範圍內。換言之，就是被限制在西太平洋第二島鏈範圍內。因此，從戰略研究的分析觀點，中國崛起的影響層面是「區域性軍事面向」，而首當其衝的當然就是挑戰美國在西太平洋的軍事霸權，以及國際經濟「一超多強」的體系格局，企圖成為東亞區域霸權。所以，問題性質基本上是「區域性」與「軍事性」中美權力平衡的性質。

雖然從有關因素的分析事項之解析，可以得出「中國崛起」的「問題性質」是「區域性」與「軍事性」中美權力平衡的性質，但仍須對事件的影響與利益（雙方的主客觀利益）解析後，再綜合評析，方能了解中國崛起的真正問題性質核心。由於本事件不是本書研究的重點，分析事項僅著重於提供整合國際關係與戰略研究理論運用範例說明之用。

參、發展面

當「中國崛起」的問題性質，確認為區域軍事性的中美權力平衡之性質後，接下來要思考的是未來的發展如何，其中包含國內與國際的因素，以及預判短、中、長期的發展趨勢分析。之後開始針對未來發展的可能趨勢與狀況，建構因應的戰略目標。上兩項的分析，原則上以國際關係理論為主要理論的使用工

具，而在發展面向則為同時使用國際關係與戰略研究兩種理論工具。

　　例如：中國面對美國在西太平洋地區，採取以民主、自由名義結合所謂自由國家在政治上共同合作，以抵制中國對美國盟友的分化，即所謂美國的「印太戰略」。在軍事上，針對南海主權的議題，以自由航行名義挑戰中國南海島礁領海的主張。假設中美在西太平洋的權力平衡對抗中，未來中、短期的發展將朝向實質對抗行動時，如果站在中國的立場，其政治目的與戰略目標為何，將是思考分析的重點。若以國際關係建構主義的「身分」與「利益」關係理論，分析中國的政治目的，其可能的分析結果則是作為一個新興強權，要在區域或國際上具備大國的身分，以獲取大國應有的尊重與利益，就必須在與現有的區域或全球霸權國家美國的互動過程中，獲得霸權國家的承認與尊重。

　　依此運用戰略研究中有關目的與目標之間的利益關係理論，對中國可能的因應戰略目標實施分析，假設有下列 3 項：1. 在西太平洋區域採取政治、軍事直接對抗行動，以減低或排除美國的影響力（如南海主權議題）；2. 藉由與西太平洋各國建構緊密的經濟夥伴關係，分化美國與區域盟國的關係（如 RCEP）；3. 以政治力介入美國與區域內敵對國家的衝突（如北韓去核問題）。若從國內與國際兩項因素分析，以獲得中國戰略目標的優先順序，作為中國面對事件未來發展之影響，有關因應戰略目標選擇之參考。再依建構主義有關偏好、身分與觀念理論，分析中國的因應戰略目標之選擇假設為第一項時，其可能希望獲得的預期結果，就是使美國不再具有操縱西太平洋地區國際秩序的絕對性，而中國則成為區域國際秩序維護不可或缺的力量。

　　以上為以「中國崛起」為範例，說明如何從發展面運用國際關係與戰略研究綜合理論分析架構，建構因應戰略目標。

肆、戰略面

　　當戰略目標確認與設定後，即進入執行面的規劃。主要以戰略研究理論為運用依據，從與問題有關的內外環境因素開始、各種可能行動方案擬訂與利弊分析，到行動方案的選擇。以中國崛起對國際體系的影響為例，中國不斷表達、強

調「永不稱霸」的決心[191]，以及美國近百位來自學術、外交、軍事及商業界的學者、專家，在《華盛頓郵報》發表一篇名爲「中國不是敵人」的公開信，指出美國試圖把中國視爲敵人，剝奪其在全球經濟上的立足點，只會傷害美國的全球角色、聲譽。[192]此兩項訊息表達出中國達成戰略目標的途徑選擇，原則上會朝向陷入美國權力平衡對抗的情勢，期望以「區域共治」的方式避免戰爭與處理區域國際治理事務。

伍、執行面

強調除依據因應戰略行動方案，據以制定執行戰略行動所需的相關政策與執行計畫之外，並於政策與計畫執行後的成效實施檢討，以確保戰略手段能達到戰略目標的要求。例如：在中美貿易戰之中，中國對美國單方面採取強力的關稅壓力時，中國因應的戰略目標是避免兩敗俱傷的貿易戰發生，試圖採取滿足符合美國所提需求的最大限度迴避政策，以達其戰略目標。然這個手段在美國不接受的狀況下，中國則採取對抗的強硬措施，反而引發美國戰略手段的收縮，更能達到預期的目標。這說明透過目標成效分析，使目標與手段之間能夠調和。

上述以「中國崛起對國際體系之影響」與「中美貿易戰」兩個假設議題爲範例，運用整合國際關係與戰略研究理論架構中之事實面、影響面、發展面、戰略面及執行面5個面向，說明在國際事務與各專業領域上，如何使用此理論架構對事件問題與願景目標之國際關係分析及因應方案建構的戰略分析。

▍　第四節　小結

本書研究的目的，主要是從「建構主義的觀點解析台灣的海洋安全戰略」。

---

[191] 丁楊，〈《新時代的中國國防》白皮書全文〉，中華人民共和國國防部，2019年7月24日，<http://www.mod.gov.cn/big5/regulatory/2019-07-24/content_4846424_2.htm>（檢索日期：2019年9月25日）。

[192] Fravel, M. Taylor, Roy, J. Stapleton, "China is not an enemy," *The Washington Post*, July 3, 2019, <https://www.washingtonpost.com/opinions/making-china-a-us-enemy-is-counterproductive/2019/07/02/647d49d0-9bfa-11e9-b27f-ed2942f73d70_story.html>（檢索日期：2019年10月6日）。

因此，對整合國際關係與戰略研究理論的運用，從事實面的問題意識解析開始，在國際關係理論使用部分，著重於以建構主義理論解析台灣對海洋安全戰略的認知與構想等內部因素。在影響面的問題性質部分，對於影響台灣海洋安全戰略的外部因素，將以新現實主義與新自由主義理論，分析美國、日本及中國對台灣海洋安全戰略的影響。在發展面有關未來發展預測與戰略目標設定部分，同時運用國際關係建構主義理論與戰略研究理論，解析與建構台灣的海洋安全戰略。在策略面的因應戰略部分，藉由戰略途徑、資源及能力的研究，探討台灣海洋安全事務執行現況，以提供建構海洋安全政策與海上武力之參考依據。

對於戰略分析有關戰略行動方案執行成效分析，以及戰略行動方案或戰略目標修訂兩項步驟。由於分析所獲得之台灣海洋安全戰略最終是否可行，必須實際執行後，方能獲得執行成效數據資料，以作為修訂海洋安全政策或目標的依據；因此，此兩項戰略分析步驟，將不納入本書研究討論之範圍。

第三章

海洋對台灣的影響

自國共內戰國民政府退守台灣，在台灣的中華民國雖然退出聯合國，由中華人民共和國取代中華民國的國際法人地位，但在台灣的中華民國始終以主權國家的身分存在於國際社會中。對於四面環海的台灣而言，海洋應為國家安全與發展的主要思考因素。因此，本章將運用第二章整合國際關係與戰略研究理論 5 個面向中的第一個面向事實面，作為建構台灣海洋安全戰略研究的開端。

首先運用國際關係建構主義「身分」的觀點，從台灣的地理位置探討台灣地理環境的屬性，分析台灣與海洋之間的關係，以及台灣的地緣環境因素。另運用海權理論解析海洋對台灣國家安全的影響與認知，分析台灣國家安全的威脅性質；並藉由台灣身分屬性與地理環境因素的確認，提出台灣應如何面對海洋。因此，本章將以台灣的地緣環境、台灣對國家安全的認知及台灣對海洋的態度等 3 項研究，探討台灣海洋安全戰略的問題本質。

▌第一節　台灣的地緣環境

就台灣的地理位置，恰巧位於西太平洋第一島鏈的中央位置。1949 年後的第一次台灣危機與 1950 年爆發的韓戰，改變美國對國共內戰的中立政策，轉而對中華民國的全力支持，成為美國圍堵中國共產主義擴張的政策核心，將台灣打造成麥克阿瑟所稱之「不沉的航空母艦」。然隨著 1971 年美國前國務卿季辛吉密訪中國，到 1979 年美國與中國建交，台灣所具備的戰略地理優勢，似乎瞬間失去其地緣效益。但 2017 年美國總統川普上台後，改變美國對中國所採取之合作與尊重的政策，將中國視為修正主義國家的競爭對手。

自 2017 年 8 月美國共和黨全國委員會（U.S. Republican National Committee, RNC）在「支持川普對台軍售」的決議案中，宣示「《台灣關係法》和《六項保證》是美台關係的基石」。到 2018 年 3 月 16 日，簽署《台灣旅行法》（Taiwan Travel Act, TTA）；以及 2020 年 3 月 26 日正式簽署《2019 年台灣友邦國際保護暨強化倡議法案》（簡稱《台北法案》）（Taiwan Allies International Protection and Enhancement Initiative），該法案要求美國行政部門協助台灣鞏固邦交、參與國際組織及增強美台雙邊經貿關係。唯該法案呼籲美國靠其影響力或其他方

式，支持台灣不以主權國家成爲國際組織會員，並在其他適當組織中取得觀察員身分。[1]此3項法案表達美國對台灣的支持，似乎顯示美國在與中國的對抗中，有意重新運用台灣的地理位置，牽制中國在西太平洋的軍事力量擴張。因此，本文將從台灣的地理位置、地緣政治及地緣戰略角度，分析台灣的地緣環境。

壹、地理位置

基本上地理形勢對國家的發展，具備「限制」與「保護」兩種全然不同的功能。[2]就台灣的地理位置而言，位於第一島鏈由北而南上起日本群島、琉球群島，下至菲律賓群島、大異他群島（即鄰接南海的群島）的中央位置，北接東海南部海域，南連巴士海峽。由西而東左鄰中國大陸沿海，東爲所謂以關島爲中心的第二島鏈（北起小笠原群島、硫磺群島、馬里亞納群島、索羅門群島延伸到紐西蘭），東依太平洋、西鄰台灣海峽。若以第二島鏈及中國大陸沿海爲界定的西太平洋區域，台灣即位於西太平洋島嶼的中央位置。而台灣所屬位於南海北部的東沙島與南海中央位置的太平島，其地理位置具有影響南海情勢的優勢。因此，從海上交通線與戰略位置觀點，分析台灣地理主要特性，如下：

一、海上交通線

從地理位置觀察，運用西太平洋海上交通線的主要國家，計有中國、日本、南韓、台灣、越南、菲律賓、印尼、馬來西亞及新加坡。在北冰洋航道成爲主要海運交通線之前，2017年全球前十大貨櫃港口國分別爲中國、美國、新加坡、南韓、馬來西亞、阿聯酋、日本、台灣、荷蘭及德國，裝卸量合計占全球的70%。[3]依據2016年第二季海運線資料，亞太地區海上貿易航線計有非洲航線、澳紐航線、遠歐航線、南美航線、中東印巴航線、亞洲區航線及越太平洋航線合

1　〈特朗普簽署「台北法案」中國稱威脅中美關係台海穩定〉，BBC News中文，2020年3月28日，<https://www.bbc.com/zhongwen/trad/chinese-news-52061844>（檢索期：2020年3月31日）。

2　王傳照，《地緣政治與國家安全》（台北：幼獅文化，2004），頁13-14。

3　交通部，《2020年運輸白皮書——海運》，2019年12月，頁9。

計 7 條主航線、652 條支航線，其中以亞洲區航線 375 條最多。然隨著東南亞及中國的快速發展，亞洲海上貿易航線有「南向化」的趨勢，使得台灣港口逐漸失去其重要性。[4] 然就我國對外貿易而言，95% 仰賴海運是台灣的主要貿易命脈。[5]

對於海上原油運輸線部分，有 90% 是經過麻六甲海峽進入南海，其中中國、日本及南韓合計占南海運輸原油進口的 80%，台灣為 5%，其中 70% 是來自中東地區出口的原油。而日本及南韓來自中東地區的原油進口，90% 是由麻六甲海峽進入南海，再由巴士海峽送往目的地。中國的海上原油進口，則 90% 取道麻六甲海峽到南海。[6] 此外，日本、南韓及台灣的中東原油進口運輸線，除了傳統的南海航線外，在戰略安全的考量下，可依需要選擇由印尼的巽他與龍目海峽航道，取道爪哇海、望嘉錫海峽、西里伯斯海、菲律賓海抵達目的地，惟能源成本會有所增加，但不會有被切斷的風險。

二、戰略位置

台灣的地理位置從地緣戰略的角度分析，其除了位於第一島鏈的中間位置外，亦是從中國大陸沿海到第二島鏈之間區域的中央位置。因此，台灣具備控制西太平洋區域南北海上能源與貿易運輸交通線，以及從巴士海峽進出南海與由東海進出第二島鏈海域的東西向航道。

由於台灣的地理位置擁有控制巴士海峽，以及牽制宮古群島海域航道的條件，因此，在中國與美國於西太平洋的軍事對抗中，除可成為美國島鏈防禦上的戰略前沿「遏制點」，亦可成為中國近海防禦戰略的關鍵突破點，以延伸及強化中國面對來自海上威脅的戰略防禦縱深。在當前中國與美國於亞太區域採取軍事競爭及對抗的前提下，位於第一島鏈與第二島鏈之間海域的台灣，實已成為西太平洋軍事權力平衡的緩衝區。

4　《105年度「國際海運資料庫」更新擴充及資料分析服務期末報告書》，105年度「國際海運資料庫」座談會（台北：交通部運輸研究所，2016年11月28日），頁35-83。

5　交通部航管局，《中華民國106年航港統計年報》，2018年7月，頁59。

6　周桂蘭，〈全球原油海上貿易超過30%需要通過南海水域，中國與美國積極布局南海能源運輸安全策略〉，能源知識庫，2018年8月27日，<https://km.twenergy.org.tw/Data/share?N291Y692r3myoErkC6tXZA==>（檢索日期：2020年4月1日）。

貳、地緣政治

1916年瑞典學者克哲倫（Rudolf Kjellen）發表《國家的生活方式》一書，首創「地緣政治」（geopolitical）一詞，認為地緣政治就是從地理的觀點研究政治事件關係的科學，其目的是提供國家發展所需推動政治行動與指導政治生活的基礎。其著重於研究地理與運用政治之間的相互關係，並在政治形勢中強調有機的發展與轉變，把擴張本國領土的思想滲入政治地理學之中。[7]

美國學者派克（Geoffrey Parker）認為，地緣政治是以空間或地球為中心的一門學科，其終極目標是對全體事務的了解；而政治地理學則僅以某一特定區域的政治現象為研究範疇。政治地理學是對地緣政治危機的處理，地緣政治是政治地理的應用。政治地理是從空間的立場來看國家，地緣政治是由國家的立場來看空間。政治地理是以客觀分析的觀點，研究一個國家地理環境的狀況，是一種靜態的描述。地緣政治是從地理環境的觀點，研究一個國家對外政策的需要，是一種動態的探討。政治地理是探討一個國家的「空間情形」，地緣政治則是一個國家的「空間影響」。[8]

德國地理學家拉澤爾（Friedrich Ratzel）與豪斯霍弗（Haushofer）代表著德國地緣政治的觀點，除了有擴張生存空間概念外，還有自給自足、無人地帶的建立、歐亞非中心地位及自然邊界的主張；這些觀點基本上成為德國納粹主義向外擴張的理論基礎。[9]另史普勞特夫婦的環境因素理論，則認為雖然政治決策是基於政治家對周圍國際環境的認知，但這些決策的結果是受到操作環境的目標本質所限制。也就是說實際存在的情況，並影響有關實體的成就和能力。[10]因此，德國地緣政治理論家普弗爾茲格拉夫（Robert L. Pfaltzgraff Jr.）與多爾蒂（James E. Dougherty）認為，環境因素與國際關係有著密切的影響，例如：瀕海的國家比

---

7 王傳照，《地緣政治與國家安全》（台北：幼獅文化，2004），頁21。

8 Parker, Geoffrey, *Western Geopolitical Thought in the Twentieth Century* (New York: St. Martin's Press, 1985), pp. 2-9.

9 Pfaltzgraff Jr., Robert L., Dougherty, James E., *Contending theories of international relations* (New York: Harper & Row, 1981), pp. 66-67.

10 Pfaltzgraff Jr., Robert L., Dougherty, James E., *Contending theories of international relations*, p. 70.

較容易發展商業活動，居住在氣候溫和的民族，較不至於有偏激的思想。匱乏是人類無法避免的宿命，戰爭、饑荒與瘟疫是抑制人口成長的自然法則。[11]

希爾（Christopher Hill）則認為，國家行為體對於外部政治環境，基本上是既期待無政府狀態，又期待得到秩序。國家在尋求平衡的同時，又希望追求獲得收益、避免遭受實際或潛在的威脅、付出過多成本與約制、堅持自我認可的秩序規則及維護固有價值與特定領域的技術優勢。這樣的結果，使得國家不自覺的陷入國際相互依存之中。[12] 由於現代通信與運輸科技的發展，使得地理因素聚焦於人口與資源分配、國家的戰略位置，以及國家力量的投射。這些環境因素是作為決定政治行為的因素，環境不僅限制人的行為，同時也提供機會，特別是氣候及地理因素最為重要。而資源分配的不平等以及地理與氣候的差異，影響著國家潛在力量，國家的大小也影響內部自然資源的可用性。這些因素的變化是影響政治體系結構的關鍵因素，如果可藉由環境影響政治行為，國家個體就具有經由操縱環境來改變政治行為的能力。[13]

台灣在西太平洋地緣政治的重要性，基本上是隨著中國與美國之間關係的變化而提升或降低。台灣因韓戰的爆發從而獲得美國全力的支持，得以免於被中國解放的困境，進而成為美國在亞洲對抗共產主義擴張圍堵政策的前沿戰略基石。然 1969 年中國與蘇聯爆發珍寶島事件，關係陷入緊張狀態，而美國也為了儘早結束越戰的泥淖，1979 年與中國正式建交，並終止與台灣的《共同防禦條約》。可以看得出美國基於國家利益，在兩岸關係上採取現實主義權力平衡的戰略。[14]冷戰時期，美國「聯中制蘇」的政策，讓中國在西太平洋找到了國際空間。隨著中國改革開放成果的積累，進入 21 世紀之後，中國對周邊國家的影響力已逐漸增強。從美國的觀點，中國在地緣政治上，對美國在西太平洋區域的霸權地位已構成威脅。

---

[11] Pfaltzgraff Jr., Robert L., Dougherty, James E., *Contending theories of international relations*, pp. 54-56.

[12] Hill, Christopher, *The changing Politics of Foreign Policy* (New York: Palgrave Macmillan, 2003), p. 175.

[13] Pfaltzgraff Jr., Robert L., Dougherty, James E., *Contending theories of international relations*, p. 60.

[14] 陳建民，《兩岸關係中的美國因素》（台北：秀威資訊科技，2007），頁34。

美國守勢現實主義學者葛拉瑟（Charles L. Glaser）認爲，美國追求國家利益的大戰略分別是國家安全、經濟繁榮及外交政策，必要時美國可能會與中國達成「大交易」，以換取永久和平。並認爲中美之間對抗情勢的升高，不是文化衝突、誤解中國意圖與國家戰略的誤判，而是對於領土主權、區域爭霸議題有著眞實且巨大的鴻溝。[15] 任職美國川普政府國家貿易與製造業政策辦公室主任的納瓦爾（Peter Navarro）對於美國海軍學院吉原俊井提出中國認爲台灣是百年國恥最後一塊失地，取回台灣是不可動搖的信念，認爲這是一個錯誤的結論，雖然統一台灣對中國來說是絕對必要的，但主要因素是地緣政治與意識形態，因爲台灣的民主政治影響著中國共產黨專制的正當性。對於台灣的態度，美國尼克森政府將台灣視爲削弱蘇聯勢力與適時結束越戰的棋子；因此，才有台灣被迫退出聯合國與台美斷交的情事發生。而歷屆美國政府在經濟仰賴中國的情況下，在制定台灣政策時的搖擺不定，有可能被中國解讀爲美國的遲疑與軟弱，將會提高中美對抗的風險。[16]

綜合以上所述，台灣在西太平洋的地緣政治上，始終是承襲傳統的親美立場。在政治的身分認同上，定位在與美國、日本、南韓、菲律賓、印尼及馬來西亞具相同價值觀的民主自由的國家，反對中國、北韓及越南共產主義一黨專政國家。

參、地緣戰略

美國地緣政治學者葛德石（George B. Cressey）運用地理與戰略觀念的結合，將戰略本質中要求目標與選擇達成目標的手段關係導入地理概念裡，以及如何在複雜的國際互動關係中，確立對國家最有利的生存發展目標，然後以戰略的手段來追求，形成所謂的「地緣戰略」（geostrategy）。[17] 而中國學者王生榮則認爲

---

[15] Navarro, Peter, *Crouching Tiger: What China's Militarism Means for the World*, (New York: Prometheus Books, 2015), pp. 241-245.

[16] Navarro, Peter, *Crouching Tiger: What China's Militarism Means for the World*, pp. 117-120.

[17] Parker, Geoffrey, *Western Geopolitical Thought in the Twentieth Century* (New York: St. Martin's Press, 1985), p. 9.

「地緣戰略」係指依據國家地理位置的條件，分析、研究國家或地區之間戰略關係的互動變化，預測國際形勢未來發展趨勢，以及戰略情勢的演變與調整，作為國家制定因應戰略指導方針及對外政策行動之參考依據。[18]

因此，從地緣戰略情勢分析，西太平洋基本上處於中美兩強區域競爭的形勢。美國自歐巴馬政府積極推動「亞太再平衡」戰略開始，即已將中國視為新興霸權的競爭對手。川普政府更將中國與俄羅斯同視為修正主義國家，並以「美國優先」為號召，對世界採取保護主義的關稅戰，演變成為拜登政府對中國的政治、經濟、軍事、科技及文化等全面性的對抗戰爭。從美國對中國所採取積極性的戰略攻勢，不難看出美國的戰略目標主要在壓制崛起的新興強權中國，確保美國長久以來在西太平洋所建立的國際秩序。

然對中國來說，21世紀可說是中國改革開放以來，發展最快速的階段。隨著經濟發展的成果，增加中國在政治、軍事、科技及文化等領域的世界影響力。尤其是軍事力量的快速增長，以及海、空軍在第二島鏈逐行近海防禦訓練、戰場經營及南海軍事基地部署，挑戰了美國傳統安全防禦空間與南海航行自由的國家利益。中國國家安全戰略的擴展與美國在西太平洋的對抗熱點，分別為北韓核武問題、台灣問題及南海主權爭議問題。

在北韓核武問題上，美國運用現實主義權力平衡政策，期望排除中國對北韓的影響力，以單邊主義對北韓施壓。然在北韓的嚇阻戰略下，迫使南韓及日本改變國家安全戰略方向，採取與中國友好的政策。

在南海主權爭議問題上，菲律賓總統杜特蒂上台後，將國家的戰略重心從美國轉向中國政策，不僅使美國無法藉由菲律賓凸顯南海主權的爭議，更讓美國在南海失去一個堅實的盟友。[19]即使現任的菲律賓總統小馬可仕（Ferdinand Romualdez Marcos Jr.）上台後，期望在中國與美國之間的關係取得一個平衡狀態；換言

---

18 王生榮，《金黃與蔚藍的支點：中國地緣戰略論》（北京：國防大學出版社，2001），頁12。

19 翁明賢，〈菲國動向對亞太戰略之影響：建構主義「集體身分」與「角色身分」的抗衡〉，《展望與探索》，第15卷，第2期，2017年2月，頁56。

之，即是既不全面親中，也不反美的狀態。[20]

在台灣問題上，對於中國來說，台灣不僅是一個攻勢海權的平台，也是中國海軍直接進入太平洋的地理資產。如果台灣能成為中國海上長城的守衛塔，其具有無法匹敵的攻勢價值。但是一旦台灣獨立成為一個國家，除具備控制東北亞與東南亞海上通道的優勢外，也可將中國的海權發展封鎖在西太平洋第一島鏈內。[21] 若從日本國家生存發展的立場來看，對南部海上交通線的安全是極其敏感的。如果台灣回歸中國，將使日本最南端的海域與中國的台灣北部海域直接相接，中國即可依據《聯合國海洋法公約》中的專屬經濟區權利，以台灣為基點，將控制海域向東延伸到 200 海浬，也就是由中國大陸沿岸 100 海浬增加到 300 海浬；這將使得日本海軍防禦更加複雜，航運繞道亦將增加更多的運輸成本。此外，日本所謂的西南大戰略，亦將隨著台灣的回歸而產生重大缺口。[22]

從美國西太平洋地緣戰略的觀點，面對中國海洋權力的擴張，麻六甲海峽的封鎖不是中國商船與軍艦所擔心的，宮古海峽才是中國海軍所關注的焦點，特別是潛艦進入太平洋的重要水域。美國海軍認為因應中國海洋擴張戰爭，最好的方式就是「近海控制」的經濟絞殺戰。其戰略勝利目標不在於消滅中國，而在於迫使中國停戰、撤兵。美國在第一島鏈的海域阻絕與遠端封鎖，能讓美國在提升全面戰爭之前有主導的機會。[23] 若從戰略運用與談判的觀點，台灣問題似乎是美國處理北韓核武問題及南海爭端議題上，施壓中國的一個籌碼；而中國處理北韓問題及南海主權爭端的態度，又影響美國挑起台灣問題的時機。因此，可以確認台灣在中美關係上，處於美國在西太平洋海權的控制，以及中共海權發展的要衝位置上。

綜合上述分析，以海洋地緣戰略的觀點分析，台灣地緣戰略的價值如同《孫

---

20 陳妍君，〈小馬可仕：菲律賓外交中立 美中兩國間不選邊站〉，中央通訊社，2023年6月8日，<https://www.cna.com.tw/news/aopl/202306080265.aspx>（檢索期：2023年9月30日）。

21 Yoshihara, Toshi and Holmes, James R., *Red Star Over the Pacific: China's Rise and the Challenge to U.S. Maritime Strategy* (Maryland: Naval Institute Press, 2010), p. 21.

22 Yoshihara, Toshi and Holmes, James R., *Red Star Over the Pacific: China's Rise and the Challenge to U.S. Maritime Strategy*, p. 67.

23 Navarro, Peter, *Crouching Tiger: What China's Militarism Means for the World*, pp. 196-198.

子兵法·九地篇》中的「衢地」，即「諸侯之地三屬，先至而得天下之眾者，為衢地」[24]，說明位於各諸侯國交界的區域，誰先獲得此區域，誰就可以得到許多國家的支持。換言之，在中國與美國、日本軍事對抗的國際戰略形勢中，台灣的地緣戰略價值在於誰能左右台灣的意向，誰就能在西太平洋上獲取主導國際秩序的優勢。

第二節　台灣對國家安全的認知

　　台灣在國際社會上的地位有其特殊性，涵蓋歷史層面與國際現實層面。在歷史層面部分，二次大戰前台灣曾是屬於中國與日本統治的一個島嶼、一個地理名稱。1945 年 8 月 14 日日本天皇宣布接受同盟國〈波茨坦宣言〉無條件投降，同年 9 月 1 日中華民國在台灣成立台灣省行政長官公署與台灣省警備總司令部，9 月 2 日日本於東京灣密蘇里軍艦上，向同盟國各國代表簽署投降書。9 月 9 日日本向中國戰區最高指揮官簽署投降書，中華民國國民政府依據〈開羅宣言〉（Cairos Statement）、〈波茨坦宣言〉（Potsdam Proclamation）及盟軍〈一般命令第一號〉（General order no. one），派遣台灣省行政長官公署與警備總司令部人員，以及駐華美軍總司令部人員於 10 月 25 日在台灣接受日軍受降，並明令於 11 月 1 日對台灣實施軍事接受占領。[25]

　　在國際層面上，隨著國共內戰的結果，共產黨於中國大陸成立中華人民共和國，退守台灣的國民政府重新繼承中華民國的國號。1950 年 6 月 25 日韓戰爆發，美國派遣第七艦隊巡弋台灣海峽以使台海中立化，並於 1951 年 2 月 9 日台灣在韓戰的影響下，與美國簽訂《軍事互助協定》。1951 年 9 月 8 日同盟國與日本在美國舊金山協議《對日和平條約》（Treaty of Peace with Japan），然在英、美的主導下，排除中國與台灣參加此合約的協議與簽署。台灣與日本在美國的安排下，於 1952 年 4 月 28 日簽署《日華和平條約》，並在獲得美國艾森豪

24　《武經七書：陽明先生手批》，頁129。

25　楊護源，〈國民政府對臺灣的軍事接收：以軍事接收委員會為中心〉，《臺灣文獻季刊》，第67卷，第1期，2016年3月31日，頁43。

政府的防衛協助與支持下，在台灣的中華民國於聯合國成爲代表中國的合法政府。[26]

1971 年 10 月 25 日在台灣的中華民國被迫退出聯合國，由在中國大陸的中華人民共和國取得中國代表權，引發國際主要國家紛紛與台灣斷交。1979 年 1 月 1 日台灣與美國的斷交，對台灣來說是國際政治上最大的打擊。使得和同爲分裂國家的東、西德與南、北韓相似，台灣具有主權國家的所有條件，但卻在「一個中國」的原則下，不具備聯合國國際法人的身分。因此，本文將藉由對國家安全、國家利益意涵的分析，探討台灣的國家安全與利益。

壹、國家安全的意涵

談到「國家安全」，首先必須了解「安全」的定義與內涵，在現今後冷戰的全球化時代，對於安全的概念已從以往傳統的軍事事務範疇，擴大爲與切身安全有關的所有面向與層面。《孟子・告子下》的名言：「生於憂患，而死於安樂。」即說明人的生存與安全有著密不可分的關係。唯有時常保持對安全威脅的感受，才能確保生命的價值。布讚（Barry Buzan）認爲以個人而言，安全之所以難以定義，主要原因在於安全所涵蓋的因素非常複雜，其中包括生命、健康、狀態、財富及自由等，通常區分客觀與主觀的評估。依據字典對安全所提出的定義，所呈現出的是一個含糊的概念，例如：免於危險、感覺安全及免於疑惑等。尤其對於威脅（危險與疑惑）的概念定義是非常不明確的，主要是安全的主觀感受並不必然與實際的安全相連結。[27] 因此，安全的概念具有多樣性與複雜性的特性。

翁明賢認爲，對安全的感受通常隨伴而來的是對威脅與危險狀態的思考。其涵蓋兩個層面，一爲外在環境不存在可能的威脅；另一爲沒有立即的危險。霍布斯（Thomas Hobbes）認爲安全是絕對性的，國家可以正當的要求任何公民不惜一切代價，甚至犧牲自己的生命來保護生命，這是安全的本質。烏爾曼（Richard

---

[26] 李明，〈韓戰期間的美國對華政策〉，《國際關係學報》，第23期，2007年1月，頁66-85。

[27] Buzan, Barry, *People, states and fear: the national security problem in international relations* (Sussex: Wheatsheaf, 1983), pp. 18-19.

H. Ullman）認為霍布斯的安全絕對論是極端的，對於我們大多數的人來說，安全不是絕對的。通常我們會在安全與其他價值（例如：美國的自由、人權價值）之間取得一個權衡。此外，我們除了對安全需要做權衡的檢驗外，必須承認安全不僅被定義為一個目標，同樣的也作為一種後果。其意味著在我們失去安全的威脅之前，我們可能沒有意識到安全是什麼或安全有多重要。因此，在某種意義上，安全是由挑戰它的威脅來界定和評估的。[28]

由於安全是相對性的，對於安全認知很大部分的因素，來自於決策者的心理因素。所以，人對外在環境所形塑的安全態勢，基本上包括主觀與客觀、感覺與認知的。對於「國家安全」布讚認為個人安全與國家或社會安全不同之處，在於國家負責執行內部社會秩序維護與外部群體防禦的功能。不可否認國家的問題本身，也可能是爭論與威脅的來源。[29]「國家安全」也如同個人安全一樣，也具有不確定的因素存在。烏爾曼認為國家安全的威脅是一種行動或事件的順序，可分為激烈（drastically）與重大（significantly）威脅兩種。所謂激烈威脅，所指的是在相對較短的時間跨度內，國內居民的生活品質下降；而重大的威脅，則是政府的政策選擇被限制在某個範圍內。[30]

利維（Jack S. Levy）從戰爭歷史的觀點認為，國家決策者對敵我情勢的誤解感知（過度高估自己的能力或低估對手的能力），往往是引發戰爭的主要原因。[31] 依此對國家安全而言，就是國家對威脅的反應能力與認知能力，當國家對威脅的認知錯誤或無法認知威脅，將降低國家對威脅的反應能力。[32] 傑維斯（Robert Jervis）則認為，知覺傾向於個人與環境互動過程後所得的經驗，使得個人經

---

[28] Ullman, Richard H., "Redefining Security," *International Security,* Vol.8, No.1 (Summer, 1983), pp. 130-133.

[29] Buzan, Barry, *People, states and fear: the national security problem in international relations* (Sussex: Wheatsheaf, 1983), p. 21.

[30] Ullman, Richard H., "Redefining Security," *International Security,* Vol.8, No.1 (Summer, 1983), p. 133.

[31] Levy, Jack S., "Misperception and the Cause of War: Theoretical Linkages and Analytical Problems," *World Politics,* Vol.36, No.1 (Oct. 1983), p. 88.

[32] 莫大華，《建構主義國際關係理論與安全研究》（台北：時英出版社，2003），頁159。

由過去的經驗對未來產生預期心理。因此，一旦決策者對另一個國家已經有了某種認知，即使有許多訊息顯示與之前的認知有所不同，決策者仍然很難改變原有的認知，使得決策者對他國的預期及印象發生嚴重的謬誤。[33] 莫大華認為，傳統的安全研究是以國家為中心的研究，屬於國家層次的國家安全，但由於安全的議題隨著全球化的快速發展，個人層次與國際層次的個人（國內）安全和國際安全，也應整合在國家安全的探討範圍。[34]

戴維（Charles-Philippe David）認為，與「安全」有關的因素，包含的領域除了軍事以外，還有政治、經濟發展或環境保護等領域。因此，在思考安全議題時，必須先釐清下列5個問題：1. 主體是誰？從現實主義的觀點，國家是傳統國際政治的主要行為體。但是依新自由主義的觀點，非國家行為體對於防止武力使用與國家競爭方面，似乎也已發揮一定的影響力。若以建構主義的觀點，則為人與社會的認知與感受；2. 客體是什麼？安全概念所反映的是一個可以觀察的尺度，所討論的是「威脅的性質」。但從主觀的角度，威脅的感受來自於主體的認知；3. 關鍵問題是什麼？傳統的重大安全問題，基本上涉及到國家的主權、生存、領土及國家體制。然在全球化時代，如跨國犯罪、水資源枯竭、氣候暖化與變遷、恐怖主義、疾病傳染、天然災害等跨國性的非傳統安全問題，有逐漸升高的趨勢。行為體之間能否因應安全情勢的變化而相互「合作」，不同的國際關係理論有著不同的觀點結果；4. 研究的方法是什麼？主要爭論的是運用狹義的安全觀？還是廣義的安全觀？簡單的說就是軍事（傳統）安全與非軍事（非傳統）安全；5. 屬於哪一個分析層次？主要是確認從哪一個層次的角度分析國家安全，是個人或團體、國家，還是國際的層次？[35]

綜合上述學者、專家對於「安全」與「國家安全」的定義與意涵說明，可以了解到「安全」主要是來自於行為體的感受與認知。此行為體可以是個人，如國

---

[33] Jervis, Robert, *Perception and misperception in International politics* (Princeton, N. J.：Princeton University Press, 1976), pp. 145-147.

[34] 莫大華，《建構主義國際關係理論與安全研究》（台北：時英出版社，2003），頁162。

[35] 夏爾－菲利普・戴維（David, Charles-Philippe）著，王忠菊譯，《安全與戰略：戰爭與和平的現時代解決方案》（*La Guerre et la paix. Approches contemporaines de la Sécurité et de la stratégie*）（北京：社會科學文獻出版社，2011），頁32-34。

家的領導人或政府決策者的主觀意識，例如：台灣對中國的統一威脅感受；也可是以國家行為體的客觀意識，例如：日本對北韓核武威脅的感受；抑或是國家集團的集體感受。例如：北約集團對俄羅斯可能的攻擊威脅感受，美日同盟對中國軍事擴張的威脅感受，以及中南美洲國家對美國干涉內政的威脅感受。因此，國家安全同時涵蓋主觀與客觀兩個層面。從主觀的角度來說，就是對於外在環境（威脅）的主觀認知；從客觀的角度來說，就是確保國家永續生存與發展的國家利益。

貳、國家利益的意涵

所謂「利益」就是滿足及追求行為體的自我需求。就個人而言，所追求的是自我的需求；就國家而言，則是追求大部分人的公共利益。由於國家在追求利益的同時，受到外在環境因素的影響，國家會依其能力與目標的設定，將利益分成核心利益、主要利益與次要利益 3 種。現實主義認為，利益就是對自身權力、安全及財富的追求。自由主義雖然認同現實主義權力與利益的重要性，但加入「國際建置」作用的概念。[36] 因此，從現實主義權力平衡的觀點，認為國家的國際行為主要是受到權力制約的影響。國際體系的運作將權力置於國家利益最高目標的位置，以滿足抵抗任何可能的危險。因此，追求權力的極大化是國家利益的基本目標。[37] 國家利益經常運用在戰略（軍事）、政治（外交）及經濟 3 個層面，三者之間彼此協調合作。[38]

建構主義對於國家利益的觀點，強調「觀念」導引出國家與國家之間的「文化」取向，進而主導國家利益的方向。換句話說，透過觀念的認知，方能使權力與利益發會最大效益。[39] 柯林頓（David W. Clinton）對於「利益」的界定，認為是指某一團體（即利益團體）所追求的特殊目標，也可被界定為一種利益追求的

---

36 翁明賢，《解構與建構台灣的國家安全戰略研究（2000-2008）》（台北；五南圖書，2010），頁113-114。

37 Frankel, Joseph, *National Interest* (New York: Praeger Publishers, 1970), p. 47.

38 Frankel, Joseph, *National Interest*, p. 54.

39 翁明賢，《解構與建構台灣的國家安全戰略研究（2000-2008）》，頁115。

過程，即「行動模式」，並認爲利益有 4 種意義：1. 具有共同目標的團體；2. 是一種客觀的事物，由團體領導者所建構的團體共同追求之目標，或是目標本身；3. 是一種渴望與追求的事物，由決策者決定優先順序的單純主觀思維；4. 是一種單純的需求與願望，一種理性訴求下的目標。[40]

　　因此，當探討國家利益時，必須先釐清國家需要的是什麼？才能了解國家的利益是什麼？費麗莫（Martha Finnemore）認爲，新現實主義與新自由主義都將國家的需求，假定爲對權力、安全及財富的需求。當國家被國際社會社會化之後，國際社會結構就不是權力結構，而是意圖與社會價值。這使得國家在定義國家利益的時候，追求權力與財富是手段而不是目的，而是國家必須決定要做什麼與想要什麼。一般來說，「國家利益」是由良善和適當的國際規範與理解來定義，若從體系層面分析國家利益，其不是來自於外部威脅和國內集團要求的結果，而是由國際的共享規範和價值所塑造。[41] 柯林斯（John M. Collins）認爲，國家安全利益即爲生存，就是國家具有獨立性、領土完整、傳統生活方式、基本制度、價值和榮譽等，且都能確保無缺。假使國家已經不再是一個主權的實體，則其他的一切問題就變得毫無意義。利益是實際目標的泉源，實質的目標就是克勞塞維茨所謂的「戰略重心」（strategic center of gravity）。[42]

　　傑維斯認爲，在國際政治的互動中，國家的聲明或行動代表著一種信號，是由行爲體之間對行爲的理解所建立起來的。認知者必須從信號內容分析出發信者想要傳達的消息，以及評估這個信號是否能確實反映發信者未來的行動。而標誌（indices）則是指帶有某種內在證據的聲明或行動，使接收的行爲體認知其未來行爲的維度與特徵。[43] 希爾（Christopher Hill）認爲，政府領導人在對外政策上，

---

[40] Clinton, David W., *The two faces of national interest* (Baton Rouge: Louisiana State University Press, 1994), pp. 22-25.

[41] Finnemore, Martha, *National Interests in International Society* (New York: Cornell University Press, 1996), pp. 1-3.

[42] Collins, John M. 著，鈕先鍾譯，《大戰略》（*Grand Strategy*）（台北：國防部史政編譯局，1975），頁18-22。

[43] Jervis, Robert, *The Logic of Images in International Relations* (Princeton, N. J. : Princeton University Press, 1970), pp. 21-26.

同時受到國內政治與國際政治雙重的影響，也就是國家在對外政策的制定上，不僅僅需要考量國際政治的制約，同時也會受到國內社會的制約。[44]

克拉斯納（Stephen D. Krasner）認為國家目標也可以稱為國家利益，對於國家利益的研究基本上有兩種途徑，一個是邏輯推演途徑，另一個是經驗歸納途徑。邏輯推演途徑的構想在假定國家將追求特定的目標，特別是維護領土及政治完整。而經驗歸納途徑則是依據重要決策者的聲明與行為，如果重要決策者遇見兩種基本規範時，都可視為國家利益。一是領導者的行動必須與一般目標有關，不是任何特定團體或階級具有優先權，或是官員的個人權力驅使；二是依據時間急迫性的優先排序，也就是當核心目標無法一步達成時，需考慮其他相關的間接目標。[45]

綜合上述學者、專家對國家利益的分析，以國際關係理論的觀點，新現實主義提出國家利益的最高目標就是國家的安全與發展，以追求權力與財富為手段。儘管新自由主義與建構主義者認為在追求權力的過程中，國際機制與觀念的影響作用也不可忽視，但並未否認新現實主義的基本假設。然而對國家利益目標的建構，主要源自於國家最高領導者的個人認知與意識，所以，國內政治對國家最高決策者具有影響力，這也間接影響到國家在國際政治的行為。因此，國家利益不僅僅取決於國際結構的制約，也受到國內政治的影響。

參、台灣的國家安全與利益

從上述國家安全與國家利益的分析，可以了解到在國際政治領域中，國家行為體與其他國家行為體的互動過程中，安全是目標，權力、財富是手段，觀念與國際機制是影響要素。由於台灣在國際社會的地位是一個特殊的狀況，既不是聯合國與主要強權國家認定的正常國家，也不是如同之前的東、西德與現在的南、北韓國家，主權相互承認，治權互不隸屬，在聯合國均有平等正式的席位及

---

[44] Hill, Christopher, *The Changing Politics of Foreign Policy* (New York: Palgrave Macmillan, 2003), p. 75.

[45] Krasner, Stephen D., *Defending the National Interest: Raw Material Investments and U.S. Foreign Policy* (New Jersey: Princeton University Press, 1978), p. 35.

相互承認，並且分裂的兩國領土大小沒有巨大的落差。因此，對於台灣的國家安全與利益研究，運用建構主義「身分」與「利益」、「觀念」與「文化」之間的互動理論，似乎比以國家爲主要行爲體的新現實主義與新自由主義理論，更能解釋台灣的國家安全與利益需求。

在分析台灣的國家安全與利益之前，首先必須先確認台灣當前的「身分」。翁明賢認爲從社會學的角度分析，「身分」所表達的是個人在社會體系中被給定的位置，例如：政府的高階官員、大型民間企業的董事長及法官等。而「角色」就是個人在其所屬社會體系中，必須履行的權利與義務之總體。因此，身分在形成的過程中，自我與他者爲主客體關係，其所考慮的是彼此之間的內在與外在環境因素。這表示身分的取得並非由行爲主體單方面認定，還需要他者藉由「有意識」的交流，從雙方的自我領悟過程，確認彼此的身分關係。其中「有意識」的交流，所表達的是溝通的過程中，管道是否暢通、彼此的交流訊息是否傳達無誤及對訊息的解讀。所以，信任感是行爲體交流之間的關鍵要素。[46]

因此，台灣在國際政治上的「身分」內涵，需從國際與國內兩個層次分析如下：

一、在國際層次部分

國際關係理論中對於「身分」的意涵，新現實主義及新自由主義並未有明確的論述，通常著重於國家「身分」的「角色」分析。建構主義則運用了社會學對於身分的論述觀點，以解釋國際政治中國家與國家之間互動的過程與結果。尤其溫特的社會建構主義明確將國家身分區分爲個體或團體、類屬、角色與集體身分4種。依據蔡英文總統自2016年1月16日當選總統後，對於兩岸關係發表感言開始，到就職周年、國慶與慶祝元旦演說。強調溝通、不挑釁，尊重兩岸會談的歷史事實，並依據《憲法》與《兩岸關係條例》處理兩岸關係，以及維護台灣的自由民主等，始終期待中國善意的回應。但中國以台灣不接受「九二共識」爲由，採取斷絕一切兩岸官方接觸政策應對。與此同時，美國從川普政府到拜登政

---

46 翁明賢，《解構與建構台灣的國家安全戰略研究（2000-2008）》，頁86。

府都採取積極性強化台美關係的政策，似乎有聯合台灣對抗中國的意象。

　　溫特認為國家「身分」的形成具備兩種機制，一種為自然選擇，另一種為文化選擇。從個體身分來說，台灣是一個主權獨立的國家，國號為中華民國，具有實質的領土、人民、政府及法律，並能在領土範圍內實施有效的統治，這是台灣自然身分的選擇。然在中國與美國的對抗形勢中，期望透過強化與美國及日本同為自由民主國家的類屬身分，轉化為與美國及日本建構為集體安全的身分；並在台美日的集體安全身分中，扮演戰略前沿的角色，此為台灣文化身分的選擇。

二、國內分析層次

　　對於台灣而言，在國際上除了受到各國對「一個中國」政策的國際政治結構的限制外，在國內社會對於中國的認同與態度，有著兩極化的爭議。「統獨問題」始終是台灣社會爭議不斷的政治問題，背後所隱藏的是台灣的「國家認同」問題。江宜樺從台灣的自由民主體制觀點，認為「國家認同」的內涵包含族群、文化及制度三個主要層面。族群認同主要是基於客觀的血緣臍帶或主觀認定的族裔身分，而對特定族群所產生的群體感；文化認同是藉由共同的歷史傳統、習俗規範及集體記憶所形成的心理歸屬；制度認同則為建立於特定的政治、經濟、社會制度的肯定所產生的公民認同。而「認同」所指的是一個主體如何確認自己在時間與空間上的存在，其涵蓋自我的主觀認知及他者對主體的認識。所以，「國家認同」係指個人對國家的確認與歸屬，其涵蓋族群、文化與政治、社會制度 3 個層次。[47]

　　蕭高彥則將國家認同初步界定為公民對其所屬政治共同體的認同，進而產生情感的凝聚，促使公民願意為共同體效力與犧牲。其有 3 種特質：1. 共同體成員對政治意志（憲政體制與集體目標的選擇）的表達；2. 運用理性與言說的論述方式呈現；3. 形塑公民感情面向凝聚力的動機。此 3 項特質往往相互衝突，成為建構國家認同時的主要思考課題。因此，台灣的國家認同之衝突不僅涉及到外在中國主權主張與國際承認可能性的評估，也涉及到內在台灣人民對國家的歸屬與

---

[47] 江宜樺，〈自由民主體制下的國家認同〉，《台灣社會研究季刊》，第25期，1997年3月，頁88-99。

確認。[48]

　　依據政治大學選舉研究中心對台灣民眾的台灣人／中國人認同調查，2019 年 12 月認同台灣人占 58.5%、認同中國人占 3.3%、兩者都是占 34.7%、無反應占 3.5%。[49]傳統的「統獨之爭」已逐漸被「國家獨立自主」的概念所取代[50]，尤其是在 2000 年民進黨政府推行的「高中歷史課綱微調案」，引發台灣教育去中國化的發展方向。2020 年的總統大選結果，蔡英文總統獲得 30 歲以下年輕人絕大多數的支持，可以看得出高中歷史課綱微調案對台灣 1990 年代以後出生的年輕人之影響。這樣的影響所引發的是對中國人認同的否定，以及對中國的排斥態度。

　　建構主義主張身分的文化選擇是主導身分與利益的基礎，指出沒有利益，身分就失去動機的力量；沒有身分，利益就失去方向；此即表明國家的身分決定國家的利益所在。因此，基於身分指導利益的原則，國家之間因而產生相互為敵人、競爭者或朋友的角色身分，依此國家利益除了主觀利益之外，還有客觀利益，其內涵包括溫特所說的生存、獨立自主、經濟財富及集體自尊等 4 種利益。不可否認中國自內戰以來，分裂成為兩個政府，依據各自的《憲法》對中國的主權相互隸屬，治權則互不隸屬。中國統一台灣的企圖是不會消滅的，台灣面對威脅的生存需求就是國家最基本、也是最重要的利益。另一個就是集體自尊，即使「一個中國」政策在國際政治是普遍的共識，但作為一個國家形式的台灣不管是選擇統一或獨立，台灣唯有獲得國家應有尊嚴，才能在談判的過程中爭取到國家最大利益，否則就只是簽署投降書。

　　台灣的國家安全就是國家利益，不僅取決於國內的政治選擇，也牽動著西太平洋國際結構與戰略平衡的形勢。假設台灣內部的政治取向傾向於在統一問題上達成和解，採取友中或結盟的政策以確保國家的安全與利益，使中國即使未如

48 蕭高彥，〈國家認同、民族主義與憲政民主：當代政治哲學的發展與反思〉，《台灣社會研究季刊》，第 26 期，1997 年 6 月，頁 3-4。

49 陳惠鈴，〈臺灣民眾臺灣人／中國人認同趨勢分布（1992 年 6 月-2019 年 12 月）〉，政治大學選舉研究中心，2020 年 2 月 14 日，<https://esc.nccu.edu.tw/course/news.php?Sn=166#>（檢索日期：2020 年 4 月 10 日）。

50 繆宗翰，〈研究：台灣已成國家認同視中共為不同國家〉，中央通訊社，2019 年 5 月 25 日，<https://www.cna.com.tw/news/aipl/201905250088.aspx>（檢索日期：2020 年 4 月 10 日）。

願掌控台灣的國防權力，但也能確信台灣不會在中國與美國於西太平洋的軍事對抗時，成為一個威脅或阻礙。對美國來說，中國的海、空軍可以藉由台灣周邊近岸航道，直接進入第二島鏈海域。除可有效擺脫美國及日本在宮古水道與巴士海峽的牽制，也可以牽制東北亞與東南亞之間的海上交通線。這樣的戰略形勢的改變，將牽動日本、南韓及東南亞國家的戰略選擇，進而影響這些國家對中國的政治取向。

假設台灣內部的政治取向傾向於獨立，而採取與中國對抗的政策，若中國此時選擇採取武力統一的手段時，美國將可能有兩種選擇，一是僅提供武器支援，但不派兵參與台灣的防衛戰爭。另一個選擇為實際參與台灣防衛作戰，實質支持台灣獨立。當美國選擇第一種方案時，面對中國武力統一台灣的決心，以及兩岸雙方軍事武力所存在的巨大落差，台灣要抵抗中國的軍事入侵，其機率是不高的。如果美國選擇第二種方案，台灣將可能成為中國與美國軍事衝突的戰場，不管戰爭的結果是被中國統一或是美國占領，抑或是台灣獨立，台灣都將面臨生命、財產、經濟等巨大的損失。

若美國在戰爭中獲勝，台灣得以在美國的保護下獲得獨立自主，或者成為美國的占領地，台灣主權的國防、外交有可能在美國的掌控之下配合運作，就如同美國入侵阿富汗及伊拉克之後的狀況一樣。這樣的結果除了可確保美國在第一島鏈封鎖中國外，也會改變南韓、日本及菲律賓對中國的政治取向。中國在西太平洋區域對美國的挑戰失敗，則顯示美國仍是具有實力的區域強權與國際秩序的維護者。

如果美國失敗，中國就可完全掌握台灣，屆時台灣有可能成為東海艦隊的主要海軍基地，直接進出第二島鏈。這樣的結果顯示美國在西太平洋霸權的衰弱，中國將取代美國成為西太平洋區域的霸權國。這將嚴重影響日本、南韓通往大洋洲、東南亞及印度洋的海上交通線，迫使日本、南韓、菲律賓採取「親中疏美」的政策。此時，美國將退出在西太平洋區域的政治、外交及軍事的主導權。

因此，正如科斯洛夫斯基和克拉托奇維爾從研究蘇聯解體到冷戰結束的過程，認為當國內行為者的信念和身分發生變化，從而也改變了構成其政治實踐的規則和規範時，國際政治就會發生根本變化的觀點。台灣內部政治的取向，將影響著西太平洋區域國際結構的變化，也就是如建構主義所論述之國際政治的文化

選擇，台灣與中國、日本、美國成為敵人、競爭者或朋友關係的選擇及轉變，不僅影響台灣的國家安全與利益，也影響著西太平洋區域的權力平衡。

翁明賢依據溫特的 4 種國家客觀利益做進一步的說明，認為國家的生存利益包含領土與安全兩個面向，獨立自主利益就是國家主權與國家穩定，經濟財富利益就是國家發展，集體自尊利益就是國家尊嚴。[51] 由此，國家安全基本上是國家生存利益的核心，而國家領土是國家對生存空間與資源獲得專屬權利的維護。對於獨立自主、經濟財富與集體自尊的國家利益，則取決於國家的實力與在國際的行為。因此，台灣的國家利益除了不受中國的安全威脅之外，對於台灣治權所及的東海、南海主權，也是國家生存利益的所在。

第三節　台灣對海洋的態度

台灣對海洋的態度，影響著台灣「國家戰略」的取向，也影響著台灣對國家安全的認知，以及國家發展的方向。尤其台灣在地理上是一個地小、四面環海及自然資源不足的地區，在政治上憲法所定義的領土主權未調整以前，也就是將《憲法》上的主權領土修正為現有治權的領土之前，在台灣的「中華民國」政府與在中國大陸的「中華人民共和國」政府，均是在「一個中國」下分裂的兩個政治實體。因此，在探討台灣對海洋的態度時，本文將從台灣移民史的角度，分析海洋與台灣的關係；並從台灣海權發展史的探討，了解海洋對台灣發展的影響，以及從台灣對海洋認知的分析，確認台灣海洋身分的屬性。

壹、台灣移民史

15 世紀歐洲國家為尋找與中國貿易往來的海洋新路線，開始了所謂大航海時代。1572 年荷蘭開始反抗宗主國西班牙走向獨立之路，兩國維持著敵對的狀態。雙方為確保與中國海上貿易安全。1624 年荷蘭人在台灣安平設立據點，並開始拓展對台灣的統治領地，最遠到達今日新竹地區，[52] 台灣才逐漸被記錄並

---

51 翁明賢，《解構與建構台灣的國家安全戰略研究（2000-2008）》，頁129。

52 Alvarez, Jose Maria著，吳孟真、李毓中譯，〈荷蘭人、西班牙人與中國人在福爾摩莎〉，

成爲歐洲殖民國家的焦點。1635年荷蘭人與控制廈門一帶海域的鄭芝龍達成協議，促成台灣海峽兩岸的貿易往來；荷蘭人藉由台灣當作中國生絲、絲綢和黃金等商品的轉運站。[53] 之後鄭芝龍也加入貿易行列，開啓中國漢人移民台灣與台灣農耕的歷史。[54]1626年西班牙則登陸台灣基隆建造聖・薩爾瓦多（San Salvador）城，並與台灣原住民共同前往淡水建造聖・多明哥（San Domingo）城。[55]1642年8月24日荷蘭於攻擊西班牙的戰役中獲得勝利，即開啓荷蘭對台灣38年的統治。[56]

明朝末年中國各地叛亂，在中國東南沿海，以及台灣、澎湖地區，雖名爲明朝政府統轄，實爲鄭芝龍、鄭成功、鄭經及鄭克塽祖孫四代掌控的政治勢力。1655年鄭成功在江南攻打清朝軍隊時戰敗後，爲恢復明朝大業遂於1661年4月30日登陸台灣（台南安平），[57] 到1683年鄭克塽投降清朝，明鄭時期共統治台灣23年。自鄭成功開始對台灣實施有制度的統治，台灣方以國家的形勢參與英國、日本、東南亞及菲律賓等國的國際貿易活動。[58]

1683年7月27日台灣的鄭氏投降，對於清朝這個北方來的政權來說，台灣是化外之地。當時的康熙皇帝對於台灣並無興趣，除計劃將明鄭的4萬軍隊派往中國邊界守衛外，並將一半以上在台灣的中國人民遣回中國大陸。然施琅對康熙建議，認爲台灣在地理位置上，具有守護江蘇、浙江、福建及廣東四省左翼的戰略地位，如果放棄台灣留下來的移民，將會與台灣的原住民聯合起來成爲海

《臺灣文獻季刊》，第54卷，第3期，2003年9月，頁3。

[53] 陳國棟，〈十七世紀的荷蘭史地與荷據時期的臺灣〉，《臺灣文獻季刊》，第54卷，第3期，2003年9月，頁108-114。

[54] 黃阿有，〈顏思齊 鄭芝龍入墾臺灣研究〉，《臺灣文獻季刊》，第54卷，第4期，2003年12月，頁103。

[55] 吳孟真、李毓中，〈Jose Maria Alvarez的《福爾摩莎，詳盡的地理與歷史》：第一章史前時代至十七世紀第三節〉，《臺灣文獻季刊》，第53卷，第4期，2002年12月，頁133。

[56] Alvarez, Jose Maria著，吳孟真、李毓中譯，〈荷蘭人、西班牙人與中國人在福爾摩莎〉，《臺灣文獻季刊》，第54卷，第3期，2003年9月，頁14。

[57] 石萬壽，〈鄭成功登陸臺灣日期新論〉，《臺灣文獻季刊》，第54卷，第3期，2003年9月，頁211。

[58] 方真真，〈明鄭時期金屬的流通與市場需求：以西班牙史料爲討論中心〉，《臺灣文獻季刊》，第60卷，第3期，2009年9月，頁91。

盜，掠奪侵擾大陸沿海，而這些人卻可依台灣地形之險到處流竄。另外台灣亦會再受到荷蘭人的侵略占領，其強大的海軍對中國將會是一大威脅。因為台灣位於日本、菲律賓的中間，南北貿易船隻往來頻繁，是一個良好的貿易轉運站與海盜基地。經過清朝各大臣間的討論後，康熙最後還是決定留下台灣，設置一府三縣，正式將台灣與澎湖納入中國的版圖。[59]

雖然台灣、澎湖於 1684 年收入中國的版圖，但清朝對台灣人民的反清活動仍有戒心。一方面開放福建及廣東的海禁，讓沿海居民回到原居住地恢復各項貿易與捕魚事業。另一方面頒布偷渡令，到台灣的船隻必須領取原籍州縣政府發給的許可證，不准攜帶家眷，到台灣者亦不可招攬家眷到台灣，沒有通行證偷渡者嚴處。[60]清朝海禁令引發偷渡，造成所謂「羅漢腳」的現象，即所謂遊民。台灣分別在 1721 年、1786 年及 1862 年發生朱一貴、林爽文、戴潮民變事件，參加者有 60-70% 是遊民或近似遊民。[61]台灣漢人人口從 1683 年約 12 萬人，到 1811 年增加到 194 萬 5 千人，絕大部分是來自於中國的移民。[62]這些移民台灣者主要是在中國沒有發展的空間，而且大部分屬於中下階層，當移民台灣開墾之後就沒有準備再回中國。因此，這些移民台灣拓墾的中國人，主要從事台灣沿海向內陸的墾荒，而不是以台灣為基地向海洋的貿易發展。

1875 年 2 月頒布〈廢止渡台禁令〉，並在廈門、汕頭及香港設立招墾局。因此，1875 年以前移民台灣的漢人大部分為偷渡，在缺乏正當性的狀況與良好的渡海船隻支援下，在航渡俗稱黑水溝的台灣海峽之過程中，往往因多天東北季風與夏天的颱風影響，以及海盜與人蛇集團的操縱，發生許多船難死亡事件，使得二次大戰結束前台灣人民對於海洋始終殘留有揮之不去的歷史記憶。[63]

59　克禮（Keliher, Macabe），〈施琅的故事——清朝為何占領臺灣〉，《臺灣文獻季刊》，第53卷，第4期，2002年12月，頁14-19。

60　莊吉發，〈故宮檔案與清代臺灣史研究——清朝政府禁止偷渡臺灣的史料〉，《臺灣文獻季刊》，第50卷，第4期，1999年12月，頁149。

61　謝國興，《官逼民反：清代台灣三大民變》（台北：自立晚報社，1993），頁8-10。

62　鄭淑蓮，〈清初漳州人來臺拓墾時代背景之研究〉，《東海大學圖書館館刊》，第8期，2016年8月15日，頁47。

63　莊吉發，〈故宮檔案與清代臺灣史研究——清朝政府禁止偷渡臺灣的史料〉，《臺灣文獻季刊》，第50卷，第4期，1999年12月，頁150-153。

1894 年清朝與日本因朝鮮問題，雙方爆發所謂「甲午戰爭」，清朝戰敗與日本簽訂《馬關條約》，有關領土割讓部分，日本除要求清朝承認朝鮮爲獨立自主國家外，也要求清朝割讓遼東半島和台灣及其附屬島嶼。李鴻章在與日本媾和中，商請美國、俄國、德國及法國協調日本不要割地。日本最終在列強的干涉與妥協下，放棄割讓遼東半島，但堅持清朝必須割讓台灣及其附屬島嶼。[64] 而日本之所以堅持清朝割讓台灣的目的，主要藉由採取「脫亞入歐」的帝國主義政策，企圖以台灣爲跳板（基地）繼續向南侵略。[65] 日本自 1895 開始占領台灣，至 1945 年二次大戰結束將台灣歸還給中國。日本雖然殖民統治台灣 50 年，但對在台灣的人民來說，台灣在中國的 212 年統治之下，社會已具相當程度的中國化傾向，台灣人民的集體意識已從清朝初年的「反清復明」思想，逐漸轉變爲「永保大清」的政治認同。

1895 年割讓給日本時在國籍的選擇上，大多數的台灣人民迫於生活形勢選擇留在台灣，接受日本的統治。儘管中國從清末到民國二次大戰前內部戰禍連年，台灣則在日本統治之下，除台灣人民接受新式教育與日本制度外，在農業技術與生活上是獲得改善的。經濟上由原先融入中國經濟圈，轉變爲融入日本經濟圈。在文化上，日本所形塑的社會文化逐漸影響台灣人原有的中國社會文化，尤其在 1937 年 8 月台灣總督府頒布實施〈戰時防衛體制〉，積極推動「皇民化」運動，要求台灣人改日本姓名，並徵召青年入伍參加日本對外戰爭。[66] 台灣的經濟與工業基本上全部掌握在日本政府及商社的手中，1919 年日本總督府頒布的〈教育令〉，少數的台灣人民在符合日本人的共識下，可就讀大學、專科學校及高中。[67] 台灣人的高等教育嚴格限制在醫、農科爲主。[68] 在海洋交通建設上，興建

---

64 黃秀政，〈臺灣割讓與乙未抗日運動〉，《臺灣文獻季刊》，第39卷，第3期，1988年9月，頁17-32。

65 徐國章，〈日本侵臺的思想起源與占領臺灣〉，《臺灣文獻季刊》，第48卷，第3期，1997年9月，頁92。

66 黃政秀，〈1895年清廷割臺與臺灣命運的轉折〉，《臺灣文獻季刊》，第57卷，第1期，2006年3月，頁280-283。

67 林正中，〈日據時期台灣教育史研究——同化教育政策之批判與啓示〉，《國民教育研究學報》，第16期，2006年，頁118-119。

68 陳水源，《台灣歷史的軌跡（下）》（台中：晨星出版，2000），頁462。

基隆及高雄兩港，並開關台灣與日本之間的航線，以獲取台灣資源，[69] 並掌握台灣各項投資產業。[70]

　　日本對台灣的統治雖說是殖民政策，就其政策內容可以看出，日本已將台灣視為國土一般經營，與傳統西方列強在世界各地對當地居民掠奪剝削的殖民主義不同。尤其是日本於 1937 年在台灣推動皇民化運動期間，已逐漸將專賣事業移交給忠於日本的台灣人民，使得台灣與中國之間的隔閡愈趨加大。我們從 1928 年中國的「排日運動」即可了解，台灣逐漸與中國形成相互對立狀態。[71]

　　二次大戰後慘勝的中國陷入國共內戰，為防範共產黨對台灣的侵略，國民政府於 1948 年 4 月 18 日公布施行《動員戡亂時期臨時條款》[72]，並於 1949 年 5 月 19 日對台灣省施行《台灣省政府、台灣省警備總司令部佈告戒字第壹號》（簡稱《台灣省戒嚴令》），其中指出只開放基隆與高雄兩港海上交通，其餘各港一律禁止進出，直 1987 年 7 月 15 日廢除戒嚴令。[73]

　　從上述中國的漢人移民台灣的歷史過程中，可以了解台灣人民歷經台灣海峽偷渡過程中揮之不去對海洋的恐懼，以及日本統治下的限制及國民政府戒嚴時期的禁錮，讓台灣人民對於海洋總是既害怕又期待。

貳、台灣海權發展史

　　1626 至 1642 年荷蘭人統治台灣的 38 年期間，鄭芝龍與荷蘭人結盟，1628 年成功剷除海盜商人許心素、李魁奇、鍾斌及劉香，成為中國海域的霸主，掌控日本與中國之間的海上航運線，獲得福建澄海基地以及其他海盜的力量；並發行

---

69 陳水源，《台灣歷史的軌跡（下）》，頁46-471。

70 陳水源，《台灣歷史的軌跡（下）》，頁479-480。

71 許世融，〈1928年中國的排日運動及其對臺、中貿易的影響〉，《臺灣文獻季刊》，第62卷，第3期，2011年9月，頁86。

72 《動員戡亂時期臨時條款》，立法院法律系統，<https://lis.ly.gov.tw/lglawc/lawsingle?0^13060CC4060CCD53060CC0CB0C0C83260DC0E6CC0C23064CD006>（檢索日期：2020年3月31日）。

73 劉子雄，〈台灣解嚴30年：平民生活的記憶〉，BBC News中文，2017年7月14日，<https://www.bbc.com/zhongwen/trad/chinese-news-40593296>（檢索日期：2020年3月31日）。

可航行台灣海峽的航行許可證，獲取中國與荷蘭在東南亞的貿易利益，並在明朝的招撫之下，擔任明朝福建水軍指揮官及福建總兵，統轄中國東南三省防務。1644 年崇禎皇帝自縊明朝滅亡，明朝福建總兵鄭芝龍的兒子鄭成功於 1648 年至 1660 年在抵抗清軍的過程中逐漸失利，遂於 1661 年驅逐荷蘭人占領台灣作為反清復明的基地。[74]1664 年清朝正式掌控中國入主中原，開啟兩岸對抗的局面。

鄭成功占領台灣後，為提升反清復明的力量開始建設台灣，方使得台灣正式進入一個非殖民統治下的政府治理。由於台灣在荷蘭統治時期，基本上是作為荷蘭東印度公司在中國與歐洲、東南亞貿易的轉運中心，僅有少量的蔗糖、鹿皮可提供台灣出口貿易。鄭成功面對遷入台灣的 10 萬軍隊供養需求，在台灣無法及時供給之下，除從中國浙江、福建及廣東取得經濟資源外，更加強與日本及東南亞的海上貿易。為擴大貿易網從華南延伸至印度洋的麻六甲海峽，在東南亞設立商館，派遣政府官員統領明鄭船隊，以及指派海外華僑管理鄭成功在當地的商業活動。

1661 年清朝為斷絕台灣從中國獲得資源的機會，下達從廣東到東北遼東半島的沿海及離島居民，向內陸遷移 16 至 27 公里的遷界令。任何船隻不得以任何理由出海。此更加重了台灣與日本、菲律賓、柬埔寨、暹羅（泰國）的轉口貿易，並從日本、英國及荷蘭獲得鐵器與火藥。另積極對台灣農地開墾與技術改良，提供台灣的糧食供給及蔗糖出口[75]

1684 年清朝自將台灣納入中國版圖之後，在施琅的建議下由福建調集綠營軍隊協防台灣，初期設置水陸營十營萬人。其中台灣的水師部分，在安平鎮設置中、左、右三營的台灣水師協，澎湖媽宮設置左、右二營的澎湖水師協，共計水師兵力約近 5 千人。1718 年閩浙總督鑒於台灣北部地區人口逐漸增加，而且福建與台灣的淡水、基隆兩地是西班牙、荷蘭、英國與中國貿易往來的重要航路，為確保台灣安全的需要，遂在淡水增設水師防衛北台灣。[76]

駐防台灣水師受福州將軍、閩浙總督、福建水師提督的指揮。台灣水師主要

---

74 黃石山，《海洋臺灣：歷史上與東西洋的交接》（台北：經聯出版，2011），頁61-67。

75 黃石山，《海洋臺灣：歷史上與東西洋的交接》，頁68-74。

76 李其霖，《清代黑水溝的島鏈防禦》（新北：淡江大學出版中心，2018），頁114-120。

集中在安平與澎湖兩地，海防的主要政策是針對海盜的襲擾。因此，清朝水師的戰艦基本上是沿用明朝的戰船，以及將民造的漁船和商船樣式改造為戰船。在使用上及人員編制操作上尚可面對海盜，但面對西方強權的戰船就顯得不堪一擊。[77] 自1809年蔡牽所領導的海盜集團被殲滅之後，基本上台灣海峽海域沒有可威脅的敵人，使得台灣海防的建設與建造及維護戰艦所需的工廠，都年久失修與無法使用，同時台灣的戰船數量也明顯不足。[78] 因此清朝初期的海防構想為運用戰艦制敵於外洋，砲台殲敵於沿岸，水陸兩師共同禦敵於陸上戰略。[79]

1840年清朝與英國發生第一次鴉片戰爭開始，英國首相巴麥尊（H. J. Palmerston）即於1841年指示英軍艦隊司令懿律（G. Elliot），對中國的戰爭中，要在中國東海岸某處占領至少一個海島作為基地。[80] 考量地區計有舟山群島、金門、廈門及台灣，然對於台灣的選項則有不同意見，主要認為台灣島太大，且西部沒有良好的港口。清朝廣東水師自1839年11月3日與英國艦隊爆發第一次穿鼻戰役後，英國軍艦開始巡弋福建海域。1840年7月5日英軍占領舟山定海，促使清朝政府開始注意台灣有可能遭受英國艦隊的攻擊。即下達加強台灣、澎湖防衛之令，面對英國艦隊的精良武器，採取戰艦與砲台相互配合與支援的防禦戰略。此外，清朝政府也開始思考建造配置具有32個砲孔的戰船需求。[81]

1841年8月英軍艦隊在璞鼎查（Henry Pottinger）率領下大舉進犯福建與浙江兩省，並為防止駐守台灣的清朝水師從東海夾攻，故派遣艦隊所屬部分軍艦伺機騷擾台灣，以牽制台灣水師。然基隆港清朝砲台守軍歷經英國艦隊的2次攻擊下，獲得勝利保住台灣免於英國的占領。[82] 主要是鴉片戰爭期間，台灣能夠安然度過免於重創，除了台灣不是英國艦隊的主要目標外，在前、後任按察使銜分巡

---

77 李其霖，《清代黑水溝的島鏈防禦》，頁124。

78 李其霖，〈鴉片戰爭前後臺灣水師布署之轉變〉，《臺灣文獻季刊》，第61卷，第3期，2010年9月，頁79-85。

79 李其霖，《清代前期沿海地水師與戰艦》（南投：國立暨南國際大學歷史研究所博士論文，2009年），頁404。

80 陳碧笙，《台灣人民歷史》（台北：人間出版社，1993），頁162。

81 李其霖，《清代黑水溝的島鏈防禦》，頁165-170。

82 陳碧笙，《台灣人民歷史》（台北：人間出版社，1993），頁162-166。

台灣兵備道姚瑩與熊一本積極的海防建設，以及台灣軍民的合作下，成功擊退英軍。李其霖認為清朝將台灣納入版圖之後，即接收明鄭在台灣海峽上，獲得由金門、澎湖到台灣3個島嶼所形成的防線。但因沒有好好經營這道防線，致使歐洲列強能輕易進入台灣海峽，直接進攻中國東南沿海及北部沿海城市。[83]

1871年1月俄國入侵新疆伊犁，1874年5月日本侵犯台灣，引發清朝政府對於西北的塞防與東南的海防之爭。在海洋的設防上，有主張設立三洋水師、兩洋水師及統一水師的建議。其中建議三洋水師者，如山東巡撫文彬建議將三洋水師分別駐守吳淞口，守長江之險；福建固守廈門、台灣；天津固守京畿門戶。而浙江巡撫楊昌濬建議設立南北中三洋水師，以福建、廣東為一支；江蘇、浙江為一支；直隸、奉天為一支。福建巡撫王凱泰建議以奉天、直立、山東為北洋，分駐防於大沽；江蘇、浙江為中洋，分駐防於吳淞；福建、廣東為南洋，分駐防於台灣。[84] 從上述可以看出，清朝政府在海防的規劃構想上，懸於中國東海的台灣島嶼對中國海洋安全具有非常重要的戰略價值。

1874年日本企圖占領台灣所發動的牡丹事件，使得清朝政府認清台灣戰略地位的重要性，遂指派閩浙總督沈葆楨全權處理負責台灣事務與日軍交涉。[85] 沈葆楨為整頓與強化台灣的海防工事，與匯豐銀行洽商借款事宜，即所謂「台灣海防借款」，共借款200萬兩銀，折合75萬英鎊，由粵海、九江、江海、浙海、鎮江、江漢、山海、律海、東海等海關所收洋稅項分年代墊，再由福建應解京餉撥還各海關。[86]1876年丁日昌接任福建巡撫積極建設台灣，並同意江南道監察御史林拱樞認為台灣是直隸、奉天、山東等沿海7省必經的咽喉要道，不是只對福建的安危有所影響。因此，建議清朝政府應至少派遣閩浙提督移駐台灣，以統領及督導台灣海防建設，但此建議方案未獲得清朝政府的同意。1877年刑部侍郎

---

83 李其霖，《清代黑水溝的島鏈防禦》，頁173-178。

84 王家儉，《李鴻章與北洋艦隊——近代中國創建海軍的失敗與教訓》（台北：國立編譯館，2000），頁106。

85 許毓良，〈清法戰爭前後的北臺灣（1875-1895）——以1892年基隆廳、淡水廳輿圖為例的討論〉，《臺灣文獻季刊》，第57卷，第4期，2006年12月，頁226。

86 戴學文，《從台灣海防借款到愛國公債，歷數早期中國對外公債（1874-1949）》（台北：商周出版，2017），頁31。

袁保恆認爲台灣已爲各國垂涎之地，如果列強占領台灣，列強的軍艦除數日內就可抵達中國各沿海，並控制台灣海峽南北海上航線，防不勝防。由福建巡撫分駐台灣半年無法有效強化台灣治理與海防，建議將福建巡撫改爲台灣巡撫，專責台灣事務，但亦遭李鴻章否決。[87]

　　1883 年法國出兵越南北圻，清朝在越南的請求下，由駐守雲南的黑旗軍出兵與越南共同抵抗法國的侵略，並打敗法軍。但在法國孤拔艦隊的增援下，越南都城順化仍被法軍占領。1884 年 5 月 11 日清朝政府與法國簽訂《天津條約》，承認法國爲越南的保護國。然一個月後清法戰事又起，清朝劉永福的黑旗軍於中越邊界的諒山再次贏得陸戰。[88]當時的法國內閣總理費理（M. G. Ferry）曾說：「所有擔保品中，台灣是最良好的，選擇最適當、最容易守，守起來又是最不費錢的擔保品。」遂決定攻占台灣據以逼迫清軍退出越南。陳碧笙認爲中法戰爭期間，法國之所以侵略台灣主要原因有 4 項：1. 台灣孤懸於中國之外，守禦薄弱，易於攻占；2. 台灣有豐富的煤炭可供使用；3. 不會引起國際干涉；4. 可據以控制西太平洋的基地。1884 法國艦隊襲擊基隆與淡水港企圖占領此兩港均失敗撤退，之後占領澎湖並對台灣實施海上封鎖，直到 1885 年清法《天津條約》完成簽訂爲止。[89]

　　1885 年清法戰爭結束後台灣正式建省，由劉銘傳出任首任巡撫，清朝正式對台灣實施有計劃的建設。在海防部分，建議清朝政府建置三洋海軍，北洋海軍駐津沽，兼顧遼東半島；中洋海軍駐吳淞，兼顧浙海及舟山群島；南洋海軍駐台澎，兼顧粵東及海南島。但清朝政府以已有南北洋海軍和經費短絀爲由不予採納。另發展台灣對外航運部分，1886 年設立招商局（後改爲通商局），以及疏濬旗后、安平兩港。[90]但 1891 年隨著劉銘傳的離職，台灣的海防建設就進入停滯期，直到 1894 年的甲午戰爭清朝戰敗，1895 年與日本簽訂《馬關條約》將台灣割讓日本。

---

87 陳在正，《台灣海權史研究》（廈門：廈門大學出版社，2001），頁163-171。

88 黃石山，《海洋臺灣：歷史上與東西洋的交接》（台北：經聯出版，2011），頁141。

89 陳碧笙，《台灣人民歷史》（台北：人間出版社，1993），頁206-217。

90 陳碧笙，《台灣人民歷史》（台北：人間出版社，1993），頁229-233。

在日本的統治之下，台灣成為日本向東南亞前進的中繼基地，而不是日本海權發展的主要核心基地。1945 年二戰結束後中華民國政府雖已接收台灣，但在國共內戰下，台灣處於政權轉換的混亂之中。1949 年中華民國政府正式遷入台灣，從政治現實的觀點，形成兩個政府爭奪中國主權的情勢。對於當時勢如破竹的中華人民共和國解放軍奪取台灣的企圖，美國採取「放手不管」的政策，並接受中國對台灣的主權行使。[91]

1950 年韓戰的爆發，改變了美國對台灣國民政府的不干預政策，1954 年台灣與美國簽訂的《中美共同防禦條約》，雖然台灣安全得以受到美國強權的保護，免於被中國武力統一，但自此以後台灣所有國防軍備受到美國嚴格的控管。1970 年代以前，台灣的國家安全戰略係建構在以美國圍堵戰略下的一支國土防禦部隊。台灣在科技與軍事技術不足的狀況下，海、空軍的作戰能力始終無法越過台灣周邊 200 海浬的作戰範圍內，使得台灣的國家安全戰略被限縮在以陸軍國土防衛作戰為核心的軍事戰略。相對的，憲法所主張的南海及東海主權，就在海、空軍兵力及能力的限制下，成為國家安全戰略所忽視的要項，更遑論台灣在海洋安全戰略上的建構與發展。

綜合上述台灣海權發展史的探討，基本上 1949 年之前台灣的海權發展，都是依附在中國或日本母體國的整體海權發展架構下經營。1949 年之後到 2020 年台灣的海權發展，則被限縮在 1950 年代至 1960 年代的攻勢戰略、1970 年代至 1980 年代的攻守一體戰略，再到 1990 年代至 2023 年的守勢防禦戰略之軍事戰略構想架構下。因此，海權始終都未能從台灣的立場思考，以及成為台灣發展的核心重點。

參、台灣對海洋的認知

1949 年以前台灣在清朝統治時期，英國、法國、日本乃至於美國都有占領台灣的企圖，兩次的鴉片戰爭、清法戰爭及日本攻擊台灣的事件，讓清朝政府了解台灣對中國國家安全的重要性。促使清朝政府於 1875 年廢除兩岸往來的禁

---

[91] Chiu, Hungdah, *China and the Question of Taiwan: Documents and Analysis* (New York: Praeger, 1973), pp. 221-224.

令，並鼓勵中國漢人來台拓墾。使得台灣在積極的經濟發展與海防建設下，提升了台灣人民對於來自海洋威脅的認知。

正如戈爾茨坦（Judith Goldstein）與基歐漢從認知心理學所涉及的思想（ideas）因素觀點，認為認知心理學的重點在於經由調查個人對社會現實的信念，使得這些信念不僅確定行動的可能性與反映道德原則，並且詳細說明因果關係。對於信念可區分為世界觀（world views）、原則信念（principled beliefs）及因果信念（causal beliefs）3種類型。當世界觀與人的身分交織在一起，即喚起人的深刻情感和忠誠。原則性信念係由道德思想所組成，主要是運用特殊規範從錯誤與不公正中，區分出對的與公正。原則觀念的變化以及世界觀的變化，對政治行動具有深刻的影響。因果信念即關於因果的影響關係，也就是提供導引個體如何達到其目標。因果關係概念化的變化，比世界觀或原則信念的變化更頻繁、更迅速。特定政策的轉變，經常是跟隨著因果信念的改變，特別是當技術知識擴展的時候。[92]

由此，我們可以了解清法戰爭期間，時任巡撫劉銘傳在經費有限、時間不足的狀況下，面對武器精良與訓練有素的法國艦隊及海軍陸戰隊，且受限於武器落後、人員訓練不足及傷亡慘重的情勢下，於基隆與淡水擊退法國入侵的軍隊實屬不易。尤其自鴉片戰爭以來清朝軍隊面對歐洲列強的侵略，從無勝仗而言，實屬難得。其主要在於劉銘傳藉由世界觀與台灣人民身分的共同信念建構，促使駐守台灣的軍人與住民能在共同身分的信念下，抵抗法軍的入侵。同樣的，台灣在日本統治期間，由早期的高壓統治到1937年的皇民化政策，可以看得出日本期望藉由將台灣人對日本人身分的轉變與認同的建構，以及對海洋的世界觀與政治觀的認知，進而達成共同對日本帝國主義效忠的信念與犧牲的熱誠。

1949年之後台灣在戒嚴的管制下，原則上除了漁船在嚴密管制下可出海，以及在特定的沙灘海域戲水外，一般台灣人民是不得入海的。雖然1987年解除戒嚴令，但政府直到1993年1月28日公布《臺灣地區近岸海域遊憩活動管理辦

---

[92] Goldstein, Judith and Keohane, Robert O., "Ideas and Foreign Policy: An Analytical Framework," *Ideas and Foreign Policy: Beliefs, Institutions, and Political Change* (New York: Cornell University Press, 1993), pp. 7-10.

法》後，方開啓台灣的海洋活動。[93]1996 年民進黨總統候選人彭明敏爲跳脫國民黨政府國共內戰的歷史連結，提出「海洋國家」的口號，期望以新的國家定位思維，建構台灣主權獨立的國家身分。[94]1998 年行政院配合聯合國政府間海洋學委員會 1998「國際海洋年」年度報告召開「國家海洋研討會」，爲有效遏止走私、偷渡的亂象及解決事權分散問題，於 2000 年 1 月 28 日成立「行政院海岸巡防署」。

2000 年民進黨總統候選人陳水扁提出「海洋立國」口號，並於執政後於 2001 年公布第一本《海洋白皮書》。2002 年時任副總統呂秀蓮於宜蘭縣龜山島發表〈海洋立國宣言〉，強調民進黨政府將拋棄國民黨政府的陸權心態，從海洋的視野將國家定位爲海洋國家，作爲國家發展立國精神。[95]之後民進黨陳水扁政府執政期間，分別於 2004 年成立「海洋事務推動委員會」與公布《國家海洋政策綱領》，以及 2006 年再公布《海洋政策白皮書》。[96]2007 年教育部依據《海洋政策白皮書》公布《海洋教育白皮書》，這是我國第一本針對推動海洋教育指導方針的依據。然而在國家整體海洋發展政策不明確的狀況下，除難以提升相關海洋產業發展外，對海洋發展所需的人才教育、考選及任用缺乏整合的策略，致使成效有限。[97]

2008 年國民黨總統候選人馬英九提出「藍色革命、海洋興國」的海洋政策主張，強調解放冷戰思維下的台灣地緣對抗情勢，應朝向藍海戰略發展，以及

---

[93] 《臺灣地區近岸海域遊憩活動管理辦法》，全國法規資料庫，<https://law.moj.gov.tw/Law-Class/LawAll.aspx?pcode=K0110011>（檢索日期：2020年3月31日）。

[94] 李世暉，〈臺日關係中「國家利益」之探索：海洋國家間的互動與挑戰〉，《遠景基金會季刊》，第18卷，第3期，2017年7月，頁4。

[95] 〈副總統前往龜山島發表「海洋立國宣言」〉，中華民國總統府，2002年5月19日，<https://www.president.gov.tw/NEWS/1436>（檢索日期：2020年3月31日）。

[96] 〈台灣海事事務的發展與願景——海洋興國〉，行政院農業委員會漁業署，2013年10月1日，<https://www.fa.gov.tw/cht/ResourceWorldOceansDay/content.aspx?id=6&chk=81775f27-b2ef-4981-98c4-dafea8450011>（檢索日期：2020年3月31日）。

[97] 邱文彥，〈台灣海洋政策與管理（上）〉，National Geographic國家地理，2015年6月4日，<https://www.natgeomedia.com/environment/article/content-3908.html>（檢索日期：2020年3月31日）。

戒嚴體制下長期的防山禁海政策。[98] 然而儘管國、民兩黨在台灣海洋事務的發展上，看似已有共識，但在「統獨」的爭論下，並未獲得政黨理性的討論與支持，致使台灣海洋事務的發展始終未能形成強而有力的政策與執行力。因此，不難理解由於台灣大多數居民都是漢人後裔，習慣於陸地性的生活與思考模式。雖然台灣人民在一天之內即可抵達海邊，但是大部分的日常生活中除了海鮮外，基本上並不會想到與海洋活動有關的事物。[99]

　　2020 年 1 月 20 日一群獨木舟愛好者抗議宜蘭縣政府不開放梅花湖的獨木舟水上活動，高喊「還我海洋國家，水利解嚴」的口號。[100] 然依據交通部《水域遊憩活動管理辦法》第 3 節第 22 至 24 條規定，僅對獨木舟活動做一般性的規定。[101] 且各縣市政府、國家公園管理處及各風景區管理處均有水域遊憩活動區域禁止與限制公告，[102] 惟相關內容不夠明確，讓台灣人民的水域遊憩活動受到無形的心理限制。台灣獨木舟愛好者之所以有抗議的口號，主要在於長期以來台灣政府公務人員對於海洋及相關水上活動，以及對海洋及水域的認知始終存有不安全感，以至於不願承擔過多的責任。

　　綜合本文對台灣移民史、台灣海權發展史及台灣對海洋認知的探討，可以了解到台灣自西班牙占據台灣、荷蘭人統治台灣 38 年，到明鄭驅逐荷蘭人統治台灣 23 年，台灣才正式進入政府治理的計畫性拓墾與開發。1684 年清朝雖然正式將台灣納入版圖，但是直到 1875 年才真正將台灣納入中國整體海權發展的一環。1895 年台灣割讓給日本，在日本殖民統治下，初期對台灣人民採取高壓政策，直到 1937 年為因應對亞洲的侵略戰爭，對台灣人民採取懷柔同化的政策，

---

98 〈馬蕭海洋政策：藍色革命海洋興國〉，財團法人國家政策研究基金會，<https://www.npf.org.tw/11/4119>（檢索日期：2020年3月31日）。

99 陳國棟，《台灣的山海經驗》（台北：遠流出版，2005），頁31-32。

100 蕭文彥，〈爭水域闖梅花湖！屢勸不聽遭縣府開罰〉，TVBS News，2020年1月20日，<https://news.tvbs.com.tw/local/1265357>（檢索日期：2020年4月16日）。

101 《水域遊憩活動管理辦法》，全國法規資料庫，2019年1月10日，<https://law.moj.gov.tw/LawClass/LawAll.aspx?pcode=k0110024>（檢索日期：2020年4月16日）。

102 〈各級水域遊憩活動管理機關相關公告〉，行政院資訊網交通部觀光局，2019年10月3日，<https://admin.taiwan.net.tw/FileUploadListC003210.aspx?Cond=950015e2-2f1b-4668-bd5d-2c6b718170b4&appname=FileUploadCategory3213>（檢索日期：2020年4月16日）。

但為時已晚。1945 年二戰結束，台灣再度回歸中國的統治，台灣戒嚴令的實施讓台灣再度進入對海洋封閉的時代。

戒嚴時期 1950 年代到 1970 年代出生的許多台灣人民，大多懷有向外發展的夢想，每當在面對大海時，心中往往有一股衝向大海探索海洋的衝動。但當接近海邊、湖邊、河邊時，往往會聽到長者說：「海邊危險，無故到水裡、海裡警察會抓。」這樣的話，這應該是台灣四、五年級生最深的感受。而且在體育設施不足的狀況下，有許多人是害怕游泳或不會游泳的。然這些 1950 年代至 1960 年代出生的台灣人，基本上大都成為主導台灣各行各業的領導階層。因此，從台灣歷史發展的研究過程中，可以發現台灣人民對海洋的態度是既期待又怕受傷害。

第四節　小結

馬漢的海權論認為，影響民族國家海權的原則條件計有 6 項，分別為地理位置、自然構造、領土範圍、人口數量、人民特性及政府特質。

地理位置：以英國、法國及荷蘭為例，法國及荷蘭除了面對海洋之外，還有陸地與其他國家接壤。荷蘭及法國在國家的發展上，不僅要防衛自身陸上的領土或企圖從陸上謀求擴大領土外，與此同時也想要發展成為海上強權。國家將會因維持一支龐大的軍隊，以及進行昂貴的戰爭以保持其獨立性而耗盡國力。相對的，英國的國家目標就非常單純一致，就是發展海上強權，這就是地理位置影響國家海權發展的因素之一。另地理位置對於海軍部隊力量集中與分散的影響，英國相較於法國更具備優勢，而法國則受限於英國對直布羅陀海峽的控制，影響了海軍部隊力量的集中。

自然結構：海岸是一個國家的邊界之一，從海岸邊界進出海洋越容易，國家越趨向與世界其他地區交往。如果國家擁有長的海岸線而完全沒有港口，這樣的國家可能就沒有自己的海上貿易、海運船隻及海軍，就如同比利時於 17 世紀曾為奧地利、西班牙及荷蘭的一省。另以法國及英國為例，法國雖然在大西洋及地中海擁有良好的海港及河口港，但是法國陸上良好的氣候與豐富物產，促使

法國缺乏向外尋求資源的動力。相對的，英國國內缺乏自然資源，在工業革命之前，英國很少有產品可以出口，因而促使英國政府及人民想藉由海洋向外尋找資源與促進商業貿易的生存動力。

領土範圍：這是影響國家成為海洋大國的最重要條件。關於海權的發展，所考慮的不是國家擁有的領土面積，而是海岸線的長度和港口的特性。也就是說，當地理與自然條件相同時，依照民族國家人口的多寡，海岸的範圍就成為海權強或弱的核心因素。如果將民族國家比喻為一個堡壘，駐軍與城廓就必須有一定的比例。以中、南美洲國家為例，當美國對這些國家實施封鎖時，這些國家雖擁有很長的海岸線與良好的港口，但是卻無足以匹配的人口及從事海洋活動的人員，使得美國得以輕而易舉展現海權的力量。

人口數量：人口數量所指的是國家從事與海洋事務有關的人口總數，或者至少隨時可到船上工作的人員，以及製造海軍所需材料的人員數量。以英法戰爭為例，戰爭前法國的人口數量比英國多得多，但在一般海權方面，和平時期的商業與軍事效能上，法國比英國低很多。就軍事效率而言，即使法國比英國擁有良好的艦隊與武器裝備，但是英國比法國擁有更多具備海上經驗的水手。當戰爭發生時，英國可以立即獲得所需艦隊數量的水手執行戰爭。反觀法國雖然擁有較多的軍艦，但卻無訓練有素的水手可立即加入作戰。尤其在戰爭損失後，水手的替補不足，嚴重影響法國與英國之間的海上優勢。

人民特性：追求財富是所有人的天性，而追求財富的方式則對民族國家的商業行為與歷史發展會產生明顯影響。例如：西班牙人與葡萄牙人為追求黃金財富，積極藉由海洋探險到世界各地建立殖民地與掠奪黃金；荷蘭人及英國人為了生存與需求，亦向海外發展。

政府特質：具有特殊形式的政府及其伴隨的機構，以及領導者的特質，對民族國家海權的發展會產生非常顯著的影響。一個國家及其人民在各種特徵中，思考建構國家的特質時，就像個人思考其職業生涯一樣。同樣的，政府也導引人民或國家歷史走向成功或失敗。海權之所以成功，在於政府具有智慧的指引，以及人民完全投入的精神。如英國海權之所以成功，在於政府的國家發展目標就是朝

向對海洋的控制，以及人民配合政府的指導發展海權的力量。[103]

提爾認為 21 世紀海權的構成要素為人口、社會及政府、海洋地理、資源、海洋經濟、獲得海權的手段及科技等 6 項。相較馬漢的影響海權發展之 6 項原則條件，提爾的海權 6 要素則是因應 21 世紀之國際形勢與科技的發展，在獲得海權的手段部分，增加陸權、空權及海岸防衛隊等支援海權發展的武力，以及科技對海權發展的需求。然這些海權要素基本上屬於技術性的層面，而不是在海權思想上的本質層面。

因此，依據馬漢所提影響國家海權發展的 6 項原則條件，分析台灣海權發展的現況，可以了解到台灣位處西太平洋區域中央，並臨近中國的位置，控制著台灣海峽、東海、巴士海峽及西太平洋南北交通線。駐防台灣各港口的海軍部隊，可在一天之內完成兵力集中與分散。就如同英國位處北大西洋東邊，並臨近歐洲大陸位置一樣，其控制著北海、英吉利海峽、凱爾特海及北大西洋，並具有天然的良好港口。1949 年的台灣就如同 1648 年前的比利時一樣，是中國及日本的一個省與殖民地，沒有自己獨立的海上貿易、海運船隻及海軍。即使劉銘傳擔任台灣巡撫期間試圖發展台灣獨立的海上貿易、航運船隻及海軍艦隊，但起步階段就在清法戰爭中消耗殆盡，以及台灣割讓給日本而失去發展海權的機會，更不用說提升台灣人民向外尋求資源的動力。

1980 年代開始隨著台灣經濟的發展與轉型，從事海上與陸上工作的待遇差距，已從 10 倍變成 2 到 3 倍。在工作環境不佳與時間過長的狀況下，台灣就讀海洋事務有關的教育，每年畢業生約航海組 400 人、輪機組 450 人，合計 850 人。但願意從事海洋工作的學生僅約 10-30%，[104] 也就是每年最多從事海洋工作的台灣年輕人為 255 人。對於一個自然資源不足的台灣，海上交通線就是台灣的生命線。依據馬漢的海權理論，台灣在自然環境上具備發展海權的良好條件，所缺乏的是政府的組織架構、領導者沒有發展海權的概念與決心，以引導台灣人

---

[103] Mahan, Alfred Thayer, *The influence of sea power upon history* (Boston: Little, Brown and company, 1918), pp. 28-59.

[104] 林彬，〈台灣商船人力資源與就業發展探討〉，《台灣海是安全與保安研究學刊》，第4卷，第6期，2013年12月，頁19-23。

民積極向海洋發展。即使 1949 年之後，台灣具有獨立行使主權國家的能力，台灣在國土防衛作戰的陸權思想下，讓具有發展海權的優良地理環境失去應有的價值，主要原因在於台灣政府及人民未能意識到台灣內在與外在的「海洋身分」屬性。

戴寶村認為台灣人民仍是以大陸文化體系的視野，看待台灣與海洋的關係。台灣應認識其為海洋身分屬性的本質，故應以台灣為主體，建立台灣海洋史觀。藉由台灣歷史與文化遺物的考察、研究，建構海洋文化資產。透過民間海洋活動的舉辦，推廣及保存海洋文化意識；強化海港與漁村社區的營造，促進海洋文化的發展。另經由學校教育深耕人民海洋知識的教育。最後藉由政府的力量落實海洋生活文化，以及建立海洋文化體系。[105]

從戴寶村對發展台灣海洋文化的觀點，不難看出其具有期望與中國切割的意向。如果我們試圖跳脫台灣「統獨」的爭議，從個人與國家兩個層面分析台灣的發展本質，可了解不管台灣是以國家的形式存在，或是一個地區的形式存在，台灣都必須依賴海洋方能得以生存。即便是依託以中國為主的經濟體系與安全保障，或是以美國為主的經濟體系與安全保障，抑或是平衡於兩大強權之中，都必須認知海洋對台灣安全的重要性，方能使台灣的海權得以發揮，也才能藉由實力在兩大強權中，獲取台灣人民生存與安全的最大核心利益。

本章從台灣的地緣環境、台灣對國家的安全認知及台灣對海洋的態度 3 個面向，以建構主義的「身分」理論解析台灣內在的「身分」屬性，作為解析台灣海洋安全戰略的問題本質為研究開端。換言之，當確認台灣是一個海洋的身分屬性時，依據本書第二章所建構的整合國際關係與戰略研究理論架構，接下來則是分析影響台灣海洋安全戰略的外在環境因素，也就是從國際層面分析台灣發展海洋安全戰略所面臨的挑戰與困境。

---

[105]戴寶村，《台灣的海洋歷史文化》（台北：玉山社，2011），頁204-207。

第四章

影響台灣海洋安全的外在環境

　　第三章我們就「事實面」台灣的地緣環境、國家安全的認知及對海洋的態度 3 個思考面向，從國際關係建構主義的「身分」與「利益」理論，探索台灣與海洋的關係，以及台灣海權發展的歷史與困境；並運用個人與團體及國家兩個分析層次，從主權獨立的國家觀點所獲得的結論，基本上台灣是屬於「海洋性」的國家。若以地域的觀點，台灣即使未來兩岸走向統一，台灣仍是中國來自海洋可能威脅的第一道防線，而且台灣在經濟上始終必須依賴海洋活動與安全的確保，方得以生存與發展。因此，台灣的國家安全需求與威脅來源，從過去、現在到未來都與海洋事務息息相關。

　　對於國家的戰略思考與決策，趙景芳從行為學觀點，認為國家戰略來自於國家對目標的選擇，然國家戰略目標的選擇往往受到國家內部文化的影響。文化決定行為體的目標，權力則是達成目標的手段。[1]而「戰略文化」係依據國家的戰略價值觀，導引其戰略思維模式，最後形成戰略選擇的偏好。[2]施奈德（Jack L. Snyder）認為在危機的決策過程中，雖然環境所形成的誘惑與約束具有獨立性，但行為體對其反應將受到戰略文化傾向的影響。[3]而卡讚斯坦（Peter J. Katzenstein）認為，戰略文化的內容包含行為規範與國家認同，這兩項因素影響著國家的戰略決策。[4]

　　綜合上述學者的觀點，一個國家的戰略文化決定其戰略思維模式與價值觀的取向。尤其是在面對危機與衝突時的戰略決策，戰略文化的偏好，對戰略目標與行動的選擇具有決定性的影響力。就台灣的地緣戰略而言，與台灣國家安全有關的國家，計有美國、日本、中國、菲律賓、越南、印尼及馬來西亞。然影響台灣戰略選擇的主要國家則為美國、日本及中國。因此，本章將運用整合國際關係與戰略研究理論架構的第二個思考面向「影響面」，探討影響台灣國家安全外在環

1　趙景芳，《美國戰略文化研究》（北京：時事出版社，2009），頁4。

2　趙景芳，《美國戰略文化研究》，頁43。

3　Snyder, Jack L., "The Soviet Strategic Culture: Implications for Limited Nuclear Operations," *Rand*, September 1977, p. vi.

4　Katzenstein, Peter J., "Norms, Identity, and Culture in National Security," Jepperson, Ronald L., Wendt, Alexander, and Katzenstein, Peter J., *The culture of national security: norms and identity in world politics* (New York: Columbia University Press, 1996), p. 33.

境因素的主要國家，美國、日本及中國的國家利益、海洋安全戰略、相互關係因素及可能發生的事件假定，以確認台灣國家安全的問題性質，並分析台灣在建構海洋安全戰略時，所面臨的挑戰與選擇。

第一節　美國的海洋安全戰略

美國自 1865 年 4 月南北戰爭結束後，開始國家秩序的恢復與發展建設，以及西部地區的開發與接收世界各地移民。1898 年 1 月古巴首都哈瓦那發生動亂，美國在沒有照會古巴殖民總督及西班牙政府的情況下，以保護美國利益為由，派遣緬因號戰艦前往哈瓦那港。同年 2 月 15 日緬因號戰艦不明原因發生爆炸，造成 266 人死亡。雖然古巴殖民總督向美國表達否認涉案，並提出共同成立調查小組的要求，但未獲得美國的回應。同年 4 月 19 日美國國會通過決議，承認古巴的獨立，並要求西班牙撤出古巴。總統麥金利（Willian Mckinley）簽署該決議，並獲得國會授權使用軍事力量執行決議的權力，同年 4 月 25 日美國向西班牙宣戰。[5]

1898 年 12 月 10 日美國與西班牙在巴黎簽署《和平條約》，確立古巴的獨立，西班牙將波多黎各及關島割讓給美國，並允許美國以 2,000 萬美元的價格購買西班牙所屬殖民地菲律賓群島。[6] 使得美國驅逐西班牙在加勒比海的勢力，獲得古巴、尼加拉瓜及波多黎各的殖民地外，在亞洲也獲得菲律賓的殖民地，開啓美國走向國際政治舞台的時代。巨克毅認為從美國對外政策的歷史發展過程，可以了解到當美國的戰略文化傾向於擴張時，在孤立主義的政策上，將會採取新孤立主義與離岸平衡戰略。在國際主義的政策上，則會採取全球支配（霸權型）、圍堵戰略、集體安全與合作安全（合作型）戰略；若採取緊縮傾向的戰略選擇時，

---

[5] "Remember the Marine: The Beginnings of War," *Library of Congress*, <https://www.loc.gov/collections/spanish-american-war-in-motion-pictures/articles-and-essays/the-motion-picture-camera-goes-to-war/remember-the-main-the-beginnings-of-war/>（檢索日期：2020年5月6日）。

[6] "The World of 1898: The Spanish - American War," *Library of Congress*, <https://loc.gov/rr/hispanic/1898/intro.html>（檢索日期：2020年5月6日）。

在孤立主義上會採取傳統孤立主義戰略；在國際主義上會採取選擇性介入戰略。[7]

因此，影響美國安全與軍事戰略選擇的偏好，分別為攸關國家利益的程度（以經濟利益為核心）、國家的能力、國家的威脅所在與性質及政府領導人的偏好。[8]本文將以美國的發展歷史與國家利益的觀點，分別從冷戰前（1945-1989年）、冷戰後（1990-2001年）及911恐怖攻擊後（2002-2019年）3個時期，分析美國的海洋安全戰略。

壹、冷戰前的美國海洋安全戰略

1884年馬漢（Alfred Thayer Mahan）將軍受邀到美國海軍新成立的「海軍戰爭學院」（Naval war college）擔任教授，講授海軍歷史和戰術。1886年馬漢將軍成為該學院的校長，直到1889年的第一次離職。1890年馬漢將軍將其在海軍戰爭學院的授課資料綜整出版《海權對歷史的影響：1660-1783年》（*The influence of sea power upon history: 1660-1783*），[9]1894年美國的工業產值躍居世界第一位，1900年美國工業的產值更占世界工業產值的30%。[10]

1898年的美西戰爭讓美國在亞洲獲得關島及菲律賓群島，在其殖民統治的過程，拓展了與中國的商業貿易利益需求。鑒於列強對中國的貿易特權，遂於1899年提出「門戶開放」政策，要求在中國的列強開放門戶，並遵守中國現行貨物稅率標準執行貿易。美國的「門戶開放」政策不僅讓其進入中國市場，意外的也確保中國領土的完整，免於遭受列強的瓜分。[11]美國這項政策的提出，符合美國1824年由美國總統門羅（James Monroe）所訂定的「門羅主義」（monroe doctrine）外交政策精神。強調美國將歐洲列強介入美洲殖民地的政治紛爭視為

7　巨克毅，《全球安全與戰略研究的新思維》（台北：鼎茂圖書，2010），頁61。

8　趙景芳，《美國戰略文化研究》（北京：時事出版社，2009），頁212-213。

9　Duignan, Brian, "Alfred Thayer Mahan," *Encyclopaedia Britannica*, <https://www.britannica.com/biography/Alfred-Thayer-Mahan>（檢索日期：2020年5月9日）。

10　紹永靈，《戰爭與大國崛起》（遼寧：遼寧人民出版社，2015），頁225。

11　"Secretary of State John Hay and Open Door in China, 1899-1900," *Office of the Historian, Foreign Service Institute United States Department of State*, <https://history.state.gov/milestones/1899-1913/hay-and-china>（檢索日期：2020年5月9日）。

不友好的行為。[12] 這可說是美國以強大的新興工業國家的角色，參與國際政治的開端。

　　1904 年 12 月 6 日美國老羅斯福（Theodore Roosevelt）總統在國會的年度咨文中，提出對門羅主義的修正，為協助拉丁美洲國家的獨立與自由，採取積極性的國際警察作為，並認為美國海軍是政府在國際事務中受到尊重與行使正當權利的強大力量。因此，應該持續加強海軍的建設工作，以因應在突發緊急情況下，能夠將一支一流的海軍部隊投入戰場。在海軍的建軍規模上，至少與同等實力的其他國家擁有等量的海軍部隊。[13] 另於 1905 年 12 月 5 日的國情咨文中，更強調美國必須持續不斷的建設海軍，以使美國海軍必須比其他國家的海軍更強大。並指出 1905 年 7 月 1 日已開始實施巴拿馬運河建設工作，以滿足世界海洋商業運輸需求。[14]

　　1907 年 12 月 3 日的國情咨文中，明確指出美國需要始終記住，在戰爭時期，海軍不能用來防禦港口及沿海城市。海軍唯一有效的用途就是「進攻」，而有效保護自己國家海岸免於遭受敵國海軍可能採取行動的唯一方法，即是摧毀敵國海軍。雖然沿海的堡壘、水雷、魚雷、潛艇、魚雷艇及驅逐艦在防禦上具有其效能，但是面對一個採取進攻行動的優勢海軍，能夠獲得勝利在歷史上從未有過。只有透過海軍艦隊的重擊才能贏得勝利，而且只有侵略性的遠洋海軍才能做到這種攻勢上的重擊。巴拿馬運河的完成可依據作戰需求，提供美國太平洋與大西洋艦隊快速轉移的效率，以獲取海軍優勢。[15]

---

[12] 紀舜傑，〈美國中立政策之探討〉，《台灣國際研究季刊》，第12卷，第2期，2013年夏季號，頁178-179。

[13] Roosevelt, Theodore, "State of the Union Addresses of Theodore Roosevelt," December 6, 1904, <https://www.gutenberg.org/files/5032/5032-h/5032-h.htm#dec1904>（檢索日期：2020年5月8日）。

[14] Roosevelt, Theodore, "State of the Union Addresses of Theodore Roosevelt," December 6, 1904, <https://www.gutenberg.org/files/5032/5032-h/5032-h.htm#dec1905>（檢索日期：2020年5月9日）。

[15] Roosevelt, Theodore, "State of the Union Addresses of Theodore Roosevelt," December 6, 1904, <https://www.gutenberg.org/files/5032/5032-h/5032-h.htm#dec1907>（檢索日期：2020年5月9日）。

　　另於 1906 年美國認爲日本有可能會成爲美國的敵人，日本海軍在太平洋所占的優勢，將對菲律賓構成潛在的威脅。美國總統羅斯福認爲美國尚未做好戰爭的準備，不希望切斷與日本的關係。如果與日本發生戰爭，目前太平洋僅有的少量海軍艦艇無法成爲有力的對抗力量，將不得不放棄菲律賓，直到美國有足夠的實力方能發動攻勢作戰。因此，美國必須藉由海軍艦隊的大規模巡弋，展示美國海軍的準備、實力及作戰範圍，除可讓日本留下深刻的印象外，更能獲得國會支持再建造 4 艘主力艦的需求。遂於 1907 年 12 月 16 日將大西洋主力艦轉移至太平洋，編成由 16 艘主力艦組成的「偉大的白色艦隊」（great white fleet），簡稱「白色艦隊」，執行環遊世界的任務。[16]

　　從上述美國總統羅斯福在 1904 年、1905 年對國會的國情咨文報告內容，以及派遣「白色艦隊」環遊世界展現美國海軍實力的行動來看，可以了解到雖然無法證實美國總統羅斯福的海權構想是受到馬漢將軍海權理論的影響，但其海軍建軍構想與行動作爲，似乎符合馬漢將軍所建構的海權理論構想。也就是面對日本海軍在太平洋上可能的潛在威脅，美國所採取的因應戰略爲實施「砲艦外交」的海軍戰略嚇阻，以及艦隊殲滅作戰戰術。

　　面對歐洲列強的強權競爭，美國爲避免捲入歐洲的紛爭因而採取中立政策，以保護國家利益。1914 年 4 月 6 日歐洲爆發第一次世界大戰，美國雖然支持英法聯盟的協約國，但在中立政策下不主動參與戰爭。直到 1915 年 5 月 7 日英國郵輪露西塔尼亞號被德國潛艇擊沉，造成 128 名美國公民死亡，引發美國的反德情緒。1917 年 1 月德國認爲美國在戰爭期間違反中立政策的〈蘇塞克斯承諾〉（sussex pledge），持續提供武器彈藥和財政援助協約國，故宣布採取潛艇無限制攻擊政策。德國的無限制潛艇攻擊政策，導致美國多艘商船遭受攻擊與人員喪失，促使美國總統威爾遜改變對歐戰的中立政策。1917 年 4 月 6 日美國對德國宣戰，參加第一次世界大戰，同年 12 月 7 日正式對奧匈帝國宣戰。[17]

16　McKinley, Mike, "Cruise of the Great White Fleet," *Naval History and Heritage Command*, September 5, 2017, <https://www.history.navy.mil/research/library/online-reading-room/title-list-alphabetically/c/cruise-great-white-fleet-mckinley.html>（檢索日期：2020年5月7日）。

17　"U.S. Entry into World War, 1917," *Office of the Historian, Foreign Service Institute United States*

　　一次世界大戰結束後，英國、法國、德國、義大利及俄國等歐洲主要強權國家的社會與經濟遭受嚴重損失。美國除了成為國際政治舞台的主導者外，在經濟上美元也取代英鎊成為世界強勢貨幣。雖然 1919 年 6 月 28 日歐洲各國在美國總統威爾遜的主導下，簽署的《凡爾賽條約》未獲得美國國會通過。但 1922 年 2 月 6 日，美、英、法、義、日 5 國簽署《華盛頓海軍條約》（Washington Naval Treaty）[18] 與 1928 年 8 月 27 日由 15 國簽署的《凱洛格—布賴恩德公約》（Kellogg-Briand Pact），俗稱《巴黎公約》，則獲得美國國會壓倒性的通過。但 1931 年日本入侵中國滿州，國際聯盟及美國對此均未採取行動，再加上 1929 年自美國開始的世界性經濟大蕭條，讓美國外交政策重新走向「孤立主義」。[19] 即使 1937 年日本入侵中國，美國及國際聯盟亦未採取有效的行動，制止日本對中國的軍事入侵，直到 1939 年歐洲再度爆發第二次大戰，以及 1942 年日本偷襲珍珠港美國向日本宣戰為止，美國才又正式加入第二次世界大戰。

　　1945 年 4 月至 6 月 50 國的代表於美國舊金山舉行《聯合國憲章》制定會議，同年 7 月 28 日美國參議院以 89 對 2 票的結果，批准《聯合國憲章》，8 月 15 日日本宣布投降，第二次世界大戰正式結束，10 月 24 日聯合國正式成立。[20] 二戰後由於蘇聯的軍事擴張，以及民族主義的新起，使得國際之間的軍事衝突，始終未能隨著二次世界大戰的結束而走向和平。

　　1947 年美國駐蘇聯外交官肯南提出「圍堵政策」（containment policy）概念，以因應蘇聯的擴張趨勢。雖然肯南認為其所提出的「圍堵政策」目的，在於制止蘇聯政治性擴張的威脅，而不是軍事性對抗。但是 1948 年的第一次柏林危

Department of State, <https://history.state.gov/milestones/1914-1920/wwi>（檢索日期：2020年5月9日）。

18 Marriott, Leo, *Treaty Cruisers: The World's First International Warship Building Competition*(South Yorkshire, Pen & Sword Books Limited, 2005), p. 11.

19 "A Return to Isolationism," *Office of the Historian, Foreign Service Institute United States Department of State*, <https://history.state.gov/milestones/1914-1920/wwi>（檢索日期：2020年5月9日）。

20 "The Formation of the United Nations,1945," *Office of the Historian, Foreign Service institute United States Department of State*, <https://history.state.gov/milestones/1937-1945/un>（檢索日期：2020年5月9日）。

機、以阿戰爭、1949 年的中國共產黨革命及 1950 年的韓戰，使得肯南的「圍堵政策」逐漸朝向美蘇軍事對抗的趨勢發展。尤其是 1951 年蘇聯完成第一次核子試爆後，直到 1990 年蘇聯瓦解為止，國際社會形成美蘇兩極格局的冷戰體系。美國自然成為帶領民主國家的領袖，以對抗由蘇聯及中國為主的共產主義國家赤色革命擴張。[21] 因此，自冷戰開始「孤立主義」已成為美國的歷史，美國所扮演的是更具積極性的國際警察角色。

冷戰期間由於美國以自由、民主、正義為名，扮演維護世界和平與嚇阻蘇聯威脅的警察角色。在美蘇核子嚇阻的軍事對抗下，美國的國家利益與國家安全戰略，就必須建構在以全球各區域權力平衡架構下的國際秩序為目標，由美國扮演「仲裁者」或「平衡者」的角色。因此，為達到此戰略目標，美國必須具備同時應付大西洋與太平洋東西兩區域戰爭的實力。在大西洋區域，於歐洲成立「北大西洋公約組織」與蘇聯的「華沙公約組織」分庭抗禮。由於蘇聯的黑海艦隊與波羅的海艦隊，以及蘇聯位於北極不凍港莫曼斯克（murmansk）通往大西洋的出海口，均在以美國為首的民主陣營國家監控下，難以形成大規模兵力投射所需的艦隊作戰能力，使得兩個陣營相接壤的歐陸成為陸地領土安全的核心重點。

在太平洋區域，對蘇聯及中國的軍事圍堵戰略，係以駐守夏威夷的太平洋司令部為中心，以第七艦隊負責西太平洋的防務。由於日本屬於戰敗國，軍事武力的發展受到某些規範的限制，而台灣、南韓及菲律賓在軍事科技能力上，尚不足以自主。雖然美國與台灣、日本、南韓及菲律賓簽署有《共同防禦條約》，但實際執行軍事戰略防禦行動，仍是以美國海、空軍部隊為主，盟國基本上僅執行自我防禦及提供美軍部隊所需的後勤支援。相較大西洋區域的戰場戰略型態，太平洋區域係以海洋安全為核心重點。

1962 年的古巴危機讓蘇聯深感其海軍力量的不足，開始將軍事武力發展重心放在海軍部隊的建設上，推展所謂「海洋運動」。1970 年代中期蘇聯海軍力量已由近海朝向遠洋發展，且於 1970 年代末期蘇聯的太平洋艦隊實力，已具備

---

[21] "Kennan and Containment, 1947," *Office of the Historian, Foreign Service Institute United States Department of State*, <https://history.state.gov/milestones/1945-1952/kennan>（檢索日期：2020年5月9日）。

對抗美國海軍艦隊的能力。[22]對美國而言，美國於 1975 年自越戰撤軍之後，陸續在衣索比亞、安哥拉、阿富汗和伊朗等地所發生的事件，乃是美國在國際政治上的挫敗。從 1975 年至 1984 年，10 年期間發生美國所關切的 71 起事件中，有 58 起事件（81%）涉及到需要使用海軍，而 58 起事件中的 35 起涉及到航空母艦的使用。在同一時期，戰略核武力量似乎所發揮的作用在下降，而常規力量則變得更加重要。1977 年由美國總統卡特（Jimmy Carter）領導的政府，讓美國的外交政策再次向外轉移，並運用武裝力量輔助外交政策的執行，以及建立明確使用海軍及軍事力量作為政治工具的趨勢。[23]

　　1977 年 8 月 1 日美國海軍奉國防部指示成立〈2000 年海洋計畫〉，研究目的為在本世紀美國海軍和海軍陸戰隊最可能的任務範圍，以及如何能夠在有限的經費假設下，以現有的部隊規模來完成這些任務。經過研究後，雖然研究小組無法預測未來戰爭的結果，但是仍提出 4 項見解：

一、未來 30 年美國海軍在執行任務方面，將比二戰以來所習慣的行動方式要受到更大的限制。蘇聯海軍和第三世界力量的崛起，將成為具備能力的對手。

二、雖然水面艦艇必須採取反制行動，以因應 1990 年代潛在的空中威脅，但仍可藉由神盾系統和其他新式主、被動反水面飛彈防禦，以及反潛作戰系統增加海軍部隊生存能力。

三、在廣泛的作戰區域內，彈性和平衡對海軍部隊非常重要。

四、允許總統靈活運用海軍以應對危機，並適當的使用海軍武器和政策。

　　從美國海軍的〈2000 年海洋計畫〉內容，不難看出一些戰略概念已使用在美國的「海洋戰略」之中。特別是重大戰爭的嚇阻、對蘇聯施加壓力、聯盟的強固及美蘇海軍平衡的觀念；並指出美國海軍支援的主要相關政策措施為：1. 維持穩定：前進部署與海軍力量的觀察；2. 保持危機：影響陸地結果的能力及在海上形成對蘇聯優勢；3. 嚇阻全球戰爭：保護海上交通線、鞏固聯盟、對蘇聯施壓及

---

22 陳麗芬，〈蘇聯海軍騰飛催化劑〉，中華人民共和國國防部，2015年6月26日，<http://www.mod.gov.cn/big5/hist/2015-06/26/content_4591797.htm>（檢索日期：2020年5月9日）。

23 Hattendorf, John B., Phil, D., and King, Ernest J., *The Evolution of the U.S. Navy's Maritime Strategy, 1977-1986* (Newport: Naval War college Press, 1989), pp. 3-4.

透過界限對抗不確定因素。因此，在任何重大戰爭中，摧毀蘇聯艦隊和拒止蘇聯進入任何海洋是基本的目標。而拒止蘇聯進入海洋的目的，是為盟國提供敵對前的談判籌碼。[24]

1981 年 12 月美國海軍作戰部長（Chief of Naval Operations）辦公室，公布以「海洋戰略」為題的出版物，有時是以「前沿海洋戰略」或「國家軍事戰略的海洋部分」為題正式聲明，並獲得海軍作戰部長及海軍部長的批准，對「海洋戰略」做明確的界定。[25] 指出「海洋戰略」的目的是在闡述一項嚇阻的戰略，簡單的說，嚇阻就是威脅。因此，海洋戰略必須能夠對蘇聯最有價值的地方施加壓力，如國土、基地及傳統與核子武力，這樣的海洋戰略對軍事、政治核心力戰略目標才具有直接的效益。由於戰爭的本質是海上戰爭的一部分，所以海洋武力將採取「前沿壓力戰略」（forward pressure strategy），旨在影響蘇聯恢復權力平衡的關係，即使衝突已經爆發。[26] 1986 年「海洋戰略」的議題已獲得公眾及學者專家以複雜的形式廣泛討論，同時海軍戰略的議題也可以被廣泛的理解和辯論。[27]

1981 年美國海軍第一次提出「海洋戰略」的概念，主要目的還是在強化美國海軍對「海軍戰略」意涵的解釋，其目標在於向國會爭取預算，並反駁美國陸、空軍的批評。冷戰前「海洋戰略」的定義與內涵，正如費里曼（Norman Friedman）所說，美國的「海洋戰略」是一個廣泛的「海軍戰略」，旨在達到及拓展「制海權」。就海洋戰略而言，制海權是由先制攻勢行動來獲得。這樣的海軍武力攻勢進而直接影響相關聯的陸上戰役作戰。所以，海洋戰略的攻勢性應該是形塑未來美國與盟國艦隊的目標[28]

---

[24] Hattendorf, John B., Phil, D., and King, Ernest J., *The Evolution of the U.S. Navy's Maritime Strategy, 1977-1986*, pp. 14-16.

[25] Hattendorf, John B., Phil, D., and King, Ernest J., *The Evolution of the U.S. Navy's Maritime Strategy, 1977-1986*, p. 65.

[26] Hattendorf, John B., Phil, D., and King, Ernest J., *The Evolution of the U.S. Navy's Maritime Strategy, 1977-1986*, p. 70.

[27] Hattendorf, John B., Phil, D., and King, Ernest J., *The Evolution of the U.S. Navy's Maritime Strategy, 1977-1986*, p. 90.

[28] Friedman, Norman, *The US Maritime Strategy* (New York: Jane's Publishing Inc., 1988), p. 114.

1980 年代美國的「海洋戰略」是基於下列 3 個假設為基礎：1. 維持在公海的優勢，至少在北約範圍內；2. 鑒於海洋的遼闊，遏制點及前沿作戰的使用，相較在開闊海洋追捕敵人，海上拒止部隊來得有效些；3. 集中戰鬥艦隊，能夠將力量投射到第三世界，以面對蘇聯或其他未來的海洋力量，保持生存能力。[29]因此，冷戰期間美國「海洋戰略」建構的目的是期望整合運用海軍與國家其他力量，因應蘇聯海軍威脅所實施的「制海」行動。

貳、冷戰後的美國海洋安全戰略

1980 年代美國地緣政治最引人注目的面向是政治秩序的統一和關係的穩定，以及不受外來入侵的安全。這些與事實相結合的環境，美國有相當高比例的外部利益與盟邦是橫跨非常廣闊的水域，也是美國軍事戰略中海洋特性的基礎。由於美國在安全上免於外部入侵，以及擁有重要的跨洋利益，美國戰略自然更傾向於力量投射而不是大陸防禦。美國的跨洋利益的主要威脅是來自於一個龐大、獨裁與軍事化的歐亞帝國，這指出美國的關鍵戰略問題應該是強化與此帝國周邊國家的關係，並透過美國軍事力量、價值觀的協調及經濟對周邊國家一致性的投射，與周邊國家鏈結在一起。[30]美國所謂龐大、獨裁與軍事化的歐亞帝國，所指的就是蘇聯及中國。因此，冷戰前的 1980 年代，美國將「海軍戰略」廣義的解釋為「海洋戰略」，以利海軍向國會爭取夠多的預算，為海軍的發展提供明確的理論基礎。

費里曼從冷戰的歷史分析，認為冷戰就是海洋的戰爭。[31]對美國來說，20 世紀大部分的時間，美國政治及軍事領導者所關注的是美國的海洋力量。在區域上大西洋是首要重點，其次才是太平洋。[32]美國在太平洋的「前沿海洋戰略」（for-

[29] Friedman, Norman, *The US Maritime Strategy*, p. 212.

[30] Wood, Robert S., "Fleet Renewal and Maritime Strategy in the 1980s," Hattendorf, John B. and Jordon, Robert S., *Maritime Strategy and the Balance of Power: Britain and America in the Twentieth* (New York: St. Martin's Press, 1989), p. 331.

[31] Friedman, Norman, *Seapower as Strategy: Navies and National Interests* (Maryland: Naval Institute Press, 2001), p. 180.

[32] Langdon, Frank C. and Ross, Douglas A., *Superpower Maritime Strategy in the Pacific* (New York:

ward maritime strategy）係由關鍵軍事設施及各個島嶼聯盟的防禦貢獻所支持。在 1970 年代美國太平洋艦隊相較蘇聯具有絕對的優勢，基本上美國將太平洋視為「美國湖泊」（American lake）。自 1980 年代蘇聯海軍軍艦與潛艦的數量，在印度洋及波斯灣地區與美國太平洋艦隊相同時，美蘇兩大超級強權的海洋對抗，就不再僅限於太平洋的亞洲端，也會發生在東印度洋。美國在太平洋的海洋戰略的某些要素，包含在全球戰爭的事件中，中國對蘇聯的政策假設。對蘇聯來說，所擔心的是中國與西方的合作關係。所以蘇聯有可能對中國採取敲門（kick in the door）戰略，促使中國與蘇聯在經濟上的合作，尤其是 1990 年代雙方在政治上關係的改善。[33]

依上所述，我們不難理解即使到 1980 年代末期，蘇聯雖已逐漸呈現瓦解的狀態，但美國未來的「海洋戰略」構想，仍然以蘇聯威脅為核心，僅多了一個中國的因素。即使當時中國在軍事技術、科技及力量上都不足以對蘇聯形成優勢，然中國與蘇聯在北方邊境的地緣關係，仍具有牽制蘇聯的作用。1990 年蘇聯瓦解，繼承蘇聯權力的俄羅斯所面臨的是經濟下降 50%、社會處於動盪狀態、政府的職能不彰及國際地位下降等困境；俄羅斯無法再成為一個足以與美國抗衡的超級強權。[34] 此時的中國正將國家的經濟發展導入國際市場經濟制度之中，而海軍武力在前蘇聯技術人員與俄羅斯的技術合作下，開始現代化的發展，但與美國、日本的海軍實力尚有相當大的差距。

冷戰結束的國際政治轉變，對軍事和地緣戰略具有歷史性的影響。尤其美國海軍突然地既失去一個等量的海軍競爭者，也失去一個海洋對手。此外，在可遇見的未來也無法看到一個可靠的海軍敵手。[35] 美國在「一超多強」的國際格局體系下，當美國傳統的敵人突然消失，美國又陷入另一個困境，也就是敵人是

Routledge, 1990), p. 4.

33 Langdon, Frank C. and Ross, Douglas A., *Superpower Maritime Strategy in the Pacific*, p. 100.

34 李慎明，〈蘇聯解體是一場巨大的歷史災難〉，中共中央黨史和文獻研究院，2014年3月24日，<http://www.dswxyjy.org.cn/BIG5/n1/2019/0617/c427165-31161362.html>（檢索日期：2020年5月13日）。

35 Bruns, Sebastian, *US Naval Strategy and National Security: The Evolution of American Maritime Power* (New York: Routledge, 2018), p. 111.

誰？國家安全的戰略目標爲何？

伊拉克與伊朗打了 8 年的戰爭，最終在聯合國的調停下於 1988 年 8 月 20 日停火結束戰爭。對伊拉克而言，戰爭所造成的損失不僅僅是 50 萬人員的傷亡，更重要的是高達 800 億美元的外債，已對伊拉克的經濟造成難以支撐的地步。[36]而 800 億美元的主要債權國就是在兩伊戰爭中，同爲遜尼派國家支持伊拉克的沙烏地阿拉伯及科威特。[37] 由於伊拉克主要經濟收入來源是石油，對於石油價格的跌價感到憂心，遂要求「石油輸出國家組織」（OAPEC）減產以提高油價，卻被科威特反對。在科威特拒絕伊拉克要求免除債務、石油損失補償及兩座島嶼租借的要求後[38]，於 1990 年 8 月 2 日攻占科威特。美國認爲伊拉克併吞科威特後，將獲得 20% 的世界石油儲存量，除了伊拉克的軍事力量會對鄰國造成威脅外，更具有控制國際油價的能力。因此，這可說是美國爲何出兵伊拉克的最主要原因之一，其目的是建立一個穩定的國際秩序。[39]

卡本特（Ted G. Carpenter）認爲二次大戰後帝國主義所屬的殖民地被解放，建立了許多人爲的、不穩定的政治實體。但冷戰期間在美蘇兩大超級強權的對抗下，這些政治實體的爭端、不滿和衝突顯得不明顯。冷戰後的世界，由於兩極對抗的國際格局不再了，世界很可能會變得沒有秩序的動亂。假使沒有一個強大的對手來利用這些動亂，美國則會認爲這些動亂大多與自身的安全利益無關。只有區域大國無法遏制衝突並擴大到威脅美國安全時，美國的立場才會以進行干預作爲最後手段。[40]

美國的「戰略獨立」（strategy independence）政策是基於美國扮演更溫和與更可持續安全的角色，以及對冷戰後國際體系的現實評估。由於國際社會發生本質上的變化，美國試圖從新興的多極政治、經濟和軍事環境中尋找獲益所在。對

---

[36] 周熙，《冷戰後美國的中東政策》（台北：五南圖書，2001），頁12。

[37] Algosaibi, Ghazi A., *The Gulf Crisis* (New York: Kegan Paul, 1993), p. 9.

[38] 周熙，《冷戰後美國的中東政策》，頁187。

[39] 林正義，〈從危機處理分析布希總統的波斯灣戰爭決策〉，《歐美研究》，第22卷第3期，1992年9月，頁34。

[40] Carpenter, Ted Galen, *A search for enemies: America's Alliances after the cold war* (Washington, DC: Cato institute, 1992), pp. 3-4.

於主張美國必須建構「新的世界秩序」的冷戰時代盟國，似乎把維護美國政治和軍事主導的作爲本身當目的，而這些盟國對於複雜的干涉主義戰略是否眞正的有利於美國人民卻很少提出疑問。[41] 基本上美國冷戰後一直在尋找敵人，不僅將冷戰前的全球職權範圍重新界定，強調穩定的重要性、人道干預、多邊主義、冷戰遺留的問題（北韓威脅），以及新的冷戰對手（中國），並特別強調將重點轉移在長期性的跨國威脅（毒品交易、武器擴散、恐怖主義及環境問題），以及高科技多樣性所創造的威脅類別。[42]

隨著冷戰的結束，美國用於國家安全的經費與冷戰期間相比大幅減少。迫使美國自 1990 年開始不斷地進行海外部隊精簡（尤其是歐洲），以及國內基地的關閉。[43] 在此情況下，1993 年美國國防部淨評估室依據波灣戰爭的經驗，提出「軍事事務革命」（revolution in military affairs）概念，強調創新科技的運用對戰爭型態產生本質性的改變。[44] 可以看得出美國認爲後冷戰時代，將是一個有限區域衝突的國際環境，如何將新的軍事科技運用在有限的部隊上，以有效達到控制區域衝突的目的，則是美國軍事事務革命發展的初衷。因此，有部分美國學者提出美國在亞太地區擔任所謂「遠距平衡者」（distant balancer）的角色，並採取「離岸平衡」（offshore balancing）戰略。強調美國應在區域進行權力平衡的安排，而美國最終扮演「平衡者」的角色。[45] 在此概念下，美國海、空軍即成爲美國區域權力平衡的工具，尤其是 1999 年的科索沃戰爭，藉由空中武力的制壓，迫使南斯拉夫聯盟共和國接受聯合國的和平協議。

當「海洋戰略」成爲一系列文件的名稱，以及一個大的地緣戰略海軍概念

---

[41] Carpenter, Ted Galen, *A search for enemies: America's Alliances after the cold war*, pp. 203-204.

[42] Olsen, Edward A., *US National Defense for the Twenty-First Century: The Grand Exit Strategy* (London: Frank Cass, 2002), p. 14.

[43] Bruns, Sebastian, *US Naval Strategy and National Security: The Evolution of American Maritime Power* (New York: Routledge, 2018), p. 123.

[44] 王振東，〈軍事事務革命對現代戰爭之影響〉，《遠景基金會季刊》，第5卷，第3期，2004年7月，頁101。

[45] Olsen, Edward A., *US National Defense for the Twenty-First Century: The Grand Exit Strategy*, p. 59.

時，使1990年代的美國海軍不再能獲得大量的資源。[46]自1991年開始，美國「海軍戰略」已從傳統軍事任務型態的制海與衝突嚇阻戰略，到2000年依據美國柯林頓總統的「國家安全戰略」構想，將海上力量投射轉變爲海軍部隊的首要戰略需要，以前進部署（forward present）和知識優勢爲手段，以達透過戰場控制、攻擊及維持達成區域穩定、嚇阻、及時危機反應及獲得戰爭勝利4個目的。另美國爲因應新的威脅，賦予海軍包含本土防禦、資訊作戰、海洋攔截作戰、反恐怖主義與反毒任務，以及人道救援等新的使命。[47]

綜合上述分析，冷戰後的美國「海洋戰略」仍然是承襲冷戰時期以傳統軍事安全爲重心，只不過美國本土遭受攻擊威脅的可能性已消逝。旨在運用海軍武力對全球各區域所發生的衝突事件採取平衡戰略，確保區域秩序的穩定與安全。雖然也強調毒品交易、武器擴散、恐怖主義及環境問題等非傳統安全，也是美國海洋戰略新的使命，但尚未成爲美國海洋安全的一個主要因素。

參、911恐怖攻擊事件後的美國海洋安全戰略

2001年9月11日在美國本土發生的恐怖攻擊事件是美國重新思考安全定義的一個關鍵因素，在美國的主導下反恐怖主義成爲世界各國關注的焦點。美國並以反恐怖主義之名於2001年10月7日發動對阿富汗的戰爭，2003年3月20日發動對伊拉克的戰爭。並於2010年美國國防部首次向國會提交《2010年中國軍力報告書》（Military and Security Developments Involving the People's Republic of China 2010），指出當前中國軍事能力趨勢是改變東亞軍事平衡的主要因素，中國可能提供一支遠在台灣以外之亞洲範圍實施軍事行動的海軍，並被要求發展戰爭以外的軍事行動能力，如維和行動、災害防救和反恐行動等非傳統安全。[48]因此，本文將以21世紀2010年爲分界點，探討當前的美國海洋安全戰略。

---

[46] Bruns, Sebastian, *US Naval Strategy and National Security: The Evolution of American Maritime Power*, p. 126.

[47] Bruns, Sebastian, *US Naval Strategy and National Security: The Evolution of American Maritime Power*, p. 140.

[48] Office of the Secretary of Defense, "Annual Report to Congress: Military and Security Development Involving the People's Republic of China 2010," p. 37.

一、21 世紀最初的 10 年（2001-2010 年）

　　冷戰後的 1990 年代的 10 年，可說是美國的「歷史假期」（holiday from history）。2001 年 9 月 11 日在美國紐約市的恐怖攻擊事件，使得恐怖主義成爲美國 21 世紀前 10 年國家安全的主要挑戰者。2000 年代雖然國際之間軍事上有許多微妙的變化，但是全球化、氣候變遷與相關的自然災害、極端的饑荒與貧窮、初等教育普及化及跨國性重大疾病防治等，實際全球風險的全球性議題成爲急迫性的議題，這些形塑出美國海軍戰略的安全環境。因此，2001 年至 2008 年美國國家安全所面臨的 4 項挑戰依序爲：1. 恐怖主義位於挑戰的中心舞台；2. 與全球化有關，來自崛起中的金磚 4 國的第二代挑戰；3. 核子武器擴散；4. 911 事件後，美國財力、力量和政治資本的過度擴張。這些粗略勾勒出來的全球趨勢與對美國安全的相關挑戰，決定了美國想要打什麼樣的戰爭，美國將如何應對什麼樣的衝突，以及美國如何試圖指導海軍力量。[49]

　　美國如果不是基於臨時性的應變措施需求，對於創造一個安全的海洋環境過程是相當廣泛的。在美國國家海洋戰略範圍內制定海洋安全框架，其意味著將與盟國的國防和安全戰略有所聯繫，以作爲武力設置與獲得分析所需的決策參考。當戰爭的性質被高端和低端的兩極化之後，高端的作戰行動將涉及大型海軍部隊與另一個作戰部隊對抗的藍海作戰行動，而低端的海軍作戰則就不涵蓋在此意義上的活動。所以，美國爲靈活運用海軍在這兩端頻譜之間的作戰需求，海洋戰略概念的理論化，就是既能夠將各個部隊聯合起來面對高端的威脅，也可以有效在大範圍的海上區域分散部隊以執行作戰。然這樣的海洋戰略理論構想除了美國之外，沒有任何一個國家的海軍具有這樣的能力，[50] 說明美國的海洋安全仍是以海軍作爲主要的手段工具。

　　2002 年 11 月 25 日爲因應 911 恐怖攻擊後美國國土安全的需求，美國聯邦政府成立國土安全部（U.S. Department of Homeland Security, DHS），改隸美國

---

[49] Bruns, Sebastian, *US Naval Strategy and National Security: The Evolution of American Maritime Power*, pp. 170-171.

[50] Sloggett, David, *The Anarchic Sea: Maritime Security in the Twenty-First Century* (London: Hurst & Company, 2013), p. 151.

國土安全部的美國海岸防衛隊（U.S. coast guard）於2002年12月23日即提出《國土安全的海洋戰略》報告。指出美國海岸防衛隊的最高使命是保護美國海洋領域和美國海上運輸系統，並阻止恐怖分子使用和開發它們作為攻擊美國領土、人口和關鍵基礎設施的手段；備便及在發生攻擊時，執行緊急反應行動。當接受指示，即成為支援機構或支援指揮官，進行軍事國土防禦行動。其戰略目標為：1.防止美國海洋領域內恐怖分子的攻擊及擴張；2.減少美國海洋領域範圍內的恐怖主義威脅；3.保護人口中心、關鍵基礎設施、海洋邊界、港口、沿海通道及其邊界與接縫；4.保護美國海洋運輸系統，同時維護美國海洋領域正當追求自由的權利；5.作為領導聯邦機構或支援機構，將美國海洋領域內可能發生攻擊的損失降到最小並執行恢復。[51] 從美國海岸防衛隊的海洋戰略報告中可看出，美國海岸防衛隊在海洋安全的維護上被賦予更多的責任，並提供與美國海軍建構更緊密關係的依據。

2003年美國以伊拉克擁有大規模毀滅性武器為由，對伊拉克發起大規模的入侵行動推翻海珊政權。雖然事後始終沒有發現伊拉克擁有大規模毀滅性武器的證據，但2005年9月20日美國白宮公布的〈國家海洋安全戰略〉（national strategy for maritime security），認為對美國國家安全威脅最令人關注的問題是來自於流氓國家或恐怖組織，運用海洋領域將大規模毀滅性武器帶入美國的可能性，並指出美國的安全與經濟安全取決於世界海洋的安全使用。此戰略總體指導為：1.維護海洋自由是國家的最高優先事項；2.促進與保護商業，以確保航運流動不受干擾；3.確保國土邊境貨物與人員通關便利的同時，篩選出危險的人及貨物。而美國國家海洋安全活動的指導目標為：1.防止恐怖攻擊、犯罪和敵對行為；2.保護與海洋有關的人口中心和關鍵基礎設施；3.將損害降到最小並加快復原；4.保護海洋及資源。對於攔截和打擊跨國威脅，由國土安全部及國防部共同制定協商機制，以確保相互快速、有效的支援。[52]

---

[51] U.S. Coast Guard Headquarters, "Maritime Strategy for Homeland Security," December 2002, p. 20.

[52] "The national strategy for maritime security," *The white house*, September 20, 2005, <https://georgewbush-whitehouse.archives.gov/homeland/maritime-security.html>（檢索日期：2020年5月15日）。

從美國海軍的角度來看，911事件以後美國海軍首先提出第一份〈頂石文件〉（capstone document），到2011年美國海軍共出版14份，這些文件大量反映出911事件之後，美國海軍在頂層的政治與軍事方面所扮演的角色，圍繞著廣泛不確定性。美國海軍試圖發展較大的海洋戰略，但是仍然跳脫不了以海軍為中心敘述有關海權的使用。這兩方面部分呼應了美國海軍和五角大廈對美國全球軍事接觸前景的不同期望，換句話說，海軍所爭論的是美國是否需要一個長期、不對稱及下一代戰爭計畫以對抗恐怖分子，以及其他混合國家（other hybrid state）／非國家（non-state）行為者，或是911事件後的遠征行動，反映出背離了傳統國與國之間衝突時，所律定的計畫規範。[53]

由於美國海軍承襲了馬漢的海權思想，對於海軍武力的運用方式，基本上強調海岸防禦、海洋力量投射、商船襲擊、存在艦隊、艦隊戰鬥和封鎖等6項任務。[54]美國海軍2002年的戰略概念認為商船襲擊、存在艦隊及艦隊戰鬥的海軍任務時代已結束[55]，故沿襲著2003年對伊拉克戰爭的概念，強調在海上與從海上出發作戰的戰略構想。2008年美國海軍依據2008年聯邦預算及2006年的《四年期國防總檢討報告》（Quadrennial Defense Review Report, QDR）提出〈海軍戰略計畫〉，此計畫是以2004/2005年美國海軍中將摩根（John Morgan）所提之「3/1戰略」（3/1 strategy）的概念為基礎。認為海軍的穩定、反恐怖主義與國土防衛，對海軍的主要任務來說僅是一個次要情況，而關鍵任務本身的設定是需要專門的部隊結構和戰略來執行的。[56]

面對國際恐怖主義新形式的國家安全挑戰，美國海軍、海軍陸戰隊及海岸防

---

[53] Bruns, Sebastian, *US Naval Strategy and National Security: The Evolution of American Maritime Power*, pp. 181-182.

[54] Uhlig Jr., Frank, "Fight at and from the Sea: A second Opinion," Dombrowski, Peter, *Naval power in the Twenty-first Century: A Navy War College Review Reader* (Newport: Naval War College Press, 2005), p. 123.

[55] Uhlig Jr., Frank, "Fight at and from the Sea: A second Opinion," Dombrowski, Peter, *Naval power in the Twenty-first Century: A Navy War College Review Reader*, p. 129.

[56] Bruns, Sebastian, *US Naval Strategy and National Security: The Evolution of American Maritime Power*, p. 190.

衛隊於 2007 年提出〈21 世紀海權的合作戰略〉（A Cooperative Strategy for 21st Century Seapower）報告，主要目的在打破以往海上武力各自爲政的狀況，針對美國的海洋安全威脅共同制定統一的海洋戰略。報告中指出美國所面臨的挑戰是運用海權的方式來保護美國的關鍵利益，甚至成爲促進更大的集體安全、穩定和信任。雖然保有海權在戰爭中保衛國土及擊敗敵手是無可爭辯的結論，但如果是爲了保存國家利益，則海權就必須做更廣泛的運用。[57]

　　這可以看得出 2007 年美國的海洋戰略所關注的，不再著重於傳統國家與國家之間的軍事戰爭，而是與國際社會安全有關的非傳統安全，以及所謂區域有限度衝突之非戰爭狀態下的軍事衝突。強調此一海洋戰略的制定概念，在於重申使用海權來影響海上和沿岸的活動與行動。海洋武力的遠征特性與多功能性，提供美國進入禁限區內時，擴大或縮小其軍事行動的不對稱優勢。美國海軍永久性或長期性的海外駐軍部署，有利於海洋武力因應現況條件調整，靈活處理衝突的逐步上升或逐步下降和嚇阻。海洋部隊的速度、彈性、敏捷和可量測性，可爲聯合或聯合部隊指揮官提供因應危機所需的各項選擇。簡單地說，美國的海權目的是在全球採取確保國土及人民免於遭受直接攻擊的姿態，並促進美國在世界各地的利益。[58]

　　因此，美國爲因應國際情勢的變化與確保美國的安全與利益，運用海權完成下列關鍵任務或戰略需要，分別爲：1. 區域集中：運用決定性的海洋力量前進部署，以限制區域衝突、嚇阻主要強權戰爭及在戰爭時期贏得國家戰爭；2. 全球配置與特定任務的海洋部隊：縱深國土防禦、促進與保持更多國際夥伴關係，及在區域的威脅影響到全球體系之前實施防護或牽制。爲實現此兩項關鍵任務與戰略需要，美國海軍、海軍陸戰隊及海岸防衛隊必須共同擴大海權核心能力，以達到和平時期交戰與主要戰役作戰能力的融合。其核心能力爲前進部署、嚇阻、制海、力量投射、海洋安全、人道救援與災害反應、提高整合與互通性、提高海洋

---

[57] Commandant of the Marine Corps, Chief of Navy Operations, and Commandant of the Coast Guard, "A Cooperative Strategy for 21st Century Seapower," October 2007, p. 1.

[58] Commandant of the Marine Corps, Chief of Navy Operations, and Commandant of the Coast Guard, "A Cooperative Strategy for 21st Century Seapower," October 2007, p. 5.

監偵能力及人員準備。[59]

2007 年美國海軍、海軍陸戰隊及海岸防衛隊共同公布的〈21 世紀海權的合作戰略〉，美國海軍戰爭學院學者霍伊特（Timothy D. Hoyt）與溫納（Andrew C. Winner）兩位教授，認為美國執行海洋安全的主要 3 個軍事部門提出共同的海洋戰略，代表美國為因應多重性與多樣化的新的海洋威脅，建構出新的海洋戰略。認為本文件所提新的「海洋戰略」既不是「海軍戰略」，也不是「軍事戰略」，而是討論上述 3 個軍事部門的其他功能，國家權力的其他要素，以及與實際的聯盟夥伴在維護和平與和平維持全球經濟安全的作用。因為「海軍戰略」主要關注的是美國海軍在潛在衝突中的作戰角色，海洋戰略是介於軍事或戰區戰略（戰爭時期）和大戰略（國家戰略）之間。換言之，就是利用所有國家力量工具，在戰時或平時達到國家或聯盟的目標。相較以往的「海洋戰略」，其所涵蓋的範圍及概念更為廣泛，有別以往的「海洋戰略」聚焦於對抗單一、預先確定威脅的潛在行動。[60]

因此，依上述分析 2001 年 911 恐怖攻擊事件之後，美國的海洋戰略已從著重於傳統軍事安全為核心的海洋戰略，轉變為以非傳統安全為主，傳統軍事安全為次的海洋戰略。另從 2007 年美國海軍、海軍陸戰隊及海岸防衛隊 3 個軍事部門共同提出的「海洋戰略」文件，可以看得出美國的「海洋戰略」已跳脫「海軍戰略」狹隘軍事安全的範疇；並依據總統的「國家安全戰略」，遂行嚇阻與預防非傳統安全潛在威脅的前進部署行動。

二、21 世紀第二個 10 年（2011-2019 年）

美國國防部首次公布〈2013 年中華人民共和國軍事與安全發展；簡稱 2013 年中國軍力報告〉（military and security developments involving the people's republic of China 2013），首次顯現出對中國發展遠距攻擊能力的軍事力量，於西太平

---

[59] Commandant of the Marine Corps, Chief of Navy Operations, and Commandant of the Coast Guard, "A Cooperative Strategy for 21st Century Seapower," October 2007, pp. 5-11.

[60] Hoyt, Timothy D., Winner, Andrew C., "A Cooperative Strategy for 21st Century Seapower: Thinking About the New US Maritime Strategy," *Maritime Affairs*, Vol. 3, No. 2, Winter 2007, pp. 3-4.

洋部署或行動視爲「反介入」（anti-access）和「區域拒止」（anti-denial）的能力感到憂心。[61] 因此，自 2010 年起美國逐漸認爲中國的軍事力量發展，已引發西太平洋區域軍事平衡的變化。改變了以往美國及日本在西太平洋所建構的軍事安全態勢。〈2011 年中國軍力報告〉特別以獨立專章的方式分析中國逐步形成的海洋戰略，認爲「中國國家海洋局」出版的〈2010 年中國海洋發展報告〉指出在 21 世紀運用 2010-2020 年的 10 年時間，要將中國建設成爲一個「海洋強權」（maritime power）而感到憂心。[62]

美國認爲中國在日益增加的多樣性海洋安全任務中，雖然統一台灣的挑戰仍然是中國軍隊的主要戰略方向，特別是海軍。除此之外中國還面臨著 4 個高度優先的海上挑戰：1. 加強和逐步擴大中國的海洋緩衝區（maritime buffer），作爲防止外來攻擊或干涉的手段；2. 推展中國海洋領土權益，特別是東海和南海；3. 聚焦在區域海上交通線的保護；4. 提升中國的形象，最終在可見的未來部署具有生存能力的海基核子嚇阻力量。[63] 另中國退休海軍上將提出中國需要一個穩定、永久的海外補給和維修基地，用於支援海軍特遣支隊在印度洋的反海盜活動，引發美國等世界各國的關切。[64] 使得美國認爲在可見的未來，中國的海洋安全發展將會持續擴大朝向遠海（印度洋及西太平洋第二島鏈）發展。

面對崛起的中國，美國海軍戰爭學院戰略與政策研究系教授吉原桓淑（Toshi Yoshihara）與霍姆斯（James R. Holmes）認爲，中國正追尋著馬漢的海權理論發展海權，並提出馬漢的海權理論具有兩柄三叉戟的三重特性，第一柄三叉戟爲獲取經濟利益的來源，此爲首要任務，其包含外貿、商務及資源 3 個支柱。第二柄三叉戟是著重於武力與作戰，其 3 個支柱爲生產、商船與海軍航運及海外市場與

---

[61] Office of the Secretary of Defense, "Annual Report to Congress: Military and Security Development Involving the People's Republic of China 2010," p. 29.

[62] Office of the Secretary of Defense, "Annual Report to Congress: Military and Security Development Involving the People's Republic of China 2011," p. 57.

[63] Office of the Secretary of Defense, "Annual Report to Congress: Military and Security Development Involving the People's Republic of China 2011," p. 59.

[64] Office of the Secretary of Defense, "Annual Report to Congress: Military and Security Development Involving the People's Republic of China 2011," p. 61.

基地。如果發展海權的邏輯是出於增加對商業目的的介入，在語法上意味著藉由海軍武力確保介入。制海權的意思就是運用海軍軍艦、武器裝備及戰鬥效能，在海上獲取壓倒性的權力，以及封鎖敵人海上交通線，也就是海權的武力使用原則。而所謂「介入」，就是將軍事力量自由投送至政治目的需求的海域。[65]

2015 年 2 月美國公布〈國家安全戰略〉報告對於策進「亞太再平衡」，明確指出美國不僅是過去、現在還是未來，都是太平洋的強權。未來的 5 年中，美國對外行動的增長有將近一半是來自亞洲。對於爭議性領海主權的聲張，以及北韓的挑釁等，將使亞太區域的安全動態有升高及衝突的危險。美國有責任領導維持亞太地區的穩定與安全。美國將密切關注中國的軍事現代化與擴大在亞洲存在的影響力，同時也尋求減少誤解或誤判的風險。[66] 從此報告中可以了解美國的國家安全戰略雖然關注全球的安全挑戰，但是國家安全戰略的重心，已從歐洲轉向亞洲。

2015 年 3 月美國海軍、海軍陸戰隊及海岸防衛隊，跟隨 2015 年〈國家安全戰略〉報告的出爐，再提出 2015 年的〈21 世紀海權的合作戰略〉報告，在其開宗明義就指出美國是一個海洋國家，兩個世紀以來美國海軍、海軍陸戰隊及海岸防衛隊在世界各地執行海洋事務，藉由回應危機，以及必要時採取戰鬥和贏得戰爭，以保護美國人民及維護國家利益。認為印度－亞太區域的重要性日益提高，反介入／區域拒止（A2/AD）的封鎖能力不斷發展，挑戰了全球海洋通道、恐怖主義及犯罪網路擴大和演變、海洋領土爭端的頻率和強度增加及對海洋商業，特別是能源運輸的持續威脅。並重申美國海洋戰略的 2 項基本原則：1. 展現海軍存在的前進部署；2. 與盟國及夥伴的聯合及共同行動。[67]

2015 年的〈21 世紀海權的合作戰略〉報告中，指出基於共同戰略利益美國尋求在印度－太平洋地區，與長期盟友澳大利亞、日本、紐西蘭、菲律賓、南

---

[65] Yoshihara, Toshi and Holmes, James R., *Red Star Over the Pacific: China's Rise and the Challenge to U.S. Maritime Strategy*, (Maryland: Naval Institute Press, 2010), pp. 9-10.

[66] Seal of the President of the United States, "National Security Strategy," February 2015, p. 24.

[67] Commandant of the Marine Corps, Chief of Navy Operations, and Commandant of the Coast Guard, "A Cooperative Strategy for 21st Century Seapower," March 2015, p. 1.

韓和泰國的合作，並繼續與孟加拉、汶萊、印度、印尼、馬來西亞、密克羅尼西亞、巴基斯坦、新加坡及越南等國家建立夥伴關係。另認為中國向印度洋和太平洋的擴張行動將為區域帶來挑戰，尤其是運用武力及嚇阻方式主張領土要求。[68] 這說明了雖然保護美國主權和海洋資源、支持自由開放的商業海運，以及打擊武器擴散、恐怖主義、跨國犯罪、海盜、海洋環境的非法開發和非法海上移民是美國海洋安全戰略的執行目標，但是中國海軍在印度洋的反海盜及維護南海主權的行動，才是影響美國海洋安全的主要因素與挑戰。

美國 2015 年的〈21 世紀海權的合作戰略〉報告中，對於第四部分武力的設計：建構未來力量，認為在財政緊縮時期，運用海洋力量支援一次大規模、多階段運動擊敗一個區域對手，同時拒止另一個侵略者在另一個區域，付出巨大代價的目標。美國海軍和海軍陸戰隊必須要維持一支 300 多艘艦艇所組成的艦隊，以及維持一支由海岸巡邏艦與快速反應艇共計 91 艘所組成的海岸防衛艦隊。如果在額外預算削減或凍結的推動下，選擇一個較小的部隊是一件困難的事，將被迫執行海洋戰略的部隊，由於減少前進部署與降低某地區的武力展示，而增加某些任務與功能的風險。[69] 從這段說明，不可否認此戰略報告的最終目的是在向國會爭取預算。以美國 2015 年〈國家安全戰略〉報告為依據，提出美國海洋力量達成國家安全戰略目標的需求。

對於美國 2015 年〈21 世紀海權的合作戰略〉報告，提爾認為新戰略變化最大的 2 個因素，分別是財政限制與中國崛起及國內輿論（主要是國防部及國會）。而戰略討論的主要重點偏重於功能而不是任務，其目的是為後續對功能發展提出需求。[70] 美國海軍仍然明確表達決心，希望藉由保持介入與前進部署，達到制海所產生的傳統海軍能力之整體範圍，然這樣將會引發國內巨大且永無休止

---

[68] Commandant of the Marine Corps, Chief of Navy Operations, and Commandant of the Coast Guard, "A Cooperative Strategy for 21st Century Seapower," March 2015, p. 3.

[69] Commandant of the Marine Corps, Chief of Navy Operations, and Commandant of the Coast Guard, "A Cooperative Strategy for 21st Century Seapower," March 2015, p. 27.

[70] Till, Geoffrey, "The New U.S. Maritime Strategy: Another Vie from Outside," *Naval War College Review*, Volume 68, Number 4, Autumn 2015, pp. 34-35.

的辯論。[71]

　　2015 年 6 月美國海軍研究生學校（Naval postgraduate school）多位教授共同提出名為〈海軍戰略發展；21 世紀戰略〉（Navy Strategy Development: Strategy in the 21st Century）的報告，指出美國海軍缺乏戰略發展及計畫所需的明確政策、指導或指示。海軍戰略在其發展過程，存在著臨時性和個別性所驅動的問題。因此，往往發生計畫方案與長期的政治趨勢及未來地緣政治環境的評估無法連結。[72] 這份報告凸顯出美國海軍在以反恐怖主義與海上交通線安全維護等非傳統安全的戰略下，「海軍戰略」何去何從的憂慮；也反映出美國傳統「海軍戰略」概念與新的「海洋戰略」概念之間的矛盾。

　　2015 年 8 月 21 日美國國防部提出〈亞太海洋安全戰略〉報告，指出美國在整個歷史中，始終主張以經濟和安全為由的「海洋自由」（freedom of maritime）。所謂「海洋自由」就是在國際法所承認下，自由與合法使用海洋與領空的所有權力，包含軍用船隻及飛機。可使美國海洋武力在發生可能威脅美國、地區盟友或夥伴利益的衝突和災難時，能夠藉由海洋自由迅速做出反應。[73] 面對中國在南海、東海主權爭議的聲張、南海島礁的擴建與採取危險性行動干擾和監視行動，將可能導致發展出更具爭議性和潛在風險的海洋安全環境。美國的海洋安全戰略將聚焦於強化海洋領域的軍事能力、與所有盟國與夥伴建構海洋能力、使用軍事外交降低風險與建立透明度及加強開放、有效的區域安全架構發展等 4 項工作，以達到美國海洋安全戰略的目標。其中加強軍事能力以前進部署的方式，依據國際法實行自由航行的權利最為重要。[74] 至 2020 年前將美國太平洋艦隊的艦艇數量增加約 30%，使美國海軍在太平洋地區保持定期和持久的海洋存在能力，

[71] Till, Geoffrey, "The New U.S. Maritime Strategy: Another Vie from Outside," *Naval War College Review*, Volume 68, Number 4, Autumn 2015, pp. 43-44.

[72] Russell, James A., "Navy Strategy Development: Strategy in the 21st Century," June 2015, p. 14.

[73] Department of Defense United States of America, "Asia-Pacific Maritime security Strategy," August 21, 2015, pp. 1-2.

[74] Department of Defense United States of America, "Asia-Pacific Maritime security Strategy," August 21, 2015, p. 19.

以及加強海軍陸戰隊的存在。[75]

〈2016 年中國軍力報告〉指出，中國已逐漸形成對海外的介入，藉由擴大進入外國港口預置必要的後勤支援，在「遠海」（far seas）如印度洋、地中海及大西洋等海域實施正規化與維持部署，並在非洲吉布地建立後勤軍事基地。雖然中國宣稱其目的是為執行索馬利亞附近海域及亞丁灣護航任務的艦隊，提供所需後勤支援與人道救援。但美國則認為雖然這樣的設施不能等同於美國式的海外基地，而且其能量無法成為軍事行動的後勤支援。但不可否認的是，這反映出中國企圖增強與擴大其地緣政治與軍事力量的影響力。[76]

對於東海及南海的海洋紛爭上，中國趨向於採取低強度脅迫（low-intensity coercion）方式處理和控制紛爭，以避免擴大成為軍事衝突。[77]因此，中國在處理南海與東海主權爭端時，將以漁政公務船、中國海警艦（China Coast Guard）與解放軍海軍船艦互相搭配使用為主要手段。這也就是為何美國警告將中國海警船及海上民兵，視同為海上力量對待的主要原因。[78]

2017 年美國由有強烈現實主義傾向的川普主政，2017 年 12 月公布其執政以來的第一本〈國家安全戰略〉報告。報告中除明確將俄羅斯與中國定義為修正主義國家，並提出自由與開放的「印太戰略」，以取代歐巴馬政府時期的「亞太再平衡」戰略之外，其結論指出美國的戰略構想是以現實主義原則作為思考基礎。[79]對中國自 2016 年以來所提出「兩個 100 年」的「中國夢」，認為中國的「中國夢」還承諾包括發展與大國相稱的軍事實力，並尋求利用其日益增長的經濟、外交和軍事影響力，以建立地區優勢與擴大中國的國際影響力。其戰略目標除維

---

[75] Department of Defense United States of America, "Asia-Pacific Maritime security Strategy," August 21, 2015, p. 22.

[76] Office of the Secretary of Defense, "Annual Report to Congress: Military and Security Development Involving the People's Republic of China 2016," p. 6.

[77] Office of the Secretary of Defense, "Annual Report to Congress: Military and Security Development Involving the People's Republic of China 2016," p. 13.

[78] Panda, Ankit, "The US Navy's shift View of China's Coast Guard and 'Maritime Militia'," *The Diplomat*, April 30, 2019, <https://thediplomat.com/2019/04/the-us-navys-shifting-view-of-chinas-coast-guard-and-maritime-militia/>（檢索日期：2020年5月20日）。

[79] Seal of the President of the United States, "National Security Strategy," December 2017, p. 55.

持 2015 年所提延續共產黨領導、維持經濟增長與發展、保持國內政治穩定、捍衛國家主權與領土完整及確保中國的大國身分，最終取得區域優勢等 5 項目標之外。[80] 自 2016 年開始至 2018 年，再增加保護中國的海外利益一項。[81]

美國總統川普於 2017 年 12 月提出〈國家安全戰略〉報告之後，時任國防部長馬提斯（James Mattis）隨即於 2018 年 1 月公布〈2018 年美國國防戰略〉（Summary of the National Defense Strategy of the United States of America: Sharpening the American Military's Competitive Edge）報告，報告開宗明義即說明面對中國的崛起、俄羅斯的復興、北韓的挑釁及伊朗的暴力擴張，恐怖主義不再是美國國家安全的首要問題，而是國家與國家之間的戰略競爭。[82] 並認為防止戰爭的最可靠方法就是準備贏得戰爭，所以需要採取競爭的途徑發展武力，並保持多年的投資，恢復戰備狀態及對戰場投入致命的武力。其目標是建立一支聯合部隊，對任何可能的衝突具有決定性的優勢，以及在整個衝突範圍保持專業能力。[83]

隨後美國參謀首長聯席會（Joint Chiefs of Staff）於 2018 年 7 月公布〈2018 年國家軍事戰略〉（Description of the National Military Strategy 2018）報告，認為在當前的安全環境中，美國本土已不再是一個避難所，每一個行動領域都存在著爭奪、競爭對手和敵手，並將持續跨越地理區域與多領域的運作，以抵銷或削弱美國聯合部隊的優勢。因此，美國聯合部隊的任務區域部署目的計有 5 項，分別為應對威脅、阻止戰略攻擊（和大規模毀滅性武器擴散）、嚇阻傳統攻擊、確保聯盟與夥伴安全及在武裝衝突等級下的競爭（屬於軍事範圍）。[84]

從美國總統川普於 2017 年 12 月正式公布的〈國家安全戰略〉開始，美國國

---

[80] Office of the Secretary of Defense, "Annual Report to Congress: Military and Security Development Involving the People's Republic of China 2015," p. 21.

[81] Office of the Secretary of Defense, "Annual Report to Congress: Military and Security Development Involving the People's Republic of China 2018," p. 43.

[82] Department of Defense of United States of America, "Summary of the National Defense Strategy of the United States of America: Sharpening the American Military's Competitive Edge," 2018, p. 1.

[83] Department of Defense of United States of America, "Summary of the National Defense Strategy of the United States of America: Sharpening the American Military's Competitive Edge," 2018, p. 5.

[84] The Joint Staff, "Description of the National Military Strategy 2018," p. 2.

防部即陸續於2018年1月及7月分別提出〈國防戰略〉與〈國家軍事戰略〉報告，可以看得出美國在川普政府的國家安全戰略概念下，將美國在亞洲的利益視爲國家安全的重心，並提出自由與開放的「印太戰略」作爲因應中國崛起的挑戰。而〈國防戰略〉報告更明確的說明2018年以後國家之間的戰略競爭，已取代反恐怖主義戰爭成爲國家安全的核心目標。爲達成國防戰略目標，其軍事戰略將建構一個具有決定性競爭優勢的聯合部隊爲目標。

2019年6月1日美國國防部在國際一片質疑「印太戰略」的聲浪中，提出〈印度—太平洋戰略報告：準備、夥伴及促進網絡領域〉（Indo-Pacific Strategy Report: Preparedness, Partnerships, and Promoting a Networked Region），認爲在印度—太平洋地區，中國是一個修正主義強權，而俄羅斯則爲一個復興的有害行爲者。中國將隨著持續的經濟與軍事優勢，近期內尋求印度—太平洋區域的霸權，長期目標最終爲全球優勢（preeminence）。中國也發展一個廣泛部署反介入與區域拒止（A2/AD）的能力，以防其他國家在中國周邊附近區域作業，其中包括開放給所有國家使用的海洋及空中領域。[85]

而俄羅斯也試圖採取海空兵力展示行動，以增加對印度—太平洋地區的影響力。並強調美國是一個太平洋國家，在國際政治回歸大國競爭的時代，將繼續投資、採取行動及調整方向，以確保區域內所有國家永久利益的原則性國際秩序。[86] 從美國2019年的〈印太戰略報告〉可以了解，美國與中國戰略競爭的核心是南海，期望藉由一支具有決定性優勢的聯合部隊，以及建構區域盟國與夥伴的聯合網路，確保美國在南海的自由航行權利是其「印太戰略」的核心目標。

2020年1月美國由民主黨拜登政府主政後，2020年12月美國海軍部即公布〈海上優勢：廣泛的整合多領域海上力量〉（Advantage at Sea: Prevailing with All-Domain Navial Power）報告，將中國及俄羅斯視爲明確的競爭對手，尤其將中國定位爲最迫切與長期的戰略威脅。美國海軍將「控制海洋」作爲未來優先的

---

[85] The Department of Defense, "Indo-pacific Strategy Report: Preparedness, Partnerships, and Promoting a Networked Region," June 1, 2019, pp. 7-8.

[86] The Department of Defense, "Indo-pacific Strategy Report: Preparedness, Partnerships, and Promoting a Networked Region," June 1, 2019, p. 53.

選項，藉由重新調整在亞洲與歐洲的前沿部署部隊，將 60% 的海軍部隊駐紮在印太地區。另透過美國海軍陸戰隊的全面轉型，增強遠征戰鬥力以強化制海（sea control）與海洋拒止（sea denial）能力，以及運用美國海岸巡防隊在關鍵弱點區域，擴展其全球參與及建設工作，並透過維護海洋自由、阻止侵略與贏得戰爭的方式保衛美國。[87]

美國認為中國與俄羅斯正企圖運用控制海洋自然資源及限制海洋出入口，對所有國家形成負面的影響。尤其是中國實施的戰略與修正主義作為，旨在針對美國海上力量的核心。[88]並強調中國是唯一一個同時在經濟及軍事潛力上，對美國構成長期、全面性挑戰的競爭對手。美國海軍的行動與部隊態勢將聚焦於反制中國在全球的有害行為，以及強化在印太區域的區域嚇阻。[89]

2021 年 1 月美國海軍作戰部公布〈海軍計畫〉（NAVPLAN），則進一步指出美國海軍將運用 10 年的時間聯合盟友力量，以確保美國對海洋的控制，維護海上航行自由。並透過向岸投射力量的能力，嚇阻潛在敵人。2021 年 3 月美國拜登政府公布〈國家安全戰略方針〉，明確指出當需要捍衛美國至關重要的國家利益時，美國會毫不猶豫的使用武力，並確保武裝部隊有能力嚇阻對手以保護美國人民、利益及盟友，以及擊敗出現的威脅。但美國也不會參與「永久的戰爭」，並依據美國人民安全的需求與盟國協商，對政策做出適切的調整。[90]

[91]2021 年 9 月 24 日美國拜登政府公布的〈印太戰略報告〉，表達出美國將國家戰略目標關注在印太地區已成為民主與共和兩黨的共識。美國的利益與印太地區有著不可分割的關係，[92]並於 2022 年 10 月 12 日美國拜登政府正式公布其〈國

87　Secretary of the Navy, "Advantage at sea: Prevailing with Integrated All-Domain Naval Power," December 2020, p. IV.

88　Secretary of the Navy, "Advantage at sea: Prevailing with Integrated All-Domain Naval Power," December, 2020, p. 1.

89　Secretary of the Navy, "Advantage at sea: Prevailing with Integrated All-Domain Naval Power," December, 2020, p. 9.

90　The White House, "Interim National Security Strategic Guidance," March, 2021, pp. 14-15.

91　Chief of Naval Operations, "CNO NAVPLAN," Junuary, 2021, p. 4.

92　The White House, "Indo-Pacific Strategy of the United States," September 24, 2021, p. 5.

家安全戰略〉報告，也再次提出中國現在是美國最重要的地緣政治挑戰。並強調聯合歐洲盟國對印太地區發揮積極角色，包括支持航行自由與維護台灣海峽的和平與穩定，以符合美國的國家利益。[93]

依此，美國 2022 年的國防戰略即以中國為重點的戰略，旨在聯合盟國防止中國在關鍵地區具備主導地位，同時保護美國本土與加強穩定與開放的國際體系。而美國國防戰略具體的關鍵目標，即是阻止中國威脅美國的重要國家利益，並指出中國不斷創造出的反介入／區域拒止環境，已危及到美軍的力量投射與對抗區域侵略的能力。[94]然為達成美國 2022 年國防戰略目標，使得美國 2022 年的軍事戰略尋求運用制定風險與評估戰略目標，以確立戰略紀律。而此戰略紀律即是透過聯合部隊選擇戰略方式與建立戰爭優勢之間，調和政策指導和戰略目標，以使聯合部隊的作戰、行動及投資獲得明確的優先順序與準度。[95]

由此可以了解美國自 19 世紀初走向國際政治舞台開始，美國的國家戰略可以說就是一個海洋戰略。正如美國 2015 年的〈國家安全戰略〉及〈21 世紀海權的合作戰略〉報告都說明美國不僅是過去、現在還是未來，都是太平洋的強權，也是一個海洋國家。1986 年《高尼法案》通過之前，美國的「國家戰略」係以「海軍戰略」為主，針對所謂的帝國主義或修正主義國家的擴張威脅，採取力量投射與前進部署遂行嚇阻與制海軍事行動。國家的戰略構想基本上是以安全為考量，主要因素在於美國擁有豐富的自然資源、遼闊的領土、吸引創新有活力的優秀人才及先進的科學技術與工藝，國家的發展是在優勢的資本主義競爭下自然發展。因此，確保美國國家利益的安全才是其戰略的優先核心目標，而對於海洋事務如漁業、海洋生態、海洋汙染等發展戰略，通常是民間研究機構所關心的重點，如大衛與露西・帕卡德基金會（The David and Lucile Packard Foundation）。[96]

但對於其他國家而言，在其自然資源匱乏、科技與工業相對不足與複雜的地

---

[93] The White House, "National Security Strategic," October, 2022, pp. 11-17.

[94] Department of Defense, "National Defense Strategy 2022," October 27, 2022, pp. 2-4.

[95] Chairman of the Join Chiefs of Staff, "National Military Strategy 2022," 2022, p. 3.

[96] The David & Lucide Packard Foundation, "U.S. Marine Strategy Phase II: 2018-2021," February 2018, p. 2.

緣政治情況下，國家戰略必須在「發展」與「安全」兩個面向取得平衡。尤其是美國當前的競爭對手中國。蘇聯的垮台提供中國一個非常大的啟示，就是國家在最低的安全需求下，先發展經濟提升國家實力，再依靠實力確保安全。

1986 年的《高尼法案》改變了美國國家戰略體系架構，將「國家安全戰略」的制定以法律的形式要求美國總統必須公布周知。所以美國海軍在 1982 年所提出之「海洋戰略」一詞的概念，直到 1986 年才廣爲美國海軍所討論，並將「海洋戰略」的概念定義爲廣義的「海軍戰略」。但不可否認，美國的「海洋戰略」仍是以「安全」爲思考的主軸，並未對海洋的「發展」概念納入戰略考量。

因此，綜合本文的分析可以推論美國的「國家安全戰略」就是一個廣義的「海洋安全戰略」。所以，美國「海洋安全戰略」的目標爲確保「航行自由」的權利，而爲達此目標的國防戰略目標爲「力量投射」與「制海」，簡單的說，軍事戰略目標就是運用聯合部隊進行防禦、威懾、現代化，並在威懾失敗時取得勝利。[97] 若從國際政治的觀點分析，美國的「海洋安全戰略」目的，即在全球各區域成爲一個地緣戰略權力平衡的「仲裁者」或「平衡者」。

第二節　日本的海洋安全戰略

二戰後的日本爲落實〈波茨坦宣言〉的要求，在麥克阿瑟將軍的指導下，修改日本於明治年間所制定的《大日本帝國憲法》，作爲日本戰後所施行的憲法。其中第 2 章第 9 條有關放棄戰爭，否認軍備及交戰權的 2 項規定，分別爲：1. 日本國民忠心謀求基於政治與秩序的國際和平，永遠放棄以國權發動的戰爭、武力威脅或以武力行使作爲解決國際爭端的手段；2. 爲達此前項目的，不保持陸海空軍及其他戰爭力量，不承認國家的交戰權。[98] 對於第二項「爲達到前項目的」的條文用語，中國學者肖偉認爲是日本在修憲的過程中，美國應日本的要求下加入的。此條文用語似乎給予日本重新武裝留下一個可以解釋的空間，以及影響日本

---

97 Chairman of the Join Chiefs of Staff, "National Military Strategy 2022," 2022, p. 6.
98 〈日本國憲法〉，Web Japan，<https://web-japan.org/factsheet/ch/pdf/ch09_constitution.pdf>（檢索日期：2020年4月23日）。

戰後未來自衛隊的發展與戰略目的規劃。[99]

　　日本相對周邊的大國蘇聯、中國及美國，基本上具有海洋島嶼國家人稠地狹、資源有限的缺點。由於地緣特性使得日本對安全環境的脆弱性相當敏感，直接影響到日本的安全保障戰略構想與目標。使得日本的國家安全保障戰略目標從二戰前防範本土遭受侵略與獲取海外資源，到二戰後轉變為確保海上能源與貿易交通線，以及擴大海外市場占有率。[100]因此，從地緣戰略的角度來看，日本的「國家安全戰略」就是一個以海洋為主的國家「海洋安全戰略」。然隨著美蘇冷戰的國際情勢發展，在美國的戰略規劃下，開啟日本重新建構防禦國家領土免於遭受侵略的自衛武裝力量。本文將從冷戰前、冷戰後及美國 911 恐怖攻擊事件後 3 個時期，分析日本的海洋安全戰略。

壹、冷戰前的日本海洋安全戰略

　　美國在 1945 年歐戰結束前，即已看出蘇聯戰後擴張勢力的企圖，尤其是蘇聯於 1945 年 3 月 19 日單方面照會土耳其宣布廢除 1925 年與土耳其簽訂的《蘇土中立互不侵犯條約》，並在歐戰一結束即對土耳其提出 4 條修正草案：1. 同意蘇聯參加對海峽地區的監管與建立海軍基地的權利；2. 土耳其東部的卡爾薩斯、阿爾達漢地區歸還蘇聯；3. 修改《蒙特勒海峽公約》；4. 要求土耳其調整與保加利亞的邊界線。然此喪權辱國的要求，遭土耳其政府拒絕。[101]1948 年 6 月 24 日蘇聯宣布封鎖德東占領區通往德西的所有交通，引發所謂的第一次柏林危機。1949 年 8 月 29 日蘇聯完成第一次核子試爆，[102] 以及 1950 年 6 月 25 日北韓在蘇聯及中國的支持下攻擊南韓爆發韓戰，美國除派兵增援南韓之外，並派遣第七艦隊巡弋台灣海峽，以壓制兩岸任何一邊藉機採取軍事攻擊行動；此後的國際形勢成為美蘇兩強對抗的冷戰格局。

---

99 肖偉，《戰後日本國家安全戰略》（北京：新華出版社，2000），頁32。

100 李世暉，《日本國家安全的經濟視角：經濟安全保障的觀點》（台北：五南圖書，2016），頁153。

101 黃鴻釗，《中東簡史》（台北：書林出版，1996），頁196-197。

102 〈禁止核試驗國際日〉，聯合國，<https://www.un.org/zh/events/againstnucleartestsday/history.shtml>（檢索日期：2020年4月23日）。

　　冷戰期間日本在美國的同意與指導下，依據《舊金山和約》獲得主權國家地位，並擁有《聯合國憲章》第 51 條規定，主權國家擁有單獨和集體自衛的自然權利。依此在美國的協助下，創立包含陸上及海上兵力的保安隊。並於後續擴充組建包括 4 個 1.5 萬人步兵師，合計 7.5 萬人的國家警察預備隊及增加 8,000 位海上保安廳人員，作為美軍指揮管制下的預備兵力。美國為因應韓戰期間兵力需求，同意日本增加警察預備隊人員，以確保日本本土安全防衛需求。1953 年 3 月 8 日簽訂《美利堅合眾國與日本國之間互相合作與安全保障條約》（Treaty of Mutual Cooperation and Security between the United States and Japan），簡稱《美日安保條約》，使得日本國家警察預備隊在 1953 年底已擴充到 10 個步兵師約 30 萬人。另日本依據《國家防衛廳設置法》及《自衛隊法》設立「自衛廳」及陸海自衛隊，並確定日本的重整軍備計畫，[103] 使得負責防衛日本國家安全的日本自衛隊成為具有法源依據的國家正式武裝部隊。

　　1957 年 6 月 14 日日本提出〈第一次防禦力量整備計畫〉（1958-1960 年），計畫的主要目的在彌補美軍撤退後的不足兵力。目標在 3 年內將陸上自衛隊擴充到 18 萬人，並建立海上與空中的基本防禦兵力，於 1962 年海上自衛隊艦艇增至 12.4 萬噸，空中自衛隊飛機增加至 1,300 架，使得戰後的日本武裝力量於 1962 年已初具規模。[104] 此後的國際情勢發展，分別於 1958 年 11 月 27 日發生第二次柏林危機，1959 年 8 月 25 日印度軍隊進入由中國控制的麥可馬洪線郎久村，爆發中印邊界的武裝衝突，蘇聯則採取中立的立場。[105]1960 年 7 月 16 日蘇聯在與中國的意見分歧下，片面採取撤回全部駐中國的蘇聯顧問及專家，銷毀部分技術資料，以及終止所有與中國的合約，使得中國與蘇聯的關係正式交惡。與此同時，中國正面臨「大躍進」政治運動危機，國務院總理周恩來遂對日本提出恢復經貿往來建議，採取「友好商社」政策。[106]

---

[103] 王鍵，《戰後美日台關係關鍵50年1945~1995：一堆歷史的偶然、錯誤與大國的博弈造成台灣目前的困境》（台北：崧燁文化，2018），頁92-96。

[104] 肖偉，《戰後日本國家安全戰略》，頁95-96。

[105] 李華，〈1959年中印邊界衝突起因及蘇聯反應探析〉，《黨的文獻》，第2期，2002年，頁61。（頁58-66）

[106] 傅高義，《中國與日本：1500年的交流史》（香港：香港中文大學出版社，2019），頁299。

　　1961 年 7 月日本政府通過〈第二次防衛力整備計畫〉（1962-1965 年），此計畫除實施部分人員裁減外，更重要的是將武器性能提升 4 倍、火力增強 2 倍與武器自製率達到 81.6%，以及深入強化美日聯合作戰能力。並特別提出雖然日本的國家安全戰略主要在追求美國的外交政策，但是國家的戰略重點則放在經濟建設。採政經分離的政策開始與中國交往，但是反共的立場並未改變。[107]

　　1962 年日本在審議新修訂的《美日安保條約》時，對條約中第 6 條規定：「爲確保日本安全及維持遠東地區的國際和平與安全，美國被准予使用日本陸、空、海軍的設施及基地。」[108] 引發國內對於「遠東」範圍的爭論，最終由當時的日本首相岸信介做統一見解。指出所謂遠東的範圍區域包括菲律賓以北和日本及其周邊地區，韓國及中華民國所轄區域也包含在內。[109] 因此，從日本〈第二次防衛力整備計畫〉及《美日安保條約》的內容顯示，可以了解美國與日本的防衛對象是蘇聯在亞洲的擴張，而不是中國。日本雖然在《美日安保條約》的約束下，政治、外交及軍事是跟隨著美國政策走，但日本看到中國經濟危機與發展的需求，基本上日本對於與中國的經貿關係，政策上是採取積極的態度。

　　1967 年 3 月 13 日日本通過〈第三次防衛力整備計畫〉（1967-1972 年），將以往以 3 年爲期的「防衛力整備計畫」調整爲 5 年期程。其防衛戰略構想，原則上是將「海岸防衛」朝「海上防衛」發展，並隨著美軍在越戰投入的兵力越來越重，促使美國希望日本海上自衛隊逐漸承擔第七艦隊部分防務的需求，將武裝力量發展重點放在提升日本周邊海域防衛能力。1970 年日本首相中曾根康弘提出所謂「自主防衛」的觀點，日本防衛廳依此觀點爲制定〈第四次防衛力整備計畫〉，向國會報告其基本框架內容：1. 強化海上打擊能力，以因應來自空中、水面的敵人；2. 爲確保日本防衛需求，必須在一定的範圍內獲得制空與制海權；3. 發展與配備獲得制海權所需具備空對艦攻擊能力的飛機、攻船飛彈及電子作戰飛機。但在經過國內政治的爭論與妥協下，使得 1972 年的日本〈第四次防衛力整

---

[107] 肖偉，《戰後日本國家安全戰略》，頁115。

[108] Treaty of Mutual Cooperation and Security Between the United States of America and Japan, Article VI, 19th January, 1960, p. 2.

[109] 楊永明，〈美日安保與亞太安全〉，《政治科學論叢》，第9期，1998年6月，頁293。

備計畫〉（1972-1976年），其國防基本方針仍是以《美日安保條約》體系為基礎的防衛計畫。[110]

1975年坂田太道擔任日本防衛廳長官，為考量前任首相提出「自主防衛」概念所引發的國內政治分歧，以及對即將期滿的〈第四次防衛力整備計畫〉重新制定新的防衛政策做準備，提出每年發布《防衛白書》的政策構想，並發出制定新的防衛計畫之指示。1976年10月29日日本政府通過〈防衛計畫大綱〉，其主要內容不是中曾根政府的「自主防衛」概念，而是以和平時期維持防衛力為基礎的「基盤防衛力構想」，並律定國防預算額度不超過GDP 1%。另再次確認日本的戰略構想仍是以《美日安保條約》為核心，否認了中曾根政府以「日本為主，美國為從」的「自主防衛」的戰略構想。[111]另日本防衛廳公布的《1976年國防白書》中指出，蘇聯已在東北亞區域部署各種能力的大型部隊，並實施裝備的現代化與增加部隊的數量與質量，特別是太平洋艦隊已增強其遠洋艦隊作戰能力，並有明顯擴張的趨勢。[112]

1976年9月6日蘇聯米格25戰機強行進入日本領空並於函館機場著陸，引發防衛廳、警察廳、外務省及運輸省之間的權限紛爭，以及顯現防衛體制的漏洞。1976年12月24日福田糾夫主政，在面對世界性的石油危機與國防預算削減的情勢下，引發日本國內對「專守防衛」的爭論，[113]促使日本自民黨於1977年提出制定「綜合安全保障戰略」的要求。然日本《1977年防衛白書》在〈防衛計畫大綱〉中提出的「基盤防衛力構想」，其戰略構想基本上是以威脅為導向的戰略思維。認為對於有限入侵視為一種威脅，而不是大規模的戰爭。因此，要建立在緊急狀況下有效對應的攻擊防禦力量，並計畫採購海上反潛巡邏機（P-3），對日本周邊海域、太平洋區域300海浬範圍及日本海區域100-200海浬範圍實施海上巡邏與海上護航監偵，另於1977年7月1日起將領海寬度由3海浬擴

110 肖偉，《戰後日本國家安全戰略》，頁131-137。

111 肖偉，《戰後日本國家安全戰略》，頁139-147。

112 〈1976年國防白書第一章国際情勢の動き〉，防衛省・自衛隊，<http://www.clearing.mod.go.jp/hakusho_data/1976/w1976_01.html>（檢索日期：2020年4月25日）。

113 肖偉，《戰後日本國家安全戰略》，頁151。

大到 12 海浬，捕魚水域設定在 200 海浬。[114]

　　日本面對蘇聯在遠東海上力量的不斷增加，以及美軍計畫從南韓撤出地面部隊，認為對遠東區域的軍事平衡將會產生負面的影響。但《1978 年防衛白書》明確指出日本的防禦力量僅限於純粹的「專守防禦」，具體內容取決於當時的國際形勢、軍事技術水準及由問題性質而產生的其他條件。日本的自衛力量是建立在和平的基礎上，不具有入侵其他國家的特徵，並在美日安全保障體系下，防止發生入侵日本的情勢，一旦發生入侵即採取行動並予以消除，這種制度也有助於維持日本周邊國際政治的穩定。並認為美國及蘇聯在相互核子嚇阻之下，不太可能發生大規模戰爭，但無法排除發生區域性傳統有限戰爭的可能。[115]

　　同時，1978 年 11 月通過《美日安保條約》的〈防衛指南〉（Guideline for U.S.-Japan Defense Cooperation），此為美日安保體系轉變的重要關鍵點，其包含 3 個領域：1. 預防可能的侵略；2. 對軍事攻擊的回應；3. 對遠東地區衝突的共同合作。[116] 其中對遠東地區衝突的共同合作，改變日本長久以來「專守防禦」的本土防衛的行動準則。換言之，當台灣、朝鮮半島發生衝突事件時，對於可能危及日本安全的情勢，日本可配合美國的政策與軍事行動，派遣自衛隊聯合美軍實施預防性防衛。

　　面對蘇聯擴大其國際的影響力，1980 年 7 月 22 日日本代理首相伊東正義正式提交《綜合安全保障報告書》。此報告書係從多方面分析威脅日本國家安全的各種問題，如經濟、能源及資源等各種面向，跳脫以往將國家安全僅從軍事角度分析的情況；並且對於日本軍事安全問題，著眼於以日本本土為中心的自主防衛論，而非廣泛的美日合作方式。[117] 在其報告中指出美國領導世界政治、經濟的時

---

[114] 〈1977年國防白書第二章防衛計畫の大綱〉，防衛省・自衛隊，<http://www.clearing.mod.go.jp/hakusho_data/1977/w1977_02.html>（檢索日期：2020年4月25日）。

[115] 〈1978年國防白書第二部分わが国の防衛政策〉，防衛省・自衛隊，<http://www.clearing.mod.go.jp/hakusho_data/1978/w1978_02.html>（檢索日期：2020年4月25日）。

[116] 楊永明，〈冷戰時期日本之防衛與安全保障政策：一九四五~一九九○〉，《問題與研究》，第41卷，第5期，2002年9、10月，頁28。

[117] 佐道明廣著，趙翊達譯，《自衛隊史：日本防衛政策70年》（新北：八旗文化，2017），頁153-162。

代已結束，區域內各國軍事力量的權力平衡比以往更爲重要。日本應重視自助能力，並與有共同理念與利益的國家進行聯繫以追求安全。特別是運用「政府開發援助計畫」的方式降低區域國家對日本的敵對心理。[118]楊永明認爲日本的「綜合安全保障戰略」除仍強調軍事防衛力的重要性之外，也提出藉由非軍事手段的方式維護日本的區域安全環境，並扮演維護安全與穩定的新角色。[119]

美國雷根政府在 1981 年的國防報告書中，呼籲日本、歐洲與美國共同作戰圍堵蘇聯，要求日本在確保日本生存與軍事戰略上的海上交通線增加到 1,000 海浬的防禦範圍，也就是海上自衛隊軍艦兩天航程的範圍內。[120]日本首相鈴木善幸訪問美國時，即與美國達成協議承擔自日本本土起 1,000 海浬以內海上交通線的安全。日本保護的兩條海上交通線主要是東南及西南航線，東南航線爲從日本橫濱海面經小笠原群島連接塞班島、關島的航線，西南航線則指從日本九州以東經琉球群島連接台灣海域的航線；此兩條海上交通線的確保，可使日本能在戰時確保國內生活和作戰物資的最低需求。而 1,000 海浬以外至美國、中東、澳大利亞的航線安全由美國負責。這對日本而言，太平洋海域的主體航線即可獲得有效的保護，[121]且日本海上作戰的地理範圍目標設定在約 1,000 海浬海域的政策，正式納入《1984 年防衛白書》之中公布宣示。[122]

而 1986 年日本政府公布的〈防衛計畫大綱〉及〈中期防衛力整備計畫〉（1986-1990 年），可說是對美國之要求做實質的回應。在防衛戰略構想部分，將原本對有限度、小規模本土入侵的基本防衛力作爲前提，期以本土防衛爲根本而非美日合作，轉變爲以沿岸或周邊海域爲防衛重點，遠洋護航係以定翼機等航空兵力所能涵蓋的範圍爲考量。海上交通線即成爲重點目標，也爲 F-15 戰機、

---

[118] 田中明彥，《安全保障——戰後50年的摸索》（東京：讀賣新聞社，1997），頁276。

[119] 楊永明，〈冷戰時期日本之防衛與安全保障政策：一九四五~一九九○〉，《問題與研究》，第41卷，第5期，2002年9、10月，頁23。

[120] 佐道明廣著，趙翊達譯，《自衛隊史：日本防衛政策70年》，頁165-173。

[121] 李兵，〈日本海上戰略通道思想與政策探析〉，《日本學刊》，第1期，2006年，頁96-97。

[122] 〈1984年防衛白書資料11海上防衛力整備の前提となる海上作戰の地理的範囲について〉，防衛省・自衛隊，<http://www.clearing.mod.go.jp/hakusho_data/1984/w1984_9111.html>（檢索日期：2020年4月26日）。

P-3海上巡邏機及後續神盾系統艦的引進需求提供依據。因此，日本1986年的〈防衛計畫大綱〉係以強化美日合作爲方針，建構足以封鎖蘇聯的防衛能力。[123]

1980年代是日本經濟快速發展的年代，使得1986年日本成爲世界第二大經濟體。相對美國而言，與日本、西歐各國及亞洲四小龍的貿易逆差加大，政府財政赤字持續擴大，以及與蘇聯軍備競賽所提高的國防預算支出，讓美國的經濟走向衰弱，使得美國要求日本政府對區域安全做出更大的貢獻。美國的要求對日本來說，則提供日本期望恢復國家影響力的契機。冷戰時代雖然《美日安保條約》仍是日本國家安全的重要保障依據，但是在美國的同意下，日本的國家安全戰略構想已超越本土防衛的範圍，擴大到日本本土以外延伸至西太平洋1,000海浬區域的海洋安全戰略。

貳、冷戰後的日本海洋安全戰略

1990年蘇聯解體，美蘇兩極的國際體系格局結束。而承接蘇聯權利與義務的俄羅斯雖然仍保有軍事大國的核武能力，但國內的政治動亂與經濟蕭條已無法成爲影響世界的大國。而中國的經濟發展則處於向自由市場經濟體制的轉型中，此時的美國已然成爲「一超多強」的國際體系格局的霸主。對日本而言，蘇聯的威脅降低，中國尚不足以產生立即的威脅，致使日本首相海部俊樹認爲冷戰後的日本國家戰略目標必須重新評估。1990年波灣戰爭爆發，日本政府在國內、外各方的要求下，在戰爭結束後，於1991年以「國際貢獻」的名義派遣掃雷艦執行科威特海域的掃雷任務，成爲日本首次派遣自衛隊赴防衛區以外的國家區域執行戰後復原任務。

由於日本海外派兵的問題關係著日本憲法對「集體自衛權」的解釋，促使日本政府爲解決派兵參與聯合國行動的法律問題，遂於1992年6月由日本國會通過《和平維持行動法案》（Peace Keeping Operation Bill），簡稱《PKO法案》。[124]此法案擴大日本對集體自衛權規定中有關的運用範圍，使得日本自衛隊

---

[123] 佐道明廣著，趙翊達譯，《自衛隊史：日本防衛政策70年》，頁177-179。

[124] 〈1992年防衛白書第三章国際貢献と自衛隊〉，防衛省・自衛隊，<http://www.clearing.mod.go.jp/hakusho_data/1992/w1992_03.html>（檢索日期：2020年4月26日）。

即依此法案於該年正式應聯合國邀請，派 600 人的維和部隊至柬埔寨支援[125]。

1949 年蘇聯完成第一次核子試爆，改變了蘇聯對美國的國際地位，這讓亞洲的中國及北韓看到核子嚇阻的戰略價值；也促使 1954 年的中國，以及 1956 年的北韓分別派遣科學家赴蘇聯學習有關核能技術。1961 年中蘇交惡，中國在沒有蘇聯的技術協助下，於 1964 年獨力成功完成第一次核子試爆。[126]1960 年北韓啟動核武與彈道飛彈計畫，並於 1965 年向中國提出協助發展核武的要求，但遭到中國拒絕。1985 年 12 月北韓為獲得蘇聯核子技術的協助，同意簽署《核武禁止擴散條約》（Treaty on the Non-Proliferation of Nuclear Weapons, NPT），1993 年 2 月 25 日北韓拒絕接受聯合國國際原子能總署（International Atomic Energy Association, IAEA）提出對北韓「特別查察」的要求，並宣布退出《核武禁止擴散條約》。[127]5 月 24 日北韓朝向日本海試射「蘆洞一型」（Rodong-1）中程彈道飛彈，射程 1,300-1,500 公里，可涵蓋日本國土全境，並具有搭載一噸以下核子彈頭的能力。[128]

日本首相細川護熙為因應北韓的核武威脅，以及日本參與聯合國維和行動的需求，於 1994 年初成立「防衛問題懇談會」，檢討日本冷戰後的國家安全政策方向。於 1995 年 6 月 30 日公布的《1995 年防衛白書》中，對於日本周邊的軍事情勢，明確指出北韓的核武與彈道飛彈發展對東北亞的穩定及日本的安全至關重要，並對北韓的蘆洞一型中程彈道飛彈表達強烈的關注。且對於中國擴大在南沙群島的海洋活動與島礁建設，海、空軍武力的現代化，以及地下核爆試驗也表達關切。[129]

另於 1995 年 8 月提出《日本的安全與國防——21 世紀的願景》報告書，即

---

[125] 潘誠財，《小泉政府的外交政策》（台北：五南圖書，2017），頁121。

[126] 沈志華，〈援助與限制：蘇聯與中國的核武器研製（1949-1960）〉，《歷史研究》，第3期，2004年，頁110-131。

[127] 林賢參，〈北韓威脅對日本飛彈防禦戰略發展之影響〉，《全球政治評論》，第33期，2011年，頁101-102。

[128] 江畑謙介，《日本的防衛戰略》（東京：講談社，2007），頁70。

[129] 〈1995年防衛白書第三節わが国周辺の軍事情勢〉，防衛省・自衛隊，<http://www.clearing.mod.go.jp/hakusho_data/1995/ara13.htm>（檢索日期：2020年5月2日）。

所謂〈樋口報告〉，報告中建議將「多邊安全保障合作」、「充實美日安全保障合作關係的機能」及「高效率、具信賴性防衛力的維持與運用」作為日本國家安全政策的三大支柱，而美日同盟是支持三大支柱最重要核心。[130]這也促使1995年美國與日本重新審視《美日安保條約》的需求，使得日本將縮小自衛隊規模及擴大國際援助任務納入1995年的〈防衛計畫大綱〉。[131]1996年4月美日共同發表〈美日安保共同宣言〉，將守護國際秩序的國際公共財納入共同防衛目標。[132]此宣言說明，日本在美國的要求，以及日本期望朝向正常國家的企圖下，提供日本配合美國的戰略行動遂行國際秩序維護之依據。

日本《1997年防衛白書》特別在其防衛政策中指出，日本的防衛政策係透過美日安全體系的合作以防止日本遭受入侵，其主要考量因素為：1. 日本的地理特性是一個四面環海、缺乏縱深，且位於戰略要衝的位置；2. 日本是一個海洋國家，保護海上交通線是國家生存保障的基礎，持續戰力與美軍的增援是至關重要的基礎；3. 日本的防衛能力應根據日本防衛的基本概念發展，並依據被動防衛戰略指導實施作戰行動。[133]這是日本首次以正式報告方式，提出日本安全防衛戰略重要的思考要項。說明日本已將安全防衛縱深擴大到海洋區域，而不是僅限於日本本土及周邊海域，可說是為日本未來走向南海及印度洋的安全防衛行動提供一個前提依據；也使得日本「維持海上優勢」及「確保海上交通線的安全」的2項海軍目標，取代了傳統制海權的概念。[134]

1998年8月北韓向日本海試射飛越日本上空的大浦洞一型彈道飛彈，日本認為北韓未來將發展具備更遠、更精準的彈道飛彈。[135]另中國海洋調查船在包含

[130] 黃偉修，〈日本對外政策之中的亞洲區域主義：從自民黨政權到民主黨政權〉，《當代日本與東亞研究》，第1卷，第1號，2017年8月，頁7。

[131]〈1996年防衛白書第三章第一節新中期防衛力整備計畫〉，防衛省‧自衛隊，<http://www.clearing.mod.go.jp/hakusho_data/1996/301.htm>（檢索日期：2020年5月3日）。

[132] 佐道明廣著，趙翊達譯，《自衛隊史：日本防衛政策70年》，頁199-203。

[133]〈1997年防衛白書第三章第二節防衛力の意義と役割〉，防衛省‧自衛隊，<http://www.clearing.mod.go.jp/hakusho_data/1997/def32.htm>（檢索日期：2020年5月3日）。

[134] 佐道明廣著，趙翊達譯，《自衛隊史：日本防衛政策70年》，頁167。

[135]〈1999年防衛白書第一章第三節第二款(1) 北朝鮮〉，防衛省‧自衛隊，<http://www.clearing.mod.go.jp/hakusho_data/1999/honmon/index.htm>（檢索日期：2020年5月3日）。

日本海在內的周邊海域進行海洋調查與海軍艦艇的航行，以及自 1996 年 7 月日本民間團體在釣魚台列嶼安裝燈塔的舉動，促使中國派遣達 10 多艘規模的海軍艦艇於釣魚台列嶼附近海域巡弋。[136]

面對北韓的彈道飛彈對日本的可能威脅，引發日本國內對於彈道飛彈防禦的自衛權爭論。日本《1999 年防衛白書》則針對此爭議做了明確的說明，認為對於憲法上是否允許擁有攻擊敵方彈道飛彈基地的能力，1956 年政府的統一見解是在沒有其他的手段下，保留允許直接攻擊彈道飛彈基地所需的最低能力。對此威脅必須在美日安全體制下由美軍採取防禦行動，日本目前除不具備攻擊敵方彈道飛彈基地的能力外，《憲法》第 9 條也不允許採取先制防禦的行動。[137]

對於集體自衛權的行使，則指出應維持在保衛日本所需的最低限度內，且不超出其範圍；[138] 並強調日本國防的基本方針是「專守防禦」，不會尋求成為威脅其他國家的軍事大國。[139] 日本政府特別在《1999 年防衛白書》中強調對上述兩項觀點，主要在於對 1999 年 5 月 28 日通過《周邊事態安全確保法》，所引發之周邊國家對日本是否強化其軍事影響力的爭議說明。對日本來說，制定《周邊事態安全確保法》的目的是在《美日安保條約》下，為確保日本周邊區域的和平與安全，採取對後方區域的支援、搜索及救援行動。[140] 然對於日本自衛隊角色的擴大，中國最為重要的敏感性，針對所謂「周邊事態」是否包含台灣，中美對於

---

136 〈1999年防衛白書第一章第三節第四款軍事態勢〉，防衛省・自衛隊，<http://www.clearing.mod.go.jp/hakusho_data/1999/honmon/index.htm>（檢索日期：2020年5月3日）。

137 〈1999年防衛白書ミサイルによる攻撃と自衛権の範囲について〉，防衛省・自衛隊，<http://www.clearing.mod.go.jp/hakusho_data/1999/column/index.htm>（檢索日期：2020年5月3日）。

138 〈1999年防衛白書第二章第一節第二款(2) 憲法第9条の趣旨についての政府見解〉，防衛省・自衛隊，<http://www.clearing.mod.go.jp/hakusho_data/1999/honmon/index.htm>（檢索日期：2020年5月3日）。

139 〈1999年防衛白書第二章第一節第三款(3) その他の基本政策〉，防衛省・自衛隊，<http://www.clearing.mod.go.jp/hakusho_data/1999/honmon/index.htm>（檢索日期：2020年5月3日）。

140 〈周辺事態に際して我が国の平和及び安全を確保するための措置に関する法律〉，衆議院，1999年5月28日，<http://www.shugiin.go.jp/internet/itdb_housei.nsf/html/housei/h145060.htm>（檢索日期：2020年5月3日）。

台灣問題上的競爭，是否影響到日本在《美日安保條約》的連動下，加入美國對中國的軍事對抗。[141]另東海釣魚台列嶼的主權爭端是否納入日本對領土入侵的定義，日本則採取模糊的策略。其主要因素在於美國態度，這也是日本政府非常關切的議題。

參、911恐怖攻擊事件後的日本海洋安全戰略

2001 年 9 月 11 日美國遭受恐怖攻擊事件，日本依據聯合國安理會呼籲各會員國採取適當措施防止恐怖主義攻擊，日本首相小泉純一郎所領導的自民黨政府遂於 2001 年 11 月 2 日制定《恐怖對策特別措置法》。日本政府將在日本地區、非作戰區、公海及外國領土（僅在外國政府同意的情況下）地區，提供外國軍隊貨物、服務及自衛隊基地、後勤與保養維修等服務，以及搜救與災民救援活動，而這些措施的執行不能具有威嚇或使用武力的行動。[142]《恐怖對策特別措置法》的制定提供日本政府依據國家利益，自行派遣自衛隊赴其他國家或地區實施聯合國人道救援行動，而不需要在美日安保體系下運作。

2001 年 4 月 26 日小泉純一郎擔任日本首相，2002 年 2 月即著手研擬有關因應緊急情況的法律。[143]2003 年 6 月 13 日日本國會通過《武力攻擊事態對處法》，以及與此法有關的《安全保障會議設置法》修訂案與《自衛隊法》修訂案。[144] 其中對《武力攻擊事態對處法》制定的目的，在於因應外部對日本的武裝襲擊或明顯發生武裝襲擊的情況時，提供日本政府派遣自衛隊採取適當武力應對的法律依據。[145] 並將中國遠洋海軍的戰略發展趨勢，第一次納入日本《2001 年防衛白書》

---

[141] 趙翊達，《日本海上自衛隊：國家戰略下之角色》（台北：紅螞蟻圖書，2008），頁145。

[142] 內閣官房，〈テロ対策特措法の概要〉，首相官邸，<http://www.kantei.go.jp/jp/singi/anpo/houan/tero/gaiyou.html>（檢索日期：2020年5月3日）。

[143] 日本防衛廳，《2003年防衛白書》（東京：日本防衛廳，2003），頁154。

[144] 日本防衛廳，《2003年防衛白書》，頁159。

[145]〈武力攻撃事態等における我が国の平和と独立並びに国及び国民の安全の確保に関する法律〉，內閣官房，<https://www.cas.go.jp/jp/hourei/houritu/jitai_h.html>（檢索日期：2020年5月3日）。

中說明。[146]

　　雖然日本積極推動此法案的目的，主要是針對非傳統安全的襲擊事件，能有效使用自衛隊所提供的法源依據，但此法源依據同樣也適用於非戰爭時期的軍事衝突。尤其在日本視釣魚台列嶼爲國土的狀況下，在未達到戰爭階段的期間，即可運用自衛隊採取有效的武力防禦措施。日本《2003 年防衛白書》即特別針對海上自衛隊與海上保安廳之間的權責，做一明確的界定說明。海上自衛隊主要任務是保衛國家免於遭受武力攻擊，但當發生災害必要時可執行維持公共秩序的任務。而海上保安廳的使命是維護治安、確保海上交通線安全、海難救助、海上防災及海洋環境保護。

　　雖然海上救援與安全維護是海上保安廳的首要任務，但當海上保安廳無法有效執行其任務時，海上自衛隊即可採取適當行動回應。尤其在對可疑船隻與恐怖主義的活動，需要雙方採取合作的方式以爲因應。[147]另 2003 年 8 月 1 日日本國會通過《伊拉克人道主義和重建援助特別措施法》[148]，2004 年元月即派遣陸上自衛隊前往仍處戰鬥中的伊拉克，進行供水等支援重建行動。

　　2004 年 4 月日本設置「安全保障與防衛力懇談會」（簡稱爲「荒木懇談會」），並於 10 月提出《安全保障與防衛力委員會報告——日本未來安全與防衛能力願景》（The Council on Security and Defense Capabilities Report - Japan's Visions for Security and Defense Capabilities），報告中認爲冷戰後日本遭受武裝入侵的可能性不大，但不可否認除了中國、俄羅斯兩個核武器大國外，北韓不放棄核武的發展，對日本將構成直接威脅，且台灣海峽兩岸發生軍事衝突的可能性也無法排除，以及日本周邊資源開發所引發的問題，如果不能和平解決，對日本安全的影響將是不容忽視的。另提出「綜合安全戰略」，其戰略目標有 2 個：1. 日本防衛；2. 改善國際安全環境。而達到此戰略目標的手段途徑有 3 項：1. 日本

146　〈2001年防衛白書第一章第三節第四款(5) 軍事態勢〉，防衛省・自衛隊，<http://www.clearing.mod.go.jp/hakusho_data/2002/honmon/index.htm>（檢索日期：2020年5月4日）。

147　日本防衛廳，《2003年防衛白書》（東京：日本防衛廳，2003），頁144。

148　〈イラクにおける人道復興支援活動及び安全確保支援活動の実施に関する特別措置法〉，内閣官房，2003年8月1日，法律第137號，<http://www.cas.go.jp/jp/hourei/houritu/iraq_h.html>（檢索日期：2020年5月3日）。

自身的努力；2.同盟國的合作；3.國際社會的合作。[149]

　　報告書中認爲依據《自衛隊法》，自衛隊負有保護日本獨立與和平，以及保衛國家免於遭受直接和間接的侵略。此法的制定植基於冷戰時期的威脅想定，冷戰結束後，日本自衛隊也配合聯合國人道救援的需求，參與國際維和行動，然面對當今新的威脅，必須重新審視因應冷戰時代所設計的自衛隊能力。從日本防衛的角度來看，日本自衛隊必須具備快速反應能力，以面對國家間衝突所引發的各種威脅。另需具備蒐集和分析資訊的能力，以及確保基本能力以應對可能恢復的傳統威脅。同時也必須因應非國家行爲者的恐怖主義，並維持和強化處理重大自然災害的能力。因此，必須透過建構「多功能彈性防衛力」概念的自衛隊，來達成「綜合安全戰略」的目標。[150]

　　日本從 2004 年《安全保障與防衛力委員會報告——日本未來安全與防衛能力願景》的內容分析，可以了解日本在 2001 年美國 911 恐怖攻擊事件發生後，由於安全的威脅形勢已趨向多樣化，遂行國家安全防護的武裝部隊，也必須在組織上、功能上及能力上有所改變，以因應新的安全威脅形勢。因此，這份報告也可認爲是日本朝向正常國家發展需求的起步。《2005 年防衛白書》在新的防衛大綱中對於威脅一事，認爲主要來自於彈道飛彈的襲擊、游擊隊與特種部隊的襲擊、對島嶼地區入侵的反應、對日本周邊海域的監視、對侵犯領空和武裝船隻的反應，以及應對大規模與特殊的災害。此外，網路攻擊和外國偷渡客也被視爲一種新的威脅。因此，日本自衛隊和警察與海上保安廳等相關機關，必須依據情況和角色分工，密切合作以因應情勢的發展。[151] 這就是將「荒木懇談會」報告的觀點，納入日本國防施政的具體作爲。

　　2005 年 5 月中國東海油氣田開始運作，日本爲監視其開採作業，將監視權從海上保安廳移交給海上自衛隊負責。[152] 同年 9 月日本首次發現中國海軍艦艇在

---

[149] 安全保障と防衛力に関する懇談会，《「安全保障と防衛力に関する懇談会」報告書——未来への安全保障・防衛力ビジョン》，2004年10月，頁3-11。

[150] 安全保障と防衛力に関する懇談会，《「安全保障と防衛力に関する懇談会」報告書——未来への安全保障・防衛力ビジョン》，2004年10月，頁12。

[151] 日本防衛廳，《2005年防衛白書》（東京：日本防衛廳，2003），頁95。

[152] 林欽隆，《海域管理與執法》（台北：五南圖書，2016），頁267。

中日具有爭議的東海油田附近海域巡弋，認為是中國為維護東海海洋權益所做的「示威與嚇阻」。[153] 使得日本在《2006年防衛白書》中第一次提出因應島嶼地區遭受侵略的行動指導，[154] 開啟日本所謂「西南諸島的防禦戰略」構想。特別是在《2007年防衛白書》中，將中國近年來的海洋活動及未來發展趨勢，以專項的方式呈現說明。並認為中國的海洋活動具有4項目標：1.採取離岸縱深防禦，以確保領土與領海安全；2.展示軍力遏制台灣獨立，強化海上軍事行動能力，以阻止外國勢力干涉台灣事務；3.展示中國海軍獲得、維護及保護海洋權益的能力；4.確保海上交通線。[155]

2007年4月27日日本完成《海洋基本法》的制定，並於7月開始實施。此《海洋基本法》在第21條規定對於確保海洋安全的措施上，特別指出國家必須確保海洋資源的開發與利用、海上運輸等安全，並採取必要的措施以維護海洋秩序，確保國家的和平與安全，以及海洋安全。[156] 於內閣政府下設立「綜合海洋政策部」，負責〈海洋基本計畫〉草案的制定和執行，並運用自衛隊執行海洋安全維護工作，以及協調防衛省與各相關機關合作事宜。[157] 日本這項法案的通過，基本上已明確的將日本定位為海洋國家，海洋是國家發展與安全的基石。

面對崛起的中國，日本《2009年防衛白書》即明確指出日本無法單獨負責防衛任務，期望透過《美日安保條約》將國家安全與美國綁在一起。然而日本主張與中國採取接觸政策的學者，則擔心美國制定的海洋戰略會刺激中國，並增加日本的風險。一旦導致一個海上對手的出現，日本將不得不與美國保持距離，並試圖採取獨立的對中政策。[158] 2010年日本新的聯合內閣再次提出新的〈防衛計

---

153 〈日美出動軍艦聯合「監視」中國艦艇〉，中國評論新聞網，2010年10月12日，<http://hk.crntt.com/doc/1014/7/1/7/101471710.html?coluid=4&kindid=16&docid=101471710>（檢索日期：2020年5月4日）。

154 日本防衛廳，《2006年防衛白書》（東京：日本防衛廳，2006），頁138。

155 日本防衛廳，《2007年防衛白書》（東京：日本防衛廳，2007），頁54-55。

156 宋燕輝，〈「日本海洋政策發展與對策」政策建議書〉，行政院研究發展考核委員會編印，2007年12月，頁16。

157 日本防衛廳，《2009年防衛白書》（東京：日本防衛廳，2009），頁108。

158 Yoshihara, Toshi, and Holmes, James R., *Red Star Over the Pacific: China's Rise and the Challenge to U.S. Maritime Strategy*, (Maryland: Naval Institute Press, 2010), p. 196.

畫大綱〉，引進「動態防衛力」的概念，提出在全新的國家安全環境下，日本不應該拘泥在「基本防衛力」構想。換句話說，日本的防衛構想要跳脫冷戰時期的防衛戰略思維，新的防衛力應將重點置於防衛力的運用，並提高遏制力的可靠性。[159]2011 年 9 月日本爲因應中國海洋活動的擴張，於日本領土最西端的與那國島部署對空及水面雷達監偵系統，以監視中國海、空軍艦艇與戰機，以及海監船進出東海及西太平洋的活動。[160]

安倍晉三自 2012 年 12 月 26 日擔任日本首相開始，即著手規劃日本國防改革事宜。2013 年 11 月 27 日日本國會通過《國家安全保障會議設置法案》，成立以美國國家安全委員會爲範本的國家安全保障會議，成爲以首相官邸爲中心統籌日本外交、安全保障及國家戰略的「司令部」。並於內閣長官房下設立「國家安全保障局」，負責制定「國家安全保障戰略」與「防衛計畫大綱」。[161]自 2014 年開始，將「國家安全戰略」取代「國防基本政策」，作爲國家安全的基本政策。主要目的是期望政府從長遠的角度分析國家利益，依據「國家安全戰略」指導制定「國防計畫大綱」，藉以明確指出日本未來防衛的基本政策、防衛力量的作用，以及自衛隊具體制度的目標水準。並將「國防計畫大綱」的規劃期程設定爲 10 年，而「中期國防能力發展計畫」所需預算及主要裝備維修數量期程訂爲 5 年。[162]

2014 年日本特別將中國自 2013 年以來，海、空軍進出太平洋，與海監船及漁政船強化在釣魚台列嶼附近海域活動，列爲影響日本安全環境的重要因素而納入《2014 年防衛白書》之中。尤其是 2013 年 9 月 10 日及 22 日，日本海上保安廳巡邏艇和中國漁船在釣魚台列嶼附近海域發生碰撞事件，以及中國海、空軍戰機增加在釣魚台列嶼附近巡弋活動與東海防空識別區的劃設，使得中日之間的緊張情勢不斷升高。[163]安倍晉三政府爲因應此一形勢的發展，提出「綜合機動防衛

[159] 佐道明廣著，趙翊達譯，《自衛隊史：日本防衛政策70年》，頁245-246。
[160] 日本防衛廳，《2012年防衛白書》（東京：日本防衛廳，2012），頁141。
[161] 原野誠治，〈國家安全保障會議成立〉，nippon.com，2014年1月17日，<https://www.nippon.com/hk/behind/l00050/>（檢索日期：2020年5月5日）
[162] 日本防衛廳，《2014年防衛白書》（東京：日本防衛廳，2014），頁132。
[163] 日本防衛廳，《2014年防衛白書》，頁40-45。

力」概念的新「防衛計畫大綱」，以取代2010年的「動態防衛力」概念。認為「動態防衛力」制定的概念側重於操作，其與1976年「基盤防衛力」的概念相似，均是藉由確保自衛隊的武器裝備性能與數量，以及強化自衛隊人才教育與演訓活動的展示靜態嚇阻，但「綜合機動防衛力」則更強調動態的嚇阻。然而隨著國際安全中灰色地帶的情勢發展，必須依據安全環境需求執行防衛部隊部署與機動部隊的部署，展現日本國防的意願與能力，以因應日益嚴峻的安全環境。[164] 因此，日本《2014年防衛白書》特別將所謂西南戰略構想做具體化的說明。[165]

2015年日本除了關注對中國在東海的空中與海洋活動外，更增加對於中國在南海島礁建設與海洋活動的關注。認為中國在南海島礁的大規模造島建設，將引發美國及國際社會對中國軍事介入南海區域的擔憂。[166] 並認為中國近年來試圖阻止美國等其他國家的軍事力量，接近和部署其周邊地區及限制其活動。中國迅速擴大其海空域的活動是試圖改變國際秩序現狀，這不僅影響日本，也對亞太地區與國際社會安全產生影響。[167]

而日本自衛隊依據2015年新的「綜合機動防衛力」之「防衛計畫大綱」構想，對陸上自衛隊實施創隊以來的大改革，將陸上自衛隊部署在西南地區沿岸擔任沿海監偵與警戒任務。並計劃將全國大約一半的師及旅級部隊改制為機動師和機動旅，以增加其機動性與警戒監視能力。另為考量島嶼「歸復作戰」需求，計劃重新部署水陸機動部隊，以及採購機動作戰車輛、兩棲作戰車輛與魚鷹（V-22）機，並成立陸戰隊指揮部，以提升日本兩棲作戰能力。[168]

2015年4月27日安倍政府訪問美國期間，與美國總統歐巴馬舉行「2+2」會談，並達成新的〈日美防衛合作指針〉，重新律定日本自衛隊和美軍職責分工，除了再次強化日美合作關係，也是近18年來首次修改該指針。強調在美國的「亞太再平衡」政策下，美日同盟是促進區域和平、安全與繁榮不可或缺

164 日本防衛廳，《2014年防衛白書》（東京：日本防衛廳，2014），頁144-145。
165 日本防衛廳，《2014年防衛白書》，頁154。
166 日本防衛廳，《2015年防衛白書》（東京：日本防衛廳，2015），頁46-47。
167 日本防衛廳，《2015年防衛白書》，頁157。
168 日本防衛廳，《2015年防衛白書》，頁166。

的力量。在日本安全保障政策部分，美國歡迎日本政府制定《和平安全法制整備法》、〈國家安全保障會議〉、〈防衛裝備轉移三原則〉、《特別秘密保護法》、《網路安全基本法》及新的〈太空基本計畫〉。對於釣魚台列嶼的主權紛爭，〈日美防衛合作指針〉重申是日本政府管轄的領土，屬於《美日安全保障條約》第 5 條規定的領土安全防衛範圍，反對任何旨在損害日本對該群島行使主權的單方面行動，並且持續和密切的與東南亞、韓國及澳大利亞國家的多邊合作，以強化海洋安全能力。[169]

2014 年 7 月 1 日日本國安全保障會議決定制定《和平安全法制整備法》，並於 2015 年 9 月 19 日日本參議院在在野黨的抗爭中強行通過。安倍政府認為本法案制定的目的是為了日本的安全與亞太地區的和平與穩定，必須進一步提高美日安全體制的效力，以及美日同盟的嚇阻力，以避免武裝衝突與防止日本受到威脅。在國際合作與積極和平主義的原則下，為國際社會的和平與穩定做出積極的貢獻。統合運用警察機構、海上保安廳及自衛隊力量，在基本職責分工的前提下，對可能的武裝攻擊行為採取防衛行動。對於日本支援各盟國行使國際維和行動期間，有關自衛隊在「武力使用」的規範上，律定僅限於自衛隊的自我保護，不採取國家「敵對性」的武力使用。但在執行國際維和任務時，有關「武力使用原則」（一般稱為交戰規則；Rules of Engagement）應事先徵得國會的批准，以及現行法律規定的防衛行動程序。[170]

然而對中國而言，此法案提供日本應美國海軍遂行南海自由航行政策時，參與行動的法源依據。從正面的觀點來看，美日同盟關係在國際事務的合作將更加緊密。若從負面的觀點來看，中國與美國在南海問題的爭端上，日本有可能被迫陷入其中難以脫身。

2016 年日本除了持續關注中國在東海、日本周邊海域及南海的軍事活動與南海島礁建設外，特別對於中國將自己的海上作戰能力朝「近海防禦、遠海護航」的方向發展，以及在東非的吉布地建立第一個海外後勤基地，藉由支援印度洋國家港口的基礎設施建設，確保中國海上運輸港口安全，以及海上交通線的防

---

[169] 日本防衛廳，《2015年防衛白書》，頁184-185。
[170] 日本防衛廳，《2015年防衛白書》，頁315-317。

禦表達關注。[171]並認爲北韓的核武威脅，中國在東海及南海試圖改變國際秩序現狀的積極海空活動，以及兩岸關係潛在不穩定因素，爲亞太地區的安全環境產生挑戰。在日本國家安全戰略的方針中，有關海洋安全保障的確保部分，認爲作爲一個海洋國家的日本，必須在維持與發展「開放和穩定的海洋」上發揮主導的作用，建立包含太空空間的全面性海洋監偵能力。除有效支援沿海國家的海上安全能力外，並將加強與具有共同戰略利益之合作夥伴的合作。[172]

自 2004 年日本的〈防衛計畫大綱〉提出「中國威脅」的問題開始，認爲應強化西南諸島防衛力，除了部署基本部隊外，亦須整備部隊行動時的據點、機動力、運輸力及具實效的應對能力，以強化島嶼遭受攻擊時的應變力及確保周圍海空領域等相關能力。[173]這樣的傳統安全防衛戰略構想，促使日本自 2015 年 11 月 26 日日本防衛副大臣宮健嗣向石垣市政府說明，計劃在石垣島部署警備部隊、防空及反艦飛彈部隊，共計約 500 至 600 人的陸上自衛隊，已加強西南諸島的防禦。[174]

2016 年 3 月 8 日與那國島雷達站建置完成啓用，可對釣魚台列嶼附近海空領域實施對空及水面監偵任務。[175]2019 年 3 月 26 日日本陸上自衛隊在鹿兒島縣奄美大島部署約 560 人的防空與反艦飛彈部隊與警衛部隊，在沖繩縣宮古島部署約 380 人的警備隊。[176]2020 年 3 月 26 日在宮古島成立防空與反艦飛彈部隊，加上 2019 年部署的警備部隊，合計宮古島上的日本陸上自衛隊駐軍合計約 700 至

---

[171] 日本防衛廳，《2016年防衛白書》（東京：日本防衛廳，2016），頁59。

[172] 日本防衛廳，《2016年防衛白書》，頁464-465。

[173] 佐道明廣著，趙翊達譯，《自衛隊史：日本防衛政策70年》（新北：八旗文化，2017），頁250。

[174] 白宇、閻嘉琪，〈專家：日本在西南諸島部署兵力和導彈亦在釣魚島〉，人民網，2015年12月2日，<http://military.people.com.cn/BIG5/n/2015/1202/c1011-27878320.html>（檢索日期：2020年5月6日）。

[175] 〈日本啓用與那國島雷達站〉，美國之音，2016年3月28日，<https://www.voacantonese.com/a/japan-radar-station-20160328/3257908.html>（檢索日期：2020年5月6日）。

[176] 楊紹彥，〈強化防衛力日本在宮古島等地部署飛彈部隊〉，中央廣播電臺，2019年3月26日，<https://www.rti.org.tw/news/view/id/2015807>（檢索日期：2020年5月6日）。

800 人。[177] 依此，可以了解日本已將中國視爲其海洋安全的最大威脅。

另在日本海上交通線的安全保護上，2007 年日本首相安倍晉三在第一個首相任期中，爲了日本未來的經濟與安全發展，以及思考將印度洋與太平洋鏈結的戰略構想，於印度議會中發表「兩洋合流」（confluence of the two seas）的演講。目的是將印度洋納入區域合作夥伴關係，期望將印度納入美、日、澳 3 國的安全合作網路。[178] 而日本所建立的「印太海洋安全戰略」構想，促使日本將國防白書所律定的 1,000 海浬海上交通線安全保障範圍，逕自延伸到 5,000 海浬到東印度洋的海域；這也符合美國川普政府所提出之「印太戰略」構想的需求。

現今的日本對於國家安全威脅的觀點，在前首相安倍晉三於 2021 年 12 月 14 日於出席「台美日三邊印太安全對話論壇」視訊演講中，提出「台灣有事，就是日本有事」論述 [179]，引發日本各界對於日本是否會捲入兩岸戰爭憂慮且熱切討論。日本對此論述的最主要觀點，在於中國若成功統一台灣，將使中國從東海到南海的西太平洋廣大海域，成爲中國的專屬勢力範圍，並主導此區域的秩序，這才是日本最擔心的情況。[180]

雖然台海局勢緊張情勢的發展，對日本的國家安全具有明顯的影響，但是日本對於國家安全的基本觀點，仍如佐道明廣的觀點，擔心被美國捲入中美對抗的戰爭。同樣的，美國也擔心被日本捲入釣魚台列嶼領土主權爭端的戰爭。雖然美國在各種場合指責中國的威脅，以及中國在南海的行動，但這並不代表美國眞的想要與中國進行戰爭。同樣的，中國也不想與美國發生戰爭。基本上美國不會爲中日釣魚台列嶼主權爭端而爲日本出兵，但日本是需要美國作爲後盾，爲讓美國

---

[177] 郭正原，〈強化防務　日26日宮古島部署新岸基飛彈單位〉，《青年日報》，2020年3月24日，<https://www.ydn.com.tw/News/377587>（檢索日期：2020年5月6日）。

[178] 楊昊，〈形塑中的印太：動力、論述與戰略布局〉，《問題與研究》，第57卷，第2期，2018年6月，頁92。

[179] 〈【2021台美日三邊印太安全對話——繪製新世代民主議程】日本前首相安倍晉三專題演講〉，遠景基金會，2021年12月14日，<https://www.pf.org.tw/tw/pfch/20-7230.html>（檢索日期：2023年10月22日）。

[180] 小野田治，〈「日本有事」はどのように起こるか—「台灣有事」の檢討を中心に—〉，SSDP安全保障・外交政策研究會，<http://ssdpaki.la.coocan.jp/proposals/122-2.html>（檢索日期：2023年10月22日）。

能夠介入此爭端，日本必須加深與美國的合作關係，以嚇阻中國的軍事入侵。實際上日本的國家安全政策是配合國際情勢，特別是接受美國提供的戰略判斷為想定假設。[181]因此，日本的海洋安全戰略基本上除了海上交通線的確保外，更重要的是防禦中國對東海釣魚台列嶼的入侵。

第三節　中國的海洋安全戰略

2000 年之前中國在陸權與海權的戰略思考上，基本上是「陸上為主，海上為次」。主要因素除了中國的主要威脅與爭端來自於陸上之外，另一種要素就是海洋武力的能力與技術過於不足。國家的安全戰略核心在於防禦蘇聯來自陸上的侵略，而來自美國的海洋威脅基本上不會是領土主權的入侵。因此，對中國而言，2000 年以前中國對於海洋安全在國家戰略發展的優先順序上不是主要重點。

2000 年之後的中國，則將海洋視為主要戰略防禦方向的主要因素，在於中國的政治與經濟聚焦於沿海區域，從現在及長遠來看中國的戰略焦點方向將是在海上。因此，中國海軍的戰略任務為：1. 保護國家領土主權與海洋權益；2. 確保國家統一與保護社會穩定；3. 外交活動；4. 為國家發展提供安全。本文將以2000 年為分界點，探討中國海洋安全戰略的發展。

壹、2000年之前的海洋安全戰略

「海洋」對於以農工起家的中國共產黨來說是相當陌生的，1949 年 1 月國共「徐蚌會戰」即將結束之際，中國共產黨人民解放軍已獲得長江以北的掌控權，遂於 1949 年 1 月 6 日中共中央政治局會議指出：「必須要有美國直接出兵占領中國沿海城市，以支持國民政府與解放軍作戰的可能。」因此，1949 年及1950 年需組建空軍與保衛沿海、沿江的海軍。[182]其目的除了用以對抗優勢的國民政府海軍，以取得渡過長江向南採取攻勢作為外，並防止美國、英國運用海軍武

---

[181]佐道明廣著，趙翊達譯，《自衛隊史：日本防衛政策70年》，頁283-284。

[182]軍事科學院軍事歷史研究部，《中國人民解放軍全史‧第二卷——中國人民解放軍七十年大事記》（北京：軍事科學出版社，2000），頁163。

力介入中國的內戰。

　　1949 年 2 月 25 日重慶號巡洋艦叛變，同年 4 月 21 日英國艦隊砲擊長江北岸的解放軍部隊。2 日後解放軍占領首都南京，國民政府海軍第二艦隊共計 25 艘艦艇叛變。[183]1949 年 4 月 23 日中國共產黨以叛變的國民政府海軍為基礎，並納編陸軍第三野戰教導師，於江蘇白馬廟（原名徐家莊）正式成立中國人民解放軍海軍。[184] 成立之初由於納編的陸軍人員大部分來自於知識有限的工人及農人，僅部分是招聘高中以上學歷的人員，對於海軍事務知識基本上嚴重不足。其海軍的指揮與運作，仍以叛變、投降或被俘的國民政府海軍機關、艦艇人員為主。[185] 因此，本文將從蘇聯援助、仿製與研發及現代化發展 3 個時期，分析中國海洋力量之發展與其戰略構想與目標。

一、蘇聯援助時期（1949-1960 年）

　　中國人民解放軍海軍成立之初，主要任務在防止國民政府海軍襲擊沿海地區，以及配合陸上部隊遂行登島作戰。此時的中國人民解放軍海軍尚無海軍戰略與海權的概念，海軍僅是適應與克服沿海、河川環境障礙的一種作戰工具與部隊，而不是維護國家安全與發展的一種武力，以配合內戰的軍事戰略目標遂行保護陸軍部隊渡江、渡海的任務。1949 年 10 月 1 日中華人民共和國成立，1950 年 4 月 14 日將中國人民解放軍海軍正式編成為一個軍種。[186] 主要裝備來自於國民政府叛變的艦艇與繳獲的艦船，以及徵用各地區一部分商、漁船與購置香港的舊船。當時中國海軍雖有一定數量的艦船，但皆性能不佳、陳舊不堪。並從二戰德國與美國在海戰中經驗，認知潛艦在國家戰略上扮演相當重要的角色，促使海軍

---

[183] 軍事科學院軍事歷史研究部，《中國人民解放軍全史・第二卷——中國人民解放軍七十年大事記》，頁167-168。

[184] 黃傳會、舟欲行，《中國人民海軍紀實》（北京：學苑出版社，2007），頁27。

[185] 華國富、溫瑞茂、姜鐵軍，《中國人民解放軍軍史第三卷》（北京：軍事科學出版社，2010），頁354-355。

[186] 軍事科學院軍事歷史研究部，《中國人民解放軍全史・第二卷——中國人民解放軍七十年大事記》，頁176。

的初期發展目標以建構航空兵、潛艦及快艇兵力為重點。[187]

　　由於中國當時工業及技術不足，蘇聯依據《中蘇友好同盟互助條約》對中國提供各項技術支援，自 1950 年開始中國海軍即針對各型水面作戰艦艇（中、小型）、潛艦及海軍航空兵實施研究與技術發展。1950 年 6 月 25 日韓戰爆發，北韓在蘇聯的默許下對南韓發動攻擊。[188] 中國對於韓戰基本上是採取「暫不出兵」的保留態度，主要原因是人民解放軍的各項裝備、物資不足及性能落後，無法與美軍部隊抗衡。[189] 但對中國而言，韓戰卻提供中國向蘇聯要求大量先進武器裝備的最好藉口，以作為交換出兵援助北韓作戰的條件。[190]

　　1950 年 8 月中國海軍依據蘇聯的援助，希望建設一支現代化的、富有攻防能力之近海的、輕型的海上戰鬥力量。因而發展魚雷艇、潛艇和海軍航空兵等新的力量，作為海軍發展的指導方針，並制定以 3 年為期的發展計畫。[191]1950 年 10 月 19 日中國正式介入韓戰，與此同時也正式向蘇聯提出魚雷快艇、漂雷、裝甲艦、獵潛艇、掃雷器材、海軍岸砲和魚雷殲擊機等海軍武器裝備需求清單。[192] 然儘管中國運用介入韓戰的機會，在短時間內獲得蘇聯大量較先進的陸、海、空軍武器裝備，但中國也付出相當大的經濟損失代價，因為這些武器裝備不是蘇聯無償提供的。[193] 韓戰正式結束後陸續向蘇聯購置護衛艦、潛艇、掃雷艦、大型獵潛艇及魚雷艇等 5 種艦艇全部設計藍圖、材料與機械設備，以技術轉移的方式自製艦船。此為中國海軍現代化發展的開端，由技術轉移提升造船廠技術能力。中國海軍遂於 1954 年提出國家造船工業發展計畫，以強化技術轉移開始，其次仿製改進，最後到自主研製 3 個階段，發展自主的國防工業能力。

---

187 黃傳會、舟欲行，《中國人民海軍紀實》，頁101。

188 沈志華，《朝鮮戰爭：俄國檔案館的解密文件（上冊）》（台北：中央研究院近代史研究所，2003），頁409。

189 沈志華，《朝鮮戰爭：俄國檔案館的解密文件（中冊）》（台北：中央研究院近代史研究所，2003），頁576-577。

190 沈志華，《朝鮮戰爭：俄國檔案館的解密文件（中冊）》，頁588-589。

191 華國富、溫瑞茂、姜鐵軍，《中國人民解放軍軍史第四卷》（北京：軍事科學出版社，2010），頁50。

192 沈志華，《朝鮮戰爭：俄國檔案館的解密文件（中冊）》，頁607。

193 沈志華，《朝鮮戰爭：俄國檔案館的解密文件（中冊）》，頁667。

中國海軍艦艇與武器裝備的獲得，在此時期以向蘇聯購置、技術轉移製造到仿製改進爲主。[194]1954 年及 1955 年分別從蘇聯籌購 4 艘驅逐艦，以及 2 艘蘇聯舊式潛艇[195]，使得中國海軍開始擁有 1,000 噸以上作戰艦艇及水下作戰兵力。至 1955 年底中國海軍方具初步規模，計有 23 個各式艦艇的獨立大隊、6 個各種戰機的航空兵師與航空獨立團、19 個海岸砲兵團、8 個防空兵團及各種專業後勤部隊。擁有作戰艦艇 519 艘（含登陸艦艇 132 艘）、輔助艦艇 341 艘，各式飛機 515 架等。[196]

1956 年中共中央軍委會在北京召開的擴大會議，確立中國的軍事戰略方針爲「積極防禦」，絕不先發制人。[197]目的在有效防禦美國的突然襲擊，主張以和平共處 5 原則建立國與國之間的關係，並用談判方式解決國際爭端而不是用戰爭方式。訂定這樣的軍事戰略指導主要的原因，在於中國了解其軍事能力不具備戰略上採取速戰速決的條件。其目標爲在戰爭爆發前，強化戰爭準備，增強軍事力量，採取積極措施制止或延緩戰爭的爆發。[198]因此，中國的國防戰略目標是設定在國土內以防禦敵人（美國）的攻擊與侵略爲主。除此之外，1956 年 10 月中國核定發展自主的核子武器與彈道飛彈技術能力，開啓中國建構戰略核子嚇阻能力的時代。[199]

1957 年中國在蘇聯技術與材料支援下，於國內造船廠所建造之第一艘 033 型潛艇納入戰鬥序列。[200]中共中央軍委會也決定於 1957 年 9 月至 1958 年 6 月期間籌設西北綜合彈道飛彈試驗場，將有關海上分場部分交由海軍規劃。[201]此時，中國海軍仿造蘇聯海軍制度，規劃完成正規的海軍人員教育與部隊訓練，方使海

---

[194] 劉華清，《劉華清回憶錄》（北京：解放軍出版社，2004），頁445。

[195] 楊貴華，《中國人民解放軍軍史第五卷》（北京：軍事科學出版社，2011），頁24。

[196] 楊貴華，《中國人民解放軍軍史第五卷》，頁26。

[197] 軍事科學院軍事歷史研究部，《中國人民解放軍的七十年》（北京：軍科學出版社，1997），頁450。

[198] 楊貴華，《中國人民解放軍軍史第五卷》（北京：軍事科學出版社，2011），頁106-107。

[199] 軍事科學院軍事歷史研究部，《中國人民解放軍的七十年》，頁522。

[200] 軍事科學院軍事歷史研究部，《中國人民解放軍全史・第二卷——中國人民解放軍七十年大事記》，頁223。

[201] 楊貴華，《中國人民解放軍軍史第五卷》，頁158-159。

軍的人才培育、岸置部隊與艦艇訓練走向制度化。因此，此時期中國海軍的主要任務，除了配合陸軍作戰爭奪中國沿海制空及制海權外，在「積極防禦」戰略方針指導下，運用沿海地形以「軍民兼顧、平戰兼顧」的原則，採取疏散、隱蔽、固定與機動相結合的作戰指導執行海軍作戰。[202]

就當時中國海軍而言，其性質僅能說是陸軍的一個兵種，除不具備遂行「海軍戰略」的觀念與能力外，更談不上「海洋戰略」。但雖然如此，中國自引進蘇聯現代化武器、裝備、系統強化部隊戰力的同時，更積極著手軍隊改革、武器研發及建制完整軍事教育體系，希望達到「國防自主」的目標。1958 年 7 月 22 日由毛澤東主導的中央軍委會擴大會議，決議全軍開展反「教條主義」及「以我為主」的軍隊建設指導方針。[203] 強調蘇聯的經驗要選擇學習，但不能否定「小米加步槍」的經驗。此時軍隊發展核心為擁護毛澤東軍事思想，強調在軍隊發展和未來作戰中，要考慮中國國情、民族特色和地理特點，制定符合國情、軍情的戰鬥訓令和各種教材。[204]

當時的中國軍隊改革運動是希望依據國情及歷史傳統，參考蘇聯現代化經驗以提升解放軍的作戰能力。但卻演變成對部隊領導幹部的批鬥，以及對外國先進建軍經驗的排斥。除部隊領導階層威信不再存有之外，對部隊正規化教育及訓練所需的規章制度、教令、教條，亦嚴重遭到破壞與廢弛，一直延續到 20 世紀 80 年代。[205]

依上所析，中國海軍在中國共產黨完成統一之後，期望以蘇聯的經驗為基礎，從部隊組織的調整、軍事教育體系的建制、部隊訓練的制式化及國防自主能力建構，藉由步驟化、系統化的方式將海軍邁向現代化。但政治意識形態思想的干擾，讓中國國防建設受到嚴重的阻礙。這樣的結果，使得中國的軍事戰略再度

---

[202] 楊貴華，《中國人民解放軍軍史第五卷》，頁161-162。

[203] 軍事科學院軍事歷史研究部，《中國人民解放軍的七十年》，頁471-473。

[204] 趙一平、溫瑞茂、郭德河，《中國人民解放軍歷史圖志》（北京：上海人民出版社，2007），頁490。

[205] 楊貴華、李傳剛，《共和國軍隊回眸——重大事件決策和經過寫實》（北京：軍事科學出版社，1999），頁181。

走回「人民戰爭」的軍事戰略形態，[206] 尤其是在陸軍主導下，海軍的發展受到相當大的衝擊影響。

二、仿製與研發時期（1961-1984 年）

此時期是中國海軍發展的艱困期，1960 年中國大陸與蘇聯因路線爭議而決裂，蘇聯單方面撕毀各項援助協議，除立即撤離所有軍事顧問與專業技術人員外，並停止提供所有工業設備、材料與零附件。[207] 另於 1966 年 5 月 16 日發布的〈中國共產黨中央委員會通知〉引發所謂文化大革命[208]，對以叛變或投降的國民黨海軍幹部為骨幹的中國海軍來說，造成極大損害。同年 12 月 20 日越南國家解放陣線成立，[209] 由於美國認為若中南半島落入共產主義領域，美國的安全將會受到威脅，進而引發美國介入越戰。[210] 而對中國而言，20 世紀 60 年代必須同時面臨美蘇兩大強權的壓力。因此，中國在無外援可能的狀況下，決心從基礎開始建立獨立自主的國防科技與工業。

因此，於 1961 年成立航空、艦艇及電子技術等 3 個研究院，由曾接受蘇聯伏羅希洛夫（Ленинскую）海軍指揮學院高等教育的海軍少將劉華清擔任艦艇研究院院長，並自力完成深水船模拖曳水池、低速風洞、空泡水洞、懸臂操縱性水池、耐波性水池、爆炸實驗水池、水面水下艦船結構力學實驗室及衝擊震動實驗室等基礎研究設施計 15 個研究所。此研究機構的成立，對中國自力研發現代化艦艇與武器裝備具有相當長遠的影響。此時期的中國海軍發展從「兩艇一雷」（魚雷快艇、傳統潛艇及魚雷）和「兩艇一彈」（飛彈快艇、飛彈潛艇及反艦飛

206 王厚卿，《中國軍事思想論綱》（北京：國防大學出版社，2000），頁766。

207 趙一平、溫瑞茂、郭德河，《中國人民解放軍歷史圖志》（北京：上海人民出版社，2007），頁499。

208 趙一平、溫瑞茂、郭德河，《中國人民解放軍歷史圖志》，頁532。

209 Lane, Thomas A.著，陳金星譯，《越戰考驗美國》（*America on Trial The war for Vietnam*）（台北：國防部，1979），頁73。

210 羅伯特‧麥納瑪拉（McNamara, Robert S.）、布萊恩‧范德瑪（VanDeMark, Brian）著，汪仲、李芬芳譯，《麥納瑪拉越戰回顧：決策與教訓》（*In Retrospect The Tragedy and Lessons of Vietnam*）（台北：智庫文化，2004），頁42。

彈）的仿製工作開始。1964 年 3 月完成魚雷艇、巡邏艇、中型潛艇、大型飛彈快艇及獵潛艇 5 種艦型的仿製與性能提升作業，除提高中國海軍艦艇與武器系統發展之研究、設計與製造能力外，也爲對爾後建造中、大型艦艇奠定重要基礎。

1965 年 4 月解放軍總參謀部發出〈關於加強戰備訓練的指示〉，提出支援越戰期間爲防止蘇聯的突襲，解放軍進入備戰姿態加強戰備訓練。1965 年 11 月 25 日中共中央軍委會決定，把「突出政治」5 項原則[211]作爲軍隊發展的指導方針。使得 1966 年開始的「文化大革命」運動[212]，將政治立場列爲考察部隊幹部的首要條件。造成海軍許多優秀領導幹部遭受批判與攻擊，部隊各項建軍備戰工作也遭受嚴重的干擾與破壞。[213]1969 年 2 月發布的〈軍隊院校調整方案〉，讓原本建制完整的軍事教育體系計 125 所被撤銷 82 所，約 2/3 所院校被裁撤，其中指揮院校裁撤 97%、技術院校 50%、醫學院校 75%。大批老師轉業到地方工作，教學資料被焚毀，教學設施被洗劫，營房、營具被破壞。造成部隊長期因得不到正規訓練，使得作戰能力嚴重不足。[214]

1964 年 5 月 22 日正式取消軍銜制度[215]，讓部隊的作戰指揮體系常因指揮官陣亡而失去作戰能力，1979 年中越戰爭的缺失即是例證。然由於海軍是一個技術軍種，須具備高度專業知識與技術能力。而中國海軍重要機關、部隊領導人員與指揮階層成員，大部分來自於前國民政府海軍叛變、投降或被俘的軍官，中、下階層人員則來自於招募的知識青年與陸軍部隊。因此，海軍所遭受的破壞更勝其他軍種。

就當時中國周邊的國際情勢而言，1964 年 7 月蘇聯與蒙古簽訂《關於蘇聯幫助蒙古加強南部邊界防務的協定》，讓蘇聯軍隊名正言順的進駐蒙古。1964 年蘇聯再向中蘇邊境增兵及部署戰略轟炸機等大批武器裝備，以及 1965 年美軍

---

[211] 「突出政治」5 項原則為：1. 活學活用毛主席著作；2. 堅持4個第一，加強部隊政治思想工作；3. 領導幹部要深入基層；4. 大膽提拔真正優秀的指揮員；5. 苦練過硬的技術和近戰、夜戰戰術。

[212] 軍事科學院軍事歷史研究部，《中國人民解放軍的七十年》，頁553。

[213] 楊貴華，《中國人民解放軍軍史第五卷》，頁389。

[214] 楊貴華、李傳剛，《共和國軍隊回眸──重大事件決策和經過寫實》，頁261。

[215] 楊貴華，《中國人民解放軍軍史第五卷》，頁391。

正式介入越南戰爭。此時，中國面臨美蘇在南北邊境的壓力，認為美國或蘇聯對中國發動侵略戰爭是有可能的。因此，此階段中國為因應美國與蘇聯的威脅，將軍事戰略指導構想確立為準備「早打、大打、打核戰爭」。並指出對於越戰中國不主動對美國發動戰爭，但已做好戰爭準備，若戰爭開始就是無限戰爭。

中國當時準備「早打、大打、打核戰爭」的軍事戰略指導構想，主要考量因素在於必須確認美國與蘇聯是否真有入侵中國的想法與準備，作為中國準備「早打」的條件。其次的「大打」是當戰爭開始就準備打世界大戰，拉長戰線讓戰爭沒有界線。最後是「打核戰爭」的構想，則在於美國是否使用核彈。[216] 由此，以當時解放軍的人員素質與武器裝備現況來看，以傳統戰爭來說，中國也僅能做好長期作戰的準備。而 1964 年及 1965 年中國中程彈道飛彈與核彈研製的成功，使得中國取得具備嚇阻美蘇的能力。因此，準備「早打、大打、打核戰爭」的軍事戰略指導構想核心目標，僅在於嚇阻美國與蘇聯對中國本土的可能入侵。

1969 年 3 月及 8 月中國東北及西部邊境，分別與蘇聯發生武裝衝突的「珍寶島事件」及「新疆鐵列克提事件」。[217] 但中國與蘇聯雙方均採取克制行為，避免讓衝突擴大成無法收拾的戰爭。然事件讓中國的國家安全始終處於「臨戰」隨時準備疏散待戰的狀態。1965 年中國同時面對北方蘇聯、南方美國及東邊與台灣對峙的局面。1965 年的台海衝突，僅發生在台灣與外島運補時有限度的交戰，在美國艦隊的介入下，雙方並無擴大成為戰爭的能力。故可以說美國的態度直接影響著台海兩岸之間的緊張情勢，即遏制了中國統一的企圖，也限制了台灣反攻大陸決心。因此，1966 至 1976 年中國為期 10 年的文化大革命運動期間[218]，中國海軍在國防安全上所能扮演的角色，僅僅是維持台海安全態勢，防止台灣與美國可能來自海上的入侵。

然從另外一個角度而言，中國雖然自 1949 年建國以來，到 1979 年一直處於臨戰狀態，且認為世界大戰發生的機率仍高。但中國仍在美蘇潛在威脅下，

---

[216] 楊貴華，《中國人民解放軍軍史第五卷》，頁393-395。

[217] 趙一平、溫瑞茂、郭德河，《中國人民解放軍歷史圖志》，頁553-554。

[218] 譚江山主編，《共和國長程──中國人民解放軍60年（1949-2009）戰鬥歷程》（長沙：湖南人民出版社，2009），頁53。

於 1969 年 6 月 22 日獨立完成製造傳統 33 型潛艦[219]，1971 年 12 月自製滿載排水量 3,000 多噸的 051 型飛彈驅逐艦濟南號[220]，1974 年 8 月 1 日完成第一艘自製的核子動力潛艦「長征一號」[221] 及 1975 年 12 月 28 日自製完成第一艘 053H 型導彈護衛艦等納入戰鬥序列[222]。從上述自行研發的中國海軍艦艇來看，雖然自 1966 年開始的「文化大革命」運動讓中國進入社會動盪的狀態，部隊領導階層陷入崩潰的窘境，但海軍在武器裝備自主研發上，仍能盡可能的排除干擾且從基礎研究開始，由仿製到改進再到自製，可說已獲得部分進展。

而中國在文化大革命期間，軍事科技研發人員與裝備仍然有所成就，主要原因是受到中國領導高層的保護，不受紅衛兵的破壞。但在部隊教育與訓練，以及指揮領導階層來說，則是一個極大的災難。[223]大部分院校被撤銷、搬遷，大批專業教職人員被清算鬥爭，造成 80-90% 的幹部沒有接受過院校正規基礎訓練。且幹部素質低落與人員不足，不僅僅嚴重影響中國海軍戰力，整個中國軍隊的戰力均受到影響。[224]1974 年 1 月 19 日中國與南越的西沙群島海戰即是明顯的例證，中國南海艦隊僅能派遣約 300 噸堪用的獵潛艇與掃雷艇，對抗南越驅逐艦（約 2,000噸）及砲艇。雖然憑藉英勇奮戰獲得勝利，收復南越侵占的島礁[225]，但暴露出「文化大革命」造成中國海軍武器裝備老舊不堪使用、軍事訓練嚴重不足及軍隊素質低落的窘境。[226]

1973 年 1 月南北越簽訂《巴黎和平協定》後，各國軍事顧問依協定開始撤出南越，美軍也迅速撤離南越。北越遂於 1975 年 3 月 10 日發動攻擊，4 月 30 日南越政府投降，越戰結束。[227]美國參加越戰的結果，促使中國重新審視軍事戰

---

[219] 張馭濤，《新中國軍事大事紀要》（北京：軍事科學出版社，1998），頁251。

[220] 張馭濤，《新中國軍事大事紀要》，頁268-269。

[221] 張馭濤，《新中國軍事大事紀要》，頁283。

[222] 張馭濤，《新中國軍事大事紀要》，頁294。

[223] 劉華清，《劉華清回憶錄》（北京：解放軍出版社，2004），頁414。

[224] 林穎佑，《海將萬里：中國人民解放軍海軍戰略》（台北：時英出版社，2008），頁21-22。

[225] 胡彥林、陳國健，《人民海軍征戰紀實》（北京：國防大學出版社，1996），頁387-393。

[226] 鄧禮峰、徐金洲，《中國人民解放軍軍史第六卷》（北京：軍事科學出版社，2011），頁232。

[227] 曾瓊葉，《越戰憶往口述歷史》（台北：國防部史政編譯室，2008），頁121-126。

略指導方針。1975 年 6 月 24 日由葉劍英及鄧小平主持的「中共中央軍委擴大會議」，對於國際情勢認爲雖然戰爭無可避免，但至少 3 至 5 年內不會發生或延後。對於以往準備「早打、大打、打核戰爭」的戰略指導構想，在某種程度上需要改變。並認爲應強化經濟建設與國防建設，先發展國民經濟，國防建設方能跟隨著國家經濟建設、工業與農業生產發展而相對的發展。而會議中對於當前中國軍隊腫、散、驕、奢、惰與部隊領導幹部軟、懶、散的狀況，也明確提出相關整頓政策。其中以 3 年時間裁減部隊員額 160 萬、強化國防科技與尖端武器研製及軍事訓練與院校教育整頓，則是最爲核心的目標。[228]

　　1975 年 10 月 6 日中國的「文化大革命」運動隨著「四人幫」的垮台而結束[229]，雖然鄧小平在 1977 年 7 月才正式掌權[230]，但軍隊改革已於 1975 年 6 月 24 日的「中共中央軍委擴大會議」決定於 8 月 30 日開始改造工作。[231] 爲了提高軍隊作戰能力，於 1976 年 8 月 23 日中央軍委座談會時指示：「軍隊要把教育訓練提高到戰略地位。」[232]並提出 4 個現代化的構想，國防現代化也是其中之一，[233] 中國海軍即依此開始強化聯合與遠航訓練。1976 年 12 月 25 日潛艦跨越第一島鏈實施長航訓練，1977 年由南海艦隊首先執行艦隊對抗操演。[234] 中國人民解放軍經過1966 年以來文化大革命的摧殘，自 1975 年起，方在鄧小平的指導下，逐漸進入全面恢復正常化的發展。雖然 1976 年仍有「四人幫」的干擾讓國防、軍事改革受到短暫阻礙，但鄧小平再度掌權後，中國的國防方得以繼續整體發展。

　　1977 年 12 月 28 日中共中央軍委會正式頒發〈關於加強部隊教育訓練的決定〉、〈關於辦好軍隊院校的決定〉、〈關於加強軍隊組織紀律性的決定〉、〈關於加速我軍武器裝備現代化的決定〉及〈關於軍隊編制體制的調整方案〉5

---

228 鄧禮峰、徐金洲，《中國人民解放軍軍史第六卷》，頁237-240。

229 趙一平、溫瑞茂、郭德河，《中國人民解放軍歷史圖志》，頁574。

230 王厚卿，《中國軍事思想論綱》（北京：國防大學出版社，2000），頁825。

231 楊貴華、李傳剛，《共和國軍隊回眸——重大事件決策和經過寫實》（北京：軍事科學出版社，1999），頁287。

232 張馭濤，《新中國軍事大事紀要》，頁313。

233 鄧禮峰、徐金洲，《中國人民解放軍軍史第六卷》，頁317-318。

234 鄧禮峰、徐金洲，《中國人民解放軍軍史第六卷》，頁325。

項命令，恢復部隊教育與訓練以提高戰鬥力，強化人才培育，落實軍隊紀律。並律定〈1980 年前解放軍武器裝備現代化建設的目標和任務〉、〈20 世紀 80 年代的武器裝備發展計畫〉與〈90 年代構想及軍隊組織調整〉[235]，使得中國人民解放軍正式開始走入現代化發展。

1979 年 1 月 1 日中國與美國建交，並同時宣布停止對台灣所屬大、小金門等島嶼砲擊。2 月 17 日對越南實施所謂「懲越戰爭」，3 月 16 日結束戰爭並撤軍。中國從中美建交之後的對外軍事行動行為，恢復「文化大革命」所造成的創傷，以及積極強化軍事科技教育與海空聯合作戰訓練等作為[236]，不難看出中國期望一個和平的外在國際環境，以利「四個現代化」的國家發展目標能順利進行。

1982 年 5 月 10 日中國國務院與中央軍委決定，以人民解放軍國防科學技術委員會為基礎，將國防科學技術委員會、國務院國防工業辦公室、中央軍委科學技術裝備委員會，整合成立「中國人民解放軍國防科學技術工業委員會」，亦稱為「中華人民共和國國防科學技術工業委員會」（簡稱「國防科工委」），成為中央軍委統籌全國國防科學技術工作的指導機構。其主要依據中共中央、國務院、中央軍委的國民經濟與國防建設指導方針及政策，規劃研究武器裝備的發展方向，以及論證、研究、設計、試驗、定型及批量生產，尤其是指導海、空軍試驗基地的試驗業務工作與基地設施的建立。國防科工委的成立，使中國在對國防科技與工業的發展上，更具備前瞻性、目標性與有效性，也奠定中國國防武器、裝備及系統現代化自主發展的基礎。

對於中國解放軍而言，海軍是「文化大革命」受創最嚴重的軍種，鄧小平遂於 1982 年 8 月 28 日任命 66 歲高齡的劉華清擔任海軍司令員。[237]劉華清接任中國海軍司令員後，積極的從海軍組織調整、人才培育、後勤整頓及裝備現代化著手，規劃中國海軍各項發展方向。1983 年 2 月 19 日中共中央軍委會召開「全軍第 12 次院校工作會議」，[238]會中決議重申 1976 年 8 月 23 日將院校建設提升為軍

---

235 張馭濤，《新中國軍事大事紀要》，頁318-320。
236 張馭濤，《新中國軍事大事紀要》，頁337-346。
237 劉華清，《劉華清回憶錄》，頁414。
238 軍事科學院軍事歷史研究部，《中國人民解放軍全史·第二卷——中國人民解放軍七十年大

隊建設中的戰略地位，並再次確立「積極防禦」的戰略指導方針。在教育發展的指導上，強調 4 個捨得：捨得以最好的幹部去興辦院校；捨得選送優秀幹部、戰士進入院校；捨得將先進技術裝備給院校；捨得運用較多的經費提高教學質量。[239]

　　此政策提供劉華清強化中國海軍人才培訓的基礎，更爲未來中國海軍的建軍培養人才，並將此政策定位爲海軍現代化的一個重要指導方針。此階段中國在沒有蘇聯及西方先進國家的技術支援下，海軍的發展著重於造艦技術的研發與海軍人才的培育。因此，中國在此階段不管在艦艇裝備性能與數量上，還是海軍人才的發揮上，均落嚴重後美國及蘇聯兩大超級強國。海軍仍然是維持在支援陸軍作戰的一個軍種，並無「海軍戰略」或「海洋戰略」概念與發展可言。

　　1979 年之前中國的軍事戰略與準則，著重於以本土防禦爲主的「人民戰爭」[240]，戰略核心在於「誘敵深入」，以戰略退卻，保存軍力，待機破敵，採取一個有計畫的戰略抵抗步驟。[241]1980 年 10 月 15 日鄧小平在「對蘇防衛作戰研討班全體會議」上，雖然明確指出中國的軍事戰略爲「積極防禦」，[242]但「人民戰爭」仍然是主導當時中國軍事戰略的核心思想。此時期的海軍建軍發展，仍然脫離不了以配合陸軍臨戰需求爲主的軍事作戰指導方針，採取「山、散、洞」的戰略手段，防禦敵人來自海上的侵略，以及如何配合陸軍遂行登島作戰「解放台灣」。

三、現代化發展時期（1985-2000 年）

　　1985 年對中國海軍戰略發展來說是一個關鍵的轉捩點。劉華清於 1982 年擔任海軍司令員後，即開始整頓海軍各項的缺失，並認爲當前中國海軍發展最大問題在於缺乏一套完整的「海軍戰略」，以提供海軍未來發展方向的參考依據。

　　事記》，頁300-331。

[239] 張馭濤，《新中國軍事大事紀要》，頁393-394。

[240] 沈大偉（Shambaugh, David）著，高一中譯，《現代化中共軍力：進展、問題與前景》（台北：國防部史政編譯室，2004），頁92。

[241] 高連升、郭竟炎，《鄧小平新時其軍隊建設發展史》（北京：解放軍出版社，1997），頁165。

[242] 《鄧小平評論國防和軍隊建設》（北京：軍事科學出版社，1992），頁98。轉引自姚有志、黃迎旭，《鄧小平大戰略》（北京：解放軍出版社，2009），頁200-203。

1984 年 8 月 1 日劉華清第一次提出海軍未來的發展構想，期望分兩階段實施。在 1990 年之前重點放在調整及改革海軍部隊，1990 年之後則進入新的發展階段。第一階段是將海軍發展方針順序從所謂的飛、潛、快調整為潛艦、水面飛彈艦艇及海軍航空部隊，以及朝相對應的岸防部隊、作戰指揮勤務與後勤保障部隊等發展。第二階段在武器裝備技術發展上，以發展傳統動力、導引武器為主，並朝向數位化、整合化、模式化與智慧化方向發展。且在海軍部隊指揮上發展自動化指揮系統，並強化通信系統可靠性。[243]

1982 年 9 月 1 日中共第十二次全國代表大會報告，提出努力建設現代化、正規化的革命軍隊。[244] 劉華清認為中國海軍的現代化發展，在國家「積極防禦」的軍事戰略方針指導下，必須具備「近海防禦」作戰之能力。但囿於當時國防經費不足，海軍力量的發展現階段仍以輕型兵力為主。[245]

1985 年 5 月中央軍委會召開擴大會議，提出調整軍事戰略指導，由準備「早打、大打、打核戰爭」的臨戰時期轉變為和平建設時期。決議裁減軍隊員額 100 萬，並執行軍隊組織調整。[246] 此重大的軍事戰略方向轉變，主要是鄧小平認為短時間內發生大規模世界大戰的可能性不大，世界將朝向和平的方向發展。因此，軍隊必須在以發展國家經濟建設為主的規劃下，依據計畫與步驟進行軍隊現代化及正規化。

在國防現代化建設中必須依從國家經濟建設整體發展，軍隊現代化的核心目標為藉由人員精簡、組織調整及改變訓練方式提升部隊的戰鬥力。[247]海軍司令員劉華清即利用國家軍事戰略改變的契機，於 1985 年 12 月 20 日提出「近海防禦」的海軍戰略構想，認為依此戰略構想中國必須建構一支「防禦型」的海軍，而不

---

243 劉華清，《劉華清軍事文選（上冊）》（北京：解放軍出版社，2008），頁321-326。

244 〈胡耀邦在中國共產黨第十二次全國代表大會上的報告〉，中國共產黨歷次全國代表大會數據庫，1982年9月8日，<http://cpc.people.com.cn/BIG5/64162/64168/64565/65448/4526430.html>（檢索日期：2020年5月21日）。

245 劉華清，《劉華清軍事文選（上冊）》，頁345-349。

246 軍事科學院軍事歷史研究部，《中國人民解放軍全史‧第二卷──中國人民解放軍七十年大事記》，頁344。

247 黃玉章，《鄧小平思想研究（第一卷）》（北京：國防大學出版社，1993），頁218-226。

是「全球性攻擊型」的海軍。「近海防禦」所採取的是積極性防禦，而不是消極性的防禦。換言之，就是以積極的海上攻勢作戰達成戰略防禦的目的。作戰範圍不僅止於近海範圍，若在條件許可下，亦應派遣適當兵力深入遠海打擊敵人。[248] 劉華清的「近海防禦」海軍戰略是將「近海」的概念定義為中國的黃海、東海、南海、南沙群島、台灣、沖繩群島鏈內、外海域及太平洋北部海域，「近海」以外的區域為「中、遠海」。[249]

　　1986 年 1 月 25 日劉華清在海軍黨委擴大會議上，就「近海防禦」的海軍戰略構想做更進一步的說明，認為海軍「近海防禦」戰略符合「積極防禦」的國家總體戰略，並確認中國的海軍戰略是近海防禦，屬於「區域防禦型」戰略。作戰海域主要是第一島鏈和沿該島鏈以外的沿海區，並隨著經濟實力與科技發展的增加，將海軍力量逐步擴大至太平洋北部至「第二島鏈」。在「積極防禦」的國家戰略目標上，採取「敵進我進」的指導方針，即當敵人向我沿海地區進攻時，我亦向敵人後方發起攻擊。因此，海軍戰略的目的在遏止和防禦帝國霸權主義來自海上的侵略，並明確指出近海防禦的海軍戰略，必須達到在近海區域奪取，並保持制海權、有效控制重要海上交通線及具有核子反擊能力。[250]

　　劉華清提出「近海防禦」的海軍戰略後，對以陸軍為主的中國人民解放軍來說是一項重大的挑戰。對當時以陸權為主的軍事戰略構想而言，防衛作戰的主戰場是陸上戰場，海洋戰場是從屬於陸上戰場，並認為中國不需要有海軍戰略。[251] 然劉華清在對海軍「近海防禦」戰略的闡述中，即認為太平洋地區將成為下一個世紀經濟發展的中心，世界政治及軍事對抗的重心必將轉移到此一地區。[252] 就當前中國經濟與科技能力，海軍尚不具備在遠海進行全面性作戰的能力，所以，中國海軍的作戰目標，在於加大來自海洋威脅的防禦縱深，發揮遠距攔截和消滅敵海軍力量的能力。

248 劉華清，《劉華清軍事文選（上冊）》（北京：解放軍出版社，2008），頁409-412。

249 劉華清，《劉華清回憶錄》，頁434。

250 劉華清，《劉華清回憶錄》，頁434-438。

251 劉華清，《劉華清軍事文選（上冊）》，頁457。

252 劉華清，《劉華清軍事文選（上冊）》，頁462。

　　海軍的戰略任務，平時在維護領土主權與海洋權益，戰時除了海軍基本作戰外，還包含襲擊敵人的基地、港口和岸上重要目標，以及近海與遠海的海上交通運輸線。因此，為達此戰略目標所需的海軍力量，除水面艦艇應朝向驅逐艦與巡防艦大型化，以及強化新一代戰略彈道飛彈核子潛艦的發展外，航空母艦也須納入海軍防禦的需求。另海軍的發展以15年為一個階段，分成3次納入國家5年施政計畫中執行。[253]

　　劉華清所提〈有關明確海軍戰略問題〉的報告，於1987年4月1日在中國總參謀部部長的指示下，召集總參二、三部、軍訓部、裝備部，以及科工委、軍科部、國防大學、軍委規劃辦公室和海軍等9個單位共同研討，會中決議同意海軍所提的「海軍戰略問題」報告。[254]此報告宣示中國海軍正式脫離僅扮演支援陸軍作戰的角色，而成為一個「戰略軍種」。

　　劉華清擔任海軍司令員期間，除提出「海軍戰略問題」報告外，在武器裝備的研製上，開始擬訂〈海軍2000年前發展設想和「七五」建設規劃〉、〈2000年的海軍〉及〈海軍2000年前裝備發展規劃〉。尤其在武器裝備規劃上，認為依據現代化作戰能力要求，應直接發展90年代後期和下一世紀新式武器裝備，放棄過渡裝備的發展，逐步獨立建構自有武器裝備與系統。在策略上以自力研發為主，技術轉移為輔，並著眼於提升自己研發能力與水準。劉華清在1985年提出〈海軍戰略問題〉報告的同時，也第一次向中共中央軍委會提出運用15至20年的時間，實施航空母艦、戰略彈道飛彈潛艦的「預研」工作，為21世紀海軍裝備發展預作準備。

　　1985年所提出之有關中國海軍在2000年的水面艦艇發展規劃構想，在水面艦部分：驅逐艦排水量由3,000噸發展到5,000或6,000噸，護衛艦排水量為2,000或3,000噸，飛彈快艇排水量為500至1,000噸；[255]在潛艦部分：則發展戰略彈道飛彈核子潛艦（094型）與攻擊型核子潛艦（093型）；在航空母艦發展上：限於當時中國經濟尚在發展中，無足夠的經費與技術可進行預研工作，但海軍仍

---

[253] 劉華清，《劉華清軍事文選（上冊）》，頁467-476。
[254] 劉華清，《劉華清回憶錄》，頁439。
[255] 劉華清，《劉華清回憶錄》，頁469-471。

於 1986 年再次向中共中央軍委會建議於 2000 年著手航空母艦預研工作。認爲航空母艦的發展除可有效提升海上作戰支隊所需空中掩護外，也是國家綜合國力的象徵。1987 年 3 月在劉華清不斷的爭取下，於海軍裝備技術工作會議中決議：「考量當前對於航空母艦的技術能力與經費不足的狀況下，以發展核子潛艦爲主，但同意對航空母艦遂行研究與評估工作。」[256] 對中國海軍而言，這個決議成爲海軍朝向發展航空母艦特遣作戰支隊的歷史開端。

1988 年劉華清調任中央軍委會副祕書長，之後再升任中央軍委會副主席，主要工作仍是掌管國防工業與軍隊現代化。1989 年開始由於中國與蘇聯關係改善，開始雙方進一步的軍事技術合作。中國面對蘇聯新進武器的開放輸出，引發內部對於先進武器裝備的獲得與發展之爭論。尤其是在是否要繼續走「國防獨立自主」的問題上，爭論最爲激烈。彷彿回到清朝南、北洋艦隊在發展過程中爭論的場景。最終採取的目標爲「先掌握先進技術，再創新」，但不放棄「獨立自主」。自此中國透過〈中、蘇政府間軍事技術合作〉協議，從蘇聯獲得航空、太空、武器、電子及船舶等領域的現代化先進技術，縮短了中國研發期程。

雖然蘇聯在 1991 年 12 月 26 日解體，但新成立的俄羅斯聯邦仍同意承擔先前蘇聯與中國所簽訂的所有軍事技術合作合約，使得中國得以加速武器系統裝備的現代化與先進化。[257] 另解放軍受到 1982 年福克蘭群島戰爭與 1990 年第一次波灣戰爭的影響，認爲未來戰爭將著重於「局部戰爭」的區域衝突，而非大規模的軍事戰爭。[258]1990 年隨著中國改革開放後所獲得的經濟發展成果，中國的外交戰略不僅仍堅守「韜光養晦、有所作爲」的原則，亦強調「永不稱霸、永不當頭」。[259]

1993 年接任中共中央軍委會主席的江澤民，依此對外戰略原則，提出新時期「積極防禦」軍事戰略方針，強調著重於保存軍力、待機破敵的「戰略反攻」防禦構想。其戰略指導重點爲嚇阻（戰力展示與政治、外交結合，達到不戰而

---

[256] 劉華清，《劉華清回憶錄》，頁477-481。

[257] 劉華清，《劉華清回憶錄》，頁590-606。

[258] 沈明室，《改革開放後的解放軍》（台北：慧衆文化出版，1995），頁110。

[259] 姚有志、黃迎旭，《鄧小平大戰略》（北京：解放軍出版社，2009），頁260-262。

屈人之兵的目的）、慎戰（爲確保國家經濟建設，不到萬不得已絕不輕易使用武力）及自衛（人不犯我，我不犯人；人若犯我，我必犯人），揚棄以往因應敵人大規模入侵所採取的堅守防禦思維，調整爲組建一個具有打贏高技術條件下局部戰爭的反擊力量，發揮「積極防禦」效能。[260]

因此，劉華清以中央軍委會副主席身分於 1995 年 10 月 18 日提出〈新時期海軍建設問題〉，指出在國家「高技術條件下進行的局部戰爭」之戰略指導下，海軍部隊在訓練上，必須朝向多兵種聯合作戰方向發展。在裝備發展上，則以獨立自主發展爲主，並積極的引進國外先進技術，提高先進技術水準，縮小與先進國家技術之差距。[261]

1992 年中共第十四次全國代表大會的工作報告中，首次將「海洋權益」的維護納入解放軍的使命中，[262] 這項宣示是將海洋權益的維護與保衛國家領土、領空、領海主權及維護國家統一與安全等使命具有同等地位。1996 年的台海飛彈危機，美國派遣兩個航母特遣戰鬥支隊，部署在距離台灣 200 至 400 海浬的西南海域；促使解放軍認清其能力尚不足以與美軍對抗，若在美國軍事介入的狀況下，使用武力統一台灣所付出的代價將非常的高。另 1999 年的南斯拉夫科索沃戰爭，美國再一次展現出精準打擊力量的能力。此戰爭凸顯國際強權的干預，影響主權國家對國內事務絕對主權的行使，尤其美國轟炸中國在貝爾格勒的大使館，對許多中國人來說是蓄意的敵對行爲。[263]

1996 年及 1999 年的事件，促使解放軍調整其作戰概念，盡可能的爲裝備、訓練及作戰演練的現代化提供更多實際的模式。因此，1993 年解放軍首次提出採用聯合戰役指導文件及聯合後勤戰役指導文件的指導。[264] 對中國海軍來說，

---

260 劉華清，《劉華清回憶錄》，頁637-638。

261 劉華清，《劉華清軍事文選（下冊）》（北京：解放軍出版社，2008），頁429-430。

262 〈江澤民在中國共產黨的十四次全國代表大會上的報告〉，中華人民共和國中央人民政府，2007年8月29日，<http://www.gov.cn/test/2007-08/29/content_730511.htm>（檢索日期：2020年5月16日）。

263 顧長河，〈「第三次世界大戰」1999年險些在科索沃引爆？〉，人民網，2010年11月23日 <http://history.people.com.cn/BIG5/198306/13296192.html>（檢索日期：2016年10月3日）。

264 Heginbotham, Eric, *U.S. - China Military Scorecard: Forces, Geography, and the Evolving Balance of Power 1996-2017* (Santa Monica: Rand, 2015), pp. 25-26.

1996 年是加速現代化的開端，開始向國外引進先進武器裝備與系統，除俄羅斯外，還包括烏克蘭、法國、以色列等國，中國海軍嘗試藉由西方技術的引進，提升艦艇先進技術自製能力。

從上述的分析中，顯示中國在 1990 年代才將海洋安全的概念納入國家安全戰略構想內。雖然 1985 年中國的「海軍戰略」才被提出及認可，但已成為中國海軍現代化發展刻不容緩的課題。對於確保海洋權益、領土安全及國家統一的海洋安全挑戰上，雖然冷戰後的中美關係維持著不滿意但可接受的情況，但中國對美國在西太平洋的介入，基本上始終保持著戒心。

貳、2000年之後的海洋安全戰略

自 1980 年代之後，中國開啓海軍的現代化計畫，以提升中國在世界舞台上的身分與形象。中國海軍在參與「非洲之角」國際特遣部隊的一部分行動過程中，對於制定保護海上交通線的戰術上獲得許多寶貴經驗。1993 年中國海軍在現代化同時，中國原油產品的需求已從自產轉移到進口。2004 年中國大陸進口一億噸的原油，比前一年增加 35%，2021 年原油的進口量將占全國原油消耗量的 72%。因此，中國當在危機時期或對峙期間轉變成衝突時，能夠確保其海上交通線，對海上安全的構想，將依據需求決定是否於公海上投射海軍力量。[265]

2000 年是中國海軍現代化開花結果的開始，與此同時與中國有陸地領土爭議的周邊國家，大部分已完成邊界的劃定與關係的改善，具有邊界衝突可能的，僅剩下與印度所謂「麥可馬洪線」的爭議。[266] 中國陸上邊界問題的解決，讓中國可以將更多的國家安全聚焦於海洋的面向。2003 年 5 月 9 日中國國務院提出〈全國海洋經濟發展規劃綱要〉，明確指出中國是海洋大國，提高海洋經濟在國民經濟的比重，逐步把中國建設成為海洋強國的總體目標。[267]

---

[265] Sloggett, David, *The Anarchic Sea: Maritime Security in the Twenty-First Century* (London: Hurst& Company, 2013), pp. 264-265.

[266] 中華人民共和國國務院辦公室，〈2000年中國的國防〉，2000年10月16日，頁8。

[267] 〈國務院關於印發全國海洋經濟發展規劃綱要的通知〉，中華人民共和國中央人民政府，2003年5月9日，<http://big5.www.gov.cn/gate/big5/www.gov.cn/gongbao/content/2003/content_62156.htm>（檢索日期：2020年4月1日）。

　　然而中國在考慮海洋戰略時，必須從地緣戰略的觀點考量陸海複合型國家所面臨資源分配的兩難問題。[268]如果複合型大國的實力超越一個強權，但實力尚未超越兩個以上的強權時，當同時面對來自陸上及海洋的威脅狀況下，只要戰略縱深夠大，採取內線的防禦戰略，基本上可以同時達到國家安全防衛的需求，即使國土遭受敵人入侵，敵人必將付出慘痛代價。如果國家的實力無法平衡陸海兩面威脅時，就必須選擇一方為重點。以清朝為例，1874 年清朝政府同時面對 1871 年帝俄對新疆伊犁的陸上入侵，以及日本對台灣的海上入侵。進而引發出清廷大議海防（海防與塞防）的政策辯論，最終決定西征收復新疆，先解決來自陸上的威脅。[269]也因為如此，才有日本趁機崛起的機會，也改變中國後續歷史的發展。

　　雖然自 1980 年中國海軍派遣一支特遣支隊，前往南太平洋監視中國發射的第一顆人造衛星所做的遠航任務開始。1984 年派遣第一支遠征隊前往南極，到 2009 年已派遣第 26 支遠征隊到南極。1999 年派遣第一支北極遠征隊實施海洋地理研究與海底探索，目的在提升中國海軍的反潛作戰能力，2009 年完成各項調查與研究工作。中國海軍在現代化的發展上，自 2000 年開始陸續獲得中、大型先進水面作戰艦，[270]以及綜合補給艦與大型兩棲作戰艦。除有效提升艦隊防空、反水面及反潛能力外，更提升了中國海軍遠洋投射能力。[271]

　　2002 年在排除美國與俄羅斯的阻撓下，最終獲得瓦良格號航空母艦及施工藍圖，使得中國海軍在探索航空母艦發展過程中，突破從無到有的關鍵。[272]尤其是 2000 年之後中國在陸地邊界的安全危機獲得絕大部分的解除，在大規模入侵戰爭發生機率不高之下，中國所面臨的主要威脅僅來自於海洋的美國。因此，中國的國家安全重心開始由陸地轉移到海洋的面向，使得海洋武力呈現一個快速發

---

268 劉中民，《世界海洋政治與中國海洋發展戰略》（北京：時事出版社，2009），頁179。

269 王家儉，《李鴻章與北洋艦隊——近代中國創建海軍的失敗與教訓》（台北：國立編譯館，2000），頁112。

270 蘭寧利，〈由近岸跨向遠海：中國解放軍水面艦防空戰力發展〉，《全球防衛雜誌》，第276期，2007年8月，頁72-74。

271 潘彥豪，《中共海軍武力的發展與影響（1992-2010）——海權力論的觀點》（台北：粵儒文化，2012），頁138。

272 平可夫，《中國製造航空母艦》（香港：漢和出版社，2010），頁201。

展的狀態。美國學者從攻勢現實主義的觀點分析，認為中國為尋求成為區域霸權，擁有強大的海軍力量與遠距競爭的大國，爭奪制海權是必然的趨勢。[273]

2006 年胡錦濤在海軍黨代表大會時，指出中國是一個「海洋大國」，在捍衛國家主權和安全，以及維護海洋利益中，海軍的地位非常重要。[274] 閻學通認為，自 2006 年起中國對國家發展利益的認知上，需要從國家綜合國力的觀點做平衡的發展。雖然經濟發展是核心目標，但也要注重相對應的軍事與政治實力。[275] 然中國與周邊鄰國在海洋主權與專屬經濟區有爭議的國家，由北而南計有北韓的北黃海領海、專屬經濟區與大陸架劃界爭議；南韓的蘇岩礁、日向礁歸屬問題及南黃海、東海專屬經濟區與大陸架劃界爭議；日本的釣魚台列嶼主權及東海專屬經濟區與大陸架劃界爭議；越南、菲律賓、馬來西亞、印尼及汶萊等國在南海島礁主權及專屬經濟區與大陸架劃界爭議。[276] 這些都是中國海洋發展過程中，必須面對的事實與挑戰。

2010 年中國國務院所屬國防部公布的《2010 年中國的國防》報告書中，首次將海洋權益的維護、恐怖主義威脅及資源、金融、資訊與自然災害等非傳統安全納入國家安全所面臨的挑戰事項，並強調中國海軍須提高遠海機動作戰、遠海合作與應對非傳統安全威脅之能力，增強戰略嚇阻與反擊能力。[277]

同年中國國務院所屬國家海洋局也公布《中國海洋發展報告 2010》，強調中國的海洋戰略目標就是「建設海洋強國」，即以擴大管轄海域和維護中國在全

---

[273] Lin, Yves-Heng, *China's Naval Power: An Offensive Realism Approach* (Burlington: Ashgate Publishing Company, 2014), p. 31.

[274] 王建民，〈按照革命化現代化正規化相統一的原則鍛造適應我軍歷史使命要求的強大人民海軍〉，人民網，2006年12月28日，<http://paper.people.com.cn/rmrb/html/2006-12/28/content_12168965.htm>（檢索日期：2020年5月18日）。

[275] 閻學通，〈崛起中的中國國家利益內涵〉，《國際展望》，第14期，總544期，2006年7月，頁77。

[276] 國家海洋局發展戰略研究所課題組，《中國海洋發展報告2007》（北京：海洋出版社，2007），頁16。

[277] 呂國英，〈中國政府發表《2010年中國的國防》白皮書（全文）〉，中華人民共和國國防部，2011年3月31日，<http://www.mod.gov.cn/big5/regulatory/2011-03/31/content_4617810.htm>（檢索日期：2020年5月21日）。

球的海洋權益爲核心之海洋政治戰略、以建設海洋經濟強國爲中心的海洋經濟戰略、以近海防禦爲主的海洋防衛戰略及以高技術和常規技術相結合的海洋科技戰略等4項，涵蓋政治、經濟、軍事及科技領域的海洋戰略。[278] 若從海洋安全的觀點分析，《中國海洋發展報告2010》中所指的海洋防禦戰略，主要是藉由海軍艦隊與商船之船隊，短期內達到國家安全目標，長期目標爲獲取區域海洋主導地位。尤其是海軍獲取「海洋拒止」的戰略雄心目的，在於確保具備抵抗美國介入區域戰略目標的能力。[279] 然就美國的觀點而言，到2010年時，中國的海洋利益範圍已涵蓋北極到南極的世界區域，而台灣及南海是中國最重要的兩個海洋議題。[280]

2012年11月20日中國共產黨第十八次全國代表大會，胡錦濤代表十七屆中央委員會，以「堅定不移沿著中國特色社會主義道路前進，爲全面建成小康社會而奮鬥」向大會報告，其中在優化國體空間開發格局上，指出要提高海洋資源開發能力、發展海洋經濟、保護海洋生態環境及維護國家海洋權益、建設海洋強國。並依據新時期積極防禦軍事戰略方針，強化海洋、太空及網路空間安全之軍事戰略指導，積極運籌和平時期軍事力量運用。[281] 因此，中國海軍藉由國家戰略目標的調整與經濟發展的成果，獲得許多國防預算的支援，已逐漸建立起遠海作戰兵力。尤其2012年遼寧號航空母艦加入戰鬥序列及新型大型驅逐艦與巡防艦的新建與汰換，中國海軍「近海防禦」戰略的目標可說已逐漸落實。

2013年3月14日中國國務院依據第十二屆全國人民代表大會第一次會議，有關〈國務院機構改革方案和職能轉變方案〉之決議，爲提升海上執法效能與一致性，將國家海洋局與所屬海監總隊、公安部所屬邊防海警部隊、農業部所屬漁

---

[278] 胡浩，〈2010中國海洋發展報告提出未來十年海洋發展戰略〉，中華人民共和國自然資源部，2010年5月11日，<http://www.mnr.gov.cn/dt/hy/201005/t20100511_2329386.html>（檢索日期：2020年5月19日）。

[279] Cole, Bernard D., *The Great Wall at Sea: China's Navy in the Twenty-First Century* (Maryland: Naval Institute Press, 2010), p. 187.

[280] Cole, Bernard D., *The Great Wall at Sea: China's Navy in the Twenty-First Century*, p. 24.

[281] 〈胡錦濤十八大報告（全文）〉，中國時政，2012年11月20日，<http://news.china.com.cn/politics/2012-11/20/content_27165856_7.htm>（檢索日期：2020年4月1日）。

業漁政管理局及財政部海關總署海上緝私警察實施部隊與職能整合，重新組建國家海洋局納入國土資源部管轄，主要職責爲制定海洋發展規劃、實施海洋維權執法、監督管理海域使用及海洋環境保護等。國家海洋局以中國海警名義執行海上維權執法，並接受公安部的業務指導。[282] 中國國家海洋局的重組，可說是中國眞正邁向海洋與經營海洋的一大步，並將海洋利益視爲國家利益與安全的重要戰略目標。

　　2013 年 4 月 16 日中國國防部公布《國防白皮書：中國武裝力量的多樣化運用》，特別針對維護海洋權益部分做說明。指出海洋是中國未來永續發展的重要空間與資源保障，建設海洋強國是國家重要的發展戰略，維護海洋權益是解放軍的重要職責。中國海軍平時配合海監、漁政等執法部門遂行海上執法、漁業生產和油氣開發等安全維護，並協助邊防海警部隊對內水、領海、鄰接區、專屬經濟區和大陸架等區域，行使管轄權與安全維護。[283]

　　2015 年 5 月中國國防部公布《中國的軍事戰略》報告書即明確指出，中國的國家戰略目標就是 2021 年全面建成小康社會，2049 年建成富強、民主、文明及和諧的社會主義現代化國家。實現中華民族偉大復興的中國夢，也就是強國夢與強軍夢。[284] 在海軍力量的發展上，依據海軍「近海防禦、遠海護衛」的戰略要求，由「近海防禦型」朝「近海防禦與遠海護衛結合」的方向轉變。並說明海洋關係著國家的長治久安和永續發展，必須改變「重陸輕海」的傳統戰略思維，強化經略海洋與維護海權，以及建構符合國家安全與發展利益需求的現代海洋武力；用以維護國家主權和海洋權益、確保海上交通線與海外利益及參與國際海洋

---

[282] 羅沙，〈重組後的國家海洋局掛牌　中國海警局同時掛牌〉，中華人民共和國中央人民政府，2013 年 7 月 22 日，<http://big5.www.gov.cn/gate/big5/www.gov.cn/////jrzg/2013-07/22/content_2452257.htm>（檢索日期：2020 年 4 月 1 日）。

[283] 〈國防白皮書：中國武裝力量的多樣化運用（全文）〉，中華人民共和國國防部，2013 年 4 月 16 日，<http://www.mod.gov.cn/affair/2013-04/16/content_4442839_3.htm>（檢索日期：2020 年 5 月 22 日）。

[284] 孫立爲，〈中國的軍事戰略（全文）〉，中華人民共和國國防部，2015 年 5 月 26 日，<http://www.mod.gov.cn/big5/regulatory/2015-05/26/content_4617812_3.htm>（檢索日期：2020 年 5 月 22 日）。

合作，達成海洋強國的戰略目標。[285] 另災害防救、反恐維穩、維護權益、保安警戒、國際維和及人道救援等非傳統安全也納入解放軍新時期部隊使命。[286]

對於中國「海洋強國」的目標，胡波認為在經濟上，產值要在全國 GDP 10% 以上；在海防能力上，強化海軍能力以有效維護國家海洋權益；在國際事務上，須具備影響力。但這些主張缺乏整體戰略思考，而所謂海洋強國就是能在海洋政治上擁有強大的權力。對於「海洋強國」所追求的權力目標選擇上，必須考量中國的利益取向、地緣特性、國家實力與整體發展方式等因素。[287]

因此，中國發展強大海洋力量的動因及必要性，分別為：1.中國必須獲得東亞近海的戰略優勢，方能確保主權、安全、政治及經濟利益，也就是中國海洋強國的戰略底線。台灣是防護中國大陸沿海的天然屏障、海上交通線的理想支點、海軍突破島鏈封鎖，以及向太平洋與印度洋延伸的遏制點，戰略位置極為重要。中國唯有取得近海優勢，除能完成統一台灣外，並確保南海主權與海洋權利；2.在西太平洋及北印度洋保持有效軍事存在，方能獲取國家安全和通道利益，也就是建設海洋強國的戰略基礎。中國在麻六甲海峽及北印度洋的海上交通線，飽受海盜及武裝漁船襲擾。所以，中國海軍有必要將此海域納入外線戰略的基本範圍；3.為履行世界大國責任與義務，中國有必要在世界其他海洋空間發揮其力量的影響力。由於中國的海外利益已全球化，為確保中國利益與發展，以及維護國際海域安全與秩序，需要具備在世界任何海域投送遏制武力的能力。[288]

而中國建構區域海上力量的需求，主要因素為：1. 具備建立一支能控制近海、嚇阻西太平洋與北印度洋及影響世界的區域性海上力量之能力。即以陸權為

---

285 孫立為，〈中國的軍事戰略（全文）〉，中華人民共和國國防部，2015年5月26日，<http://www.mod.gov.cn/big5/regulatory/2015-05/26/content_4617812_5.htm>（檢索日期：2020年5月22日）。

286 孫立為，〈中國的軍事戰略（全文）〉，中華人民共和國國防部，2015年5月26日，<http://www.mod.gov.cn/big5/regulatory/2015-05/26/content_4617812_6.htm>（檢索日期：2020年5月22日）。

287 胡波，《2049年的中國海上權力：海洋強國崛起之路》（台北：凱信企業，2015），頁13-16。

288 胡波，《2049年的中國海上權力：海洋強國崛起之路》，頁19-30。

腹地、依靠，作爲發展海權的後盾；2. 中國沒有必要朝向世界海洋霸權發展，以取代美國「全球布局與全球攻防」的世界霸權國。主要在於中國所處的地緣環境面臨陸海兩面的挑戰，難以兼顧，並且軍事技術仍未達到領先的地步。[289] 所以中國海洋強國的目標概括爲 3 個面向：1. 有效管理、控制、嚇阻部分海域，擁有一支優勢的區域性海軍，並影響世界海域；2. 對區域和世界海洋事務與國際海洋秩序，擁有強大政治影響力的海洋外交實力；3. 以海洋主權範圍內外，合理、有效的利用海洋專屬權利的空間與資源，成爲世界海洋經濟強國。[290]

中國在經略海洋的發展上，基本上應採取「穩北、和南、爭東」的海洋戰略構想。[291] 在「穩北」部分：1997 年 11 月 11 日與日本簽訂《中華人民共和國和日本國漁業協定》；[292]2001 年 11 月 20 日與南韓簽訂《中華人民共和國與大韓民國政府漁業協定》；[293]2005 年 12 月 24 日與北韓簽署《中朝政府間關於海上共同開發石油的協定》；[294] 在「和南」部分：2000 年 11 月 4 日與東協各國簽訂〈南海各方行爲宣言〉，強調中國與東協各國透過協商與談判，以和平方式解決南海有關爭議。在爭議解決之前，各方承諾保持克制，不採取使爭議複雜化和擴大化的行動，並本著合作與諒解的精神，尋求建立相互信任的途徑，包括推動海洋環保、搜尋與求助、打擊跨國犯罪等多國合作。[295]2000 年 12 月 25 日與越南簽署《中華人民共和國和越南社會主義共和國關於兩國在北部灣領海、專屬經濟區和大陸

[289] 胡波，《2049 年的中國海上權力：海洋強國崛起之路》，頁31-36。
[290] 胡波，《2049 年的中國海上權力：海洋強國崛起之路》，頁49。
[291] 胡波，《2049 年的中國海上權力：海洋強國崛起之路》，頁77。
[292] 〈中華人民共和國和日本國漁業協定〉，外交部，1997年11月11日，<https://www.fmprc.gov.cn/web/ziliao_674904/tytj_674911/tyfg_674913/t556672.shtml>（檢索日期：2020年4月2日）。
[293] 〈中華人民共和國和大韓民國政府漁業協定〉，外交部，2000年11月20日，<https://www.fmprc.gov.cn/web/wjb_673085/zzjg_673183/bjhysws_674671/bhfg_674677/t556669.shtml>（檢索日期：2020年4月2日）。
[294] 〈曾培炎會見朝鮮副總理簽署海上共同開發石油協定〉，中華人民共和國中央人民政府，2005年12月25日，<http://www.gov.cn/ldhd/2005-12/25/content_136709.htm>（檢索日期：2020年4月2日）。
[295] 〈南海各方行為宣言〉，外交部，<https://www.fmprc.gov.cn/web/wjb_673085/zzjg_673183/yzs_673193/dqzz_673197/nanhai_673325/t848051.shtml>（檢索日期：2020年4月2日）。

架的劃界協定》及《中華人民共和國和越南社會主義共和國政府北部灣漁業合作協定》。[296]

2012 年 4 月 10 日中國與菲律賓在南海的黃岩島對峙事件，經過一個多月對峙後，同年 5 月 28 日雙方國防部長藉由第二十一屆東協高峰會的機會，於柬埔寨首都金邊舉行會談。2012 年 6 月 15 日菲律賓基於海上安全撤離兩艘公務船，緩和雙方可能的衝突。[297]2013 年中國除了積極推動在南海控制的 7 個島礁擴建工程外，[298]並於同年 9 月開始積極推動所謂《南海行為準則》，2017 年 8 月與東協各國通過《南海行為準則》框架文件。[299]2013 年 1 月菲律賓亦在美國暗中支持下，向荷蘭海牙的常設仲裁法庭（Permanent Court of Arbitration, PCA）提出所謂「南海仲裁案」。[300]雖然 2014 年越南提出中國於西沙群島實施鑽油平台海底探勘，發生越南漁船與中國公務船海上碰撞事件，但中國仍然於 2018 年完成南沙群島主要的島礁建設。

在「爭東」部分，中國與日本對於東海的漁業權利保持相互尊重，但在海底石油開採部分則是互不相讓。尤其 2003 年中國在雙方有爭議的東海海域開採油田，引發日本抗議與機艦對峙的狀況；[301]但雙方仍於 2008 年 6 月 18 日達成共同開發東海油田的協議。[302]2012 年 4 月 16 日東京都知事石原慎太郎發動「購買釣

---

296 〈中越北部灣劃界協定情況介紹〉，外交部，2000年12月25日，<https://www.fmprc.gov.cn/web/ziliao_674904/tytj_674911/tyfg_674913/t145558.shtml>（檢索日期：2020年4月2日）。

297 宋燕輝，〈有關黃岩島爭議的國際法問題〉，《海巡雙月刊》，第58期，2012年8月，頁39-41。

298 葉強，〈島礁建設第法理正當性〉，中國南海研究院，2016年4月11日，<http://www.nanhai.org.cn/review_c/155.html>（檢索日期：2020年4月2日）。

299 李毓峰，〈淺析南海行為準則之進展與前景〉，《歐亞研究》，第2期，2018年1月，頁125-126。

300 宋燕輝，《美國與南海爭端》（台北：元照出版，2016），頁35。

301 顧立民，〈中國海洋地緣戰略與石油安全研究〉，《遠景基金會季刊》，第10卷，第3期，2009年7月，頁97-98。（頁79-113）

302 〈中海油：歡迎日本法人參加春曉油氣田開發〉，中國評論新聞網，2008年6月26日，<http://hk.crntt.com/doc/1006/8/1/7/100681756.html?coluid=7&kindid=0&docid=100681756>（檢索日期：2020年4月2日）

魚台」行動，日本政府採取「國有化釣魚台」政策，除我政府向日本政府表達關切之外，[303] 並引發中國發動千餘艘沿海漁船、海監船、漁政船至釣魚台列嶼與日本保安廳艦艇對峙。[304] 2013年11月23日中國正式宣布設立「東海防空識別區」[305]，原則上可認為是對日本對釣魚列嶼國有化政策的反應。與此同時，中國海、空軍將第二島鏈內海域，納入支隊級與空中編隊年度長航訓練海域。

　　2017年10月27日中國共產黨第十九次全國代表大會中，習近平代表十八屆中央委員會，以「決勝全面建成小康社會，奪取新時代中國特色社會主義偉大勝利」為題，向大會實施工作報告。指出中國的強軍夢目標為確保到2020年完成部隊機械化與資訊化的戰略能力提升，在軍事理論、軍隊組織型態、軍事人員和武器裝備現代化的能力與先進國家一致。2035年完成國防和軍隊現代化目標，到本世紀中葉將解放軍全面具備世界一流軍隊的水準。[306] 依此中國國家主席習近平對於有關海洋事務的議題，強調建構中國為一個海洋強國至關重要，尤其是在2019年4月23日解放軍海軍成軍70周年時，強調建設強大的現代化海軍是建設世界一流軍隊的重要標誌，也是支撐「海洋強國」戰略的重要依據，以及完成「中國夢」的重要組成部分。所以，中國建構現代化的海軍，對國家戰略來說具有相當大的急迫性。[307]

---

[303] 〈關於日本政府擬將釣魚台列嶼私有島嶼國有化事，外交部重申我國擁有釣魚台列嶼主權〉，中華民國外交部，2012年7月7日，<https://www.mofa.gov.tw/News_Content_M_2.aspx?n=8742DCE7A2A28761&sms=491D0E5BF5F4BC36&s=FE7197BFA51DD3F3>（檢索日期：2020年4月2日）。

[304] 李世輝，〈外交的爭點：領土紛爭與歷史認識〉，李世輝等著，《當代日本外交》（台北：五南圖書，2016），頁193。

[305] 〈中華人民共和國東海防空識別區航空器識別規則公告〉，中華人民共和國國防部，2013年11月23日，<http://www.mod.gov.cn/affair/2013-11/23/content_4476910.htm>（檢索日期：2020年4月2日）。

[306] 〈習近平：決勝全面建成小康社會奪取新時代中國特色社會主義偉大勝利——在中國共產黨第十九次全國代表大會上的報告〉，中華人民共和國中央人民政府，2017年10月27日，<http://www.gov.cn/zhuanti/2017-10/27/content_5234876.htm>（檢索日期：2020年4月1日）。

[307] 扶婧穎、李源，〈建設海洋強國，習近平從這方面提出要求〉，中國共產黨新聞網，2019年7月11日，<http://www.gov.cn/zhuanti/2017-10/27/content_5234876.htm>（檢索日期：2020年5月22日）。

從中國自 1949 年建國以來對海洋事務的發展過程，可以了解到中國的國家安全取向已從傳統「陸權」轉變到「陸權為主，海權為次」，再轉變到「陸權與海權兼顧」，一直到 2019 年朝向「海權為主，陸權為輔」的發展。也可以看出這就是中國整個國家發展過程中，對於國家安全思維的轉變過程。在當前國際政治對於國家領土主權的擁有，不再依從現實主義的觀點，將領土補償作為獲取強權地位的象徵。在全球化時代，國家與國家之間自由貿易的緊密結合，使得所有臨海及島嶼國家在國際法的規範下，不斷的強化國家對於海洋權益的聲張、發展、使用與安全維護。

對於一個在國際上強調是復興大國的中國，朝向海洋發展的戰略是一個全面性國家戰略層級的海洋戰略。其不僅僅關注在海洋發展的面向，也同時關注在海洋安全的面向。在海洋發展戰略部分：所涵蓋的範圍遍布全球，也包含北極的資源研究、開發與海上交通線的取得，以及南極的科學研究與國際合作。在海洋安全部分：則除著重於印度—太平洋海上交通線的安全維護外，最重要的還是在西太平洋防禦美國於東海、南海領海主權與海洋權益的安全挑戰，以及抵抗美國對於兩岸統一問題的介入。

第四節　小結

本章從影響面探討影響台灣國家安全的國際環境因素，對於一個海洋屬性身分的台灣，美國、日本及中國的海洋安全戰略是影響台灣國家安全的主要因素。美國的外交政策充滿著意識形態的元素，以冷戰為例，美國的對手蘇聯顯然是一個意識形態大國，美國卻決心將自己所認為的自由市場意識形態傳播給蘇聯。[308]美國現今面對的問題是戰爭的選擇，而不是被強迫選擇戰爭。從任何潛在敵人的觀點，其意義為美國可以選擇不打仗。許多國家覺得可以相對容易的相信美國會選擇這個方法。例如：在危機時期，某些時候中國官員會提出這樣的建議，美國不願支持台灣對抗中國，是因為不願冒險讓洛杉磯成為交易的對象，意

---

308 Friedman, Norman, *Seapower as Strategy: Navies and National Interests*, p. 10.

外的是，台灣與歐洲在冷戰期間也會問相同的問題。[309]

從中國戰略防禦的觀點，對於美國建構國家飛彈防禦計畫提出激烈的批評，主要原因在於如果美國國家飛彈防禦系統建置完成，這將使中國花費鉅額投資所建造的小型攻勢戰略力量失去其效能。[310] 而美國與中國在南海的緊張情勢，雖然有發生軍事衝突的可能性，但在中國無法阻擋美國的介入，也不願挑釁美國的情況下，中國是不會慫恿其他國家與美國對抗。[311] 中國對於南海的控制，就不需考慮兵力投射的能力；因為對中國傳統對外經濟貿易來說，海上貿易僅是經濟資源產地而非終端市場。通往歐洲的貿易除了海上之外，也可以藉由歐亞大陸的內陸（絲路）鐵公路交統運輸線達成。[312]

王俊評認為中國的地緣戰略操作，原則上是以政治與武力為核心，輔以經濟為主要手段，表現出「威德並用」古典模式，其目標為建立受其支配的東亞地緣戰略領域。因此，中國並未決定朝純海權的目標發展，其地緣政治本質仍為大陸屬性，未來將會朝向「陸權式海洋地緣戰略」的方式發展。[313]

綜合上述對美國、日本及中國的海洋安全戰略分析，西太平洋區域基本上是中美全面戰略競爭的架構。美國原則上係以「現實主義」觀點，採取權力平衡「政策」，以面對中國崛起後區域權力平衡的改變。另從「建構主義」之「無政府文化」理論的觀點，美國拜登政府承襲川普政府的對中政策，在軍事、政治、經濟、科技及文化認知等領域所採取的強硬對抗手段，使得中美關係似乎已從競爭者轉變為敵人。相對中國而言，面對美國的挑戰，所面臨的是權力平衡的「情勢」。在美國強迫傳統西方盟國對中國與美國關係做出選擇時，中國則採取擁抱

---

[309] Friedman, Norman, *Seapower as Strategy: Navies and National Interests*, p. 98.

[310] Friedman, Norman, *Seapower as Strategy: Navies and National Interests*, p. 99.

[311] 西格佛里多·伯格斯·卡塞雷斯（Caceres, Sigfrido Burgos）著，童光復譯，《南海資源戰：中共的戰略利益》（*China's Strategic Interests in the South China Sea*）（台北：中華民國國防部，2016），頁187-188。

[312] 王俊評，《和諧世界與亞太權力平衡——中國崛起的世界觀、戰略文化，與地緣戰略》（台北：致知學術出版社，2014），頁215。

[313] 王俊評，《和諧世界與亞太權力平衡——中國崛起的世界觀、戰略文化，與地緣戰略》，頁411。

「新自由主義」與全球化「複合相互依存」的命運共同體作為因應對策，其目的是期望建構一個獲得國際認同的大國「身分」。

　　然對於日本而言，從地緣戰略角度面對中國的崛起，如何處理對美中關係是日本無法迴避的兩難問題。日本與中國關係的發展基本上會受到《美日安保條約》的掣肘，而在國家安全的心理因素上，中國是無法排除的「天生性威脅」。但對台灣來說，與日本的關係則存在複雜性的歷史情結因素，主要原因來自於日本結束對台灣統治 50 年後，所遺留下來的對台灣知識分子與利益階層的影響力。因此，從台灣安全的觀點分析，中國與美國在西太平洋區域的對抗形式已然成形，這也凸顯台灣的地緣戰略價值。而台灣與日本在東海釣魚台列嶼主權與海洋權益的維護上，雖然在雙方的克制下沒有明顯的衝突，但在兩國民族主義的情緒下，未來仍無法排除有衝突的可能。下一章將從台灣國家安全的觀點，分析與建構台灣的海洋安全戰略。

第五章

台灣的海洋安全戰略

從地緣的觀點分析，一般而言海洋國家的優點為擁有天然的障礙、良好的通商環境及易受到異國文化的影響，其缺點則為缺乏自然資源、戰略防禦縱深不足等。海洋國家依其優點通常在外交上多採取積極、開放的態度，若依其缺點則外交戰略經常具有侵略性與擴張性。因此，海洋國家通常會運用海洋的地理環境、海上貿易運輸線及海軍力量等3個面向的發展，以確保國家安全。[1] 從上述海洋國家的特點，台灣是一個海洋屬性的國家身分是無庸置疑的。

第四章從地緣戰略的觀點，對影響台灣外在國家安全的主要國家，美國、日本及中國的海洋安全戰略已做分析與探討。本章將從發展面到戰略面的研究順序，解析與建構台灣的國家戰略體系，以確認台灣海洋安全戰略的戰略層級與制定的權責機構；並從台灣的國家安全戰略思考，以確認台灣的國家利益與戰略目標；最後再探討與建構台灣的海洋安全戰略。

第一節　解析與建構台灣的國家戰略體系

談到「戰略」一詞，在直覺上離不開戰爭、戰爭準備和發動戰爭有關的議題。隨著戰爭、現代社會和政治變得更加複雜，使得國家戰略的議題跳脫以往以傳統軍事安全為主的思考方式，對非軍事問題（經濟、政治、心理和社會學）也進行越來越多的考慮。因此，戰略不僅限於一個狹隘的軍事概念，而是傾向於對國家政權的協調與執行。[2] 就國家而言，國家最高領導者所思考的是，如何帶領國家面對未來安全的挑戰，以及指導國家未來的發展方向，以確保國家永續存在與利益。因此，國家最高領導者應提出「國家戰略」，用以指導政府部門各階層執行機構，據以制定達成國家最高領導者施政構想的戰略目標。

依據我國國防部頒發的《國軍統帥綱領》及《國軍軍事戰略要綱》，說明我國戰略體系由上而下分別為「國家戰略」、「軍事戰略」、「軍種戰略」及

1　李世暉，《日本國家安全的經濟視角：經濟安全保障的觀點》（台北：五南圖書，2016），頁152。

2　Hattendorf, John B., Phil, D., and King, Ernest J., *The Evolution of the U.S. Navy's Maritime Strategy, 1977-1986*, (Newport: Naval War college Press, 1989), p. 8.

「野戰戰略」四大要項。此國家戰略體系概念主要是參考美國二戰後的戰略體系概念，並配合我國國情之需求所發展出來的（如野戰戰略）。但隨著 1986 年美國國會參議員與戰略與國際研究中心（Center for Strategic & International Studies, CSIS）共同合作制定《1986 年高華德－尼可拉斯國防部重組法案》（Goldwater Nichols Act Department of Defense Reorganization Act of 1986，簡稱《高尼法案》），以法律的方式明訂出美國戰略體系架構與制定之權責單位。我國亦參考美國的戰略體系概念，加入了「國家安全戰略」、「國家安全政策」、「國防戰略」、「國防政策」等戰略層級的概念，但卻沒有為這些戰略層級做一明確定義與概念說明，使得我國的戰略體系架構產生在認知上混淆的現象。

因此，本章將藉由台灣戰略體系運作之回顧、參考美國戰略體系架構及解析我國戰略體系現況等研究作為參考依據，以建構適合台灣的國家戰略體系架構。[3]

壹、台灣戰略體系運作之回顧

1991 年 5 月 1 日台灣廢除《動員戡亂時期臨時條款》後，在第一次《憲法增修條文》第 9 條中，明訂總統為決定國家安全有關大政方針，得設「國家安全會議」及所屬「國家安全局」。[4]《國家安全會議組織法》雖於 1993 年 12 月 30 日經由立法院三讀通過，但《國家安全會議組織法》又再經過多次修正後，方於 2003 年 6 月獲得立法院三讀通過及總統公布實施。其組織法修訂的重點，一是明定國家安全係指國防、外交、兩岸關係及國家重大變故之相關事項；二是確立「國家安全會議」是總統針對國家安全政策需求，為總統府下轄的「諮詢研究機關」，會議決議係作為總統決策之參考。[5]

台灣的「國家安全會議」歷經多年的組織法修正與運作，最終於 2006 年 5 月 20 日提出第一本《國家安全報告 2006》。為我國自 1952 年設立「國防會議」

---

[3]　常漢青，〈解構與建構中華民國戰略體系——以美國戰略體系為例〉，《國防雜誌》，第35卷，第2期，2020年6月，頁1-22。

[4]　〈憲法第一次增修〉，總統府，<https://www.president.gov.tw/Page/322>（檢索日期：2020年5月23日）。

[5]　〈國家安全會議簡介〉，總統府，<https://www.president.gov.tw/NSC/index.html>（檢索日期：2020年5月23日）。

以來，首次對有關國家安全論述的官方公開文件。惟可惜的是自 2008 年由前總統馬英九主政後，8 年來「國家安全會議」並未提出任何與國家安全有關的官方報告書，或是由總統府所公布與國家安全及發展有關的報告書。2016 年民進黨獲得總統大選，自蔡英文當選總統到正式就職期間，許多民間學者曾期待新政府能發揮「國家安全會議」的功能，為蔡英文總統提出官方、正式、明確的「國家安全戰略」報告，以作為 4 年總統任期的國家施政方針，但直到 2023 年任期即將屆滿仍未有準備的跡象。

對於「國防報告書」的制定與公布，1990 年前總統李登輝就任第八任總統時，認為有關國防的重要事務有必要向全體國民公開說明，即指示當時的行政院院長郝柏村著手規劃「國防報告書」的制定與公布事宜。國防部遂於 1992 年公布第一份《中華民國 81 年國防報告書》，其中以「國防政策」為題，明確界定與闡述國家安全的概念、國家利益及國家安全目標。[6]

2000 年台灣由民進黨政府第一次執政後，對於 2002 年所公布的《中華民國 91 年國防報告書》內容做一調整，有別於以往過去的國防報告書戰略體系架構的觀點，將「國家安全戰略」、「國家安全政策」、「國防政策」及「軍事戰略」的概念納入報告書中做一說明。指出國家安全會議依據總統施政方針，在國家利益與國家目標的考量下，制定「國家安全戰略」；行政院依據「國家安全戰略」指導，負責「國家安全政策」，也就是廣義的「國防政策」之擬定，並呈請總統核定後頒布；國防部依據總統頒布的「國家安全政策」指導，制定「軍事戰略」，也就是狹義的「國防政策」；各軍種司令部則依據國防部「軍事戰略」之指導，制定「軍種戰略」；最後由各戰區依據「軍種戰略」之指導，制定「野戰戰略」；[7] 此為我國 2002 年時的國家戰略體系架構。（如圖 11）

6　國防部「國防報告書」編纂小組，《中華民國81年國防報告書（修訂版）》（台北：黎民文化，1992），頁39-40。

7　國防部「國防報告書」編纂委員會，《中華民國91年國防報告書》（台北：國防部，2002），頁59-82。

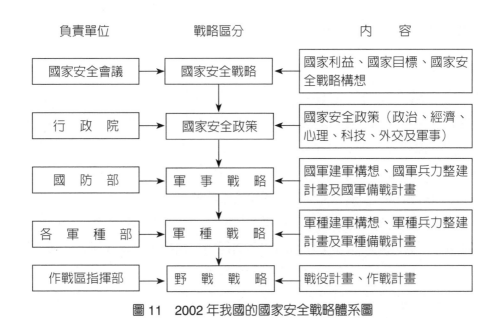

圖 11 2002 年我國的國家安全戰略體系圖

參考資料：國防部「國防報告書」編纂委員會，《中華民國91年國防報告書》（台北：國防部，2002），頁 68。

2009 年公布的《中華民國 98 年國防報告書》指出，國防部依據整體防衛戰力指導，發展「國防戰略」與「軍事戰略」。[8] 而「國防戰略」的制定係用以指導「軍事戰略」的制定與執行[9]，自此之後，「國防政策」、「國防戰略」及「軍事戰略」成為台灣「年度國防報告書」有關我國「國防政策」論述的三大主軸。然 2019 年公布的《中華民國 108 年國防報告書》又提出所謂的「國防安全戰略架構」，並將「國防戰略」與「軍事戰略」納入戰略體系內論述。[10] 但依據我國的戰略體系基本架構，由上而下分別為國家戰略、軍事戰略、軍種戰略到野戰戰略 4 個層級，對於「國家安全戰略」、「國防戰略」及「國防政策」如何整合於戰略體系中，並未有明確的說明與定義。

8 中華民國98年國防報告書編纂委員會，《中華民國98年國防報告書》（台北：國防部，2009），頁69。

9 中華民國98年國防報告書編纂委員會，《中華民國98年國防報告書》，頁75。

10 中華民國108年國防報告書編纂委員會，《中華民國108年國防報告書》（台北：國防部，2019），頁75。

貳、美國戰略體系發展之探討

1986 年 10 月 1 日《高尼法案》在經過美國參議院多次協調與整合後通過，詳細律定了美國國防部、參謀首長聯席會、陸海空軍部及獨立作戰司令部的組織與權責。其中第 603 節規定總統每年須向國會提交一份有關美國「國家安全戰略」的全面報告，即《國家安全戰略》報告，並依據《美國法典》（United States Code）第 31 章第 1105 節：預算內容與提交國會的規定，總統向國會提交下一年度政府預算時，須一併提交「國家安全戰略」報告。其內容必須包含對美國國家安全至關重要的全球利益、目標和目的，以及制止侵略和執行美國國家安全戰略所必須的外交政策、全球承諾和國防能力，並提出保護或促進美國全球利益與達成其目標與目的，所需短期及長期利用美國政治、經濟、軍事和其他要素的美國國家權力之建議。另對於提交的年度政府財政預算中，對於軍事任務和軍隊結構的描述，需解釋軍事任務與部隊結構的關係，以及軍事任務與部隊結構的正當理由。[11]

《高尼法案》立法的基本概念是將美國的國防在「供應」（supply）與「需求」（demand）之間取得一個健康的平衡。為加強美國陸、海、空及陸戰隊聯合作戰能力的需求，《高尼法案》以法律方式加強參謀首長聯席會主席的職責，並設置一名副主席。另明確律定指揮體系由總統到國防部長，再到各戰區司令部指揮官，而參謀首長聯席會不在作戰指揮鏈上。[12]此外，《高尼法案》亦規定戰鬥兵科軍官如果要晉升艦隊級以上指揮官／將軍之前，必須要有參加「旅級」以上聯合作戰任務或訓練的經歷。

自 1987 年以後，美國總統辦公室依法每年都會公布「國家安全戰略」報告，期間歷經雷根、老布希及柯林頓總統，僅 1989、1992 及 2001 年 3 年沒有提交報

---

[11] Senate and House of Representatives of United States of America in congress assembled, "Goldwater-Nichols Department of Defense Reorganization Act of 1986," Public Law 99-433, Oct. 1, 1986, 100-STAT., pp. 1074-1075.

[12] Hamre, John J., "Reflections: Looking Back at the Need for Goldwater-Nichols," *Center for Strategic & International Studies*, January 27, 2016, <https://www.csis.org/analysis/reflections-looking-back-need-goldwater-nichols>（檢索日期：2019年11月1日）。

告。而美國前總統小布希則於 2001 年上任後，直到 2002 年 9 月才公布其任內的「國家安全戰略」報告。2004 年續任，則於 2006 年 3 月公布第二屆任期內的「國家安全戰略」報告。[13] 美國總統歐巴馬於 2008 年上任兩年後，於 2010 年 5 月公布任內第一本「國家安全戰略」報告。2012 年續任也是兩年後，於 2015 年公布第二本「國家安全戰略」報告。2017 年 1 月 20 日川普就任美國總統，同年年底公布其任內第一本「國家安全戰略」報告。2020 年 1 月 20 日拜登就任美國總統後，面對中美貿易戰正如火如荼之際，即於 2021 年 3 月先行公布〈暫行國家安全戰略指南〉（Interim National Security Strategic Guidance），用以指導美國各部門如何應對與中國之間的關係與挑戰。直到 2022 年 10 月 12 日美國拜登政府方正式公布其第一份「國家安全戰略」報告。

因此，從美國《高尼法案》中要求國防部每年必須提出年度報告的同時，也要求美國總統必須先公布「國家安全戰略」報告，以作為國防部年度報告的指導依據。雖然《高尼法案》於 1986 年通過，美國國防部仍是依據《1947 年國家安全法》配合財政年度提交《國防部年度報告》（Annual Defense Department Report），但在 1982 年報告名稱則更改為《國會年度報告》（Annual Report to the Congress），1990 年再度更名為《總統與國會年度報告》（Annual Report to the President and the Congress）。[14] 故美國國防部在 1984 年以前向國會所提出的年度報告，係依美國國防部與國務院協調制定出的美國國家利益與國家安全政策，據以擬訂國防政策及支持國防政策所需的預算需求。然而此報告是在年度國防預算報告提出後公布，以反映國防預算的需求目的。[15]

1984 年美國國防部在《1984 年國會年度報告》第一篇〈國防政策〉的敘述中，首次將「國防戰略」一詞正式納入論述。認為「國防戰略」的制定，不僅僅

---

13 "National Security Strategy," *Historical Office of Office of the Secretary of Defense*, <https://history.defense.gov/Historical-Sources/National-Security-Strategy/>（檢索日期：2019年11月5日）。

14 "Security of Defense Annual Report," *Historical Office of Office of the Secretary of Defense*, <https://history.defense.gov/Historical-Sources/Secretary-of-Defense-Annual-Reports/>（檢索日期：2019年11月5日）。

15 Weinberger, Caspar W., Secretary of Defense, "Annual Report to the Congress Fiscal Year 1983," February 8, 1982, pp. 3-5.

是因應當前所面臨的危機，還必須要面對長期的發展趨勢。因為美國國防部可以從以往所發生的事件分析中，解釋美國國防部現在的政策與力量，以及因應未來發展趨勢對現在的政策與力量做好準備。[16]但直到2005年美國國防部才公布第一本「美國國防戰略」（National Defense Strategy）報告，以取代國防部的《總統與國會年度報告》。[17]

2008年美國國防部再次公布「美國國防戰略」報告時，更明確指出「國防戰略」是國防部部長期努力的基石文件。其依循著「國家安全戰略」之指導，並指導「軍事戰略」，也為國防部的其他戰略指導提供一個架構，特別是在戰役和應急計畫、部隊發展與情報。此外，「國防戰略」也描述國防的總目標與戰略，以及評估實現目標時所必須考慮的戰略環境、挑戰與風險，並規劃執行的途徑。[18]

然自2008年後，美國國防部並未再公布以「美國國防戰略」為名的正式報告，直到川普總統執政後，美國國防部才再次於2018年公布美國第三本「國防戰略」報告《美國2018年國防戰略摘要：提升美國軍事競爭優勢》（Summary of the 2018 National Defense Strategy of The United States of America: Sharpening the America Military's Competitive Edge）。報告內容格式完全依照2008年的「國防戰略」報告之指導，從戰略環境、戰略目標及戰略手段三大重點，闡述美國的國防戰略。[19]2019年美國國防部特別針對川普總統的「國家安全戰略」報告中，有關「印太戰略」（Indo-Pacific Strategy）之構想提出《印太戰略報告：準備、夥伴及促進網絡區域》（Indo-Pacific Strategy Report: Preparedness, Partnerships, and Promoting a Networked Region），將國家層級的「印太戰略」具體落實在國防戰略構想與目標上。[20]

---

[16] Weinberger, Caspar W., "Annual Report to the Congress Fiscal Year 1984," February 1, 1983, p. 31.

[17] "National Defense Strategy," *Historical Office of Office of the Secretary of Defense*, <https://history.defense.gov/Historical-Sources/National-Defense-Strategy/>（檢索日期：2019年11月5日）。

[18] Gates, Robert M., "National Defense Strategy," June 2008, pp. 1-2.

[19] Mattis, Jim, "Summary of the National Defense Strategy of the United States of America," 2018, pp. 1-11.

[20] Shanahan, Patrick M., "Indo-Pacific Strategy Report: Preparedness, Partnerships, and Promoting a

　　1993 年美國國防部長萊斯‧阿斯平（Les Aspin）鑒於 1991 年蘇聯解體冷戰結束，國際安全環境的巨大變化，改變了美國國家安全的需求。為因應此需求的改變，要求美國國防部必須全面檢討美國的國防戰略、部隊結構、現代化、基礎設施及基地。而這項檢討必須由下而上重新評估所有的防禦概念、計畫及規劃，將美國的戰略方向從因應全球的蘇聯威脅，轉向到區域大國的侵略。[21] 促使美國國會在《1997 年國防授權法案》第 923 條規定，自 1997 年起國防部部長在諮詢參謀首長聯席會主席下，於 1997 年完成美國國防規劃的檢討。其目的在滿足《四年期國防總檢討》（Quadrennial Defense Review Report）的需求，以確定參謀首長聯席會建議的角色及武裝部隊的任務。檢討內容包括防衛戰略的全面檢查、部隊結構、部隊現代化計畫、基礎設施、預算計畫，以及與國防計畫和政策有關的其他要素，以期確定與表達美國防衛戰略，並在 2005 年制定檢討後的防衛規劃。[22]

　　依此，美國國防部除了每年的《總統與國會年度報告》及「國防戰略」報告外，還要向國會提交《四年期國防總檢討報告》。並已分別於 1997 年、2001年、2006 年、2010 年及 2014 年提交國會。[23] 但 2018 年 11 月 14 日美國國防戰略委員會（National Defense Strategy Commission, NDSC）認為「四年期國防總體檢」報告已達到其目的，未來將以「國防戰略」報告取代。[24]

　　美國「國防戰略」報告另一個主要目的，就是指導「軍事戰略」的制定。

Networked Region," June 1, 2019, p. 1.

[21] Aspin, Les, *Report on the Bottom-Up Review*, October 1993, p. iii.

[22] Senate and House of Representatives of United States of America in Congress Assembled, "National Defense Authorization Act for Fiscal Year 1997," Public Law 104-201, 104th Congress, SEPT. 23, 1996, 100-STAT., p. 2625.

[23] "Quadrennial Defense Review Report," *Historical Office of Office of the Secretary of Defense*, <https://history.defense.gov/Historical-Sources/Quadrennial-Defense-Review/>（檢索日期：2019 年11月5日）。

[24] "National Defense Strategy Commission Releases Its Review of 2018 National Defense Strategy," *United States Institute of Peace*, November 13, 2018, <https://www.usip.org/press/2018/11/national-defense-strategy-commission-releases-its-review-2018-national-defense>（檢索日期：2020年5月 23日）。

依據《高尼法案》第 201 條第 153 款規定，參謀首長聯席會主席至少每 3 年要向國防部部長提交在國防部計畫期程內，有效符合國防部資源水準的計畫。[25] 這項規定就是說，參謀首長聯席會主席必須依據國防各類計畫指導與期程，至少每 3 年要向國防部部長提交正式的「軍事戰略」報告。因此，自 1992 年起，參謀首長聯席會主席每 3 年均依法向國防部部長提交「美國國家軍事戰略」報告直到 2004 年。[26] 後續雖然未定期每 3 年報告一次，但也分別在 2006 年、2011 年、2015 年及 2018 年提交了「美國國家軍事戰略」報告。[27] 各獨立戰區司令部指揮官也依據參謀首長聯席會主席公布的「美國國家軍事戰略」報告，制定與「戰役戰略」有關的文件，如「整合優先清單」（Integrated Priority List, IPL）及「聯合作戰概念」（Joint Operations Concept, JOpsC）等。[28]

此外，美國各軍種部雖然不在軍事指揮鏈上，然為確保各獨立戰區司令部的部隊能符合獨立作戰區指揮官的任務需求，以及對各軍種未來武器裝備發展與部隊訓練等需求，提出與「軍種戰略」有關的報告，並向國會爭取預算。如美國陸軍的《2020 年陸軍戰略》（The Army Strategy）、《2028 年陸軍願景》（The Army Vision）；海軍的《21 世紀第二個十年美國海軍政策、戰略、計畫及作戰》（America Naval Policy, Strategy, Plans and Operation in the Second Decade of the Twenty-First Century）、《21 世紀海軍總兵力願景》（Navy's Total Force Vision for the 21st Century）；空軍的《美國的空軍：呼叫未來》（America's Air Force: A Call to the Future）、《2020-2030 空軍戰略願景》（An Air Force Strategy Vision for 2020-2030）；海軍陸戰隊的《2025 年海軍陸戰隊願景與戰略》（Ma-

---

25 Senate and House of Representatives of United States of America in Congress Assembled, "Goldwater-Nichols Department of Defense Reorganization Act of 1986," Public Law 99-433, Oct. 1, 1986, 100-STAT., pp. 1007-1008.

26 "National Military Strategy," *Historical Office of Office of the Secretary of Defense*, <https://history.defense.gov/Historical-Sources/National-Military-Strategy/>（檢索日期：2019年11月5日）。

27 "Core National Strategy Documents of the United States of America," *Berlin Information-Center for Transatlantic Security(BITS)*, March 24, 2019, <https://www.bits.de/NRANEU/others/strategy.htm>（檢索日期：2019年11月5日）。

28 Moroney, Jennifer D. P. et al., *Building Partner Capabilities for Coalition Operations* (California: RAND Corporation, 2007), p. 28.

rine Corps Vision & Strategy）、《2018 年美國海軍陸戰隊科學與技術戰略計畫》
（2018 U.S. Marine Corps S&T Strategic Plan）等。

因此，美國自 1986 年《高尼法案》通過之後，美國的戰略體系就有明確的
法律依據，對國會提交報告並接受監督。美國總統的「國家安全戰略」報告取代
了「國家戰略」構想成為美國戰略體系的最高指導文件，美國國防部則依據總統
所公布的「國家安全戰略」報告，制定「國防戰略」報告。然由於「四年期國防
總檢討」報告不是在戰略體系架構內，但可提供國防部未來「國防戰略」制定
之參考。參謀首長聯席會主席再依據國防部部長的「國防戰略」報告，制定「國
家軍事戰略」報告。而各獨立戰區司令部指揮官則依「國家軍事戰略」報告，制
定執行聯合作戰任務所需的「整合優先清單」及「聯合作戰概念」等戰區戰略。
因此，美國 2020 年以前的戰略體系架構基本上由上而下，分別為「國家安全戰
略」、「國防戰略」、「軍事戰略」及「軍種戰略」與「戰區戰略」。（如圖
12）

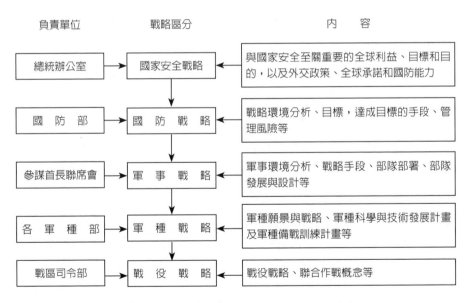

圖 12　美國國家安全戰略體系架構圖

參考資料：筆者綜合整理美國 1986 年國會通過的《高尼法案》內容。

參、當前台灣戰略體系現況之探討

在探討台灣戰略體系現況之前，必須先分析台灣與美國政府組織架構的區別，方能了解如何參考美國戰略體系架構，以調整符合台灣需求的國家戰略體系架構。我們了解美國是一個總統制的國家，美國聯邦政府由行政、立法及司法 3 個分支機構組成，其中行政機構以總統為最高領導層級，設有總統辦公室下轄 15 個部門。[29] 國防部直屬總統辦公室，國防部部長直接對總統負責。

而台灣在與國防有關的行政組織體系上，依據 2002 年 6 月 6 日公布的《國防法修正案》（即所謂軍政、軍令一元化的國防組織重整概念）第 8 條規定：總統行使統帥權指揮軍隊，直接責成國防部部長，由部長命令參謀總長指揮執行；第 9 條規定：總統為決定國家安全有關的國防大政方針，或為因應國防重大緊急情勢，「得」召開「國家安全會議」；第 10 條規定：對於國防政策的制定係由行政院負責；第 11 條規定：國防部主管全國國防事務，負有提出國防政策建議之責，並制定軍事戰略。[30]

若依據《國防法修正案》第 8-9 條之規定，從軍隊指揮鏈的觀點，分析我國 2002 年之後的國家戰略體系架構。可以認為「國家戰略」應由總統召開「國家安全會議」，要求「國家安全會議」祕書長提出「國家戰略」報告，並以總統之名正式公布。國防部則由參謀本部依據「國家戰略」報告，負責制定「軍事戰略」報告，主要為聯合防衛作戰計畫，並以國防部部長的之名公布。陸軍各作戰區、海軍艦隊指揮部、海軍陸戰隊指揮部及空軍作戰指揮部，依據「軍事戰略」報告指導擬定「野戰戰略」報告。

然依據 2012 年 12 月 12 日再次修訂的《國防部組織法》第 2 條第 1 款規定：國防部掌理國防政策之規劃、建議及執行，以及第 2 條第 2 款規定國防及軍事戰略之規劃、核議及執行。[31] 若依此法案規定，我國國防部須向行政院提出「國防

---

[29] Arnold, Paul A., *About America: How the United States is Governed* (Virginia: Bureau of International Information Programs, 2004), pp. 14-15.

[30] 《國防法》，國防部法規資料庫，2002 年 6 月 6 日，<https://law.mnd.gov.tw/scp/Query4B.aspx?no=1A000705601>（檢索日期：2019 年 10 月 29 日）。

[31] 《修正國防組織法》，總統府，<https://www.president.gov.tw/PORTALS/0/BULLETINS/PA-

政策」建議，以及制定「國防戰略」及「軍事戰略」。因此，台灣的國家戰略體系執行現況與檢討，分析如下：

一、現況

（一）國家（安全）戰略

　　2004 年陳水扁續任總統後，即針對「國家安全」需求，指示由「國家安全會議」負責草擬「國家安全報告」。「國家安全會議」遂於 2006 年 5 月 20 日公布台灣第一本《國家安全報告 2006》。從國際安全環境、國家安全的內外威脅等分析，據以提出「國家安全策略」。其中特別針對海洋議題，提出「維護海洋利益，經略藍色國土」的政策主張，並明確指出台灣是一個海洋國家，必須有意識、有計畫、有組織的經略海洋，海洋戰略不但是台灣國家安全戰略所需，也是台灣永續發展的方向。[32]2008 年民進黨政府任期結束前，針對《國家安全報告 2006》提出 2008 年修訂本，然自 2008 年之後，「國家安全戰略」報告始終未再公布。

（二）「國防戰略」及「軍事戰略」

　　國防部《中華民國 81 年國防報告書》開宗明義即說明報告書的內容限定在「軍事戰略」的範疇內。以近期軍事政策的演進、過去國防事務執行概況與未來發展方向為主體，擇要公布。[33] 自此之後成為國防部每 2 年公布一次「國防報告書」的慣例，至 2023 年止，共計公布 17 本的「國防報告書」。

　　以 2006 年台灣公布的《國家安全報告 2006》與《中華民國 95 年國防報告書》為例，分析台灣戰略體系執行現況。國家安全會議於 2006 年 5 月 20 日公布的第一本《國家安全報告 2006》，指出台灣國防的指導，除明確說明建構一個質精、量適、機動力強、能夠拒敵境外的聯合戰力外，並將全民國防納入國防安全體系內。自 2008 年起，將義務役役期縮短為一年，並於年底完成裁軍 10 萬，以及將

PER/PDF/7062-1.PDF>（檢索日期：2019年11月23日）。

[32] 國家安全會議，《國家安全報告2006》，2006年5月20日，頁93。

[33] 國防部「國防報告書」編纂小組，《中華民國81年國防報告書（修訂版）》，頁1。

確保海洋主權權利與權益的海洋戰略，納入國家安全戰略的基石。[34]

　　而 2006 年 8 月國防部公布的《中華民國 95 年國防報告書》，在其第二篇革新轉型，強調「軍事戰略」目的在支持國家戰略、達成國家目標。依《國家安全報告 2006》的國防策略指導，在組織結構部分，遂行「精進案」執行裁軍及兵力結構調整；在兵役制度部分，朝向「募兵為主」的徵募並行制發展；在戰力整建部分，建構「遠距縱深作戰」及「同步聯合接戰」能力，以達成「源頭嚇阻、海空攔截、泊灘岸殲敵」之目的；在全民國防部分，將「民防」納入防衛作戰「全民動員」體系。[35]

　　但從 2006 年 5 月 20 日「國家安全會議」公布的《國家安全報告 2006》與 2006 年 8 月公布的《中華民國 95 年國防報告書》內容比較，可以看得出《中華民國 95 年國防報告書》制定方向與目標，係依據《國家安全報告 2006》的國防策略指導完成的。就國家戰略體系而言，是具有由上而下的指導，以及由下而上的支撐架構。《國家安全報告 2006》中也不避諱的指出，我國面臨族群關係、國家認同及社會信賴的危機，導致對國家安全不僅有中國的外部問題，還有內部分裂的問題。[36] 尤其在兩岸關係部分，兩大政黨雖然都願意與中國改善關係，但施政主軸卻截然不同。雖然雙方都投注相當多的經費強化建軍備戰，但對於國防政策與國防戰略所做的指導卻相同。

二、檢討

（一）國家安全戰略與國防戰略之間關係

　　以 2006 年為例，《國家安全報告 2006》提出「拒敵境外的聯合戰力」，但《中華民國 95 年國防報告書》則強調國防政策基本目標為「預防戰爭、國土防衛、反恐制變」，也就是爭取台海相對優勢，以預防戰爭；建立「戰略持久、戰術速決」的國土防衛與嚇阻戰力；在行政院的整合指揮下，國軍專業部隊依令支

---

[34] 國家安全會議，《國家安全報告2006》，2006年5月20日，頁87-99。

[35] 國防部「國防報告書」編纂委員會，《中華民國95年國防報告書》（台北：國防部，2006），頁89-157。

[36] 國家安全會議，《國家安全報告2006》，2006年5月20日，頁127。

援協助應變處置、災害防救、公安維護與損害復原等工作。並對中國可能的特戰破壞、滲透攻擊及非正規戰等襲擊，建立快速應變能力。[37]

其中對於所謂「境外」的定義沒有明確的指導，使得國防部的台澎防衛作戰的「軍事戰略」構想與指導，自 1979 年將軍事戰略調整爲以「國土防衛」爲主的「守勢防衛」以來，制空、制海、反登陸作戰的「防衛固守、有效嚇阻」軍事戰略構想始終沒有改變過。即使 2019 年公布的《中華民國 108 年國防報告書》將「軍事戰略」調整爲「防衛固守、重層嚇阻」，但依其構想內容仍跳脫不了以台灣本島爲基點所遂行的制空、制海、反登陸作戰的「國土防衛」的軍事戰略思維。[38]

2008 年 5 月 20 日台灣由國民黨主政，前總統馬英九在其就職演說中，指出未來以「不獨、不統、不武」的理念處理兩岸關係，並編列合理的國防預算採購必要的防衛性武器，打造一支堅實的國防勁旅，目的在追求兩岸和平與維持區域穩定。[39] 由於馬英九政府執政 8 年始終沒有明確的提出「國家戰略」或「國家安全戰略」報告，故若假設其就職演說的「不獨、不統、不武」，是其任內的「國家安全戰略」的話，以此我們則可以假定推論台灣的國防戰略構想，應該是建構在與中國「和平談判」中，獲取台灣最大利益的籌碼，而不是傳統「國土防衛」的「殲滅戰」。

2008 年 10 月 22 日時任總統馬英九在國防大學的幹部研習會中，提出未來「國防戰略」將調整爲建立「固若磐石」的「守勢國防」，[40] 應可明確認爲期任內的國防戰略構想爲「守勢國防」。此例僅試圖說明「國家安全戰略」與「國防戰略」之間的上下關係，並不是研究的結果，在此提醒讀者。

---

37 國防部「國防報告書」編纂委員會，《中華民國95年國防報告書》（台北：國防部，2006），頁17-18。

38 中華民國108年國防部報告書編纂委員會，《中華民國108年國防報告書》，頁58。

39 〈中華民國第12任總統馬英九先生就職演說〉，總統府，<https://www.president.gov.tw/NEWS/12226>（檢索日期：2019年11月23日）。

40 〈總統參加國軍97年重要幹部研習會〉，總統府，2008年10月21日，<https://www.president.gov.tw/NEWS/12720>（檢索日期：2020年5月23日）。

（二）「四年期國防總檢討」與「國防報告書」之間的關係

2009年國防部依據立法院於2008年7月17日通過修訂《國防法第31條文修正案》，新增第4項規定：「國防部應於每屆總統就職後10個月內，向立法院公開提出『四年期國防總檢討』」。國防部依此於2009年3月首次提出《中華民國98年「四年期國防總檢討」》，內容以「打造專業國軍、維持台海和平」為主軸，擬訂合理的國防戰略與軍事戰略。[41] 其中在第二章國防戰略指導中，將建構「固若磐石」的國防武力，律定為國防戰略指導下的「國防政策」。又指出「國防戰略」是依據「固若磐石」的國防政策策略規劃與具體作為，研擬發展國防戰略，訂定目標與方法，並據以指揮軍事戰略的制定與執行。其目標為預防戰爭、國土防衛、應變制變、防範衝突及區域穩定等6項，以強化戰力保存、基礎設施防護及防禦性反制能力，期能運用「有效嚇阻」手段達成「防衛固守」的目的。而「軍事戰略」構想為「防衛固守、有效嚇阻」，「軍事戰略」目標則為反封鎖與國土防衛。[42]

同年國防部又依每2年提出「國防報告書」的慣例，續於2009年10月公布《中華民國98年國防報告書》，經比較與《中華民國98年「四年期國防總檢討」》內容後，其除了增加全民國防與災害防救的論述，以及對兵力結構與調整說明較詳細外，大部分的內容相似。這說明了我國的「國防報告書」與「四年期國防總檢討」沒有明顯的區別性，但《中華民國98年「四年期國防總檢討」》在其〈緒論〉中即指出，「四年期國防總檢討」並非「回顧」與「總結」，更有「領航」與「出發」。藉由規劃、評估與精進流程，審視現有戰略、組織、計畫、資源、優先順序及工作重點等，以確立新的國防戰略，達成國家安全目標。[43]

依此，台灣「四年期國防總檢討」的內容核心，在於藉由回顧過去總統4年任期內投注在國防建設的資源，與達成所謂「國防戰略」目標（然實則為「軍事

---

[41] 國防部「四年期國防總檢討」編纂委員會，《中華民國98年「四年期國防總檢討」》（台北：國防部，2009），頁6。

[42] 國防部「四年期國防總檢討」編纂委員會，《中華民國98年「四年期國防總檢討」》，頁40-47。

[43] 國防部「四年期國防總檢討」編纂委員會，《中華民國98年「四年期國防總檢討」》，頁15。

戰略」目標）之間的差異檢討。並依據新任總統未來 4 年的國家戰略或國家安全戰略，重新檢討制定新的「國防戰略」或「軍事戰略」目標，透過評估未來台灣地緣戰略發展趨勢與國內國防資源能力，提出台灣國防與軍事能力的不足需求建議。使得國家資源與國防或軍事戰略目標能有效平衡，充分發揮國家整體資源運用的效益，應是區別「四年期國防總檢討」與「國防報告書」制定的目的。而「國防報告書」的目的應設定在以「國防戰略」爲主軸的報告，除作爲「軍事戰略」制定的指導文件外，亦爲「四年期國防總檢討」報告的檢討依據。

（三）國家安全局與行政院之間關係

　　2004 年《中華民國 93 年國防報告書》詳細說明總統、國家安全會議、行政院及國防部之間的權責關係，[44] 以及 2003 年新修訂的《國家安全會議組織法》調整「國家安全局」的職責。以我國現行的戰略體系可分爲統帥體系與行政體系架構，若以統帥權軍事指揮體系架構，係由「國家安全會議」依據總統施政理念，制定「國家戰略」或「國家安全戰略」，並由總統明令公布。國防部依據「國家戰略」或「國家安全戰略」之指導，由軍令系統的參謀本部制定「軍事戰略」，並以參謀總長名義公布。各軍種戰略指揮部依據「軍事戰略」之指導，制定「野戰戰略」。

　　若以行政系統層級體系架構，「國家戰略」或「國家安全戰略」仍由「國家安全會議」負責撰擬，並由總統頒布之。然其所屬「國家安全局」依據 2003 年 1 月 22 日《修正國家安全局組織法條文》，負有統合指導、協調、支援國防部所屬政治作戰局、軍事情報局、電訊發展室、軍事安全總隊、憲兵司令部、內政部所屬警政署與移民署、法務部調查局及海洋委員會海巡署等機關，有關國家安全情報事項之責。[45]

　　行政院依據總統所頒布「國家戰略」或「國家安全戰略」之指導，邀集所屬

---

44 國防部「國防報告書」編纂委員會，《中華民國93年國防報告書》（台北：國防部，2004），頁94。

45 〈修正國家安全局組織法條文〉，總統府，<https://www.president.gov.tw/Page/294/33345/%E4%BF%AE%E6%AD%A3%E5%9C%8B%E5%AE%B6%E5%AE%89%E5%85%A8%E5%B1%80%E7%B5%84%E7%B9%94%E6%B3%95%E6%A2%9D%E6%96%87-> （檢索日期：2019年11月23日）。

各部會共同規劃制定「國防政策」報告，並以行政院院長的名義公布。國防部則依總統的「國家戰略」或「國家安全戰略」與行政院院長的「國防政策」指導，由國防部軍政系統制定「國防戰略」報告。各軍種部則依據國防部的「國防戰略」報告，以及支持戰區「野戰戰略」需求，制定「軍種戰略」（陸、海、空軍戰略）。（如圖 13）

因此，從現行我國戰略體系架構構想可以了解，「國家安全會議」及「行政院」在相關國防事務上並未有效執行其職責。主要因素在於「國家安全會議」屬於總統的諮詢機構，其職責是否能發揮其效能，問題在總統個人決策傾向。即使憲法賦予「國家安全會議」相關職責，若總統不重視，亦無相關法律可提供制衡。尤其依據《憲法第四次增修條文》明定行政院院長由總統任命之，毋庸立法院同意。[46] 依據憲法第三次增修案，僅明定總統依憲法經國民大會或立法院同意任命人員的任免命令，無須行政院院長的副署。[47] 但依據《憲法》第 37 條規定，總統依法公布法律、發布命令，需經行政院院長之副署，或行政院院長及有關部會首長之副署。[48] 由於行政院院長的任命不需立法院的同意，以及對統帥權（國防與外交）的誤解狀況下，使得行政院院長無法發揮內閣制的制衡精神。此問題在於行政院長受到總統的制約下，自我放棄憲法所賦予的行政權力所致。

肆、台灣國家戰略體系之建構

從美國的國家戰略體系架構的探討，我們可以清楚了解美國的國防與軍事戰略的制定，必須遵循總統的「國家安全戰略」構想，以達成「國家安全戰略」目標為依歸。尤其是在民主制度下的美國，共和黨與民主黨的國家安全構想雖大部分相同，唯在戰略方向與政策執行上有部分不同。這些不同的觀點將會對國家的國防與軍事戰略目標，以及行動構想的設定產生影響，尤其是表現在國防預算的

---

46 《憲法第四次增修》，總統府，<https://www.president.gov.tw/Page/93>（檢索日期：2020年5月23日）

47 《憲法第三次增修》，總統府，<https://www.president.gov.tw/Page/93>（檢索日期：2020年5月23日）

48 《憲法本文》，總統府，<https://www.president.gov.tw/Page/94>（檢索日期：2020年5月23日）

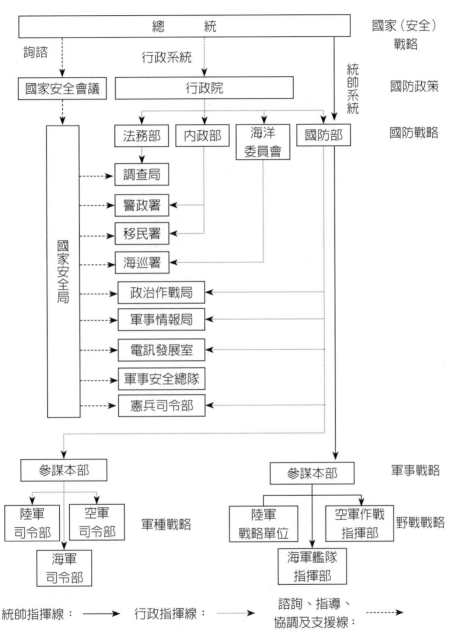

圖 13　我國當前戰略體系與權責圖

參考資料：筆者綜合整理中華民國 109 年 1 月 15 日總統華總一義字第 10900003971 號令修正《國家安全局組織法第二條條文修正案》國防部「國防報告書」編纂委員會，《中華民國 91 年國防報告書》（台北：國防部，2002），頁 680。

編列與獲得上。

由於二戰後台灣的國防建設與發展是在美國軍事顧問指導下完成，故台灣的國家戰略體系基本上是參考美國的國家戰略體系概念所制定的。2000 年後逐漸引用了美國的國家安全戰略、國防戰略的概念，以及軍種戰略與戰區戰略的區分與定位。但台灣始終未能針對台灣的政府體制，以及國防二法施行後將軍種司令部排除在作戰指揮體系之後的現況，重新建構台灣的國家戰略體系。

當我們參考美國的國家戰略體系架構時，必須考量台灣的憲政體制傾向於雙首長制，相較美國的總統制在政府體制上是有所差異的，方能依此建構符合台灣現況需求的國家戰略體系架構。尤其是當前台灣在國家戰略或國家安全戰略構想與目標不明確的狀況下，由國防部主導制定國防戰略與軍事戰略，可能引發軍事指導政治的窘境。如何建構符合台灣需求的國家戰略體系，以使台灣的國防戰略與軍事戰略目標，以及國防政策計畫能有效達成國家戰略或國家安全戰略的目標，此為刻不容緩的研究課題。

依據 1947 年 12 月 25 日台灣頒布施行的《憲法》第 36 條規定：總統統帥陸海空軍，以及 37 條總統依法公布法律、命令，須經行政院院長之副署，或行政院院長及有關部會首長之副署。1994 年 8 月 1 日《憲法第三次增修條文》第 2 條規定：總統發布依《憲法》經國民大會或立法院同意任命人員之任免命令，無須行政院院長之副署，不適用《憲法》第 37 條之規定。行政院依據《憲法》第 61 條規定，制定《行政院組織法》於 1948 年 5 月 25 日公布施行，設有國防部等 14 部 3 會。[49] 雖經歷多次修正，但國防部的設置始終沒有改變，仍為行政院直屬二級機關。1970 年 11 月 13 日總統明令頒布《國防部組織法》，並於第 1 條規定國防部主管全國國防事務；第 5 條規定設參謀本部下轄陸、海、空軍及聯合勤務等總司令部，其組織另以法律定之。[50]

依此，1978 年 7 月 17 日由總統頒布的《國防部參謀本部組織法》，第 2 條

---

49 〈行政院組織法之制定及修正經過〉，行政院，<https://www.ey.gov.tw/Page/D3FC-C10227EB927E>（檢索日期：2019年11月23日）

50 《制定國防部組織法》，總統府，<https://www.president.gov.tw/Portals/0/Bulletins/paper/pdf/2218-1.pdf>（檢索日期：2019年11月23日）

規定：國防部參謀本部主管全國軍事事務。第 9 條規定：參謀總長在統帥系統為總統之幕僚長，總統行使統帥權，關於軍隊之指揮，直接經由參謀總長下達軍隊。參謀總長在行政系統，為部長之幕僚長。[51] 而 2002 年 6 月 6 日公布的《國防法修正案》第 8 條規定：總統統帥全國陸海空軍，為三軍統帥，行使統帥權指揮軍隊，直接責成國防部長，由部長命令參謀總長指揮執行之。[52] 也就是將參謀總長的軍隊直接指揮權移交給國防部部長，依據總統命令執行之。

依上所述，有關台灣憲法增修條文及行政院與國防部組織法的規定，總統任命行政院院長，以及依憲法直接任命經立法院同意任命人員，以及解散立法院之命令，無須行政院院長之副署，但不適用《憲法》第 37 條之規定。所以，行政院院長對於總統依法公布的法律、命令，仍有副署之權利與義務。另依憲法行政院為我國最高行政機關，國防部直屬行政院而非總統府。總統對於軍隊的統帥權的行使，應僅在《憲法》第 38 條所規定之宣戰權的發布開始，由總統責成國防部部長行使軍隊指揮權。然在非戰爭時期對制定戰略的體系上，應該仍以行政體系為主要考量，而非以統帥權體系為考量。主要關鍵在於國防部年度所需預算，必須經由行政院院長同意後，以行政院院長的名義發文函送立法院審核。

目前主要民主國家在憲政體制上，基本上分為總統制與內閣制兩大類。在總統制總統為政府最高行政首長，在內閣制其首長（總理）則由國會議員中產生，而台灣較傾向於雙首長制。[53] 憲法增修條文規定，總統有權任命行政院院長，且不須經由立法院同意，但行政院有向立法院提出施政方針及施政報告之責。雖然台灣在民選總統的憲政體制下，可能會發生總統「有權無責」，行政院院長「有責無權」的情況。然從行政組織架構的解析，行政院院長對於國防事務仍須扮演協調與指導的角色。

---

[51] 《制定國防部參謀本部組織法》，總統府，<https://www.president.gov.tw/Page/294/38144/%E5%88%B6%E5%AE%9A%E5%9C%8B%E9%98%B2%E9%83%A8%E5%8F%83%E8%AC%80%E6%9C%AC%E9%83%A8%E7%B5%84%E7%B9%94%E6%B3%95->（檢索日期：2019 年 11 月 23 日）。

[52] 《國防法》，全國法規資料庫，2002 年 6 月 6 日，<https://law.moj.gov.tw/LawClass/LawAll.aspx?pcode=F0010030>（檢索日期：2020 年 5 月 23 日）

[53] 彭錦鵬，〈總統制是可取的制度嗎？〉，《政治科學論叢》，第 14 期，2001 年 6 月，頁 97。

　　由於國家安全所涵蓋的範圍通常包含傳統安全、非傳統安全及非戰爭下軍事行動3個面向。[54] 對於國防安全則著重於傳統（軍事）安全，以及因應政治需求所採取非戰爭下軍事行動2個面向，對於非傳統安全則為扮演配合政府其他部門需求的支援角色。因此，國防事務不僅僅是與軍事能力有關的建構，更重要的是整合國家各項資源與能力。例如：人力的動員與社會安全維護，須由內政部支援；爭取國際支援，須由外交部支援；交通運輸工具徵用，須由交通部支援；全國糧食儲存與分配，須由農委會支援；石油、電力等能源儲存與分配，須由經濟部支援；海巡部隊的運用，須由海洋委員會所屬海巡署支援；傷患處置，須由衛福部支援；以及環境衛生與毒物處理等，須由環保署支援。

　　對於非傳統安全如經濟安全、金融安全、網路安全、資訊安全、能源安全、疾病蔓延、災害防救、跨國犯罪、恐怖主義及人口販賣等，則需要行政院院長依據總統的國家安全戰略，由行政院相關部門協助行政院長制定所需的「戰略」或「安全戰略」，以作為行政院所屬各部門執行施政工作的依據。如經濟部對於貿易、科技與工業技術、能源與資源等安全；內政部對於國家人口、國土、移民、社會秩序、公共區域等安全；外交部對於維護國際關係；衛福部對於疾病管制、醫療體系資源維護等安全，均須制定相關的安全戰略，以因應對國家非傳統安全可能的影響與威脅。

　　參考美國總統制的行政體架構，「國防戰略」係由美國國防部主導協調各部會後制定，並以國防部部長之名公布，以符合美國行政體系的運作需求。如果美國國防部與各部會有協調窒礙的情事發生時，美國總統即負有調解與仲裁之權，以利美國國防部制定「國防戰略」之順遂。而台灣於2012年12月12日再次修訂《國防法》之後，明定國防部除掌理國防政策之規劃、建議及執行之責外，亦須制定國防及軍事戰略之規劃、核議及執行。因此，國防部在「國防事務」的制定上，似乎取代行政院的功能，直接由總統指導。但行政工作又是由行政院長負責，總統不負責直接指揮行政單位。

　　面對當前國際複雜的國防安全環境來看，如果行政院院長不擔任指導與協調

---

54 謝奕旭，〈非戰爭性軍事行動的重新審視與分析〉，《國防雜誌》，第29卷，第6期，2014年11月，頁11。

的角色，「國防戰略」與「國防政策」的制定，將會受限於軍事層面的考量。且若發生國防部在制定「國防戰略」或「國防政策」時，與行政院其他各部會發生協調上的窒礙問題狀況下，依據台灣行政組織架構必須由行政院院長負責協調、指導及規劃，統合國家整體資源以因應國防安全與發展的需求，而不是總統。例如：《中華民國108年國防報告書》中對於軍事動員的敘述，即可看得出國防部對國防戰略與軍事戰略的構想與指導，係純以軍事觀點制定，並未將行政院其他各部會的資源納入整合規劃。而全民國防動員機制又屬行政院的權責，若行政院院長排除在戰略體系架構外，由國防部自行執行跨部會協調，其發生「門戶之見，協調困難」的窘境將非常高。

　　因此，台灣的戰略體系是不能將行政院院長的職責排除在外的。雖然台灣總統自民選而來後，一般認為國防與外交是總統的專屬職責，國家治理的內政則為行政院長的職責。但從「法律」的觀點，行政院下轄的國防與外交行政系統仍未移交給總統統轄。總統對國防與外交政策或戰略的指導，仍須尊重行政院院長的職責，由其依行政體系下達。所以，台灣的戰略體系應由「國家安全會議」依總統的國家戰略願景，制定「國家戰略」或是「國家安全戰略」報告。而此報告亦應由「國家安全會議」於新任總統就職後一年內統合制定，並以總統之名明令公布。

　　行政院院長依「國家戰略」或「國家安全戰略」報告之指導，制定「國防戰略」報告。國防部則依據行政院院長公布之「國防戰略」報告指導，由國防部參謀本部制定「軍事戰略」，並以國防部部長之名公布。各軍種部依據「國防戰略」與「軍事戰略」報告之指導，制定「軍種戰略」報告。陸、海、空軍戰略指揮部則依據「軍事戰略」及「軍種戰略」報告書，制定「戰役戰略」與「作戰計畫」。另考量「戰略」制定的目的在於確認「目標」與「途徑」，而「政策」制定的目的則為將達成目標的途徑，落實成為具體的各項工作指導，以使政府各部門據以制定達成戰略目標所需的執行計畫。因此，行政院在「國防戰略」報告完成後，仍需再制定「國防政策」報告，其目的在提供行政院所屬各部會配合與支援國防部達成國防戰略目標的參考依據。（如圖14）

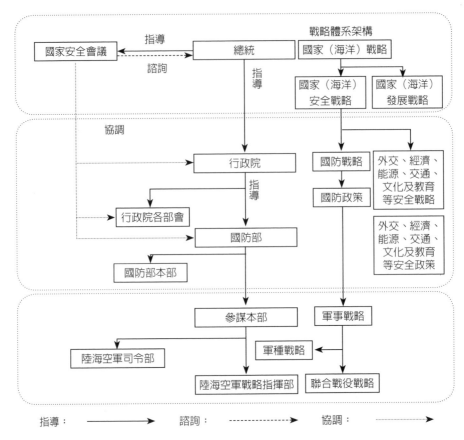

圖 14　台灣戰略體系架構建議圖

資料來於：筆者綜合整理美國《高尼法案》相關規定及《中華民國 91 年國防報告書》之「我
　　　　國國家安全戰略體系圖」。

　　綜合上述分析，依據台灣行政院院本部現行組織功能，以及法定政務委員人
數 7-9 人與政務委員專業能力現況，尚不具備制定「國防戰略」與「國防政策」
之能力。因此，如果行政院必須依據權責，統合所屬各部會制定「國防戰略」與
「國防政策」，可由行政院院長責成國防部部長，依總統公布的「國家戰略」或
「國家安全戰略」報告之指導，統籌協調行政院各部會配合制定「國防戰略」與
「國防政策」，並以行政院長之名公布。協調期間發生窒礙問題時，由行政院院
長召集相關部會做成決議，交由國防部辦理後續「國防戰略」與「國防政策」制
定事宜。除解決行政院院長無法納入國家戰略體系的問題，並可將國家各項資源

整合運用於國防事務，有效提升國防安全與發展之能力。

　　另國防部公布的「國防報告書」對於國防戰略、國防政策、軍事戰略之構想、目標及指導，由於缺乏明確的國家戰略或國家安全戰略指導文件，致使國防部在制定國防戰略時，因無明確的總統施政方針與戰略目標，進而使「軍事戰略」目標失去方向。例如：國防部依據總統指導自 2012 起推動軍事人員全募兵制，並於 2013 年將軍隊員額由原來的 27.5 萬人裁減至 21.5 萬人。[55] 然國防戰略構想與軍事戰略目標，自 1979 年改爲守勢防衛後，「國土防衛」的戰略目標始終沒有改變。此戰略目標係以軍隊員額 40 萬爲依據的構想，卻期望以 21.5 萬的軍隊編制員額達成。雖說武器裝備的進步可減少人力操作的需求，但相對敵人武器裝備更先進、更強大，我方則需要更多的武器數量與操作人員，以抵銷敵人的優勢。因此，台灣應該以立法的方式，要求總統於上任後一年內提出「國家戰略」或「國家安全戰略」報告書，以使「國防戰略」與「軍事戰略」的制定有所依據。

第二節　台灣的國家安全戰略思考

　　對於「安全」的內涵通常包含「威脅」與「危險」2 個概念，是一種客觀、主觀、感覺與認知的感受。所表達的是外在的環境不存在任何威脅，另一方面是不會發生立即危險。而國家安全在傳統上被視爲是面對外來的直接威脅所採取的防護作爲，通常以軍事威脅爲主的防衛行動。但在現今非傳統安全的影響力逐漸擴大的時代，國家安全的廣義概念就變成是一種政治、經濟、技術、文化及生態等綜合安全的概念。[56] 同樣的，非戰爭下軍事行動，如和平行動、支援叛亂、人道協助、支援反毒行動、非戰鬥撤離行動、武器管制、武力展示、國家協助、復原行動、制裁行動、海上攔截行動、執行禁制區、保護航運、確保航行與飛越領空的自由及支援民政當局等，亦爲 911 恐怖攻擊事件之後，國家安全考量的因素之一。

---

[55] 國防部「國防報告書」編纂委員會，《中華民國102年國防報告書》（台北：國防部，2013），頁75。

[56] 翁明賢，《解構與建構台灣的國家安全戰略研究（2000-2008）》，頁149-153。

　　1991 年蘇聯的解體，俄羅斯在解體後崩潰的經濟體系中掙扎。然期望回復前蘇聯強權地位的俄羅斯，在美國及歐盟經濟制裁下，對世界政治的影響力已不若以往。反觀中國自 1979 年改革開放以來，經過 40 餘年的經濟發展，已然成為美國在其全球治理上的主要競爭對手。但美蘇冷戰的意識形態對抗，與中美競爭的後冷戰形態有明顯不同。從華爾茲的結構現實主義觀點來看，中美經濟的相互依賴，已無法有效運用美蘇對抗的權力平衡的理論，來解釋中美之間的競合關係。而新自由主義的全球化國際機制，在美國前總統川普「美國優先」的口號下，新的保護主義興起，以及所謂逆全球化的發展也顯著增加。當前中美關係，雖然美國總統拜登對川普政府的對中政策有所調整，但仍脫離不了對中採取現實主義權力平衡原則的對抗政策。然中國在面對美國強硬的對抗政策中，卻未主動採取相對應的權力平衡政策，反而始終未放棄積極建構中美合作關係的努力。若從建構主義無政府文化的觀點，中美兩國在全球經濟與政治上，已逐漸從競爭者朝敵人的關係轉變，而在西太平洋的軍事領域上，則已然成為敵人關係。

　　對於台灣的地緣戰略環境因素部分，本書已於第三章做過詳細的探討。由於台灣恰巧位於南北向的東北亞與東南亞之間，以及東西向的中國東部沿海至第二島鏈之間的中央位置，具備影響中國海、空軍進出太平洋，以延伸防禦美國來自海上軍事威脅的關鍵戰略位置。若從中美權力平衡的戰略運用與談判的觀點分析，台灣問題似乎是美國處理北韓核武問題及南海爭端議題，施壓中國的一個重要籌碼。而中國處理北韓問題及南海主權爭端的態度，又影響美國何時挑起台灣問題的時機。因此，從地緣戰略的觀點，可以確認台灣在中美關係上，處於美國在西太平洋海權的控制，以及中國海權發展的要衝位置上。然台灣在此外在環境的壓力下，內部意識形態的政爭，不僅無法團結內部力量一致對外，更讓台灣安全戰略失去客觀的分析，也模糊了安全戰略目標的焦點。

　　雖然國家安全所涵蓋的層面包含傳統（軍事）安全、非傳統安全，以及非戰爭下軍事行動三大類，但台灣與其他國家所不同之處，在於所面臨國家安全最主要、最大與最急迫性的威脅就是在「一個中國」的政策下，國家生存的安全問題，而非傳統安全與非戰爭下的軍事行動，對台灣來說，則顯得重要性相對較低。在本書第四章也已針對影響台灣國家安全的外在環境因素，美國、日本及中國的海洋安全戰略做一完整的探討，故可以明確了解到 2010 年中國成為世界第

二大經濟體之後，已具備成為影響美國及日本在西太平洋安全的主要因素。而北韓核武問題、南海主權爭議及台灣問題，則是西太平洋上 3 個主要可能發生衝突的熱點。

　　本節將從美國「印太戰略」與中國「積極防禦」的戰略目標分析，探討台灣在中美「一個中國」的政策下，能扮演何種角色，其最大國家利益的認知為何，以及安全戰略的選擇。[57]

壹、美國的「印太戰略」

　　2017 年 11 月 6 日至 11 日在越南峴港舉辦「亞洲太平洋經濟合作會議」（Asia-Pacific Economic Cooperation, APEC）時，當時的美國總統川普在其演說中，首次將印度及太平洋的戰略構想連結在一起。[58]2017 年 12 月 18 日川普的第一份「國家安全戰略」報告，對於「印太戰略」提出一個概念性的構想。其中明確指出「印太戰略」的涵蓋區域是從印度西海岸延伸到美國西岸，並指出中國在南海建設和軍事化前哨基地的努力，危及了自由貿易流通，威脅到其他國家的主權，破壞了區域穩定，以及北韓核武威脅的挑釁。美國盟友應積極回應這樣的共同威脅，並歡迎作為全球領先大國和更強大之戰略和防衛夥伴印度的崛起。

　　美國將尋求增加與日本、澳大利亞和印度的四邊形合作，並根據美國的「一個中國」政策，與台灣保持牢固的聯繫，包括根據《台灣關係法》做出的承諾，為台灣的正當防衛需要和嚇阻施壓。另擴大與美國的主要防衛夥伴印度的國防和安全合作，支援印度在整個地區日益增長的關係；並重振與菲律賓和泰國的同盟關係，加強與新加坡、越南、印尼、馬來西亞和其他國家的合作，說明它們成為與美國合作的海洋夥伴。[59]

　　2018 年 6 月 1 日美國國防部部長馬提斯在新加坡香格里拉論壇中，對於美

---

57 常漢青，〈東亞西太平洋中、美競合下的台灣安全戰略〉，2019年淡江戰略學派年會（新北：淡江大學國際事務與戰略研究所，2019年5月18日），頁106-113。

58 〈川普APEC演講釋放重大訊息（全文）〉，《壹讀》，2017年11月12日，<https://read01.com/zh-tw/oLOdKEP.html#.WzJjjPZuLVg>（檢索日期：2019年1月29日）。

59 Seal of the President of United States, "National Security Strategy of the United States of America," December 2017, pp. 45-47.

國「印太戰略」提出 4 點具體作爲的說明。1. 擴大對海洋空間的關注，並與合作夥伴建立海軍和執法能力，加強對海洋邊界和利益的監測和保護能力；2. 通過促進尖端的美國國防裝備之融資和銷售給安全合作夥伴，以及對印度—太平洋合作夥伴提供更多的專業軍事教育。加強美國與合作夥伴之間的軍隊與經濟關係，這些都有助於持久的信任；3. 加強法治民間社會和透明的施政；4. 民間部門主導的經濟發展。美國承認該區域需要增加投資，包括基礎設施。美國正在重振其發展和金融機構，使美國能夠成爲更有反應能力的夥伴。美國機構將與區域經濟夥伴更密切地合作，提供端到端的解決方案。[60]

正如美國在台協會認爲川普政府的「國家安全戰略」報告是有現實主義觀念的意義，因爲它承認大國在國際政治領域發揮的核心作用，強調強大的主權國家是世界和平的最大希望，同時明確界定了美國的國家利益。[61]美國在「印太戰略」構想下，於 2018 年 9 月 6 日與印度簽署一項協定，美國提供印度購買美國先進武器及分享敏感的軍事技術，以加強兩國軍事夥伴關係，共同面對日益崛起的中國。[62]2018 年 10 月 16 日美國前國防部部長馬諦斯（Mattis）第二次訪問越南時，明確表達美國與越南的全面夥伴關係已有明顯的發展。[63]

另於 2018 年 11 月 17 日美國與蒙古簽訂《蒙古第三鄰國貿易法案》，該法案將允許蒙古生產的最終產品得以免稅出口到美國，跳過中間人中國，進而可能促進美國、日本與蒙古的經濟三方主義。從地緣政治的角度來看，美國正在加強

---

60 "James Mattis: US leadership and the challenges of Asia-Pacific security," The International Institute for Strategic Studies, 2018/6/1, <https://www.youtube.com/watch?v=ffQ_twen7Qg>（檢索日期：2020年5月12日11分15秒）。

61 〈美國國家安全戰略綱要〉，美國在台協會，2017年12月18日，<https://www.ait.org.tw/zhtw/white-house-fact-sheet-national-security-strategy-zh/>（檢索日期：2020年5月12日）。

62 Abi-Habib, Maria, "U.S. and India, Wary of China, Agree to Strengthen Military Ties," The New York times, Sept. 6, 2018, <https://www.nytimes.com/2018/09/06/world/asia/us-india-military-agreement.html>（檢索日期：2020年5月12日）。

63 "U.S. Secretary of Defense Makes Second Visit to Vietnam in 2018, Highlights Growing U.S.-Vietnam Partnership," U.S. embassy & consulate in Vietnam, October 17, 2018, <https://vn.usembassy.gov/u-s-secretary-of-defense-makes-second-visit-to-vietnam-in-2018-highlights-growing-u-s-vietnam-partnership/>（檢索日期：2020年5月12日）。

其在東亞的存在，並表達蒙古是美國在「印太戰略」的主要夥伴。[64] 依上所述可以看得出美國在「印太戰略」的構想規劃下，積極拉攏中國周邊鄰國，以抗衡中國在地緣政治影響力的企圖。尤其美國、日本強化與蒙古的經貿關係，試圖影響中國在中亞各國的「一路」發展。

依據上述分析，美國面對中國這樣與其領土、資源不相上下的大國，期望透過「印太戰略」大範圍、跨區域及多議題的方式，建構政軍聯盟以抗衡中國。[65] 然美國「印太戰略」要成功，核心的關鍵因素在於印度的態度。但對印度來說，印度洋是首要的反應區域，南海及波斯灣則是次要的區域。[66] 除非美國願意提供印度無法拒絕的國家利益作為交換，否則印度不會參與美國、日本及澳國所建構的所謂「鑽石軍事同盟」。

對於越南來說，不軍事同盟、不同意外國軍隊駐紮在越南領土上，以及不與外國合作打擊另一個國家的「三不原則」國防政策，限制了美國與越南在南海議題上的軍事合作關係。[67] 而對於一個內陸國家蒙古來說，想利用美國海權力量對抗中國，在地緣上將受到俄羅斯及中國的限制，會使美國產生力有未逮的狀況。因此，美國在印度、越南無意積極加入「印太戰略」軍事同盟的情況下，對於抗衡中國的手段，仍將著重於「北韓去核」、「台灣統獨」及「南海主權爭議」3個議題上發揮影響力。

貳、中國大陸的「積極防禦」戰略

2017年7月11日美國外交事務雜誌發表一篇文章〈中國的北韓不利因素〉，指出美國與中國除了在北韓問題上有利益衝突外，亦認為美國在台灣和南海等地

---

[64] Lkhaajav, Bolor, "US-Mongolia 'Third Neighbor Trade Act' On The Way," The Diplomat, November 17, 2018, <https://thediplomat.com/2018/11/us-mongolia-third-neighbor-trade-act-on-the-way/>（檢索日期：2020年5月12日）。

[65] The White House, "Indo-Pacific Strategy," September 24, 2021, p. 16.

[66] Kondapalli, Srikanth,〈The idea of Indo-Pacific Strategy and the Role of India〉，2018年淡江戰略學派年會（新北：淡江大學國際事務與戰略研究所，2018年5月19日），頁14-33。

[67] Albert, Eleanor, "The Evolution of U.S.-Vietnam Ties," council on foreign relations, March 7, 2018, <https://www.cfr.org/backgrounder/evolution-us-vietnam-ties>（檢索日期：2020年5月12日）。

區與中國也有著根本性的利益衝突。美國如果要從這些問題上解脫，將違背中國的國家利益。[68]因此，中國面對美國在「北韓去核武」、「南海主權爭議」及「台灣問題」的挑戰上，其「積極防禦」的戰略構想分析如下：

一、北韓去核武問題

從 2018 年北韓領導人金正恩於元旦談話中宣布，同意派代表團參加南韓平昌冬季奧運開始，[69]在南韓總統文在寅積極的協調下，於 2018 年 6 月 12 日美國時任總統川普及北韓領導人金正恩第一次會面，並簽署共同聲明，指出北韓重申 2018 年 4 月 27 日的〈板門店宣言〉，承諾為實現朝鮮半島澈底去核化做出努力。[70]但會後美國與北韓在去核武的問題上始終爭論不休，2019 年 2 月 27、28 日在越南河內舉行的第二次美國與北韓高峰會，由於無法達成協議，導致川普提前結束會議返國，主要原因是美國拒絕全面解除對北韓的經濟制裁。[71]然北韓外長卻提出異議，北韓在會談中只要求美國「部分」解除制裁，以換取關閉寧邊核設施，並強調北韓準備永久結束核子武器和洲際彈道飛彈測試，以及表示達成協議的機會「可能不會再來了」。[72]

---

[68] Feng, Zhu, "China's North Korean Liability: How Washington Can Get Beijing to Rein In Pyongyang," Foreign Affairs, <https://www.foreignaffairs.com/articles/china/2017-07-11/chinas-north-korean-liability>（檢索日期：2020年5月12日）。

[69] 林治平，〈兩韓破冰北韓願赴冬奧及舉行軍事會談〉，中央通訊社，2018年1月10日，<https://www.cna.com.tw/news/aopl/201801100004.aspx>（檢索日期：2020年5月12日）。

[70] "Joint Statement of President Donald J. Trump of the United States of America and Chairman Kim Jong Un of the Democratic People's Republic of Korea at the Singapore Summit," The White House, June 12, 2018, <https://www.whitehouse.gov/briefings-statements/joint-statement-president-donald-j-trump-united-states-america-chairman-kim-jong-un-democratic-peoples-republic-korea-singapore-summit/>（檢索日期：2020年5月12日）。

[71] Hotham, Oliver, "U.S. refused to sign deal with N. Korea amid disagreement over sanctions: Trump," NK News, February 28th, 2019, <https://www.nknews.org/2019/02/u-s-refused-to-sign-deal-with-n-korea-amid-disagreement-over-sanctions-trump/>（檢索日期：2020年5月12日）。

[72] Gramer, Robbie, "Pompeo: Time to 'Regroup' After Vietnam Summit," Foreign policy, February 28, 2019, <https://foreignpolicy.com/2019/02/28/pompeo-time-to-regroup-after-vietnam-summit-trump-kim-jong-un-north-korea-nuclear-summit-collapse-what-comes-next/>（檢索日期：2020年5月12日）。

從美國與北韓的兩次高峰會談之前，北韓領導人金正恩均會在高峰會之前訪問中國，可以看得出中國對北韓仍具有相當大的影響力，不會因美國與北韓關係的改善而有所改變。美國對於北韓的去核問題上，如果想要排除中國的因素，直接主導兩韓的議題，基本上有其困難度，也間接影響日本與中國的關係。對於中國來說，北韓是中國對抗美國的一個籌碼。因此，若從中國積極防禦戰略的觀點分析，對於兩韓問題的戰略目標最佳選項，應該是獲得一個「親中的南韓」，其次是「統一親中的韓國」，第三才是「統一中立的韓國」。所以，從中國的國家戰略利益觀點來看，南、北韓走向統一都不是中國與美國所樂見的結果。

二、南海主權爭議

從政治的觀點分析，2019 年西太平洋的國際情勢，南海主權爭議才是美國最關心的問題。如果北韓的問題無法解決，美國在南海對中國的壓力將會減輕，有利於中國依據既定計畫在南海島礁持續建設與軍事部署。從中國的角度來看，拖住美國在北韓議題的注意力，有助於減輕美國在南海及台灣議題上對中國的壓力。而從美國的角度來看，如果北韓的議題獲得解決，南韓與中國的關係有可能會更為緊密，而日本對中國的態度亦將朝友好的方向發展。因此，如果美國失去對南海主權爭議的主導能力，台灣問題亦將無法成為美國影響中國的籌碼。

另從軍事的觀點分析，美國「印太戰略」的戰略目標核心，基本上就是直指中國在南海軍事化的人工島礁建設。然而南海主權的維護對中國來說，則是有其歷史包袱，因為所影響的是中國人尊嚴的彰顯與共產黨政權的穩固。面對美國的圍堵與西太平洋的制海權壓力，中國若想主導南海主權的爭端，以及向外拓展海權，第二島鏈就成為中國「積極防禦」的戰略核心區域。如果中國在第二島鏈有削弱或抵銷美國制海權的能力，南海主權的爭端就得以在中國主導下解決。

三、台灣問題

面對台灣的態度，始終是美國挑動中國敏感神經的最佳籌碼。自民進黨政府採取「疏中親美日」的國家安全政策後，台灣問題就成為美國對抗中國時，可有效操控的一個籌碼。對美國來說，當北韓議題無法得到中國支持時，台灣問

題即可成爲談判的籌碼。然若兩岸關係良好，中國即可以內政問題排除美國的介入。相反的，兩韓問題由於受到「停戰協定」的影響，中國的態度將影響兩韓「和平協議」的簽署，此時美國則將受到中國態度的制約。

雖然中國領導人習近平在 2019 年 1 月 2 日〈告台灣同胞書〉40 周年紀念大會的講話，明確指出兩岸的統一問題不能「一代一代的傳下去」。[73] 另從 2019 年 3 月 5 日中國召開第十三屆全國人大第二次會議，國務院總理李克強的工作報告中，強調經濟體制的改革及強化基礎與創新科技研究的政策主軸，[74] 可以觀察到中國對於台灣問題的態度，即是只要台灣不要踰越獨立的紅線，台灣統一問題短期內應不會是中國優先處理的議題。

2018 年 2 月 28 日美國國會通過《台灣旅行法》[75]，以及 2019 年 9 月 24 日美國國會正式通過 330 億美元 F-16V 戰機與其他戰機零件的對台軍售案。[76] 雖然中國外交部向美國提出嚴重抗議，但未採取具體的抵制行動，僅不斷要求美國落實「一法三公報」的承諾。因此，2017 年 10 月 18 日中共第十九次全國代表大會總書記習近平的工作報告中，對於軍隊的改革提出：「力爭到 2035 年基本實現國防和軍隊現代化」的目標，[77] 則是觀察中國落實兩岸統一的重要指標。

依上分析，兩韓問題所牽動的是美國在西太平洋的利益。如果南韓、日

---

[73] 〈習近平在《告臺灣同胞書》發表40周年紀念會上的講話〉，中國人大網，2019年1月2日，<http://www.npc.gov.cn/npc/xinwen/2019-01/02/content_2070110.htm?from=singlemessage>（檢索日期：2020年5月12日）。

[74] 〈（兩會授權發布）政府工作報告〉，新華社，2019年3月22日，<http://www.xinhuanet.com/politics/2018lh/2018-03/22/c_1122575588.htm>（檢索日期：2020年5月12日）。

[75] 〈美國國會通過「台灣旅行法」重啓美台高層互訪〉，BBC News中文，2018年3月1日，<https://www.bbc.com/zhongwen/trad/chinese-news-43246361>（檢索日期：2020年5月12日）。

[76] Zargham, Mohammad, "U.S. approval of $330 million military sale to Taiwan draws China's ire," REUTERS, September 25, 2018, <https://www.reuters.com/article/us-usa-taiwan-military/u-s-approval-of-330-million-military-sale-to-taiwan-draws-chinas-ire-idUSKCN1M42J9>（檢索日期：2020年5月12日）。

[77] 〈習近平強調堅持中國特色強軍之路，全面推進國防和軍隊現代化〉，中華人民共和國中央人民政府，2017年10月18日，<http://www.gov.cn/zhuanti/2017-10/18/content_5232658.htm>（檢索日期：2020年6月10日）。

本、台灣及南海周邊國家都採取親中政策，對美國來說，西太平洋區域就如同美國在非洲一樣，失去對區域的影響力。因此，美國在兩韓問題上，仍將用持續操作北韓去核化的議題。另從中國「積極防禦」戰略的角度分析，如何避免美國打「台灣牌」是戰略思考的核心重點。而南海主權爭議部分，在印度、澳國、越南及菲律賓不支持的狀況下，美國除了表達南海航行自由權外，已無有利的籌碼可與中國抗衡。所以，中國的「積極防禦」戰略，基本上是針對性、區域性的軍事戰略，採取「堅守原則，面對衝突」的戰略指導，以因應美國的挑戰。

參、台灣的内外困境

「一個中國」政策下的「兩岸統一」是無法撼動中國的核心戰略目標，其戰略手段是採取「和平統一」或「武力統一」，取決於美國的態度（國家利益）、台灣的立場（選項）及中國大陸的決心（時間）3 個因素，分析如下：

一、美國的態度

美國對台灣支持與否的態度，背後所呈現的是美國國家利益之所在。「一個中國」政策，基本上是美國控管與中國不發生軍事衝突的基本原則。美台關係與兩岸關係的好與壞，往往取決於中美的競合關係。維持一個主權獨立親美的台灣政府，有利於美國在中美摩擦（如北韓問題、貿易戰等）的過程中，適時提出友台政策的「台灣牌」，迫使中國在某些議題上讓步。因此，從美國利益的角度來看，台灣在適當時機是可以作為籌碼犧牲的。因為如果美國認為台灣的獨立是其核心利益，美國將會像 1950 年代一樣，派遣軍事顧問協助台灣，以及建構台美軍事同盟，但事實卻與台灣的期待相反。

二、台灣的立場

台灣安全的問題除了有中國、美國等國際環境因素外，最大的問題主要在於內部意識形態衝突的因素。雖然有部分學者、專家希望在統獨議題的選項上，試圖尋找出第三個選項。例如：前副總統呂秀蓮於 2019 年 3 月 4 日推動的「和平中立」公投，強調要與中國共存，並消除台灣與他國合作對抗中國的憂慮，也要

與美、日等國強化價值聯盟，並消除美、日等國對台海安全的憂慮。[78] 從其論述來看，「和平」是目標，「中立」是手段。希望透過《聯合國憲章》所揭櫫的「人民自決權」的行使，藉由公投的「中立」手段，達成台灣和平自主的目標。然「和平中立」的第三選項是否可行，必須對「中立」與「和平」兩個因素做明確的定義分析。

首先是「中立」，最為大眾所熟悉的中立國典範就是瑞士。但是從瑞士的歷史發展過程中，探究瑞士能成為永久中立國的原因。主要是瑞士邦聯在歐洲三十年戰爭中，為了避免被捲入歐洲列強的衝突中而選擇中立立場，但也多次被其他勢力所破壞。[79] 直到反拿破崙戰爭中，歐洲列強於「維也納會議」才承認瑞士的中立地位，並於 1815 年的《巴黎條約》中，獲得法國、奧地利、英國、普魯士及俄國等主要歐洲列強對瑞士中立地位的保證。因此，中立主張之所以能獲得保護，主要是來自於強權的保證。二次大戰前的荷蘭及比利時也曾主張中立，但德國為攻擊法國，不顧兩國中立的主張，仍採取侵略、占領就是最好的例證。所以，一個小國家或地區要能獲得中立，不是取決於內部的意願，而是形成於外部強權妥協的結果。

其次是「和平」，人們對於和平的感受，基本上認為是未感受到戰爭的威脅所造成的生命、財產損失，以及被迫改變走向不好的生活方式。假設前副總統呂秀蓮倡議的中立是以追求台灣脫離「一個中國」而獨立，方能達成和平目標的話，若從主權獨立的角度來定義「和平」的內涵，則採取聯邦制度的國家，如美國、加拿大、英國、俄羅斯及德國等自治區人民就不屬於「和平」定義的範疇。如果台灣願意成為美國的一個聯邦自治區，以達到和平的願望，而不願意成為中國一個聯邦自治區；從邏輯的觀點，「和平」主要取決於意識形態的感受，而不是「中立」的手段。

依上所述，台灣在中美兩大強權的競合下，即使「和平中立」是當前統獨以

[78] 〈呂秀蓮推台灣和平中立公投 明送交第一階段連署書〉，《蘋果日報》，2019年3月4日，<https://tw.appledaily.com/new/realtime/20190304/1526998/>（檢索日期：2020年5月12日）

[79] 王思為，〈瑞士之中立政策與實踐〉，施正鋒主編，《認識中立國》（台北：財團法人國家展望文教基金會，2015），頁93-94。

外較好的第 3 選項。但這只是一個階段性的選擇，統一與獨立終究是台灣最終的必要選擇，即使這是被強迫的抉擇。

三、中國的決心

從中國國家主席習近平在〈中共十九大工作報告〉及〈告台灣同胞書〉40 周年紀念大會的演講中，可以感受到中國「和平統一、一國兩制」的對台政策是沒有改變空間的。台灣問題不能一代一代的傳下去，所表達的是中國對「兩岸統一」的進程將採取主動。未來隨著中國在社會與經濟制度的調整，以及軍隊改革的完成，若美國與中國在西太平洋的競爭過程中，美國不再具備主導權，且台灣仍採取與中國對抗的狀況下，中國未來採取「武力統一」台灣的選項機率將會逐漸升高。因此，面對台灣與中國在政治、軍事及經濟能力上，持續擴大落差的狀況下，台灣能選擇抗拒中國武力統一，或於統一談判中獲取最大利益的優勢，將隨著時間的增加而逐漸消失。

綜合上述分析，台灣未來統一或獨立的選擇權，始終都不是來自於內部的決定，而在於中美競合的結果。其原因除了台灣內部缺乏追求獨立的抗敵意志外，美國藉由與中國利益的交換，放棄台灣的風險也隨著時間增加而加大。因此，台灣的最佳選擇是在中美「一個中國」政策下，避免成為美國抗衡中國的「台灣牌」；並藉由爭取拖延中國對台灣採取「武力統一」的時間，強化軍事力量與經濟能力，作為與中國「和平統一」談判時，獲取最大自主權力的機會。

肆、台灣國家安全戰略的選擇

對於戰略的思考，約米尼在《戰爭的藝術》中指出，戰爭一旦決定後，首先要決定的是採取攻勢（offensive）還是守勢（defensive）。當採取攻勢的對象是大國，攻勢作為有 3 個面向。首先是攻擊的範圍為全境或大部分領土，所採取的是入侵（invasion）的攻勢作為；其次是如果只是一個省或是一個適度延伸的防禦線，則是襲擊（assail）的一般攻勢作為；第三是如果攻勢作為係攻擊敵人的陣地，並且限制在單一的作戰，稱之為採取主動（initiative）。從精神與政治的觀點，攻勢幾乎總是有利的，將戰爭帶到國外的領土，保護國家不受戰爭的破

壞，以及增加自己的資源與減少敵人的資源；並可打擊敵人士氣，以提升我軍士氣。[80] 約米尼認為面對一個入侵的民族戰爭，假使這個國家擁有綿長的海岸線，能夠控制海洋或與具有制海權的強權聯盟控制海洋，即可提升 5 倍的抵抗力量。不僅可利用海洋獲得資源，同時可以對敵人地區採取多方襲擊。[81]

克勞塞維茨認為，戰爭的目的是達到政治與其他目的的最終手段，但不得不承認當面對一個非常強大的敵人時，打垮敵人只是一種毫無意義的概念遊戲。[82] 由於政治目的不同，獲取戰爭勝利的意義也不同，增大獲勝的可能性與打垮敵人的目的就不同。前者只是想贏得一次勝利，打破敵人的安全感，使對方感到我們的優勢而對自己的前途感到不安；後者則是消滅敵人軍隊才是真正有效的行動。要使敵人消耗更多的力量或付出等高的代價，可採用：1. 入侵敵人領土，造成敵人的損失；2. 增加敵人損失；3. 疲憊戰術，就是消耗敵人的物資與意志。[83] 要達到相對優勢，就要爭取出其不意。一切行動必須建立在出其不意的基礎上，否則就不可能在決定性的地點上取得優勢。[84] 戰略防禦的特點，即單純的抵抗防禦只是自取滅亡，當防禦能獲取顯著優勢時，就必須利用此一優勢進行反攻。反攻是防禦的必然趨勢，攻擊是防禦的一部分。[85]

富勒對美國內戰的分析，認為從軍事行動的觀點，當防禦的力量日益增強之後，戰鬥就變得難以處理與不具決定性。挫折的不斷增加，進而轉變為雙方仇恨的增加。[86] 李德哈特則認為，封鎖是一種間接路線的大戰略，這樣的戰略行動沒有有效抵抗的可能，除了效果較慢之外，可說沒有風險。封鎖效果的速度會依

---

[80] Jomini, Antoine-Henri Baron de, *Art of War*, p. 65.

[81] Jomini, Antoine-Henri Baron de, *Art of War*, p. 39.

[82] 克勞塞維茨（Clausewitz, Carl Von）著，楊南芳譯校，《戰爭論（卷一）：論戰爭的性質、軍事天才、精神要素與軍隊的武德》，頁85。

[83] 克勞塞維茨（Clausewitz, Carl Von）著，楊南芳譯校，《戰爭論（卷一）：論戰爭的性質、軍事天才、精神要素與軍隊的武德》頁87-89。

[84] 克勞塞維茨（Clausewitz, Carl Von）著，楊南芳譯校，《戰爭論（卷一）：論戰爭的性質、軍事天才、精神要素與軍隊的武德》頁284。

[85] 克勞塞維茨（Clausewitz, Carl Von）著，楊南芳譯校，《戰爭論（卷二）：完美的防禦》（新北：左岸文化，2013），頁162。

[86] Fuller, J. F. C., *The Conduct of War*, p. 107.

據動能定律越來越快，[87] 從軍事戰略的觀點來看，李德哈特研究一次大戰戰史的心得，認為兩軍的連接點是軍事戰略最敏感和最有利的攻擊點，當兩軍之間的空間被切入，將使敵人產生極大的壓力。[88] 因此，所有奇襲目的在使敵人喪失平衡（dislocation）。[89]

李德哈特在思考戰略與心理因素之間的關係時，引用了列寧對戰略的觀點，即戰爭中最合理的戰略是拖延作戰，直到敵人在精神上瓦解，才有可能輕易的給予敵人致命打擊。以及以希特勒的觀點，即在戰爭開始之前如何使敵人達到精神崩潰，這是希特勒最感興趣的問題，就是盡量避免流血。也就是運用戰略從內部摧毀敵人，經由他們自己征服自己。因此，當戰爭是由民意來進行時，語文就替代了武器，宣傳替代了砲彈。換言之，解除敵人的武裝比試圖以強硬戰鬥摧毀敵人來得經濟。因為戰略的真正目的是減少可能的抵抗。[90] 而薄富爾提出「間接戰略」（indirect strategy）的觀念，其核心特徵就是保持行動自由（freedom of action）。換言之，就是擴大自己行動自由範圍的同時，縮小敵人行動自由的範圍。[91]

依據上述戰略理論的分析，台灣在美中競合的國際環境影響，以及台灣內部的困境下，不管在主觀還是客觀的因素影響下，「統一」是台灣未來無法排除的選項。因此，台灣的國家安全戰略在軍事安全部分的戰略目標，應為促使中國願意以和平談判的方式，承諾保障台灣當前的政治制度、社會機制與人民生活安全。而戰略指導應為建構成為中美競爭的戰略緩衝區、建構符合台灣國防戰略需求的軍事力量、建立兩岸平等經貿協定及建構台灣的「終戰指導」，以作為台灣與中國談判的籌碼，說明如下。

---

87 Liddell Hart, B. H., *Strategy*, pp. 188-189.

88 Liddell Hart, B. H., *Strategy* (London: Faber & Faber, 1967), p. 195.

89 Liddell Hart, B. H., *Strategy* (London: Faber & Faber, 1967), p. 197.

90 Liddell Hart, B. H., *Strategy* (London: Faber & Faber, 1967), pp. 208-219.

91 Beaufre, D'Armee Andre, *An Introduction to Strategy* (London: Faber & Faber, 1965), p. 110.

一、建構成為中美競爭的戰略緩衝區

從地緣戰略的角度分析，在當前中美戰略對抗已然形成的國際格局情勢下，台灣必然成爲美國在西太平洋遏制中國進入第二島鏈的戰略要地，抑或是成爲中國想要向西太平洋擴展海權時，統一台灣是必須先解決的障礙。致使台灣成爲當前中美兩國在西太平洋上對抗的戰略鎖域。從美國的戰略利益觀點分析，在「一個中國」政策政治戰略的指導下，維持台灣的獨立自主與中國對抗，可提供美國對中國的戰略選擇自由度。而從中國的戰略利益觀點分析，台灣是中國擴展西太平洋縱深防禦的窒礙點。

依據《孫子兵法》第十一〈九地篇〉對於用兵之法的論述，認爲「諸侯之地三屬，先至而得天下眾者，爲衢地」。換言之，當中國成功將台灣納入其領土控制範圍，若運用《孫子兵法》「衢地合交」的政策，將可能使日本、南韓及菲律賓等東亞國家傾向於採取親中政策的態度。這也是美國極度不願意看到的結果，此結果即意味著美國將失去西太平洋的主導地位。[92]

故在此情況下，台灣的國家安全戰略唯有與中國及美國同時採取和平友好的等距外交關係，方能獲取戰略主動權以作爲中美抗衡的關鍵砝碼，而不是美國打台灣牌對抗中國的籌碼。換言之，即是成爲一個地緣政治的緩衝區，而不是地緣戰略的衝突區。

二、建構符合台灣國防戰略需求的軍事力量

自兩岸分治以來，中國即是台灣國家安全最大的威脅來源。依據 2023 年美國國防部向美國國會報告的《2023 年涉及中華人民共和國的軍事與安全發展》（Military and Security Developments Involving the People's Republic of China）報告書內容，可以明確了解中國在軍事能力的發展上，已具備在西太平洋區域挑戰美國的能力。然台灣內部卻仍在爲國造潛艦「海鯤號」是否具備有效戰力的議題

---

[92] 所謂「交地」即爲《孫子兵法·九地》云：「我可以往、彼可以來者，爲交地。」説明中美在西太平洋的對抗情勢下，台灣有可能成爲中國大陸可以前往，而美軍也可以前往之地。也就是説，台灣將有可能成爲中美軍事抗衡的戰場。

而爭論不休。

　　長久以來台灣在國防武器的獲得與發展上，不僅長期受到美國的管制與控制，以及中國在國際上打壓美國以外的其他先進國家對台灣的武器輸出與技術支援，使得台灣在國防武器裝備的獲得上受到嚴重限制，以致造成國家安全戰略目標與武器獲得需求發生落差的情況。從戰略理論之觀點，小國在面對一個無法逆轉的軍事大國，且受限戰略縱深不足的情況下，若採取保存戰力的「守勢防禦」國防戰略，小國的武裝力量必將在大國強大軍事火力下消耗殆盡，對大國的嚇阻是無效的。

　　因此，台灣相對中國而言，要對中國具備軍事嚇阻效益，就必須採取「攻勢防禦」的國防戰略。台灣的「攻勢防禦」國防戰略，不僅僅在武器裝備上必須具備中、短程打擊能力（如彈道飛彈及巡弋飛彈），甚至擁有核武攻擊能力外，更重要的是，「開戰指導」應該建構在當確認戰爭無法避免，或是確認台灣已遭受中國有組織性的軍事攻擊時，台灣即應立即運用三軍部隊對中國關鍵軍事目標採取「攻勢作戰」的軍事行動，為台灣與中國可能的「和平談判」提供有利的後盾。

三、建立兩岸平等經貿協定

　　兩岸經濟關係從李登輝政府時代的「戒急用忍」政策，讓以中國市場為腹地，建構台灣成為「亞太營運中心」，主導華人經濟圈的台灣長期經濟發展戰略目標胎死腹中，[93] 到蔡英文政府的兩岸貿易往來，台灣對中國的出口貿易平均數，約占台灣總出口貿易的 35% 以上，自中國的進口貿易則約占台灣總進口貿易的 20% 左右。[94] 儘管 2023 年新冠疫情後的國際貿易仍未完全復甦，但是中國經濟發展已成為影響全球經濟發展的重要因素之一，已是不容質疑的事實。換言之，台灣的經濟發展已脫離不了中國影響也是不爭的事實。

　　在中國統一台灣是其不會改變的國家政策下，若從國際關係理論面向探究台

93　張戌誼，〈交通部長劉兆玄：亞太營運中心為何非做不可？〉，《天下雜誌》，1995年6月1
　　日，<https://www.cw.com.tw/article/5105995>（檢索日期：2023年11月3日）。

94　〈台灣進出口統計〉，兩岸經貿網，2023年7月24日，<https://www.seftb.org/cp-1009-1464-
　　c0fcf-1.html>（檢索日期：2023年11月3日）。

灣的國家安全戰略。依據新自由主義理論，國家在全球化時代下，國際間跨國企業的自由貿易需求所產生的全球分工狀況，使得國家與國家之間發生相互依存的現象。而此現象當國與國之間發生利益衝突時，即造成彼此之間的「敏感性」與「脆弱性」。以中美關係為例，自 2018 年美國川普政府對中國發起貿易戰以來，美國這種「殺敵一萬，自損八千」的做法，除了並未讓美國獲得更大利益之外，中國也未因美國的貿易威脅而造成經濟一蹶不振的情況，反而促使中國更加強化其科技與經濟實力。

因此，若兩岸的經貿能夠建立在一個平等的關係上，擴大中國在台灣的各項投資，當中國在台灣的投資規模巨大的話，相對而言，兩岸發生戰爭的機率就會降低。因為兩岸經貿若在一個高度相互依存的情況下，台灣在兩岸的和平談判中，獲得更多自主權的機率也將會更高。

四、建構台灣的「終戰指導」

依據政治大學選舉研究中心對台灣民眾統獨立場趨勢之分析，台灣人民對兩岸關係傾向於「永久維持現狀」的意願，基本上都在 20% 以上，並逐年增加到 2023 年 6 月已達 31.1%，超過「維持現狀再決定」的 28.6%。[95] 換言之，2023 年 6 月之後，到 2024 年 1 月 13 日台灣總統選舉前，在統獨議題的操縱下，台灣人民希望兩岸關係維持現狀的意願高達 59.7% 以上。

從兩岸歷史發展的視角分析，自二戰結束後，中國共產黨為奪取政權，開啟了中國國共內戰的序幕。然自 1950 年 6 月 25 日韓戰之後，在美國強力介入與主導（派遣第七艦隊巡弋台灣海峽）下，退守台灣的中華民國政府與在中國新成立的中華人民共和國政府，形成在「一個中國」意識形態下，台海兩岸分治的國際政治現實，並維持到 2023 年長達 73 年之久。雖然台海兩岸對於「一個中國」的論述與意涵是屬於中國與台灣兩邊的事情，然對於「一個中國」的論述與意涵在 73 年的過程中，隨著台灣政權更迭而有所重新詮釋，這都可以看到美國在兩岸

---

95 〈臺灣民眾統獨立場趨勢分布（1994 年 12 月～2023 年 6 月）〉，政治大學選舉研究中心，2023 年 7 月 12 日，<https://esc.nccu.edu.tw/PageDoc/Detail?fid=7805&id=6962>（檢索日期：2023 年 11 月 4 日）。

之間所發揮的影響力。

　　以俄烏戰爭爲例，從戰爭爆發之前的國際政治情勢分析中，我們可以了解美國積極推動北約東擴的政策，讓俄羅斯對於國家安全感受到立即性、嚴重性與毀滅性的生存威脅。自 2014 年俄羅斯併吞克里米亞島之後，烏克蘭政府即認爲加入北約是其獲取國家安全保障之所在。2019 年烏克蘭總統澤倫斯基（Володимир Зеленський）在人民期望打破舊制度、結束政府腐敗的期待下，於第二輪選舉中以 73% 的支持度贏得總統大選。但在其三年執政期間，執政團隊的醜聞與腐敗，使得 62% 烏克蘭人不希望澤倫斯基競選連任，這將導致澤倫斯基必須尋求西方的協助以穩定政權。[96]

　　2022 年 2 月 24 日俄羅斯總統普丁（Владимир Владимирович Путин）確認在外交上已無法阻止烏克蘭總統澤倫斯基，執意表達加入北約的強烈意願下，俄羅斯採取以「特別軍事行動」之名入侵烏克蘭，並指出其目的旨在對烏克蘭進行「去軍事化」與「去納粹化」，掃除由新納粹主義掌控的烏克蘭軍隊對俄羅斯所構成之威脅。[97]自俄烏戰爭開始之後，即使雙方軍事衝突並未停止，但雙方的和平談判在白俄羅斯與土耳其的積極調停下，也同時在進行中，直到 2022 年 3 月 28 日由土耳其主導的俄烏第五輪和平談判，即使烏克蘭同意接受有條件的「中立國」意願，但雙方和平談判仍陷入僵局。[98]然而在俄烏談判中，我們也始終可

---

[96] Rudenko, Olga, "The Comedian-Turned-President Is Seriously in Over His Head," *The New York Times*, February 23, 2022, <https://www.nytimes.com/2022/02/21/opinion/ukraine-russia-zelensky-putin.html?_ga=2.73277783.510479253.1699074207-232793697.1696038894>（檢索日期：2023 年 11 月 4 日）。

[97] 〈俄羅斯入侵烏克蘭，普丁宣布發起「特別軍事行動」〉，紐約時報中文網，2022 年 2 月 24 日，<https://cn.nytimes.com/world/20220224/russia-ukraine/zh-hant/>（檢索日期：2023 年 11 月 4 日）。

[98] 艾米，〈俄烏將再次談判 澤倫斯基願意有條件談「中立國」條款〉，法國國際廣播電台（rfi），2022 年 3 月 28 日，<https://www.rfi.fr/tw/%E5%B0%88%E6%AC%84%E6%AA%A2%E7%B4%A2/%E8%A6%81%E8%81%9E%E8%A7%A3%E8%AA%AA/20220328-%E4%BF%84%E7%83%8F%E5%B0%87%E5%86%8D%E6%AC%A1%E8%AB%87%E5%88%A4-%E6%BE%A4%E9%80%A3%E6%96%AF%E5%9F%BA%E9%A1%98%E6%9C%89%E6%A2%9D%E4%BB%B6%E8%AB%87-%E4%B8%AD%E7%AB%8B%E5%9C%8B-%E6%A2%9D%E6%AC%BE>（檢索日期：2023 年 11 月 4 日）。

以看到烏克蘭後面的美國影響力。

　　若從大國競爭的觀點，不可否認俄烏戰爭中最大利益的獲得者就是美國，不僅使美國在糧食與能源出口的市場需求與價格利益上營造出經濟成長，更讓美國軍工複合體企業獲得大量國際武器交易訂單的超高利潤。[99]

　　然從國際政治的觀點，兩岸關係與台美關係的發展，始終是建立在中美關係的架構下。從國家利益觀點，「維持兩岸分治」的現狀符合美國與台灣的國家利益。但對中國而言，要達成中國共產黨政府的「中國夢」與中國的復興，打破兩岸分治的現狀完成統一台灣，自中共十九大開始已納入進程推動。

　　就台海現狀維持的主導權，始終不在台灣政府與人民的國際現實情況下，未來台灣不管是自願或被迫選擇以和平談判的方式，藉由定位兩岸關係來完成中國的「統一」。抑或是選擇脫離一個中國憲法下的台灣而「獨立」，並在國際盟友的協助下，經過戰爭的洗禮後，成為國際政治體系定義下的國家。台灣未來的選擇不管是透過和平談判方式，或是戰爭對抗勝敗的結果，即使台灣最終戰敗投降，都必須經由談判來定位兩岸關係。

　　另就戰爭的本質而言，從二戰時德國與日本政府要求人民戰至最後一兵一卒的「殲滅戰」沒有發生過之外，二戰後各時期的中東戰爭與英阿福島戰爭也未發生所謂「殲滅戰」的情況。且 2022 年發生俄烏戰爭，以及 2023 年以色列與哈瑪斯反抗組織在加薩走廊的軍事衝突，在國際人道主義已成為普世價值的道德價值觀下，政府必須認清若發生「殲滅戰」的情況，這是軍人的職責。政府執政者以民族主義意識形態綁架平民加入「殲滅戰」是不道德的行為，而且這樣的政策是做不到的。

　　因此，未來台灣迫於中國的壓力，對「兩岸統一」問題必須做一明確的選擇，而台灣則面對戰爭的方式捍衛台灣的獨立主權作為回應時，台灣政府最高

---

99 〈美國是俄羅斯對烏克蘭戰爭的最大受益者〉，ALJAZEERA，2022年4月14日，<https://chinese.aljazeera.net/behind-the-news/2022/4/14/%E7%BE%8E%E5%9B%BD%E6%98%AF%E4%BF%84%E7%BD%97%E6%96%AF%E5%AF%B9%E4%B9%8C%E5%85%8B%E5%85%B0E6%88%98%E4%BA%89%E7%9A%84%E6%9C%80%E5%A4%A7%E5%8F%97%E7%9B%8A%E8%80%85>（檢索日期：2023年11月4日）。

決策者（總統），必須以台灣人民的生命、安全爲依據，給予軍事作戰指揮官一個明確的「終戰指導」，而不是以維護自己的政權利益爲考量。從俄烏戰爭、以色列與哈瑪斯軍事衝突的觀察，烏克蘭總統澤倫斯基及以色列總理納坦雅胡（Binyāmīn Nētanyāhū）之所以不願意結束衝突，與敵對者展開和平談判的主要因素，在於當和平談判協定簽署之後，他們都將面臨政權垮台的危機，以及受到人道主義者在國際法庭對其提出戰爭罪之指控的可能。同樣的，台灣政府領導人亦將會在兩岸戰爭發生時，面臨同樣的問題。

第三節　台灣海洋安全戰略之建構

　　在探討台灣的海洋安全戰略之前，首先必須對「海權」（seapower）、「海洋戰略」（maritime strategy）、「海洋發展戰略」（maritime development strategy）、「海洋安全戰略」（maritime security strategy）及「海軍戰略」（naval strategy）做出明確的定義，以及確立與「國家安全戰略」及「國防戰略」之間的關係。因此，本文將從與海洋有關的戰略名詞界定，以及「海洋安全戰略」、「國家安全戰略」及「國防戰略」之間關係的探討，作爲解析台灣「海洋安全戰略」的定位。並透過建構主義「無政府文化」理論的問題假設，建構台灣的「海洋安全戰略」。

壹、與海洋事務有關的戰略名詞界定

　　美國海軍上將艾克萊斯（Henry E. Eccles）從海軍的觀點，將戰略定義爲運用全方位的權力控制情勢和區域，以達到廣泛的目標。所以戰略是全方位的，著眼於整個行動領域。由於資源是有限的，戰略學家必須識別與時間、距離、戰術的有效性及後勤資源相關的最小關鍵領域和情況。簡單地說，戰略概念就是：1. 想控制什麼？2. 爲了什麼目的？3. 要達到何種程度？4. 何時啓動控制？5. 控制多久？一般來說就是如何控制以達到戰略目標。[100]

---

100 Hattendorf, John B., Phil, D., and King, Ernest J., *The Evolution of the U.S. Navy's Maritime Strategy, 1977-1986*, p. 5.

　　馬漢於 1890 年出版《海權對歷史的影響：1660-1783》一書，將國家對於海洋的發展與安全維護概念，具體化爲初步的基礎理論。依據《大英百科全書》對海權的解釋爲：「一個國家軍事力量擴展到海洋的手段」[101]。但「海權」一詞對大部分的人來說，仍是一種抽象的概念名詞，尤其是非此專業領域的人更是覺得模糊不清。正如英國海軍戰略專家提爾認爲「海權」（sea power or seapower）的語意之所以難以定義，主要出於 3 個原因。第一個原因是英語的語意：即描述與海洋事務有關的衍生用語，如：「maritime」在英文字典中，語意爲用於敘述與海及船上有關的事務；[102]「nautical」的語意爲涉及船的人與事；[103]「marine」的語意爲與海有關的事務，如果是名詞，則所指的是海軍陸戰隊；[104]「sea」的語意是指大的鹹水區域，有時是指海洋的一部分，有時是指陸地環繞的鹹水區域；[105]「ocean」語意所指的是比海更大的區域；[106]「navy/naval」則爲國家戰艦或載台在海洋的空中、水面及水下戰鬥的武力。[107]

　　然而許多對於海洋事務與戰略論述的書或論文，由於用語上無法達成一致，經常讓讀者對作者眞正的論述意涵產生混淆的情況，尤其在中文沒有明確相對應之詞句可使用時，中文的翻譯就更加難以做出明確區別。第二個原因是海權的「權」（power）字，其實際意義部分：當海權是爲「輸入」（input）概念時，所指的是與海軍、海岸防衛隊、海洋事務及民間海洋工業等廣義的組成；若將海權當作是「輸出」（output）概念時，則所指的是藉由海上行動能力影響他人的行爲或事物。第三個原因是人們實際使用標籤來意指不同的事務：一般與海上武力的使用有關（含括或排除）。[108] 因此，以現代全球化的觀點，「海權」一詞的

[101] "sea power," *Encyclopedia Britannica*, <https://www.britannica.com/topic/sea-power>（檢索日期：2020年5月24日）

[102] Sinclair, John, *Essential English Dictionary* (London: Collins Publishers, 1988), p. 478.

[103] Sinclair, John, *Essential English Dictionary*, p. 519.

[104] Sinclair, John, *Essential English Dictionary*, p. 478.

[105] Sinclair, John, *Essential English Dictionary*, p. 713.

[106] Sinclair, John, *Essential English Dictionary*, p. 542.

[107] "sea power," *Encyclopedia Britannica*, <https://www.britannica.com/topic/navy>（檢索日期：2020年5月24日）

[108] Till, Geoffrey, *Seapower: A Guide for the Twenty-First Century*, pp. 20-21.

定義，基本上應該界定爲國家對於海洋事務發展與安全維護的一種思想及行動概念。

英國海洋戰略理論家柯白爵士在1911年出版的《海洋戰略原則》（*Principles of Maritime Strategy*）一書中，就其內容而言雖名爲「海洋戰略」，實則爲一本以英國海軍戰略爲觀點的海軍作戰原則。認爲海上戰爭的目標是「制海」，艦隊的組成是「手段」，部隊的集中與分散是「方法」；其最重要的目的是交通線的控制。[109] 因此，使得「海洋戰略」與「海權」、「海軍戰略」的定義更加難以區分。儘管後續柯白於1920年著作《海軍作戰》（*Naval operations*）一書，以及馬漢在1911年著作《海軍戰略與陸上軍事作戰的原則和實踐的比較和對比》（*Naval Strategy Compared and Contrasted with the Principles and Practice of Military Operations on Land*）一書，已將「海軍戰略」與「海權」的定義做一較明確的區分。說明「海軍戰略」之定義，所指的應該是運用海軍武力爭取制海權，以達成獲取海權的戰略目標。

二戰後美國成爲海洋世界的霸主，美國運用海軍的力量投射遂行國際警察的行動。1975年越戰結束，1977年美國將海軍的武力運用調整爲以輔助美國外交政策的執行爲主。美國海軍於1982年提出「海洋戰略」構想，其主要是因應1980年代冷戰時期蘇聯海軍武力能力的快速提升，期望向美國國會爭取預算提升美國海軍的絕對優勢，以及整合盟國的軍事力量，壓制蘇聯對美國及盟國國家安全的可能威脅。所以，美國海軍所提出「海洋戰略」構想，仍然是以「海軍戰略」構想爲主的戰略。惟面對各時期不同的威脅環境，將非傳統安全與發生低端軍事衝突的可能性，納入維護美國海洋安全的項目之一。

因此，美國的「海洋戰略」基本上是偏向於以「安全」爲主要思考面向，而不是「發展」。換言之，美國的「海洋戰略」原則上偏向於以「海洋安全戰略」爲主。而日本在其「國家安全戰略」發展的過程中，從第四章第二節的分析結果，可以清楚明瞭日本的「國家安全戰略」原則上傾向於以海洋爲目標的「海洋安全戰略」。

---

[109]Corbett, Julian S., *Principles of Maritime Strategy* (New York: Dover Publications, Inc., 2004), p. 164.

　　另從中國的觀點分析，美國學者馬丁松（Ryan D. Martinson）認為中國對「海洋戰略」的定義，界定為管理海權的使用與發展，以達成和平時期國家目標（national objectives）的國家政策（state policy）。對於「海權」則採取狹義的定義，為國家直接使用海軍、海洋執法部隊（海岸防衛隊）、海上民兵及漁政船等海洋武力作為工具，以達成海上目標。但「海洋戰略」對中國來說，通常不是指管理所有海洋事務的使用與發展的整體性政策，而是僅著重於海軍武力。對於解放軍海軍戰略學家所撰寫的「海軍戰略」或「海洋安全戰略」，則定義為整合運用各種海上武力（包含軍事、海洋執法部隊及民兵），以達成防禦國家安全威脅與維護海洋安全的目標。[110]

　　而對於「海洋發展戰略」的定義，則界定為從國家整體發展途徑使用海洋及相關海洋工業，以支持經濟發展。特別是中國國家海洋局傾向於使用「海洋發展戰略」一詞，「海洋發展戰略」通常也圍繞著「海洋權益維護」的議題，意味著使用海洋執法部隊捍衛及提升中國在海洋爭端的地位；而「海洋強國戰略」（maritime power strategy）在意義上等同於國家海洋局所制定的「海洋發展戰略」。對於中國國家海洋局副局長提出所謂「海洋權益保護戰略」（maritime right protection strategy），基本上是一個非常狹隘的定義，為使用海上力量維護中國海洋主權的聲張。[111]

　　從海洋安全的觀點來看，21 世紀之初，90% 的世界貨物是在海上移動。公海提供了世界經濟的運作，任何阻礙公海或海上交通線運作的事情，有可能對世界上所有人的生計產生重大影響。因此，經由威脅的早期識別，有助於防止恐怖襲擊，以及將執法工作重點放在犯罪的面向，這樣可選擇與任務相關的安全部隊進行適當的攔截。對於尋求保護其海洋邊界的國家來說，就必須做出艱難的權衡，以便有能力提供這種安全的環境。這些海洋安全環境的思考需求，就成為制定國家海洋戰略的一部分。主要是在國家利益與海洋環境之間尋求一個連接，對

---

[110] Martinson, Ryan D., "Panning for Gold: Assessing Chinese Maritime Strategy from Primary Source," *Naval War College Review*, Vol. 69, No. 3, Article 4, Summer 2016, p. 2.

[111] Martinson, Ryan D., "Panning for Gold: Assessing Chinese Maritime Strategy from Primary Source," *Naval War College Review*, Vol. 69, No. 3, Article 4, Summer 2016, p. 3.

一些國家來說可能很重要，其重點涵蓋以下：1.保護海上交通線；2.保護專屬經濟區內的國家資源；3.制止人員、武器及貨物走私；4.發展觀光及海洋環境汙染防治；5.確保船隻在沿海水域過境與錨泊不受騷擾與搶劫的威脅；6.保護國家邊境不受他國入侵或攻擊的威脅；7.海上急難救助；8.自然災害防救。[112]

由於「戰略」必須具有「目標」與達成目標的「途徑」2個要條件。因此，綜合以上解析，作者對於「海權」、「海洋戰略」、「海洋發展戰略」、「海洋安全戰略」、「國防戰略」、「軍事戰略」及「海軍戰略」等內涵定義提出個人觀點，說明如下：

- 海權：為國家對於海洋事務發展與安全維護的一種思想與行動概念。
- 海洋戰略：為運用國家各種力量，以達成獲取海洋利益及維護海洋安全的目標。
- 海洋發展戰略：為獲得與運用國家海洋資源，以提升國家經濟與工業實力，如海洋資源永續發展與管理、海洋工業與交通運輸發展及海洋能源與礦產開發等，所有和海洋資源獲得與運用有關的戰略目標與執行手段。
- 海洋安全戰略：為建構與運用海上武力，以達成維護國家海洋權益與防禦來自海洋的威脅。
- 國防戰略：為建構國防力量，以因應及防禦對國家安全的威脅與挑戰。
- 軍事戰略：為運用軍事力量，以因應及防禦可能的軍事威脅。
- 海軍戰略：運用海軍武力爭取制海權，以達成軍事戰略目標。

貳、與海洋安全有關的各層級戰略之間的關係探討

美國學者斯朗吉特（David Sloggett）認為 1982 年美國海軍所建構的「海洋戰略」概念，推翻了 1970 年代的海軍戰略概念，將海洋戰略的基礎思維設定在制海和力量投射，這與美國海軍所持續不斷努力的兩個目標是一致。但美國的「海洋戰略」不僅是將「制海」和「力量投射」從海軍任務分離出來，同時也是在有限的資源下，將錢投資在可獲得多重功能的任務上。在此情況下，「制海」

---

[112] Sloggett, David, *The Anarchic Sea: Maritime Security in the Twenty-First Century* (London: Hurst& Company, 2013), pp. 88-89.

的意義就是在開闊的海洋實施反潛作戰，而「力量投射」就是航空母艦特遣攻擊支隊的攻擊戰機和海軍陸戰隊。[113]

費里曼（Norman Friedman）認為美國「海洋戰略」的制定與闡述，界定出達成海洋安全戰略的手段，經由制定適切的戰略訓令來確認此安全概念。並依此確認所需的武器裝備，最終目的是建立一支適合當代海洋作戰的多功能海洋力量。但不可否認在準備建立海洋安全力量時，所思考的是如何開始邏輯化與線性化思考國家的投資。也就是戰略文件中所闡述的雄心壯志，必須經過嚴格的計算，方能了解國家能力是否承擔得起。依此有可能導致一種以「模稜兩可」的方式說明戰略文件，進而開放出各種不同的解釋。

所以，「海洋戰略」在某種程度上可以定義為民族國家的海洋安全，其包括領海、專屬經濟區重要的海上交通線、為瓦解和嚇阻跨國犯罪和恐怖分子所做之廣泛性的預置海洋力量部署，抑或是為捍衛國家自身利益所做的遠海兵力投射能力。當國家不斷提升其戰略能力的同時，國家投資的成本也會劇烈增加。尤其是對具有不可忽視之海洋力量的國家，遂行兩棲部隊的遠洋兵力投射必須做慎重的思考。[114]所以，「海洋戰略」也應該指導海軍技術的發展，[115]因為海洋戰略是大的國家戰略之一部分，美國在 1980 年代制定的戰略，表明未來仍將維持發生重大戰爭的可能，而且不是短暫的現象。[116]

提爾認為「海軍戰略」與「海洋戰略」一詞的定義，基本上有許多爭論，甚至有些學者對「海軍戰略」原則是否存在都感到懷疑。對於「海洋戰略」則認為是一個空洞的操作概念，在現實世界中可以發現後勤整備、政治紛爭、行政效率、船員健康等，對海軍作戰的能力都會引發相當大的影響。所以，「海洋戰略」的組成元素為海權、制海權及存在艦隊。雖然此定義含有許多抽象的問題，同樣的，「戰略」一詞也具有抽象的概念，也因為如此，使得「海洋戰略」的概

---

[113] Friedman, Norman, *The US Maritime Strategy* (New York: Jane's Publishing Inc., 1988), p. 193.

[114] Sloggett, David, *The Anarchic Sea: Maritime Security in the Twenty-First Century* (London: Hurst & Company, 2013), pp. 155-156.

[115] Friedman, Norman, *The US Maritime Strategy*, p. 203.

[116] Friedman, Norman, *The US Maritime Strategy*, p. 204.

念具有更大的自由度。[117]

　　事實上所有提出「海洋戰略」一詞的作者，對於「海權」的要素或組成都有相同的概念。例如：馬漢認為地理位置、地形結構、領土大小、人口數量、人民特性及政府性質是海權組成的 6 個要素。亦有學者提出商船、海外領地或基地及戰鬥工具是海權的物質要素。因此，海權的組成可分成來源與要素兩個層面，而這可能也正是「海洋戰略」詞彙中最模糊的概念。[118] 近年來對於「海洋戰略」的目的，至少在某種程度上是指對海洋控制的爭奪。其最直接的方式就是尋找敵人的戰鬥力，並試圖在一次大規模的會戰或決定性的戰鬥中摧毀他們。因此，海洋戰略的組成係經由決定性的戰鬥、存在艦隊及封鎖取得制海權，以達到保護沿海、貿易與基地的任務，以及執行海軍外交、戰略嚇阻。

　　費里曼認為海軍存在的主要 2 個基本目的為：1. 爭奪海洋的使用（攻勢或守勢）：也就一般所說的「制海」。以自由使用海洋為目標，或者是拒止敵人自由的使用海洋。對於潛艦的運用爭論，制海的真正意義是確保水面船隻在合理的安全程度，而不是在海上拒止敵人的潛艦；2. 攻擊岸上目標：海軍兵力投射經常意味著扮演對陸上或深入攻擊的角色，海軍的存在是和平時期利用海軍影響國外事件的主要力量，投射力量或多或少直接對威脅的載體產生某種程度的效果。事實上，力量投射與制海或海上拒止經常沒有明顯的區別，因為達到制海的一個手段就是摧毀敵人的艦隊，不管這個艦隊是在基地或在本土水域。因此，力量投射與制海可以認為是在相同戰略下的兩個面向。[119] 而美國在敘述「海洋優勢」（maritime superiority）準則的同時，「空中優勢」（air superiority）準則也須納入平行思考。藉由空中兵力投射在敵人的基地建築物上，以達到摧毀敵人在陸上或基地附近的空軍。[120]

　　從上述對「海洋戰略」意涵的分析，可理解馬漢的海權理論深深影響著美國的「海洋戰略」，海軍軍備是海洋戰略的劍峰，是達到目的的一種手段。有時艦隊採取行動是必要的，但在和平時期商業貿易是促進國家繁榮和偉大的真正途

---

[117] Till, Geoffrey, *Maritime Strategy and the Nuclear Age* (New York: St. Martin's Press, 1982), pp. 8-11.

[118] Till, Geoffrey, *Maritime Strategy and the Nuclear Age*, pp. 12-13.

[119] Friedman, Norman, *The US Maritime Strategy*, pp. 114-115.

[120] Friedman, Norman, *The US Maritime Strategy*, p. 115.

徑，戰爭不再是國家自然甚至正常的情勢。由於國家發展主要以經濟和商業為主，所以要理解海權的起始點與基礎，就必須藉由政治措施指導軍事或海軍力量以確保商業。因此，商業、政治及軍事 3 項次序相互關聯，成為國家重要的要素。[121]

現今的海洋安全具有多面向和多空間特性，並涵蓋軍事與非軍事議題。但在上述對海洋安全環境的需求中，制止走私、發展海洋觀光與海洋環境汙染防治、海上航行船隻安全、海上急難救助和自然災害防救等 5 項，基本上是各國公認的國際普世價值。即使是相互為敵的國家，在和平時期都會有義務支援與合作的意願。而在保護交通線、國家海洋邊境不受威脅及專屬經濟區權利等 3 項，則通常是引發區域國與國之間衝突最主要的因素。尤其是在危機時期的海上交通線（如南海及麻六甲海峽）之保護上，將面臨崛起的區域強權海軍武力（如馬來西亞、越南、印度、中國及新加坡的海軍）所形成的海上拒止作戰之挑戰。海洋安全作戰（Maritime Security Operations, MSO）是廣泛海洋戰略的一個要素，其提供國家能夠採取各種形式的海軍干涉行動。所以，用海洋安全作戰來界定當代海軍的活動，主要目的在於打擊恐怖主義和其他非法活動，如劫持、海盜和人口販運等。[122]

綜合上述分析，對於一個島嶼國家（如日本、英國、印尼等國家），或是一個以海洋事務為主的國家（如美國、挪威、丹麥及荷蘭等國家），原則上「海洋戰略」就等同於「國家戰略」。由於「戰略」具有「發展」與「安全」兩個面向。所以，海洋戰略也如同國家戰略一樣，涵蓋「海洋發展戰略」及「海洋安全戰略」兩個面向。對於一個「陸海權兼顧」的臨海國家，其「國家戰略」就必須涵蓋陸地及海洋兩個面向；而「海洋安全戰略」與「國土安全戰略」都僅是「國家安全戰略」的一部分。「海洋安全」與「國土安全」兩者之間孰重孰輕，主要取決於地緣戰略的發展趨勢。因此，對台灣而言，「海洋戰略」及下一層級的「海洋發展戰略」與「海洋安全戰略」，都應屬於總統權責的國家層級戰略，用以指導行

[121] Yoshihara, Toshi and Holmes, James R., *Red Star Over the Pacific: China's Rise and the Challenge to U.S. Maritime Strategy*, (Maryland: Naval Institute Press, 2010), p. 9.

[122] Sloggett, David, *The Anarchic Sea: Maritime Security in the Twenty-First Century*, p. 108.

政院將相關海洋安全事務納入「國防戰略」內制定，以及制定「國防政策」以提供行政院各部會執行有關海洋安全維護之依據。

參、台灣的海洋安全戰略

依據前述的分析結論，由於台灣是一個四周環海、資源有限的海洋屬性島嶼國家。所有的威脅均來自海洋，所以台灣的「國家安全戰略」，原則上就等同於「海洋安全戰略」。雖然海洋安全涵蓋傳統、非傳統及非戰爭下軍事行動等3個部分，由於非傳統安全基本上為世界各國共有的信念，且多屬於海洋邊境安全與權益的維護與管理需求，國與國之間在非傳統安全上發生衝突的機會相當低。其中僅在反恐怖主義上，美國視為境外軍事行動的一環，而不是台灣安全思考的主軸。面對中國的傳統安全威脅，才是台灣海洋安全的主要挑戰，而台灣在東海與南海有領土、領海主權爭議的非戰爭下軍事行動則為次要挑戰。

因此，本書將從運用建構主義的無政府文化理論與戰略三角理論，從傳統安全觀點，分析中美兩國在西太平洋競爭下的台灣海洋安全戰略，並以建構主義「身分」與「利益」理論，從非戰爭下軍事行動的觀點，分析因應台灣與日本、越南和菲律賓之間，在領海與主權爭議下的台灣海洋安全戰略。

一、傳統安全下的台灣海洋安全戰略

台灣所面臨的傳統軍事安全，就是中國對台灣的武力威脅。然而兩岸是否統一的主要核心問題，除了台灣內部的意願取向外，最大的因素是中國與美國在西太平洋的權力平衡競爭問題。當前的美、中、台三角關係中，美國與台灣屬於康德文化的朋友關係；中國與台灣屬於霍布斯文化的敵人關係；美國與中國亦屬於霍布斯文化的敵人關係。作為雙方戰略前沿的台灣，是美國權力平衡的籌碼或砝碼，取決於台灣的決定。因此，對台灣軍事安全的選擇，將運用吳玉山的戰略三角理論（如圖15）[123]，從可能的假設方案分析，以建構台灣海洋安全戰略中，有關安全部分的戰略構想與目標，如下：

---

[123] 包宗和，〈戰略三角個體論檢視與總體論建構及其對現實主義的衝擊〉，包宗和、吳玉山主編，《重新檢視爭辯中的兩岸關係理論》（台北：五南圖書，2009），頁339-345。

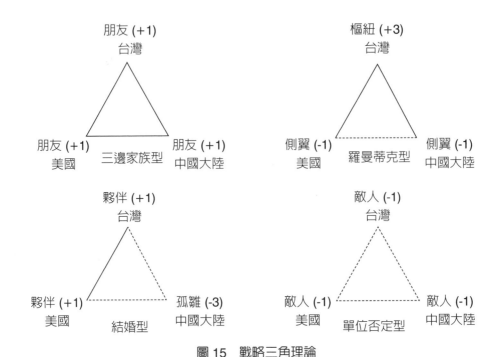

圖 15　戰略三角理論

資料來源：包宗和，〈戰略三角個體論檢視與總體論建構及其對現實主義的衝擊〉，包宗和、
　　　　吳玉山主編，《重新檢視爭辯中的兩岸關係理論》（台北：五南圖書，2009），頁
　　　　339。

（一）方案一：羅曼蒂克型的三邊關係

　　台灣如果要選擇此安全戰略，雖然仍須與美國保持朋友關係，但不是傾向於扈從的關係，而與中國則須從敵人抗衡關係變為朋友競爭的關係。換言之，如同翁明賢認為台灣選擇維持現狀為最佳安全戰略定位時，應該是在中美之間尋求權力平衡，也就是適度依賴美國對中國的敵意，但與中國保持良好的關係。[124] 台灣在陳水扁政府第一任期與馬英九政府的兩任任期，基本上就是以「維持現狀」的方式朝向此安全戰略選擇，推行對中國與美國關係政策，此安全戰略選擇的結果是最有利於台灣的安全，也如同蔡英文政府所提「維持現狀」的避險策略。[125]

---

[124] 翁明賢，《建構與藉購：台灣的國家安全戰略研究（2000-2008）》，頁527。

[125] 吳崇涵，〈中美競逐影響力下的臺灣比險策略〉，《歐美研究》，第48卷，第4期，2018年12月，頁517。

（二）方案二：結婚型的三邊關係

台灣若選擇此安全戰略，除了與美國持續維持朋友關係之外，還須強化成為聯盟的扈從關係，而與中國則持續維持敵人抗衡的關係。美國拜登政府對中國與台灣的政策，似乎是朝此方向發展。美國拜登政府持續提出改善與台灣關係的各項法案，強化與台灣建構緊密扈從關係。且台灣的民進黨政府似乎也期待採取扈從美國的關係，以對抗中國的威脅。基本上這是中國最不願見到的發展結果，這樣的結果有可能迫使中國對台灣採取壓迫的軍事行動，讓台灣重新思考安全戰略的選擇。這也是中國批評台灣蔡英文政府選擇「聯美抗中」的原因。

（三）方案三：三邊家族型

此戰略三角的狀態，基本上是美國與中國處於朋友競爭的關係狀態下，台灣選擇與美國及中國維持朋友關係的避險策略。這樣的狀況曾發生在 1979 年中國與美國的關係改善，逐漸進入友好的朋友關係，台灣與中國最終在 1992 年達成「辜汪會談」協議。雖然在軍事上仍處於對抗型態，但兩岸處於良性經濟互動的友好關係。在台灣的國家安全上，台灣與中國的關係從敵人抗衡的關係，轉變為敵人避險關係。直到 1996 年李登輝政府採取「戒急用忍」的兩岸政策，使得台灣與中國又回復到敵人抗衡的關係。

（四）方案四：單位否決型

會發生此戰略三角的結果為台灣在中美關係處於敵人抗衡的狀況下，台灣選擇與中國及美國成為競爭抗衡的關係。基本上這樣的狀態儘管可能發生在美、中、蘇 3 個大國的關係上，如 20 世紀的 60 及 70 年代期間，中國分別與蘇聯交惡，與美國在越戰與台灣問題上是敵人抗衡的關係。但對於台灣這樣一個相對弱小的國家而言，選擇採取同時對美國及中國的敵人抗衡關係之安全戰略，目前台灣是沒有足夠力量可為之的。

綜合上述從軍事安全的觀點所提的 4 個方案選項分析中，可以了解以美國立場而言，若以美國為樞紐的最佳選擇是羅曼蒂克型的三邊關係，但是「中國崛起」已是不爭的事實，並且逐漸在全球的政治、經濟、文化等領域及西太平的軍事領域上，挑戰美國的霸權及其所建構的國際規範與秩序。美國與中國的關係再度走回冷戰期間的朋友合作關係之機率，基本上已不復存在。尤其美國對中國高科技技術的全面封殺政策，可以看得出美國對其在國際上「一超」霸權的維護決

心。除非美國願意放棄「一超」的霸權地位與中國共同實施全球治理，而這樣的發展也許可能，但必須端看中美之間的力量消長。

因此，美國次要的選擇為台美之間建構朋友扈從關係的結婚型戰略三角，運用台灣無法單獨抗衡中國的國家安全需求，成為台灣與中國權力平衡的仲裁者。此有利於美國在與中國的敵人競爭關係中，分別從兩者獲取利益。雖然台灣必須付出扈從的巨大經濟代價，但對台灣的國家生存安全是有利的。

對中國而言，從中美在南海軍事的競爭，以及在全球經濟貿易戰的對抗過程來看，中國原則上並不願意與美國建構敵人抗衡的關係，而是期待與美國保持競爭者避險的關係。而台灣問題所牽動的層面複雜，台灣對美國的關係要從朋友轉變成競爭者，乃至於敵人的關係，基本上是不可能發生的。除非兩岸統一後在中國容忍之高度自治下的台灣，迫於中國的要求選擇與美國採取敵人抗衡的關係。因此，中國最好的選擇應為三邊家族型。此有利於中國建構一個和平穩定的在外國際環境，讓中國有時間實施經濟轉型與全方位的高科技及工業技術發展，為實現「中國夢」創造有利的外在發展條件。而結婚型的戰略三角關係是中國最不願意看到的發展結果，這將形成台美共同對抗中國的狀況。

就台灣立場而言，台灣與中國之間巨大的實力落差，已是無法逆轉的事實。而 2019 年以後的中美關係不管是現在還是未來，基本上雙方成為敵人抗衡關係的機率，遠大於競爭者妥協或合作的關係。美國為強化對抗中國的能力，採取要求台灣扈從美國是必然的政策選擇。然不可否認，台美關係的主導權在美國，而兩岸關係的主動權則在中國。台灣當前的狀況，原則上是被動的處於結婚型的戰略三角形勢。雖然安全上可藉由美國抗衡中國的軍事威脅與挑戰，但在經濟上可同時獲得與美國及中國的貿易利益。但不可否認，台灣未來可能會面臨受到中美共同控管的風險，而失去其自主的能力。

然而就當前現實的情況，若以中國為戰略三角的頂點，中美之間的關係短時間要成為朋友的可能性基本上相當低。除非中國的高科技技術、軍事能力與經濟市場規模，達到美國已無法運用各種手段壓制的情況，美國才有可能考慮與中國和平共處成為競爭者的關係。抑或是中國在美國的壓力下衰弱到必須與美國妥協，方能與美國成為朋友關係，否則中美的敵對抗衡關係是無法改變的。而台美關係的「親疏」則取決於美國的態度，雖然如此，台美的朋友關係是不會改變

的，差別只不過是台灣是否需要朝向扈從關係的選擇。而在兩岸關係的部分，自2016年以來兩岸處於敵對抗衡關係，迫使民進黨政府別無選擇的配合美國政府國家利益需求，將台美關係形塑成朋友扈從的關係，其結果使得中國面臨形成戰略三角理論中最差的結婚型關係。

雖然美國對「一個中國」政策仍沒有改變的跡象下，中美從競爭者避險關係轉變爲敵人抗衡關係的變化，對台美朋友關係的影響仍是有限的。也就是即使中美關係處於緊張的敵人抗衡狀態，美國對台灣的朋友關係雖然會更加密切，但仍會保有一段距離而不成爲聯盟體系。因爲台美關係中，美國所考慮的主要因素，在於美國是否願意承擔與中國發生軍事衝突的風險。而台灣能做的選擇是期待與中國建立競爭者避險關係，與美國則保持一段距離的朋友避險關係，但這都必須取決於美國的國家利益，以及中國對台灣的態度。

因此，台灣的國家安全戰略構想，應是將當前美中台結婚型的戰略三角關係，轉變成爲羅曼蒂克型的戰略三角關係。也就是與美國維持朋友但不是扈從關係，而與中國建構競爭者的避險關係。但不可否認，台灣如何與中國共同建構「一個中國」原則的共識，將是台灣與中國能否成爲競爭者避險關係所必須解決的核心問題。所以，台灣在海洋安全戰略的軍事安全目標上，應爲在西太平洋區域建構可與美國及中國形成等距關係的能力。

二、非戰爭下的軍事衝突

依據《憲法》，台灣的固有疆域與領土主權，除對台灣、澎湖、金門、馬祖、東引、烏坵、蘭嶼、綠島、東沙群島及南沙太平島等地區之治權外，主權涵蓋中國大陸地區、東海釣魚台列嶼、南海11段線海域及其海域內之諸島、礁與暗沙。當前台灣在國際上，除面臨長久以來在兩岸分治的狀況下，和統治中國大陸的共產黨政權仍處於敵對狀態外，與日本在東海釣魚台列嶼、越南在南沙太平島周邊諸島礁、菲律賓在巴士海峽與南沙島礁等主權、領海及專屬經濟區等，也均有主權爭議。因此，台灣國家安全所面臨的挑戰，不僅來自於中國的威脅，近年來日本、越南及菲律賓積極強化與發展的國防武力，對台灣來說，非戰爭下發生軍事衝突的可能性有逐漸升高趨勢，雖然日本、越南及菲律賓在東海與南海的

主權爭議上，仍以中國爲主要對象，但台灣仍無法排除被捲入主權爭端軍事衝突的可能性。分析如下：

（一）日本

1972 年美國單方面決定將釣魚台列嶼的行政管轄權移交日本，引發台灣和中國對日本長久以來無法解決的主權爭議問題之抗議。尤其日本積極主張以釣魚台列嶼主權爲基礎的 200 海浬專屬經濟區，並採取強烈手段驅逐、扣押台灣在附近海域作業的漁船，嚴重排斥台灣對釣魚台列嶼的主權與傳統漁場之專屬權利，因而經常發生我作業漁船遭受日本海上保安廳巡防艦騷擾情事。雖 2013 年 4 月 10 日日本在中國對釣魚台列嶼採取積極性海上武力存在行動的主權聲張壓力下，與台灣簽訂〈亞東關係協會與公益財團法人交流協會漁業協議〉。雖然暫時保障我漁民的合法漁業權，但日本禁止我漁船、公務船經過或接近釣魚台列嶼 12 海浬範圍[126]。

另 2016 年 4 月 25 日日本非法主張沖之鳥礁擁有 200 海浬專屬經濟區，對台灣於公海作業漁船實施扣留與罰款，這些事件是自 2005 年 10 月及 2012 年 6 月以來的第三起事件。[127] 因此，台灣與日本在東海釣魚台列嶼主權與海洋資源使用權利的爭議，以及在沖之鳥礁附近海域的漁業權利，在未達成明確的共識之前，仍有因漁業糾紛而產生潛在武力衝突的可能。

（二）菲律賓

巴士海峽及其周邊海域是台灣長久以來漁船捕魚的海域，而台灣作業漁船時有遭受菲律賓公務船扣押的情事發生。2013 年 5 月 9 日「廣達興 28 號」漁船遭受菲律賓海巡艇人員武力攻擊，造成人員死亡事件。[128] 雖然促成《台菲漁業協

---

[126] 亞東太平洋司，〈臺日漁業協定〉，中華民國外交部，2013年4月29日，<https://www.mofa.gov.tw/cp.aspx?n=90BEE1D6497E4C58>（檢索日期：2020年5月26日）。

[127] 邱俊福，〈我漁船在沖之鳥礁海域作業遭日方扣押至今已3起〉，《自由時報》，2016年4月27日，<https://news.ltn.com.tw/news/society/breakingnews/1678229>（檢索日期：2020年5月26日）。

[128] 〈「廣達興28號」漁船遭菲律賓巡邏艦人員槍擊事件調查結果，法務部說明如下〉，中華民國法務部，2013年8月7日，<https://www.moj.gov.tw/cp-21-50935-d0788-001.html>（檢索日期：2020年5月26日）。

定》的簽署，確立「避免使用暴力或不必要武力」（Avoiding theuse of violence or unnecessary force）、「建立緊急通報系統」（Establishment of an emergency notification system）及「建立迅速釋放機制」（Establishment of a prompt release mechanism）3 項規範共識，但對於專屬經濟區的認定仍未達成共識。

另菲律賓對於南海主權問題上，已表達採取積極性主張與行動，並於 2016 年起逐漸強化海軍武力的建設，自 2020 年起獲得兩艘新建的 2,600 噸級飛彈巡防艦，以及 2 艘千噸級的巡邏艦。[129] 雖然台灣目前在南海僅擁有太平島的實質控制權，但南海海域仍為台灣傳統作業漁場。若菲律賓公務船執意採取非法干擾行動，將威脅台灣漁船在南海合法的海洋專屬權利。因此，我國與菲律賓在巴士海峽及南海海域仍存有領土、領海主權與專屬經濟區發生衝突的潛在可能性。

（三）越南

二戰結束後，1946 年中華民國接收原日治時期台灣總督府管轄之「新南群島」，完成南海東、西、南沙群島的主島石碑設立及派軍駐守。1947 年我國公布「南海諸島位置圖」，以宣示南海主權。並依據 1951 年 9 月 8 日各國於美國舊金山簽訂的《對日和平條約》（Treaty of peace with Japan）第 2 條第 6 款規定，以及 1952 年 4 月 28 日台灣與日本簽訂的《中日和平條約》第 2 條規定：日本放棄台灣及澎湖群島以及南沙群島及西沙群島之一切權利、權利名義與要求。[130] 另依據《維也納條約法公約》第 28 條（條約不溯及既往）規定：除條約表示不同意思，或另經確定外，關於條約對一當事國生效之日以前所發生之任何行為或事實或已不存在之任何情勢，條約之規定不對該當事國發生拘束力。[131] 因此，中華民國於 1947 年所公布的南海 11 段線之主權宣示，不適用 1982 年 12 月 10 日各國簽署同意的《聯合國海洋法公約》，所律定的相關島、礁、領海及專屬經濟區等規定之範圍。

---

[129] 李靖棠，〈【強化國防】南韓承諾再增除役浦頂級菲律賓海軍擬增購2艘新巡邏艦〉，上報，2019年8月27日，<https://www.upmedia.mg/news_info.php?SerialNo=70206>（檢索日期：2020年5月26日）。

[130] 許慶雄總編輯，李明峻主編，《當代國際法文獻選集》（台北：前衛出版社，1998），頁647。

[131] 許慶雄總編輯，李明峻主編，《當代國際法文獻選集》，頁124。

　　自 1968 年聯合國公布南海海域擁有蘊藏豐富的油氣資源後，引發周邊各國對南海諸島的爭奪，尤以越南最具侵略性。雖然台灣對於南海主權採取「擱置爭議，共同開發」的政策主張，但是未獲得相關國家的回應。近年南沙太平島時有遭受被越南強占之敦謙沙洲上的民兵挑釁與騷擾，以及越南政府積極性的自我主張對西沙、南沙島礁與領海主權，已嚴重侵犯我領土、領海主權。自 2018 年起越南為強化對南海的軍事力量，陸續獲得俄製現代化輕型飛彈巡防艦及潛艦。因此，未來台灣在維護太平島等諸島、礁與領海主權時，面臨越南威脅與挑戰的可能性將逐漸增加與增強。

　　綜合上述分析，台灣的海洋安全戰略在非戰爭下軍事行動的戰略目標，應為強化台灣所屬東海與南海島嶼附近領海、專屬經濟區的海上武力存在力量與優勢，以促進台灣所主張「主權在我、擱置爭議、和平互惠、共同開發」的東海與南海「和平倡議」之落實，以及周邊相關國家對台灣存在的重視。[132]

　　國際關係學者基歐漢及奈伊對於海洋問題，認為海洋領域議題改變了武力的角色，武力不再是核心，以及強權國家也不再具有優勢。《國際海洋法公約》的公海機制已逐漸侵蝕了大國海軍力量的執行，這樣不僅提供小國使用武力的一些空間，也給予小國提出在舊有機制所不允許的資源開發上的額外議題。從戰略的角度分析，雖然軍事力量仍具有其重要性，但大國使用武力強化機制（維持嚇阻）作用，戲劇性的轉變為小國運用武力延伸其管轄權的主張，進而侵蝕了所建立的公海機制。[133] 而巨克毅認為「合作性安全」（cooperative security）的概念是主張區域國家內的各國採取各種合作方式，逐步建構區域安全與和平秩序。換言之，強調在沒有特定藍圖、計畫與組織下，希望以非正式途徑、彈性漸進及結果取向，逐步建立區域安全體系。強調寬鬆與彈性形式、著重預防危機的保安機制、不排斥區域內現有的安全機制及尊重國家利益。[134]

　　對於戰爭的指導，李德哈特認為當戰爭無法避免時，勝利的真實道理是意

---

132 〈總統出席「南海議題及南海和平倡議」講習會〉，總統府，2016年4月8日，<https://www.president.gov.tw/NEWS/20310>（檢索日期：2020年5月26日）。

133 Keohane, Robert O., Nye, Joseph S., *Power and Interdependence*, p. 89.

134 巨克毅，《全球安全與戰略研究的新思維》（台北：鼎茂圖書，2000），頁4-5。

味著和平與人民的狀態，在戰爭之後要比戰爭之前好。這個勝利的道理要成為可能，就是速戰速決或不超過國家資源負擔的持久戰，必須調整目的以配合手段。一個國家在戰爭的喘息中，利用機會努力以協商解決紛爭，比追求戰爭勝利的目的，更能接近所預期的目標。[135]

從上述 3 位國際關係與戰略學者對海洋安全、國際合作機制及戰爭原則所提出的觀點，可以了解到未來大規模軍事衝突發生機率可說是非常的低。國與國之間對於海洋主權與權益的爭端，最終的解決方式還是藉由和平談判尋求雙方都可以接受的妥協共識。但不可否認談判之前的軍事衝突仍是一個主要或是必要的手段，只不過是衝突規模的大小不同，而且此衝突必須在可控制的範圍內。若以北韓的核武與彈道飛彈發展為例，國家所發揮的存在價值雖然是負面的影響力，並遭受國際制裁付出相當大的經濟代價，但如果我們跳脫西方霸權的意識形態，從北韓的國家生存觀點來看，應該沒有人會否認北韓運用核武危機，提升北韓存在價值的目的。這也是北韓賴以維護國家生存的目標所在，而不是對他國的侵略。

因此，以台灣當前在國際社會的現況而言，台灣受限於「一個中國」政策的國際政治現實狀況下，如何展現台灣存在的價值，是台灣在思考與制定國家安全戰略及海洋安全戰略時，首要關鍵核心問題。翁明賢認為台灣的國家安全戰略應該發揮「能動者」及「操之在我」的作為上，在西太平洋的地緣戰略區域建構多重角色與集體身分。[136]也許可能會產生負面影響力，但要讓台灣在國際社會中受到重視與發揮台灣存在的價值，台灣必須在區域地緣戰略的作用上，發揮積極性的影響力。

第四節　小結

本章藉由解析台灣當前戰略體系現況與檢討，重構符合台灣戰略體系架構與相對應的政府負責單位。提出海洋安全戰略應屬總統權責的國家層級戰略，由國家安全會議依據總統施政構想，制定具體的國家層級海洋安全戰略。以作為行

---

[135] Liddell Hart, B. H., *Strategy*, pp. 357-358.
[136] 翁明賢，《解構與建構台灣的國家安全戰略研究（2000-2008）》，頁683。

政院據以制定國防戰略與海洋安全政策之準據，並從發展面探討影響台灣國家安全戰略的因素與未來發展趨勢，提出台灣的「國家安全戰略」構想為促使中國願意以和平談判的方式，承諾保障台灣當前的政治制度、社會機制與人民生活安全。而戰略指導部分應以建構成為中美競爭的戰略緩衝區、建構符合台灣國防戰略需求的軍事力量、建立兩岸平等經貿協定及建構台灣的「終戰指導」，以作為台灣與中國談判的籌碼。

在戰略面的分析上，經由上述對台灣海洋安全上的傳統安全與非戰爭下軍事行動面向之戰略選擇分析，並綜合海洋非傳統安全的需求，台灣的海洋安全戰略目標應為：「運用海上武力維護台灣領土、領海及專屬經濟區等海洋權益，並發揮台灣在區域海洋安全上的地緣戰略價值，以提升台灣在西太平洋區域的影響力與外交自主性。」而達成此戰略目標之途徑，分別為：1. 提升攻勢防禦能力，以促使敵人願意以和平談判的方式解決爭端；2. 強化制海能力確保與封鎖海上交通線，以消除或減低敵人海上封鎖的效能，以及作為和平談判的有力後盾；3. 建構力量投射能力，以維護東海及南海領土、領海主權及專屬經濟區的海洋權益；4. 維護台灣的海洋邊境安全。說明如下：

一、提升攻勢防禦能力，以促使敵人願意以和平談判的方式解決爭端：藉由國防自主發展建構台灣具備遠距打擊能力的海上武力，以提升對西太平洋區域地緣戰略的影響力，以及作為爭取中美等距關係外交政策所需的實力。

二、強化制海能力確保海上交通線，以消除或減低敵人海上封鎖的效能，以及作為和平談判的有力後盾：為因應敵人可能的海上封鎖，運用海上武力爭取制海權及遂行護航作戰，以確保台灣海上交通線的安全與暢通，強化台灣生存安全與持續戰略。另因應日本可能的威脅，採取南北海上能源運輸線干擾與封鎖的政策，以作為和平談判的後盾與發揮政治影響力。

三、建構力量投射能力，以維護東海及南海領土、領海主權與專屬經濟區權益：為因應敵人對東海及南海領土、領海及專屬經濟區的可能威脅，適時投射海上武力，展現武力存在，以強化台灣對該區域的嚇阻力與影響力。

四、維護台灣的海洋邊境安全：整合運用海軍武力與海巡武力遂行海洋執法，以防範來自海上的非法走私、海洋汙染、海洋資源破壞及海洋資產維護等安全威脅。

　　換言之，台灣海洋安全戰略目標的達成是建構在爭取制海權、力量投射及反封鎖護航作戰的「攻勢防禦」自主國防力量上。不僅要成為中國與美國在西太平洋權力平衡的砝碼，且不是美國打台灣牌時，與中國交換利益的籌碼。更要使台灣的海上武力在西太平洋區域，成為日本、南韓不可忽視的力量，發揮台灣在區域的嚇阻影響力，以作為台灣與區域各國建構集體身分（如建構國際共同維護西太平洋南北海上交通線聯盟）的外交政策後盾。

　　下一章將從執行面的研究，以本章所建構的台灣海洋安全戰略構想、目標及途徑，落實成為具體的海洋安全政策，作為行政院所屬各部會據以協調、支援及執行之參考依據，以達成台灣海洋安全戰略之目標。

第六章

台灣的海洋安全政策

「海洋政策」也如同「國家戰略」、「海洋戰略」一樣，包括發展及安全兩個面向。台灣「海洋發展政策」制定之目的，基本上著重於海洋資源的利用與開發（如捕撈漁業、養殖漁業、海洋觀光及海洋礦藏開採等）、海洋生態環境的監測、保護與恢復（如珊瑚礁及海洋生態鏈系統）、海洋環境汙染防治（如海洋垃圾、海洋廢棄物及海洋化學汙染等），以及海洋工業與科技發展（如造船工業、海洋探勘及研究等）。而「海洋安全政策」制定的目的，則著重於傳統安全中防衛來自海洋威脅國家安全的敵人（如中國），非戰爭下軍事行動中防禦國家海洋領土、領海主權、專屬經濟區權益及海上交通線（如東海釣魚台列嶼及其附屬海域、南海太平島與南海 11 段線內之島、礁及海域），以及非傳統安全中反恐怖主義、反海盜、邊境安全（如人員偷渡、槍枝、毒品與非法貿易走私）、災害防救（如颱風、地震等）、人道救援（如船難、人員撤離等）。

由於本書研究重點為海洋安全領域，將從執行面對台灣海洋安全事務執行現況與檢討、台灣海洋安全政策及海上武力建構之探討，提出符合台灣需求的海洋安全政策，以及所需的海上武力。

第一節　台灣海洋安全事務執行現況與檢討

台灣對海洋權益的發展與維護的開端，主要是 1994 年 11 月 16 日《聯合國海洋法公約》正式生效日開始，並要求 1999 年 5 月 13 日以前完成公約簽署的各國，必須於 2009 年 5 月 12 日前提交領海基線聲明。[1]台灣分別 1988 年 1 月 21 日公布施行《中華民國領海及鄰接區法》，續於 1999 年 2 月 10 日公告「中華民國第一批領海基線、領海及鄰接區外界線」，作為台灣海洋安全防禦與海洋權益維護執法之依據。[2]2000 年台灣由民進黨政府執政後，積極推動「海洋立國」政策，進而促使學界要求政府在行政院下轄設立「海洋事務部」，以專責機構統籌台灣相關海洋事務工作。但在各方爭論之後，最終還是以「海洋委員會」協調性質的

1　行政院新聞局，《98年中華民國年鑑（中文版）》（台北：行政院新聞局，2010），頁299。

2　〈方域業務〉，中華民國內政部地政司，<https://www.land.moi.gov.tw/chhtml/content/68?mcid=3225&qitem=1>（檢索日期：2020年5月28日）。

機構取代「海洋事務部」的設立。本文將從台灣對海洋事務工作執行現況分析與問題檢討，以了解台灣在海洋安全政策上的窒礙，作爲本章第二節擬定台灣海洋安全政策之參考依據。

壹、台灣海洋事務執行現況分析

一、台灣海洋事務專責機構的設置

2000 年 1 月 26 日「行政院海岸巡防署」成立，以統整台灣海洋事務的執法工作，2000 年 5 月 20 日台灣由民進黨政府主政，開始推動「海洋立國」的政策主張，觸發被台灣長期忽略的海洋事務，成爲產、官、學界關注與爭論的議題。邱文彥認爲對於台灣國土資源應包含所謂水、土、林及人的統合思考，行政院對於國土地規劃通常關注於「西部成長管理軸」、「東部策略發展軸」及「中央山脈保育軸」三大構想主軸，但缺少對於「海洋保育圈」的架構與思維。自民進黨政府主政後，開始倡議海洋立國的國家發展構想，促使關心海洋發展的學者、專家積極推動台灣的海洋事務工作。經彙整學界、官方、軍方和民間等學者專家的問卷調查，均認爲有必要設置完整的海洋專責主管機關，負責海洋政策與規劃、海岸開發管理、海洋資源保育、漁業、航運與企業發展、海洋氣象與海域資源調查、環境監測、海洋科學研究、海洋觀光與海巡執法等完整的職能。[3]

2002 年 4 月行政院提出的《行政院組織法修正草案》中，特別設置海洋事務部，將原各部會涉及有關海洋業務的工作做整合，如內政部的海域管理資料庫、海底電纜管道路線許可、海岸地區開發與管理、海埔地開發與管理等業務；經濟部的海岸非生物資源開發與管理等業務；農委會的漁業、海洋生物資源之保育利用等業務；海巡署的海域、海岸秩序維護、海上犯罪偵防工作；交通部的航運、港埠、電信業務、海象預測與預報等業務；環保署的海洋汙染防治工作；國科會的海洋研究發展工作等。[4]

3　邱文彥，《海洋與海岸管理》（台北：五南圖書，2017），頁231-232。

4　黃朝盟、蕭全政，〈行政院組織改造回顧研究〉，《財團法人國家政策研究基金會》，RDEC-RES-099-039（委託研究報告），2011年12月，頁74。

　　2002年9月行政院為廣納社會意見，分別於北、中、南「行政院組織調整」分區座談會中，對於設置「海洋事務部」的意見實施調查。其結果贊成的意見均未達到50%，尤其是學者專家意見部分，南部為21%、北部為8%。[5] 這樣的調查結果從另一方面觀點，可以看得出台灣南、北之間對國家發展需求上的觀念差距。北部偏向政治利益的分配、南部偏向經濟發展的需求。2000至2008年民進黨執政期間的《行政院組織調整案》，最終在爭議中以朝向設立「海洋委員會」的方式取代設置「海洋事務部」。

　　「海洋事務部」之所以無法成為朝野共識的主要原因，在於民進黨政府提出「海洋立國」概念，其目的是希望脫離國共內戰的制約，以新的國家定位思維建立獨立自主的國家觀。強調現代台灣「海洋國家」的地緣特徵，透過區隔過往陸權思想，將台灣與中國大陸的鏈結切開。[6] 「海洋事務部」之所以無法設置的另一核心原因，在於民間學者、專家及政府未能從國家生存的面向思考。換言之，就是台灣的所有安全威脅與對外經濟發展，都是以海洋為主要媒介的重要性沒能彰顯。因此，台灣必須從海洋的觀點看待國家的安全與發展，而不是從政治意識形態的角度去強調海洋的重要性。畢竟台灣在「統一」與「獨立」的政治選擇中，從未將「海洋」納入一個重要的影響因素。

　　自2004年1月7日行政院成立「海洋事務推動委員會」（簡稱「海推會」），由海岸巡防署承擔行政幕僚作業機關，並納編與負責邀集各相關研究發展考核委員會（簡稱「研考會」），共同研訂國家海洋政策綱領、海洋事務政策發展規劃方案。2008年5月20日台灣由國民黨政府主政，並於6月行政院將「海推會」幕僚作業移交「研考會」負責，並更名為「行政院海洋事務推動小組」。10月1日行政院海洋事務推動小組召開第一次會議，由行政院副院長主持。除推動小組由副院長擔任召集人外，並成立綜合規劃、海域安全、海洋資源及海洋文化等4個工作分組，由主管機關副首長主持各分組業務的協調規劃與執行。「行政院海洋事務推動小組」成立的目的，係因相關海洋事務涵蓋領域甚廣，因

5　黃朝盟、蕭全政，〈行政院組織改造回顧研究〉，頁77-78。

6　李世暉，〈臺日關係中「國家利益」之探索：海洋國家間的互動與挑戰〉，《遠景基金會季刊》，第18卷，第3期，2017年7月，頁4-5。

事涉專業分工而分散於各部會，海洋事務各項工作需要跨部會協調以整合相關資源，以落實國民黨政府「藍色革命、海洋興國」的主張。[7]

2012年2月16日行政院正式將《海洋委員會組織法草案》及《海洋委員會海巡署組織法草案》函請立法院審議。指出海洋委員會設置目的：

> 我國四面環海，惟以往人民海洋活動多所受限；加以各級教育系統並未積極實施有關海洋知識之教育，民眾對於海洋認知普遍缺乏，也缺乏海洋意識、海權觀念；海洋政策缺乏有系統之規劃；海洋文教欠缺針對國家海權發展進行整體性之規劃與推動；海岸管理欠缺統籌規劃管理機制等，皆待有效因應。成立本會綜理海洋事務之橫向協調功能，加強海洋政策之規劃及落實推動，有助於中央與地方政府縱向齊一步伐。[8]

2014年1月1日立法委員提案制定《海洋委員會海洋保育署組織法草案》及《國家海洋研究院組織法草案》。「海洋保育署」設置目的主要為在海洋委員會隸屬下專責辦理、執行、協調海洋生態保育與海洋資源永續發展業務，並賦予因勤務需要得設置勤務單位，為文警併用機關。[9]而「國家海洋研究院」設置的目的，為引領國內海洋資源、海洋科技、海洋生態、海洋法政與海洋文化相關學術研究，確保我國海洋資源永續發展、創新海洋科技研究與鞏固國際海權地位。行政院海洋委員會為上級主管機關，所需創立基金新台幣20億由政府分年編列捐

7　〈行政院海洋事務推動小組第一次會議，務實規劃，積極推動〉，行政院，2008年10月1日，<https://www.ey.gov.tw/Page/9277F759E41CCD91/58891419-20e4-4ff5-807f-8ee0f4440d55>（檢索日期：2020年5月29日）。

8　立法院，〈案由行政院函請審議「海洋委員會組織法草案」及「海洋委員會海巡署組織法草案」案〉，《立法院議案關係文書》，總院第1603號政府提案第13001號，中華民國101年2月29日，頁政131-政132。

9　立法院，〈本院委員田秋堇、姚文智、陳亭妃、李昆澤、林佳龍等25人，鑒於台灣四面環海，為使我國海洋生態得以適當保存與資源永續使用，相關海洋保育法律與政策得以落實與執行，增進國民了解與愛護海洋之保育意識，並跟上國際間維護海洋權利、整合海洋管理之趨勢。爰擬具「海洋委員會海洋保育署組織法」草案。是否有當，敬請公決。〉，《立法院議案關係文書》，總院第1603號委員提案第16005號，中華民國103年1月1日，頁討29-討30。

助之。[10]

2015 年 6 月 16 日立法院三讀通過所謂海洋四法的《海洋委員會組織法》、《海洋委員會海巡署組織法》、《海洋委員會海洋保育署組織法》及《國家海洋研究院組織法》。2018 年 4 月 28 日「海洋委員會」正式成立，以彰顯政府對海洋事務的重視，將原本分散在各部會掌理的海洋事務予以系統性統合。[11] 這可說是台灣自 1999 年 2 月 10 日公告「中華民國第一批領海基線、領海及鄰接區外界線」開始，以海洋觀點思考台灣的國家發展與安全，邁出第一步。

二、海洋安全執行現況

2000 年 1 月 26 日「行政院海岸巡防署」成立，即依據《海岸巡防法》於 2001 年 7 月 25 日與國防部簽訂《行政院海巡署與國防部協調聯繫辦法》。其中該協調聯繫辦法第 14 條規定：「海巡署及國防部所屬機構、部隊得依任務相互支援合作，採相關保密措施，共同協議建立通信、資訊網路與資料系統連結交換機制，並相互協調提供通信電子資訊站台之設施支援。」第 15 條規定：「為因應戰時任務需要，國防部所屬機構、部隊與海巡署所屬機構間應建立指揮、管制、情報、傳遞等通連電路及通資網路，銜接之電（網）路由需求單位負責構建。」第 17 條規定：「海巡署所屬機構執行巡防任務時，『得』請求國防部所屬機構、部隊支援。國防部所屬機構、部隊執行國防軍事任務時，『得』請求海

---

10 立法院，〈本院委員田秋堇、姚文智、李昆澤、陳亭妃、林佳龍等25人，有鑒於氣候變遷與能源危機的雙重威脅下，海洋已是全球積極探索與捍衛的最後領域。其中海洋學術研究為一國之海洋政策擬定、擘劃永續海洋策略的根基與羅盤，創設國家級的海洋研究單位早已是國際間展現守護海洋權利決心的表現。台灣為海環繞，我國迫切需要一個統領整合海洋資源、海洋科技、海洋生態、海洋文化與海洋法政相關學術研究的中央機構，確保我國海洋資源永續發展、創新海洋科技研究與鞏固國際海權地位。配合行政院組織改造，開創未來海洋相關研究的順利拓展，建議於海洋委員會下增設國家海洋研究院。爰擬具「國家海洋研究院組織法」草案。是否有當，敬請公決。〉，《立法院議案關係文書》，總院第1603號政府提案第15982號，中華民國103年1月1日，頁討24。

11 新聞傳播處，〈海洋委員會28日成立賴揆：系統性統合海洋事務〉，行政院，2018年4月26日，<https://www.ey.gov.tw/Page/9277F759E41CCD91/fd6a23af-7a01-45c2-8c59-4a4bb48cb442>（檢索日期：2020年5月30日）。

巡署所屬機構支援。」以及第 18 條規定：「國防部及所屬機構、部隊執行年度戰備演訓、兵棋推演、作戰計畫策（修）訂作業時，海巡署及所屬機構，應適時配合參與，並依所賦予之作戰任務完成作戰計畫之策訂。」[12] 此辦法基本上已提供海岸巡防署與國防部相互支援合作所需的一個行政法依據。

自 2001 年起由行政院研究發展考核委員會公布第一本《海洋白皮書》，提出台灣海洋發展的 3 項目標：1. 健全海洋事務法制和組織，強化海域管理與海洋建設；2. 維繫海洋資源永續利用，確保國家海洋權益與社會福祉；3. 加強海洋研究與人文教育，奠定海洋意識的基礎。其中針對有關海洋安全政策部分，對於海上防衛與國家安全，強調確立海洋戰略指導原則和建立自主的區域海上防衛力量。在海上治安維護與災難救護上，則為強化偵防能力與追求科學辦案、提升海上災難救護能力及防範海上災難事故。在海洋安全上，對於政府應有之具體作為的政策建議為：1. 確保海洋權益，維護國家領土主權完整；2. 維護海洋法律秩序，確保海上交通及人命財產安全。[13]

2004 年 10 月 13 日「海洋事務推動小組」幕僚機關「行政院海岸巡防署」，依據行政院研究發展考核委員會公布的 2001 年《海洋白皮書》制定《國家海洋政策綱領》。確認台灣是海洋國家，海洋是台灣的資產，體認台灣的生存發展依賴海洋。將《國家海洋政策綱領》訂定的目的視為政府施政根基，其有關海洋安全的目標與策略為強化海域執法功能、健全海域交通秩序、提升海事安全服務及充實海域維安能量。[14]

2006 年 4 月行政院海洋事務推動委員會公布第二本《海洋政策白皮書2006》，再次強調對於我國第一批領海基線所劃定的東沙群島、中沙群島、南沙群島及南海固有疆域線所屬島嶼的主權宣示，確保和實質管理同樣重要，不容偏廢。另與日本、菲律賓及中國的重疊海域部分之解決，應棄《聯合國海洋法公

---

[12] 《行政院海岸巡防署與國防部協調聯繫辦法》，全國法規資料庫，2001年7月25日，<https://law.moj.gov.tw/LawClass/LawAll.aspx?pcode=D0090025>（檢索日期：2020年5月31日）。

[13] 許德惇，〈我國海洋政策白皮書之規劃研究〉，行政院研究發展考核委員會，RDEC-RES-099-002（政策建議書），2010年3月，頁3-4。

[14] 海巡署企劃處，〈國家海洋政策綱領〉，《海巡雙月刊》，第20期，2006年4月，頁8-10。

約》之規定，在國際法基礎上協議劃定，以追求公平合理之結果。其政策目標為和平協議、衡平劃界；擱置爭議，共享資源。在海洋權益確保所需的海上武力方面，即在國家軍事戰略與海洋戰略的整合下，建立台灣本島、近海與遠洋的海上武力，遂行海權的發揮，海洋戰略與海洋政策的實踐。[15]

2006年的《海洋政策白皮書2006》對於台灣的海上防衛與國家安全的關係，明確說明台灣的國家安全與海洋是密切相關的，海洋不但是國家安全的重要緩衝空間，也是維護國家安全的屏障和門戶。控制了海洋，即可加大安全縱深，遏制來自海洋方面的威脅；反之則可能使海洋成為敵人入侵的藍色大道，加深國家安全的隱憂。海上交通線堪稱是台灣的生命線，任何時間維持生命線的暢通，不僅是保護台灣生存空間，同時也是維護全球經貿活動的秩序，尤其能源與礦物資源缺乏必須仰賴進口的台灣，戰時海上交通線的確保是強化持續戰力的泉源。[16]

對於海上防衛事務，該白皮書也指出除海軍之外，海岸巡防署亦為一個重要力量，平時除擔負海岸管制區之管制、防止滲透及槍毒走私、防疫等攸關國家安全事項之責任，戰時國防部可依據《國防法》第4條規定：「作戰時期國防部得因軍事需要，陳請行政院許可，將其他依法成立之武裝團隊，納入作戰序列運用之。」[17] 以及依據2000年1月26日的《海岸巡防署組織法》第24條規定：「本署及所屬機關，於戰爭或事變發生時，依行政院命令納入國防軍事作戰體系。」[18] 另依行政院國土安全政策會報指示，協力執行反制海上及漁港船舶遭受劫持或破壞等恐怖攻擊事件。[19]

2006年的《海洋政策白皮書2006》在海上防衛與國家安全政策上，應以「確

---

15 行政院海洋事務推動委員會，《海洋政策白皮書2006》（台北：行政院海洋事務推動委員會，2006），頁37-38。

16 行政院海洋事務推動委員會，《海洋政策白皮書2006》，頁46-47。

17 〈制定國防法〉，中華民國總統府，2000年1月29日，<https://www.president.gov.tw/Page/294/35292/%E5%88%B6%E5%AE%9A%E5%9C%8B%E9%98%B2%E6%B3%95->（檢索日期：2020年5月30日）。

18 〈制定行政院海岸巡防署組織法〉，中華民國總統府，2000年1月26日，<https://www.president.gov.tw/Page/294/35274/制定行政院海岸防署組織法—海岸巡防署組織法>（檢索日期：2020年5月30日）。

19 政院海洋事務推動委員會，《海洋政策白皮書2006》，頁48-49。

立海洋戰略指導」、「建立區域海上防衛力量」及「充實海域維安能量」為主要目標。在確立海洋戰略指導部分：將「海洋戰略」歸屬於「國家戰略」層級，其目的在結合全國各項資源，發展海權、運用海洋資源、拓展海上運輸、支持國家政策及確保海洋權益；並提出海洋戰略的具體指導做法：1. 維護海上交通線；2. 健全海域立法；3. 抵禦敵人海上進犯；4. 共同架構國際合作機制平台。[20]

在建立區域海上防衛力量部分：強調充實海軍武力與海巡執法能量，以保護海洋權益、防止敵人海上進犯、維護海運安全、處理海域爭端、確保國家領土主權完整及維持西太平洋地區的和平與穩定。具體做法：1. 結合國防、海巡、交通等資源，強化台灣周邊海域的監偵能力；2. 善用海軍及海巡艦艇支持國家海洋政策與海洋事務外交斡旋折衝能力；3. 持續海軍兵力更新及海巡艦艇能量提升，強化海軍艦隊海上獨立持續作戰能力，建構海上遠程反封鎖兵力。並擴充海巡艦艇大型化要求，增進海域安全秩序維護能力，以扮演預防衝突、嚇阻侵略和解決危機的角色。

2005 年 6 月 17 日時任總統陳水扁於第二任期時，主持《國家安全報告》高層會議時指出：

> 這一次《國家安全報告》的編纂，須兼顧傳統安全與非傳統安全兩個層面，從「綜合安全」的角度，對當前威脅國家安全的內外情勢提出評估，並確立最近期程國家必須優先處理的議題，及其解決的策略。[21]

2006 年 5 月 18 日時任總統陳水扁主持國家安全會議法制化之後的第一次正式會議，於聽取研擬《國家安全報告 2006》草案報告時，提出國家未來發展應以「民主台灣、永續發展」與「追求對話、尋求和平」兩大戰略主軸撰寫「國家安全報告」。[22]2006 年 5 月 20 日由國家安全會議公布《國家安全報告 2006》，

---

20 政院海洋事務推動委員會，《海洋政策白皮書2006》，頁49-50。

21 〈總統主持《國家安全報告》高層會議〉，中華民國總統府，2005年6月17日，<https://www.president.gov.tw/NEWS/9542>（檢索日期：2020年5月31日）。

22 〈總統主持國家安全會議〉，中華民國總統府，2006年5月18日，<https://www.president.gov.tw/NEWS/10440>（檢索日期：2020年5月31日）。

其中在國家安全策略上特別針對海洋議題，提出「維護海洋利益，經略藍色國土」的策略。在海洋安全維護上指出，海軍與海巡署在任務性質上具有重疊性，應加強協調與支援。平時海巡署為主要執法單位，海軍為支援單位。戰時海巡署各單位依令編入海軍協同作戰。對爭議性或敏感性的海域策略指導，平時宜以具備司法警察權的海巡力量處理，主要目的在於避免將爭議擴大成為軍事衝突。對於涉及主權爭議的部分領海及島礁，以「堅守主權、和平解決、共同開發」為處置原則。[23]

因此，2006 年國家安全會議公布的《國家安全報告 2006》，在時任總統陳水扁的指示與指導下制定完成並公布，這可說是台灣正式、確明向外公布的第一本「國家安全戰略」報告。本報告係由總統指導，然為何名稱上不增加「戰略」一詞，即對於國家安全的指導使用「策略」，而不使用「戰略」。此外，最重要的是，不以總統之名義公布。雖然無法確知原由，但是這仍是台灣第一本正式公布有關「國家安全戰略」報告的典範，尤其是明確的將民進黨政府「海洋立國」的施政構想納入「國家安全戰略」指導的核心方向。

2007 年 7 月行政院海岸巡防署依據《海洋政策白皮書 2006》及《國家安全報告 2006》之指導，公布第一本《2007 海巡白皮書》。指出海巡署執法海域面積遼闊，適合遠航的 500 噸級艦艇僅 14 艘。而日本為加強東海油田、釣魚台列嶼及沖之鳥礁等主權爭議問題的因應，除現有 1,000 噸級以上的巡視船達 51 艘，其中 11 艘配置直升機，最大巡視船噸位達 7,000 餘噸外，更增購多艘 1,000 噸級的巡視船。中國則於 2007 年 1,000 噸級以上的海監船達 26 艘，其中 2 艘為 3,000 噸級以上。

因此，海巡署的因應策略為將海巡艦艇朝向精簡化、大型化及多元化發展。計畫以 4 年期程（2007-2010）籌建 2,000 噸級巡防艦一艘，汰換老舊的欽星艦以強化海域巡防能量；1,000 噸級巡護艦一艘負責北、中及西太平洋遠洋巡護任務，以及執行專屬經濟區、東沙、南沙、烏坵等海域巡邏勤務，有效提升台灣遠洋巡護能量。500 噸級的中型巡防艦 2 艘，汰換 2 艘老舊的巡防艦艇。中遠

---

23 國家安全會議，《國家安全報告2006》，2006年5月20日，頁93-94。

程計畫以提升海洋控制、利用及保育能量，以有效維護海洋權益。[24]

2019 年 11 月 20 日《海洋基本法》公布實施，說明本法制定的目的，在於明確國家海洋政策與願景，規範政府義務與授權，以及政策統合及事務協調，進而達到打造生態、安全、繁榮的優質海洋國家之目的。[25] 此基本法以法律的方式明訂台灣的海洋事務工作內容，其中第 15 條規定：「政府應於本法施行後一年內發布國家海洋政策白皮書，並依其績效及國內外情勢發展定期檢討修訂之。各級政府應配合國家海洋政策白皮書，檢討所主管之政策與行政措施，有不符其規定者，應訂定、修正其相關政策及執行措施，並推動執行。」[26] 此基本法標誌台灣的國家發展與安全戰略將以海洋為思考面向，但不可否認，如果政府朝向「海洋國家」方向發展的國家戰略構想，無法跳脫「統獨」的意識形態目的，最終又會回到與中國軍事面對面對抗的舊思維。

貳、台灣海洋事務執行問題檢討

前面從台灣海洋事務專責機構的設置與海洋安全執行現況，兩個面向分析台灣海洋安全事務的現況，接下來將針對海洋政策與海洋戰略、海洋委員會海巡署與國防部之間，及海洋政策與海洋安全政策間的關係等 3 個問題面向，提供本書之分析觀點。

一、海洋政策（Maritime policy）與海洋戰略（Maritime strategy）之間的關係

對於「海洋政策」的定義，台灣海洋事務專家胡念祖綜整美國學者干布爾（John King Gamble）對「海事政策」（marine policy）的定義為：「一套由權威人士所明示陳述而與海洋環境有關的目標、指令與意圖。」宋燕輝對海洋政策的

24　行政院海岸巡防署，《2007海巡白皮書》（台北：五南圖書，2007），頁158-164。

25　〈行政院會通過《海洋基本法》草案〉，行政院國家永續發展委員會，2019年4月25日，<https://nsdn.epa.gov.tw/archives/6064>（檢索日期：2020年5月30日）。

26　〈制定海洋基本法〉，中華民國總統府，2019年11月20日，<file:///C:/Users/USER/Downloads/ff30c7c5-3b41-4936-aff9-b5285fd0ede2.pdf>（檢索日期：2020年5月31日）。

定義爲：「政府爲使用、開發和了解海洋所採取行動與措施的過程。」以及美國海軍上將史塔伏瑞迪斯（James Stavudis）認爲「國家海洋政策」（national ocean policy）的內涵爲：「政府成功的達成與海洋有關的社會目標，且成功制定海洋政策之鑰在於總體的手法與集中的方向」。」提出「海洋政策」的定義爲：「處理國家使用海洋之有關事務的公共政策。」[27] 邱文彥認爲：「海洋政策是由政府制定，統合國家對於海洋規劃、利用、管理和保護的整體性決策準據。海洋政策不但是具有前瞻性、導引性，也是多面向、總體性的考量，以及以國家利益、經濟發展爲重要目標，兼顧跨世代福祉的應有作爲。」[28] 綜合上述學者、專家對「海洋政策」的定義，從戰略的觀點來看，基本上這些定義偏向於本書第四章所探討的「海洋戰略」範疇。

2006 年由「行政院海洋事務推動委員會」所公布的《海洋政策白皮書2006》，代表台灣政府官方對海洋事務的觀點，指出海洋政策目標計有「維護海洋權益，確保國家發展」、「強化海域執法，維護海上安全」、「保護海洋環境，厚植海域資源」、「健全經營環境，發展海洋產業」、「深耕海洋文化，形塑民族特質」及「培育海洋人才，深耕海洋科研」六大項。其中「強化海域執法，維護海上安全」中，對於海上防衛與國家安全的政策目標應爲「確立海洋戰略指導」、「建立區域性海上防衛力量」及「充實海域維安能量」3 項主要目標，並說明「海洋戰略」屬國家層級，且提出 4 項具體做法。由於此白皮書是由行政院所屬委員會制定，就其內容而言，通常容易對「海洋政策」與「海洋戰略」之間的層級產生混淆。

《海洋政策白皮書2006》明確說明「海洋戰略」屬國家戰略層級，因此「海洋戰略」應由「國家安全會議」負責制定，並由總統公布之；行政院的「海洋政策」則應依據總統的「海洋戰略」指導來制定。然本白皮書在缺乏國家層級的「海洋戰略」之指導下，由行政院所屬「海洋事務推動委員會」以其名制定的「海洋政策白皮書」，是否就代表行政院院長的「海洋政策」理念？雖然「行政院海洋事務推動委員會」召集人是由行政院院長擔任，但對行政院所屬各部會而言，是

27 胡念祖，《海洋政策：立論與實務研究》（台北：五南圖書，1997），頁14。
28 邱文彥，《海岸管理：理論與實務》（台北：五南圖書，2000），頁111。

否具有行政命令的效力就必須明確釐清。

　　2019 年 11 月 20 日公布的《海洋基本法》第 15 條規定：「政府應於本法施行後一年內發布國家海洋政策白皮書。」這項規定所指的政府是總統的諮詢機構「國家安全會議」？還是行政院及其所屬單位？法律沒有明文規定。如果從「國家海洋政策白皮書」的位階來看，應為行政院的職責。換言之，行政院在制定「國家海洋政策白皮書」之前，「國家安全會議」必須先依據總統的海洋施政構想制定「海洋戰略」，並以總統之名公布之。否則「行政院海洋委員會」自行制定公布的「國家海洋政策白皮書」，將面臨與國防部每 2 年公布的「國防報告書」一樣，在沒有總統所公布的「國家戰略」或「國家安全戰略」之指導下，自行從軍事面的觀點，解讀總統的國家戰略或國家安全戰略構想與目標的方式，制定「國防戰略」與「軍事戰略」的窘境。

　　綜合以上分析，行政院的「國家海洋政策白皮書」，應在總統所制定的「海洋戰略」指導下制定之。其「海洋政策」制定的目的，主要在於針對台灣當前的海洋環境與威脅，指導所屬各部門制定達成總統「海洋戰略」目標所需的具體執行計畫。

二、海洋委員會海巡署與國防部之間的關係

　　2005 年 6 月 22 日頒布刪除《行政院海岸巡防署組織法》，而於 2015 年 7 月 1 日頒布《海洋委員會海巡署組織法》，原《行政院海岸巡防署組織法》第 24 條規定：「本署及所屬機關，於戰爭或事變發生時，依行政院命令納入國防軍事作戰體系。」雖然《國防法》第 4 條規定：「中華民國之國防軍事武力，包含陸軍、海軍、空軍組成之軍隊。作戰時期國防部得因軍事需要，陳請行政院許可，將其他依法成立之武裝團隊，納入作戰序列運用之。」即戰爭時期國防部可依法陳請行政院將海洋委員會海巡署納入海軍作戰序列，但對於戰爭之前將海巡署納入作戰序列的各項準備工作如何處理，則必須由行政院院長主導跨部會協調。

　　另依據 2000 年 1 月 26 日制定的《海岸巡防法》第 11 條（2019 年 6 月 21

日修正的《海岸巡防法》為第 12 條，並將「海巡機關」修訂為「海洋委員會」[29]）第 1 項規定：「海洋委員會與國防、警察、海關及其他相關機關應密切協調、聯繫；關於協助執行事項，並應通知有關主管機關會同處理。」第 2 項規定：「前項協調聯繫辦法，由海洋委員會會同有關機關定之。」[30]

因此，海巡署與國防部依據《行政院海岸巡防署與國防部協調聯繫辦法》，分別於 2003 年於偉星號海巡署巡防艦加裝雄飛二型飛彈，並執行飛彈實彈射擊測試，以驗證海巡署巡防艦於戰時加裝海軍攻船飛彈系統的能力。[31]2011 年 8 月 23 日海巡署與國防部舉辦聯合護漁演訓，[32]2014 年 2 月及 5 月國防部與海巡署執行聯合護漁操演，驗證海／空軍與海巡署巡防艦指管通聯、海難搜救及情資分享、傳遞作業。[33]但在「廣達興 28 號」事件中，發現海軍艦艇協同海巡署執行海上護漁執法任務時，遂行海上任務的海軍艦隊指揮部與海巡署艦隊分署指揮中心之間的指揮與管制合作，以及海軍艦艇與海巡署巡防艦艇共同執行任務時，所需通信協定與共同任務準則，仍尚未建構一個完整作業的機制。

三、海洋政策與海洋安全政策之間的關係

「海洋政策」的制定是依循「海洋戰略」的指導而來。海洋戰略通常包含「發展」與「安全」2 個面向，所以，「海洋政策」基本上也應包含「發展」與「安全」2 個面向。從《海洋政策白皮書 2006》的內容分析，其政策內容可說涵蓋台灣的海洋發展與安全 2 個面向。在海上防衛與國家安全的政策目標上，特別強調海軍

---

[29] 〈修正海岸巡防法〉，中華民國總統府，2019年6月21日，<file:///C:/Users/USER/Downloads/a7d31838-6a6c-472b-9ac1-a120d12e75ac.pdf>（檢索日期：2020年5月31日）。

[30] 〈制定海岸巡防法〉，中華民國總統府，2000年1月26日，<https://www.president.gov.tw/Page/294/35272/%E5%88%B6%E5%AE%9A%E6%B5%B7%E5%B2%B8%E5%B7%A1%E9%98%B2%E6%B3%95-%E6%B5%B7%E5%B2%B8%E5%B7%A1%E9%98%B2%E6%B3%95>（檢索日期：2020年5月31日）。

[31] 王崇儀，《成長與蛻變——2015海巡艦艇誌》（台北：行政院海岸巡防署，2015），頁30。

[32] 王崇儀，《海巡報告2012》（台北：行政院海岸巡防署，2012），頁145。

[33] 國防部「國防報告書」編纂委員會，《中華民國104年國防報告書》（台北：國防部，2015），頁161。

艦隊應強化獨立持久作戰能力，建構遠程反封鎖兵力。並提出擴充大型海巡署巡防艦，增進海域安全秩序維護能力，以及海軍與海巡武力的統合運用，以因應平時與戰時的任務需求。

因此，如果「海洋政策」的制定僅做摘要方向性的政策指導時，「海洋政策」之下就必須再制定更為具體的「海洋發展政策」及「海洋安全政策」。尤其是屬行政院層級制定的「海洋安全政策」，有關防衛國土、海洋領土（島、礁）及其領海等傳統安全部分，亦須將其納入「國防戰略」與「軍事戰略」之構想與防衛目標。

以 2006 年 4 月由行政院海洋事物推動委員會公布的《海洋政策白皮書2006》，與 2006 年 8 月由行政院所屬國防部公布的《中華民國95年國防報告書》為例，《海洋政策白皮書2006》將東海釣魚台列嶼及南海的東沙、南沙島礁，以及傳統 U 型線海域納入國家安全防衛範圍；而《中華民國95年國防報告書》則仍維持以往傳統軍事安全的戰略構想，將國軍所有武裝力量的軍事戰略目標投注於防禦中國對台灣的武力進犯，未將我國擁有的東海與南海之海洋領土及海域納入軍事戰略目標。即使自《中華民國100年國防報告書》開始，至《中華民國112年國防報告書》，雖將東海及南海的主權爭議，納入我國安全挑戰與因應的軍事戰略威脅來源，但在國防與軍事戰略構想上，卻仍未將其納入安全防衛的戰略目標內。

綜合上述分析，「海洋政策」所指導的「海洋安全政策」必須要與「國防戰略」相配合，而「海洋安全政策」與「國防戰略」的位階，均應屬行政院院長的職責層級。

第二節　台灣海洋安全政策之建構

戈爾茨坦（Judith Goldstein）與基歐漢提出思想具有影響政策結果的潛能，其因果途徑有 3 種：1. 依據個人需要以確定自己的偏好，或了解自己目標與達成這些目標的替代政治戰略之間的因果關係，也就是以思想當作路線圖；2. 由於思想影響戰略互動，幫助或阻礙實現「更有效率」成果的共同努力，其結果至少

與所有參與者現狀一樣好，也就是在缺乏獨特平衡的情況下，思想有助於結果；3. 不管政策思想的制定原因為何，選擇本身就具有長遠的影響，一旦思想嵌入規則和規範之中（制度化），就會限制公共政策，也就是思想崁入制度中，特別是政策就會缺乏創新。[34] 政策變化可能受到思想的影響，這些思想包括新思想的出現，以及在基本條件中改變的結果影響現有思想的作用。[35] 因此，台灣「海洋安全政策」之建構，必須以「海洋安全戰略」為核心參考依據。

本書經過第五章第三節台灣「海洋安全戰略」之建構研究後，所獲結論為：

- 戰略構想：發揮台灣地緣戰略的價值。
- 戰略目標：運用海上武力維護台灣領土、領海及專屬經濟區等海洋權益，並發揮台灣在區域海洋安全上的地緣戰略價值，以提升台灣在西太平洋區域的影響力與外交自主性。
- 戰略途徑：「攻勢防禦」，包括：
  1. 提升攻勢防禦能力，以促使敵人願意以和平談判的方式解決爭端。
  2. 強化制海能力確保海上交通線，以消除或減低敵人海上封鎖的效能，以及作為和平談判的有力後盾。
  3. 建構力量投射能力，以維護東海及南海領土、領海主權及專屬經濟區權益。
  4. 維護台灣海洋邊境安全。

故本節將從海洋安全威脅分析、海洋安全政策目標及海洋安全政策指導 3 個面向的邏輯思考，建構台灣的海洋安全政策。

壹、海洋安全威脅分析

台灣的海洋安全若從國防安全的角度來看，通常所指的是中國軍事威脅的傳統安全，若從國家社會安全的角度來看，一般所指的是海岸邊境的非法移民（偷

---

[34] Goldstein, Judith and Keohane, Robert O., "Ideas and Foreign Policy: An Analytical Framework," *Ideas and Foreign Policy: Beliefs, Institutions, and Political Change* (New York: Cornell University Press, 1993), p. 12.

[35] Goldstein, Judith and Keohane, Robert O., "Ideas and Foreign Policy: An Analytical Framework," *Ideas and Foreign Policy: Beliefs, Institutions, and Political Change*, pp. 29-30.

渡）、走私（槍枝、毒品）、非法交易（農、漁、菸、酒等商品）、自然災害防護及海難人道救援等，影響台灣社會治安與經濟秩序的不法行為，以及國際安全普世價值之要求。雖然反恐怖主義也是非傳統安全的重要課題，對美國及西方強權來說，反恐怖主義是一場境外對所謂支持恐怖主義國家的戰爭。但對台灣來說，則必須先釐清是否台灣可能發生恐怖攻擊事件，對影響社會安全的暴力行為是一種犯罪行為，抑或是一種為訴求政治目的無差別對象的暴力行動。

雖然反恐怖主義已成為國際之間非傳統安全的顯學，並將許多的社會暴力行為視同恐怖主義威脅來處理；尤其台灣在舉辦國際大型活動時，內政部警政署及國防部特勤部隊都將「反恐」當作威脅的想定場景實施演練。例如：2017 年 8 月 12 日在台灣舉辦的「世界大學運動會」，舉辦前軍警舉行聯合災害防救及反恐演習。[36] 但當我們深入思考台灣可能的恐怖主義威脅時，可能會發現恐怖主義在台灣發生的機率是相當低。因此，有利益目的之犯罪行為，或是無目的性的個人精神疾病犯罪行為，才是國內社會安全之非傳統安全的思考重點。由於恐怖主義威脅對台灣的非傳統安全影響不大，但並非就等於不會發生恐怖主義事件，而是在有限的國家安全防護能量下，應慎重思考投入非傳統安全威脅因應資源時的優先順序選擇。

台灣在海洋安全上除了傳統的軍事安全與非傳統社會安全外，在東海釣魚台列嶼與日本有主權爭議，在南海的中沙群島、南沙群島及我國傳統南海 U 型線領海主權，分別與菲律賓、越南、馬來西亞及汶萊有爭端。雖然在南海的主權爭端中主導權在中國，但是台灣在南沙群島唯一實際擁有控制權的「太平島」，是否會被捲入中國與南海周邊國家的爭端，而遭受他國軍事入侵，則是台灣必須考量的一個領土、領海安全遭受威脅之課題。

因此，本文對台灣海洋安全的威脅環境分析，將從非傳統安全、非戰爭下軍事行動及傳統安全等 3 個面向分析如下：

---

36 朱則瑋，〈爆破直升垂降世大運反恐演練逼真〉，中央通訊社，2017年3月30日，<https://www.cna.com.tw/news/asoc/201703300302.aspx>（檢索日期：2020年6月1日）。

一、非傳統安全

依據海洋委員會海巡署 2019 年執行工作統計表，計查獲槍砲彈藥刀械 68 件、毒品 146 件、林漁畜產品及其他物品 155 件、非法入出國 100 件、經濟犯罪之專案工作 34 件、取締非法越區捕魚 429 件、維護海岸資源 339 件、災難救護及服務工作 958 件，以及其他海巡績效計 2,270 件〔偵破海域海岸刑案、查獲查緝（尋）逃犯案件、處理違反船舶及漁業管理案件、專屬經濟區海域巡護、公海遠洋巡護、東、南沙海域巡護、其他護漁及經濟海域巡護、特殊突發性海域重大專案、專案工作、處理陳情抗爭活動、查獲非法油品、查獲失聯移工等〕。[37] 依據海巡署的 2019 年的工作績效來看，海巡署的業務著重於海域與海岸之非法案件的安全防範、海洋權益的維護及漁港安檢。

由於海巡署的執法範圍係從海水低潮線以迄高潮線起算 500 公尺以內之岸際地區與近海沙洲，向海外延伸領海、鄰接區、專屬經濟區及公海漁場。[38] 對於與海域有關的關鍵設施，如各商港、石油供輸服務中心及核能發電廠的安全防護，則不在海巡署的任務執行範圍。各商港的安全防護由內政部警政署各港務警察總隊負責；中油與台塑的各港口供輸服務中心內儲油槽之安全則由企業自行管理，當發生危安事件時，由地方政府納編之警察局、消防隊、環保局等單位負責處理，海巡署艦隊分署與岸巡隊支援。核電廠的保安防護係由公司保安警衛負責，當發生緊急安全事件時，依據《核子事故緊急應變法施行細則》規定，由地方政府主管機關指揮地方警察機關及國軍部隊支援。然從國家整體海洋安全的觀點來看，上述重大關鍵設施未將來自海洋面向的可能威脅納入考量。

二、非戰爭下軍事行動

由於台灣擁有東海釣魚台列嶼、南海 U 型線海域及其內的島、礁主權，所

---

[37] 〈108年海巡統計年表：壹、業務績效綜合概況表〉，海洋委員會海巡署，<https://www.cga.gov.tw/GipOpen/wSite/lp?ctNode=11351&mp=999&nowPage=1&pagesize=15>（檢索日期：2020年6月1日）。

[38] 〈執法範圍〉，海洋委員會海巡署，<https://www.cga.gov.tw/GipOpen/wSite/ct?xItem=5138&ctNode=891&mp=999>（檢索日期：2020年6月1日）。

以台灣可能發生非戰爭下軍事行動的主要兩個因素，一為東海釣魚台列嶼的主權爭端及其相關海洋權益問題；二為南沙太平島安全問題。分析如下：

（一）東海釣魚台列嶼的主權爭議

自日本 2012 年採取釣魚台列嶼國有化政策後，引發中國採取積極性主權聲張的海空機艦繞境釣魚台列嶼行動。與此同時，日本同意就台灣自 1997 年以來不斷協商簽署漁業協議的要求達成共識，雙方於 2013 年 4 月 10 日簽署協議。對日本來說，會採取讓步的姿態與台灣達成漁業協議，係因雖然讓出釣魚台列嶼的專屬經濟區漁業權，但卻保有釣魚台列嶼的主權與領海的實質控制權，其最主要目的在於不希望台灣與中國對釣魚台列嶼主權爭議上採取聯合行動。即使不是聯合行動，若台灣也派遣機艦參與「保釣行動」，將使日本同時面臨兩方的壓力。尤其「台日關係」如果惡化，將可能對日本西南海上交通線的安全產生影響。另我國漁船在沖之鳥礁附近海域執行作業，常有遭受日本非法扣押、罰款事件，將是台灣與日本發生衝突的潛在因素。

（二）南沙太平島安全

菲律賓及越南近年來積極對南海聲張主權的行動，尤其 2012 年 4 月 10 日中國與菲律賓在黃岩島衝突及對峙事件中，美國對此不表達立場，僅呼籲採取相互合作的外交方式解決爭端。[39]，進而引起菲律賓於 2013 年 1 月 22 日向國際常設仲裁法庭（Permanent Court of Arbitration, PCA）提出南海爭端的仲裁案。[40] 雖然台灣未實質參與與菲律賓在南海的主權爭端，但仲裁法庭仲裁的結果，卻影響太平島的島嶼地位的認知。

然台灣在制定領海基線與領海時，對於外島的領海劃定，其中金門、東碇、烏坵、馬祖、亮島及東引等外島因涉及兩岸政策，僅依國防部 2004 年 6 月 7 日 (93) 猛獅字第 0930001493 號公告之限制水域（為底潮線向外延伸 4,000 公尺以內海域）、禁制水域（以 4,000 公尺限制水域線再向外延伸至 6,000 公尺），

---

[39] 宋燕輝，〈有關黃岩島爭議的國際法問題〉，《海巡雙月刊》，第58期，2012年4月14日，頁39。

[40] "The Republic of Philippines vs. The People's Republic of China," Permanent Court of Arbitration, <https://pcacases.com/web/view/7>（檢索日期：2016年7月2日）。

取代領海與鄰接區的公告，主要目的在避免中國漁船的騷擾。而在南沙群島的太平島亦採取國防部的公告，主要因素在於傳統 U 型線內的南沙全部島礁均為我國領土，制定太平島限制水域及禁制水域的目的，在於維護安全所必要的範圍內，排除中國船舶主張前開權力，[41] 而不是對太平島領海基線向外延伸所伸張的 12 海浬領海及從領海再向外延伸 12 海浬的鄰接區。

由於此規定作用造成駐守太平島的海巡部隊在執法的過程中，僅著重於太平島周邊海域 3 海浬的禁制水域，而忽視台灣在南海的主權伸張。尤其是離太平島最近、被越南占據之敦謙沙洲上的越南駐軍小艇與漁船，時常接近太平島禁制水域捕魚，並破壞位於太平島與敦謙沙洲之間的中洲礁上，台灣所立的主權石碑。因此，越南的侵略性作為是我太平島安全的潛在威脅，有可能引發軍事衝突，但不至於擴大成為兩國的戰爭。

另外，台灣原油進口來源 80% 來自非洲及中東國家，90% 運輸油輪是經由麻六甲海峽進入南海抵達台灣的海上交通線。雖然美國自 2013 年中國開始在所屬南海島礁實施擴建及部署軍事設施起，積極派遣海軍艦艇在南海實施航行自由權的軍事行動，但仍無法阻擋中國海軍艦隊對南海海域制海能力的大幅提升，相對的，也提升對日本、南韓及台灣海上原油運輸線安全的影響力。

三、傳統安全

依據本書第五章第二節台灣的國家安全戰略思考研究結果，認為不管台灣人民對於與中國的統一，或脫離中國獨立，抑或是與中國維持既不獨立又不統一的意向如何，基本上改變不了中國統一台灣的企圖與最終目標。中國是影響台灣維持當前國際與社會現況的主要威脅來源，相信不管是主張統一或主張獨立的人士都無法否定這個客觀事實。美國自 2017 年對中國實施貿易戰開始，至 2023 年已演變成美國對中國崛起的霸權對抗。

美國總統辦公室 2020 年 5 月 20 日公布〈美國對中華人民共和國的戰略方針〉（United States Strategic Approach to The People's Republic of China）報告，

---

41 許惠祐主編，《台灣海洋》（台北：行政院海岸巡防署，2005），頁26-27。

報告中指出中國已公開承認藉由尋求改變國際秩序，以符合中國的利益和意識形態。美國承認與中國是兩個體系的長期戰略競爭，將以現實主義原則作爲整個政府的方針與指導，繼續保護美國利益，提升美國的影響力。與此同時仍願意與中國展開建設性、注重結果的接觸與合作，這符合美國的利益。[42]

美國採取權力平衡的政策對抗中國崛起的態勢，基本上已不會改變。尤其是中國第十三屆全國人民代表大會通過〈全國人民代表大會關於建立健全香港特別行政區維護國家安全的法律制度和執行機制的決定〉[43]，美國總統川普揚言取消香港的特殊貿易待遇，以及制裁侵犯香港高度自治的香港與中國官員作爲反制措施。[44] 因此，當中美之間實質軍事對抗有越來越高的趨勢時，台灣處於西太平洋要衝的關鍵位置，使得台灣所面對的海洋安全環境中，在中國統一台灣的企圖有越來越積極的情況下，以及美國藉由台灣不願與中國統一的需求，即成爲美國對抗中國的籌碼。

貳、海洋安全政策目標

依據上述海洋安全環境分析，有關海洋政策目標，將從和平時期、非戰爭下軍事行動及戰爭時期 3 個部分探討如下：

一、和平時期

和平時期的海洋安全威脅，主要爲影響社會治安與國家經濟秩序的海岸走私、貨船化學物洩漏對海洋生態環境汙染、非法捕魚方式對海洋生態的破壞、非

---

[42] "United States Strategic Approach to The People's Republic of China," *Seal of the President of United States*,20 may, 2020, <https://www.whitehouse.gov/wp-content/uploads/2020/05/U.S.-Strategic-Approach-to-The-Peoples-Republic-of-China-Report-5.20.20.pdf>（檢索日期：2020年6月1日）。

[43] 朱英，〈全國人民代表大會關於建立健全香港特別行政區維護國家安全的法律制度和執行機制的決定〉，中華人民共和國中央人民政府，2020年5月28日，<http://www.gov.cn/xinwen/2020-05/28/content_5515684.htm>（檢索日期：2020年6月1日）。

[44] 江今葉，〈港版國安法／制裁中國 美取消香港特殊待遇並退出WHO〉，中央通訊社，2020年5月30日，<https://www.cna.com.tw/news/firstnews/202005300010.aspx>（檢索日期：2020年6月1日）。

法捕魚所造成漁業資源的枯竭、他國軍艦或公務船在我國領海與鄰接區內，從事情報蒐集任務或未遵守《聯合國海洋法公約》所定義的無害通過規定，以及他國漁船和採礦載具擅自在我專屬經濟區內，從事捕魚及海底開礦的狀況發生時，台灣和平時期的海洋安全政策目標為打擊海上非法交易與走私，對台灣周邊海域空中及水面動態實施監偵行動，以利對非法作業船隻及他國非法活動採取取締及驅離作為，確保台灣海洋權益。

二、非戰爭下軍事行動

非戰爭狀態下可能發生的海洋安全威脅，主要為東海釣魚台列嶼及沖之鳥礁附近海域的漁業權爭議、我國南海所屬無人島礁主權與海洋權益遭受侵占、太平島與東沙島安全遭受威脅及南海海上交通線安全遭受干擾等狀況發生時，台灣在非戰爭下的海洋安全政策為強化爭議海域的海洋安全維護巡弋任務，確保台灣海上武力在爭議海域的存在，藉由武力展示與有限度的軍事行動，以達嚇阻目的，迫使相關爭議國願意以和平談判的方式解決爭端。

三、戰爭時期

台灣的國家生存威脅與安全防衛的主要來源，就是中國對台灣的武力統一之企圖。因此，戰爭時期台灣的海洋安全政策目標為防護台灣各港口、臨海的石油儲存槽及核子發電廠來自海上的滲透攻擊威脅，並整合政府與民間海上力量支援海上作戰。

參、海洋安全政策指導

建構台灣海洋安全政策指導要項的目的，主要是針對上述台灣海洋安全政策的目標，指導行政院所屬各部會制定相關執行計畫，以達成海洋安全戰略目標。將從海域執法、海洋安全維護及支援海上作戰3個部分，依據行政院所屬各部會的執掌，[45]說明行政院所屬各部會依據海洋安全政策指導，執行海洋安全工

---

45 〈行政院所屬中央二級機關〉，行政院，<https://www.ey.gov.tw/Page/62FF949B3DBDD531>（檢索日期：2020年6月10日）。

作以達成台灣海洋安全戰略目標。

一、海域執法

海域執法工作主要分為海岸非法出入國境、槍枝毒品等走私、海洋環境汙染及災難救護等五大項,「海洋委員會海巡署」為主要負責機構。行政院所屬各部會依其專業職責,配合海洋委員會海巡署執行相關工作,內容如下:

(一)內政部(如:《海岸巡防機關與警察移民消防機關協調聯繫辦法》)

- 警政署:各商港港務警察總隊依其職責配合海巡署建構查緝走私、偷渡等海岸安全整體情資交換平台與建立共同查緝作業準則。
- 消防署:各商港港務消防隊依其職責與海巡署共同執行港區內災害救護任務。
- 移民署:依其職責與海巡署建構整體人口販運情資交換平台與建立共同查緝行動作業準則。
- 空中警察總隊:依其職責配合海巡署執行海上救難、海洋(岸)空中偵巡護等任務,並建立共同指管作業準則。

(二)財政部關稅署

與海巡署共同執行通商口岸、海域、海岸、河口與非通商口岸等查緝走私工作,並制定共同行動準則(例如:《行政院海岸巡防署與財政部協調聯繫辦法》)。

(三)交通部(例如:《行政院海岸巡防署與交通部協調聯繫辦法》)

- 海港局及民航局:與海巡署建立空中及海上情資共同平台,以及通信聯繫作業準則,以利共同打擊犯罪。
- 中央氣象局:提供氣象、水文資料,以利海巡署任務執行順遂。

(四)環境保護署(例如:《海岸巡防機關與環境保護機關協調聯繫辦法》)

提供海巡署管轄範圍內有關環境汙染、監測及調查等相關資料,交由海巡署依法執行取締。

(五)地方政府警察局及消防隊、環保局

依據行政院警政署、消防署及環境保護署之指導,配合海巡署執行海岸及水域災難防護事宜。

二、海洋安全維護

海洋安全維護主要針對我國領海、鄰接區與專屬經濟海域之海洋安全執法工作，以及東海與南海島嶼領土、領海安全與海洋權益維護。

（一）農委會

就漁業巡護工作與海巡署建立資訊整合作業平台，以利海巡署執行海洋權益維護與海洋非法活動取締工作。

（二）大陸委員會

因應兩岸特殊關係，配合海巡署執行海洋維護與執法任務之順遂，依狀況適時協助海巡署與中國建立共同打擊海上非法活動與維護海洋資源之作業準則。

（三）國防部（例如：《行政院海岸巡防署與國防部協調聯繫辦法》）

- 海軍：配合海巡署海上執法與海洋維護需求，派遣海軍艦艇提供海巡署巡防艦艇安全保護。並依據東沙島、南沙太平島分署指揮部安全防護需求，派遣海軍特遣任務支隊執行武力展示與制海任務，以及依南海海上交通線安全需求，聯合海巡署巡防艦遂行船隻護航任務。

- 空軍：配合海巡署執行聯合海上監偵任務，以及提供海巡署及海軍艦艇執行任務時所需空中掩護需求。

- 海軍陸戰隊：依據東沙島及太平島領土防衛需求，適時派遣海軍陸戰隊前往支援，提升該島防衛作戰能力。

三、支援海上作戰

依據國防戰略目標與國防政策指導，由農委會漁業署整合民間漁船船隊，支援海軍制海作戰所需監偵活動；海洋委員會海巡署依據行政院院長命令編入海軍作戰部隊序列，遂行海岸防衛與支援海軍艦隊作戰任務；內政部警政署配合陸軍作戰需求，支援反制敵人海岸滲透作戰任務，以及國內安全維護。

第三節　海上武力之建構

　　海上武力是實現海洋安洋政策，達成海洋安全戰略目標的主要工具。而用以執行海洋安全工作的海上武力，分別為海軍武力及海巡武力。本文將從海軍武力主要任務與能力、海巡武力主要任務與能力及海軍與海巡武力整合運用構想，探討遂行海洋安全戰略所需海上武力運用構想與指導。

壹、海軍武力

　　在探討海軍武力前必須先了解「海軍戰略」一詞的定義，以及與海軍武力建構的關係。美國海軍上將艾克萊斯對於「海軍戰略」一詞，認為太容易被用來加強海軍預算、海軍當局在國內的政治地位，以及保護海軍免於與空軍及陸軍爭辯的目的。因此，海軍戰略應強調了解所有海洋戰略的海軍面向，以及創造海軍武力的廣泛使用是極為重要的。海洋權力是整體國家權力和國家戰略的要素之一，也就是大國為達到目標，使用海洋權力是不可或缺的，海權不能視為海洋權力的構成要素。所以海軍戰略不能單獨存在，必須與其他國家力量相互協調。因此，從「戰略控制」（strategic control）概念的觀點，海軍不應僅著重於戰時的用途，也必須結合國家其他類型的力量在和平時期的政治應用。[46]

　　但不可避免的是在核子嚇阻、武力均等及嚇阻的世界裡，我們必須理解傳統海軍所扮演的角色。尤其是危機持續存在，以及戰略平衡範圍內，處理政治集團之間區域緊張關係的時代，導致低層級衝突情況發生是可能的。[47] 因此，海軍的運用原則：1. 海洋監偵；2. 維持制海；3. 主力艦隊與存在艦隊；4. 封鎖與禁運；5. 戰略防禦。[48]

　　然台灣海軍的建軍構想受限於台澎防衛作戰的軍事戰略構想，海軍任務被限

---

[46] Hattendorf, John B., Phil, D., and King, Ernest J., *The Evolution of the U.S. Navy's Maritime Strategy, 1977-1986*, p. 6.

[47] Hattendorf, John B., Phil, D., and King, Ernest J., *The Evolution of the U.S. Navy's Maritime Strategy, 1977-1986*, p. 7.

[48] Friedman, Norman, *Seapower as Strategy: Navies and National Interests*, pp. 78-100.

定在以中國兩棲登陸船團的作戰目標，以及遂行反封鎖作戰時的運輸船團護航作戰爲目的。雖然海軍艦艇於 1960 年代至 1980 年末期，因台灣漁船屢遭他國海巡艦艇扣押、追趕等，依令於執行海上偵巡任務或艦艇移防的海上航行期間，實施護漁、護油輪及護海底電纜，所謂「護漁油電」的伴隨任務，但基本上未產生實質成效。

此狀況造成海軍艦艇於平時任務時，僅著重於台灣周邊海域的戰略鎖域部署，以防範他國或潛在敵人入侵我鄰接區及領海水域，確保我領海主權及國家安全。而海軍支援海巡署巡防艦的護漁任務，基本上是依據總統指示以專案任務方式執行，而非制度化的合作任務。正如胡念祖對於派遣海軍基隆級艦配合海巡署巡防艦執行「南巡護漁」任務，認爲如果沒有「海軍外交」的概念，基本上對於南海海洋權益維護沒有實質的效益。[49] 若從海上武力展示的海軍外交觀點分析，胡念祖所表達的觀念是不論海軍或海巡署，在維護國家海洋主權與權益的任務上，必須建立在海上武力能有效存在的事實與持續效力，方能對侵害我海洋領土與權益的入侵國家產生嚇阻效果。否則曇花一現的繞境巡航，除無法產生實質的嚇阻效益外，也造成海軍武力不必要的資源浪費。

就以海軍基隆級艦爲例，基隆級艦採經濟速率航行每日柴油消耗量爲 2 萬加侖，若以每加侖等於 4 公升計算，2 萬加侖爲 8 萬公升，假設柴油價格以每公升 15 元新台幣計算，基隆級艦每日柴油消耗經費需求爲 120 萬新台幣。若以「南巡護漁」任務來回 5 天計算（不在南海停留偵巡），基隆級艦一趟「南巡護漁」任務的油料花費爲 600 萬元。依例可知，不管是海軍或海巡署巡防艦在執行武力投射時，必須要了解任務的戰略目標，以及必須做好南海海洋主權與權益維護的各項準備工作，避免讓海軍及海巡署巡防艦艇淪爲政治作秀的工作。

從歷年國防部公布的國防報告書內容解析，可以了解到國防部在非戰爭下軍事行動任務始終限定在救災的範圍，對於外離島的領土主權、領海等安全均未納入國防任務考量，進而使得海軍所具備之武力展示的海軍外交、國際海上交通線確保、武力投射及區域制海權的取得等戰略效益無法有效發揮，殊屬遺憾。這也

---

49 胡念祖，〈不懂海軍外交護漁無效（中國時報）〉，國立中山大學，2013 年 5 月 24 日，<https://www.nsysu.edu.tw/p/404-1000-77366.php?Lang=zh-tw>（檢索日期：2020 年 6 月 2 日）。

就是爲何台灣海洋權益無法有效聲張的主要因素，因爲海軍的任務功能被國防部窄化爲僅有軍事作戰的需求，而未將海軍作爲國家安全的戰略武力使用。

貳、海巡武力

2000 年 1 月 28 日海岸巡防署成立之前，台灣的海防工作分別由國防部海軍總司令部負責專屬經濟海域漁船作業安全，以及解嚴後的台灣警備總司令部裁撤更名的海岸巡防司令部負責海防與海岸警備安全工作；內政部警政署保七總隊（水上警察隊）負責緝私、查察偷渡、護漁及海上救難等業務，具備司法警察身分，但巡弋範圍僅限於離岸 6 海浬水域；財政部海關總局之緝私艦負責私運貨物進出口之查緝，亦具備司法警察身分；農委會漁業巡護船負責漁業資源保護、非法漁船取締、漁船海難救助及協助取締海洋汙染。由於負責相關海洋事務工作的單位，任務屬性不同，在人力、人才、裝備與法源依據均不足的狀況下，使得台灣的海洋事務執行工作成效不彰。[50]

1987 年 7 月 14 日台灣解除戒嚴令，此時的中國則正從 1979 年改革開放後的經濟發展開始起步中。中國與台灣漁民的海上交易所衍生出的槍毒及農漁產品走私、人口偷渡日益猖獗，嚴重影響國家安全、社會治安及經濟秩序。政府爲有效執行海岸與海域管理，國家安全會議遂於 1999 年 3 月 18 日提議成立海巡專責機構，以統一海洋相關事務工作發揮整體效能。[51] 經行政院成立「海巡專責機構籌備委員會」的推動下，於 2000 年 1 月 26 日「行政院海岸巡防署」成立，整合國防部海岸巡防司令部與海軍巡邏艇、內政部警政署保七總隊、財政部海關總局緝私艦等任務執行單位。[52]

有關海域巡防任務需求，早於 1998 年內政部警政署保七總隊即經「水警警艇整體購艦計畫研究」後，提出 202 艘艦、艇需求計畫案。2000 年「行政院海岸巡防署」成立後，由於接收國防部、內政部、財政部及農委會等老舊艦艇，

50　胡念祖，《海洋政策：理論與實務研究》，頁152-161。

51　林欽隆，《海域管理與執法》（台北：五南圖書，2016），頁161。

52　〈緣起〉，海洋委員會海巡署，2019年9月10日，<https://www.cga.gov.tw/GipOpen/wSite/ct?xItem=3761&ctNode=782&mp=999>（檢索日期：2020年5月30日）。

已無法有效因應環境變化，提供足夠的海域管理、執法及服務能量。2003 年海巡署經由「海巡艦艇及航空器需求之研究」報告，建議海巡署應於未來 15 年籌建 236 艘巡防艦、艇。其中海域執法艦艇計 216 艘（巡防艦 19 艘、巡防艇 197 艘），海事服務艦計 20 艘（3,500 噸級巡護船 5 艘、3,000噸級救難兼消防艦 1 艘、除汙船／艇及海測船 14 艘）。2006 年海巡署依據行政院海洋事務推動委員會公布之《海洋政策白皮書2006》所揭櫫的強化海域執法與維護海上安全的政策目標，開始籌劃巡防艦艇大型化的構想。[53]

　　由於台灣海洋委員會海巡署的組織架構與任務職掌，基本上是參考美國海岸防衛隊的組織職責與任務。因此，在探討台灣「海洋委員會海巡署」的功能與職掌時，應先了解美國海岸防衛隊（coast guard）的由來與組織職責與任務。美國海岸防衛隊於 1915 年 1 月 28 日成立，是世界上最早成立海岸防衛隊的國家[54]，也可說是各國海岸防衛隊的始祖。依據《美國法典》第 14 篇第 1 章 101 節規定，將海岸防衛隊作為美國軍隊的軍事部門和分支機構，隸屬國土安全部下轄的交通運輸部。在戰時或在總統指揮權責下作為海軍的分支機構。[55]所以，美國海岸防衛隊具有軍事性、多功能的部隊，可說屬於美國的第五軍種。其主要職責如下：[56]

- 受美國管轄的水域和公海的下方及上方區域，執行或協助執行所有適用的聯邦法律。
- 從事海上、空中監視或攔截，已執行或協助執行美國法律。
- 管理法律及頒布與執行促進美國管轄的水域和公海生命、財產安全之規定。
- 為促進美國管轄水域與公海下方與上方區域的安全，依據國防部的要求發

---

53 王梨光、藤永俊，〈海巡體系大型巡防艦籌獲方向研析〉，《海巡雙月刊》，第25期，2007年2月，頁26-27。（頁25-33）

54 "Time line 1900's-2000's," *United states Coast Guard Historian's Office*, <https://www.history.uscg.mil/Complete-Time-Line/Time-Line-1900-2000/>（檢索日期：2020年4月6日）。

55 "United States Code Title 14/Subtitle1/Chapter 1/ § 101," *Office of the Law Revision Counsel*, <https://uscode.house.gov/view.xhtml?req=granuleid:USC-prelim-title14-section101&num=0&edition=prelim>（檢索日期：2020年4月6日）。

56 "United States Code Title 14/Subtitle1/Chapter 1/ § 102," *Office of the Law Revision Counsel*, <https://uscode.house.gov/view.xhtml?req=granuleid:USC-prelim-title14-section102&num=0&edition=prelim>（檢索日期：2020年4月6日）。

展、建立、維護及操作海上航行、破冰設施及救援設施。

- 依照國際條約，美國管轄之水域與公海之外的下方與上方區域發展、建立、維護及操作破冰設施。

- 在美國管轄之水域與公海從事海洋學研究。

- 保持備戰狀態以協助美國的防衛，包含依照 103 節協助海軍執行特殊任務的規定。

　　而美國海岸防衛隊當受令支援海軍執行任務時，其與海軍的相關協調作業規定如下：[57]

- 當國會或總統直接宣戰時，海岸防衛隊職責即交由海軍負責，直到總統以行政命令將海岸防衛隊回歸國土安全部為止。海岸防衛隊接受海軍管轄期間，海軍部長可變更海岸防衛隊的作戰方式，以使海岸防衛隊的任務在合理範圍內與海軍作戰行動保持一致。

- 海岸防衛隊的所有經費需求、人員軍銜、工作、獎勵及福利等，比照海軍之規定。

　　依據《美國法典》第 14 篇第 7 章 705 節 (c) 規定，當海岸防衛隊由國土安全部指揮運作時，海軍部長應提供海岸防衛隊平時訓練與必要的後備力量和設施之規劃，以確保海岸防衛隊的組織、人員及設備，能符合海軍戰時作戰的需求。為此，海軍部部長和國土安全部部長可在任何時間交換此類資訊，相互提供此類人員、船隻、設施和設備，並同意進行相互了解這種分配和職能是必要和可取的。[58]

　　美國海岸防衛隊的任務，在軍事上，不論戰時或平時均由總統直接指揮。冷戰結束後，美國海岸防衛隊在國家安全體系中被賦予海上封鎖、軍事環境響應、港口管理、安全與防衛、和平時期的軍事介入及濱海海域控制之責，並配合

---

[57] "United States Code Title 14/Subtitle1/Chapter 1/ § 103," *Office of the Law Revision Counsel*, <https://uscode.house.gov/view.xhtml?req=granuleid:USC-prelim-title14-section103&num=0&edition=prelim>（檢索日期：2020年4月6日）。

[58] "United States Code Title 14/Subtitle1/Chapter 7/ § 701," *Office of the Law Revision Counsel*, <https://uscode.house.gov/view.xhtml?req=granuleid:USC-prelim-title14-section705&num=0&edition=prelim>（檢索日期：2020年4月6日）。

海軍或國家戰略需求，執行爭議海域自由航行任務。在多功能上，在國土安全部的指揮下，其執法範圍除了一般性的海洋事務外，亦包括防犯非法移民、毒品走私、取締非法捕魚、打擊海上恐怖主義、反海盜等領域。[59]

為因應911恐怖攻擊後美國國土安全的需求，美國聯邦政府於2002年11月25日成立國土安全部（U.S. Department of Homeland Security, DHS）後，美國海岸防衛隊則改隸美國國土安全部。由於美國海岸防衛隊具有軍事、海洋及多重任務特性，所以1999年美國海岸防衛隊的角色及職責為廣泛的法定權責單位、情報社群的成員及指揮與管制機構，在指導與協調複雜行動中具有豐富的經驗。但就國土安全而言，海岸防衛隊的作用是：1. 當回應民政當局時，是海洋國土安全的領導聯邦機構（Lead Federal Agency, LFA）；2. 依據2002年《海洋運輸安全法案》，被指定為美國港口聯邦海洋安全協調員；3. 依據〈聯邦因應計畫〉（Federal Response Plan, FRP），是聯邦緊急事務管理署（Federal Emergency Management Agency, FEMA）災害或緊急情況通報的支援機構；4. 依據美國現行政府內部機構的〈國內恐怖主義行動概念計畫〉（U.S. Government Interagency Domestic Terrorism Concept of Operations Plan）規定，是領導聯邦機構執行特殊事件的支援機構，以及依據〈聯邦意外事件管理計畫〉（Federal Incident Management Plan）作為替代計畫；5. 國防部軍事行動的支援機構或支援指揮官。[60]（如圖16）

因此，從美國海岸防衛隊在國土防衛與海洋安全維護上，扮演政府執法、國土安全與軍事支援的角色，可說是美國的第五軍種。尤其是美國海軍、海軍陸戰隊及海岸防衛隊共同制定的〈21世紀海權的合作戰略〉，顯示出美國海軍、海岸防衛隊及海軍陸戰隊透過資源整合方式，共同建構美國海洋安全戰略構想、目標及途徑。相較下台灣除欠缺有效運用海上武力的力量投射與制海的海洋安全戰略概念，也缺乏整合運用海軍與海巡武力遂行海洋權益維護與國家安全的構想。

---

59 何學明、王華民，《美國海上安全與海岸警衛戰略思想研究》（北京：海軍出版社，2009），頁3。

60 U.S. Coast Guard Headquarters, "Maritime Strategy for Homeland Security," December 2002, p. 9.

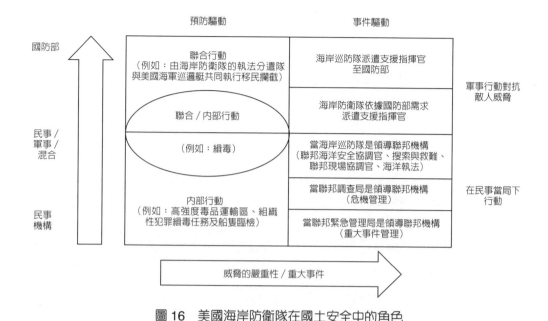

圖 16　美國海岸防衛隊在國土安全中的角色

參考資料：U.S. Coast Guard Headquarters, "Maritime Strategy for Homeland Security," December 2002, p. 9.

參、海軍武力與海巡武力的整合運用

911 事件後的全球化時代，對於海軍武力與海巡武力在海洋安全任務目標上，尚有一定程度的重疊性。以美國爲例，負責美國海洋安全的單位，除了海軍，隸屬國土安全部的海岸防衛隊，還有「國家海洋漁業局」（National Marine Fisheries Service）、「危險物資安全辦公室」（Office of Hazardous Material Safety）、「移民與歸化局」（Immigration and Naturalization Service）、「美國海關」（US Customs Service）、「藥物執法局」（Drugs Enforcement Agency）及「聯邦調查局」（Federal Bureau of Investigation）共同承擔。[61]（如圖 17）

---

61 Till, Geoffrey, *Seapower: A Guide for the Twenty-First Century*, p. 314.

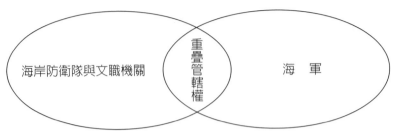

圖 17　重疊管轄權

參考資料：Till, Geoffrey, *Seapower: A Guide for the Twenty-First Century* (London and New York: Routledge, 2009), p. 314.

　　由於美國海岸防衛隊是美國唯一具有執法權，專門負責多項海洋管理任務的「軍種」，各國也紛紛以美國海岸防衛隊為範例，仿效成立自己的海岸防衛隊。但由於各國的國情、狀況與實力不同，使得海軍與海岸防衛隊之間的關係模式也不同，如圖 18 為美國與英國之間的差異。[62]

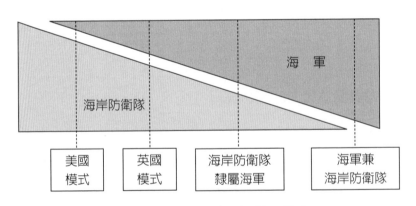

圖 18　海軍與海岸防衛隊關係模式

參考資料：Till, Geoffrey, *Seapower: A Guide for the Twenty-First Century* (London and New York: Routledge, 2009), p. 315.

　　美國海軍與海岸防衛隊在任務上由於有許多重疊之處（如圖 19），在和平時期，美國海軍無權對海上違法行為執行逮捕，甚至對商船進行海上攔截行動

62　Till, Geoffrey, *Seapower: A Guide for the Twenty-First Century*, p. 315.

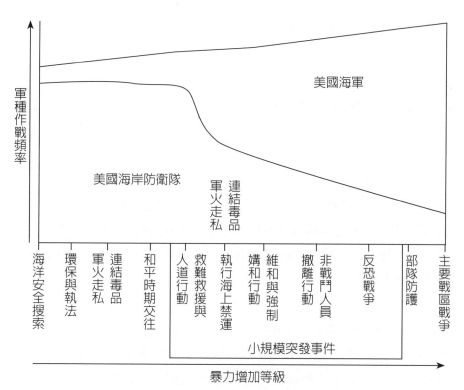

圖 19　美國海岸防衛隊與海軍任務關係模式

參考資料：Till, Geoffrey, *Seapower: A Guide for the Twenty-First Century* (London and New York: Routledge, 2009), p. 316.

時，艦上通常需要搭載美國海岸防衛隊人員。這樣的結果使得美國海岸防衛隊在爭取預算經費時，往往面臨與美國海軍競爭的狀況。這對美國海岸巡防隊來說通常處於劣勢，進而造成經費不足的窘境。這種情況也對其他國家在海岸巡防隊的運用上引以為戒，例如：日本基於政治考量，海洋主權的維護是由海上保安廳負責而非海軍；印度海軍則具有檢查商船等的部分司法權力。[63]

　　自 2000 年海巡署成立後，台灣的海洋事務工作才逐漸走向有計畫、有方向、有規模及有效性的專業海洋執行機構。雖然成立初期接收國防部、警政署、財政部及農委會等單位執行海洋事務的艦艇、武器裝備與部隊，由於大部分是小型巡邏艇及老舊中型艦艇，因此，在海巡艦艇汰舊換新的過程中，海軍希望

---

63 Till, Geoffrey, *Seapower: A Guide for the Twenty-First Century*, p. 316.

依據《海岸巡防法》，戰時將海巡署巡防艦艇納編成為第二海軍的構想始終沒有停止過。但除了海軍沒有積極的行動外，海巡署對於納編成為第二海軍的構想也無意願。

此外，海巡署與國防部之間雖然共同簽署《行政院海巡署與國防部協調聯繫辦法》，依據第 17 條規定，國防部與海巡署雙方「得」依需求請求對方協助，且對方「得」相互配合支援。由於《海巡署組織法》經修訂後隸屬海洋委員會直屬單位，為行政院所屬第三級單位，而海軍也是行政院所屬第三級單位，使得海巡署艦隊分署及海軍艦隊在協調聯繫過程中，必須透過行政院所屬二級單位的海洋委員會與國防部來協調執行。而雙方所制訂之協調聯繫辦法，雖然具有規範性，但不具備強制性。使得海巡署艦隊分署與海軍在海洋安全事務工作的合作上，往往受限於雙方機構主觀的個人意志所影響，尤其是具備警察背景的海巡署署長。

因此，本節將依據筆者於 1996 年至 1997 年負責我國海軍光華二號計畫案，執行康定級（拉法葉級）艦成軍與艦隊支隊級戰術訓練時，與法國海軍戰術軍官的經驗交換，以及 2011 年參與美國太平洋司令部協助我國海軍執行「港口防禦評估」（harber defense assessment）小組時，與美國海軍與海岸防衛隊軍官的經驗交換，所獲得海軍與海岸防衛隊之間協調合作的心得作為參考。從海巡署巡防艦艇硬體裝備的有機整合、海軍艦隊與海巡署勤指中心系統整合及海軍艦艇與海巡署巡防艦艇共同作業準則之建構 3 個面向，探討海軍武力與海巡武力的整合運用。

一、海巡署巡防艦艇硬體裝備的有機整合

海巡署成立之後，即希望擁有符合海巡署所需的巡防艦艇，2006 年「國家安全會議」公布的《國家安全報告 2006》及「行政院海洋事務推動委員會」公布的《海洋政策白皮書 2006》，將台灣定義為「海洋國家」，明確指出海洋是國家戰略未來發展與安全維護的重點。海巡署為因應未來海洋安全維護的需求，提出巡防艦艇朝向大型化發展的構想與計畫，以 2018 年海巡署規劃的〈籌建海巡艦艇發展計畫〉，計畫以 10 年的時間規劃新建 4,000 噸級巡防艦 4 艘、

1,000 噸級巡防艦 6 艘、600 噸級巡防艦 12 艘、100 噸級的巡防艇 17 艘、35 噸級巡防艇 52 艘及沿岸多功能艇 50 艘；[64] 合計 600 噸級以上巡防艦 22 艘。

　　而海巡署現有 100 噸級以上的巡防艦艇共計 25 艘，即 3,000 噸級的巡防艦 2 艘、2,000 噸級巡防艦 4 艘、1,000 噸級巡防艦 6 艘、500 噸級巡防艦 8 艘及 400 噸級巡護艦 5 艘，[65] 加上計畫於 2027 年建造完成的 600 噸級以上巡防艦艇 22 艘，如果現有艦艇沒有汰除的狀況下，2027 年海巡署應擁有 400 噸級以上的巡防艦合計 47 艘。

　　海巡署 400 噸級以上之巡防艦，基本上艦艇結構可符合成為戰時第二海軍的條件。但海巡署在艦艇籌建過程中，原則上並未將巡防艦納入海軍所構想之第二海軍的計畫。雖然 2005 年中山科學研究院依據國防部要求，並獲海巡署同意的狀況下，於 2,000 噸級的偉星號巡防艦艦艉甲板加裝雄風二型飛彈，以及艙間內安裝飛彈操控系統；並配合海軍艦艇飛彈射擊訓練，實施海巡署巡防艦加裝反艦飛彈可行性測試，遺憾的是飛彈未命中靶船。

　　但就系統功能性來看，納編偉星艦的海軍飛彈操作人員能順利的將雄風二型反艦飛彈發射出去，基本上戰時在 2,000 噸級以上的海巡署巡防艦加裝反艦飛彈是可行的。至於飛彈為何未能命中的原因甚多，不是本文討論的重點，故不在此贅述。因此，如果海巡署巡防艦要於戰時成為海軍的第二艦隊，必須在平時完成兩項準備工作，一為海巡署巡防艦武器系統艤裝規劃；二為海巡署巡防艦艇人員訓練及艦艇員額增編與戰鬥部位規劃。

（一）海巡署巡防艦武器系統艤裝規劃

　　如果海軍要讓海巡署的巡防艦在戰時能夠及時投入海軍作戰，就必須運用戰爭開啟前政府與敵國折衝的危機時期，實施海巡署巡防艦武器系統的艤裝，方能使海巡署巡防艦於戰爭開啟前，即具備與海軍作戰艦艇相同的作戰能力。國防部

---

[64] 〈行政院海岸巡防署海洋巡防總局公開徵求「籌建海巡艦艇發展計畫」採購階段廠商參考意見暨召開邀商說明會資料〉，海洋委員會海巡署艦隊分署，<https://www.cga.gov.tw/GipOpen/wSite/ct?xItem=125670&ctNode=2118&mp=9997/>（檢索日期：2020年6月2日）。

[65] 〈艦艇〉，海洋委員會海巡署艦隊分署，<https://www.cga.gov.tw/GipOpen/wSite/lp?ctNode=2317&mp=9997&nowPage=1&pagesize=45>（檢索日期：2020年6月2日）。

必須強化與海洋委員會的合作，也就是海巡署巡防艦在設計之初，海軍就必須派遣艦艇作戰指揮人員、武器、監偵及通信系統技術人員和艦體安全技術人員參與設計，針對海巡署巡防艦未來在海軍艦隊作戰中，擔任何種任務提出規格需求。

艦隊作戰指揮人員負責巡防艦戰時艤裝何種武器系統、通信裝備，甚至戰鬥系統納入作戰運用規劃構想；武器系統技術人員則負責規劃武器系統操作裝備艙間需求與規格、武器本體（火砲及飛彈等）於甲板的安裝位置及預留相關纜線配置位置；監偵系統技術人員規劃空中、水面及水下監偵系統規劃；而通信系統技術人員負責規劃海軍艦隊作戰所需指揮、管制、情資傳遞所需各種通信設備與資料鏈路系統。依此，海巡署巡防艦方能融入海軍特遣任務支隊作戰任務需求，發揮海軍作戰效能。以美國海軍與海岸防衛隊合作的經驗為例，美國海岸防衛隊巡防艦的建造從設計到完成期間，有關配合海軍作戰所需額外的功能，係由海軍納入年度預算支付，不是由美國海岸防衛隊編列預算需求。因為這是配合海軍作戰任務的需求，而不是海岸防衛隊巡防艦的主要任務。

然當前海洋委員會海巡署巡防艦的建造主要以海洋執法與海洋安全維護需求而設計，雖然由海軍提供小型火砲及輕型武器安裝需求，以及武器操作人員訓練，但這些武器基本上無法擔負海軍制海與反封鎖作戰要求。而海軍並未積極參與協助海巡署巡防艦建造之工作，並且海軍亦無儲存或預留艤裝海巡署巡防艦所需之武器、監偵、通信系統所需的裝備。因此，從海巡署巡防艦硬體裝備來看，要成為海軍構想中的第二海軍，基本上有相當大的困難度。

（二）海巡署巡防艦艇人員訓練及艦艇員額增編與戰鬥部位規劃

海巡署巡防艦即使依計畫構想完成硬體裝備加裝，其第二項需要解決的問題是人員編制與訓練。海軍作戰訓練的要求遠高於海巡署巡防艦的官兵，艦隊海上作戰不僅採取攻擊行動，也承擔被敵人戰機、艦艇攻擊戰損的風險。海巡署巡防艦遂行作戰所需的新增人員，如新艤裝設備的海軍通信、監偵及武器系統操作人員與損害管制人員，與原巡防艦負責艦務、航海、輪機、通信與雷達操作人員之間的整合編組與訓練，則是發揮海巡署巡防艦作戰能力的核心。海軍除了平時就必須強化與海巡署巡防艦實施整合訓練與戰鬥部位編組外，亦須規劃支援海巡署巡防艦作戰所需之人員需求與規劃。因此，從軟體需求的觀點，當前海巡署巡防艦成為海軍構想中的第二海軍，基本上亦有相當大的困難度。

二、海軍艦隊與海巡署艦隊分署勤務指揮中心系統整合

依據《行政院海巡署與國防部協調聯繫辦法》第15條規定：「為因應戰時任務需要，國防部所屬機構、部隊與海巡署所屬機構間應建立指揮、管制、情報、傳遞等通連電路及通資網路，銜接之電（網）路由需求單位負責構建。」但在資訊化、遠距化、機動化及數位化的現代戰爭，海軍艦隊作戰強調資訊化戰場共同圖像平台，以利海軍艦隊作戰火力的發揮，並且海巡署艦隊分署分署長亦必須具備指揮海軍艦隊作戰的能力。因此，戰時海巡署艦隊分署勤指中心可由海軍指管人員及通信系統技術人員，運用海軍通信裝備進駐海巡署勤指中心協助指揮海巡署巡防艦執行作戰任務。然真正的需求是要雙方中心建立 C4ISR 的資訊共同圖像平台，主要用於平時及非戰爭下軍事行動的相互支援。在各指揮中心仍負責各自艦艇的最終指揮權下，除非國防部陳請行政院許可接管海巡署艦隊分署勤指中心指揮權，否則海軍艦隊指揮中心與海巡署勤務指揮中心的整合運用，將會因情資的延遲與不明確而產生協調上的困難。

由於海軍艦艇數量龐大，海巡署巡防艦數量相對較少且任務單純，而海軍艦隊對於通訊與資訊系統規格要求較高，也具有通信保密要求。所以，海軍艦隊作戰中心與海巡署艦隊分署勤指中心在通信與資訊硬體裝備上，應由海軍指導海巡署艦隊分署勤指中心建構共通的通信、資訊裝備與保密器，以及通信標準作業程序，以強化雙方指管通情整合效能，建立海空情資共同圖像平台，以利雙方海上支援任務執行之順遂。

然目前海軍艦隊指揮中心與海巡署艦隊分署勤指中心僅建立一般行政聯絡電話，欠缺共通專用有、無線電話及資訊網路專業通信設備、保密器及通信標準作業程序。主要原因在於國防部未將平時與非戰爭下軍事行動，納入海軍艦隊任務之一，致使海巡署艦隊分署勤指中心的功能無法納入海軍建軍計畫之中。且是否有備用或預留相關裝備可於戰時提供海巡署艦隊分署勤指中心使用，這也是海軍必須提早規劃準備的職責。另海巡署若未將海軍艦艇之支援納入任務需求考量，海巡署是不會將與海軍建立空中、水面共同圖像平台與可疑目標追蹤情資交換標準作業程序視為重要與必要的工作項目。

三、海軍艦艇與海巡署巡防艦共同作業準則之建構

依據《國防法》第4條規定：「作戰時期國防部得因軍事需要，陳請行政院許可，將其他依法成立之武裝團隊，納入作戰序列運用之。」如果戰時行政院同意國防部，將海巡署艦隊分署之巡防艦納入海軍作戰序列時，海巡署巡防艦透過海軍聯絡官的設置，可指示海巡署巡防艦執行海上軍事任務基本上是可行的，至於成效如何必須與前兩項因素納入考量分析。而雙方建立共同作業準則的主要目的，係在平時與非戰爭下軍事行動的狀況下使用。以下就平時與非戰爭下軍事行動兩個假設範例，說明為何需要建立共同作業準則的原因。

（一）和平時期

假設海軍艦艇航行於領海、鄰接區或專屬經濟海域內，發現有可能影響台灣海洋安全的非法船隻活動時，由於海軍人員不具備司法警察身分，無法採取登船臨檢的警察行動，僅能實施監控作為。此時非法船隻發現我海軍艦艇採取接近行動後，即開始加速脫離我領海、鄰接區或專屬經濟區。海軍艦艇可依據《聯合國海洋法公約》第111條緊追權第5款之規定[66]，向海軍艦隊指揮中心通報，並經過國防部與海洋委員會協調聯繫後，授權海軍艦艇開始實施非法船隻的「緊追權」，由於《聯合國海洋法公約》第111條第3款規定：「緊追權在被追逐之船舶進入其本國領海或第三國領海時立即終止」，並依第1款規定緊追權的行使不得中斷。

此時，若海巡署巡防艦確定短時間內無法接替海軍艦艇行使緊追權，且預判被追逐的非法船隻有可能在海巡署巡防艦抵達現場前進入其本國或第三國領海而使緊追權終止，讓非法船隻得以避免我國法律制裁，損害我國海洋安全。此時，海巡署可申請運用海軍艦載直升機，將海巡署緝查人員（具備司法警察身分）載至執行緊追權的海軍艦艇上。當海巡署緝查人員登上執行緊追權的海軍艦艇上時，海軍艦艇即可在其信號旗桿上升起海巡署旗幟。由海軍艦艇編組警衛小組並手持輕型武器，保護海巡署緝查人員運用小艇實施登船臨檢。如發現不法事證，海軍警衛小組即可依海巡署緝查人員之命令，對非法船隻實施扣押與人員拘捕。

---

66 許慶雄總編輯，李明峻主編，《當代國際法文獻選集》，頁229。

　　依據上述《聯合國海洋法公約》有關「緊追權」運用的假設想定事件，其所探討的兩個問題，一是海軍也是廣義的公務船；二是海巡署如何依狀況適時運用海軍艦艇維護海洋安全。雖然海軍艦艇的核心任務是戰時遂行制海與反封鎖護航任務，但在和平時期的主要任務，則是海洋監偵與海洋安全之確保。海巡署必須了解海軍具有國家廣義公務船的特性，而非純屬軍事作戰的武力。其次海軍艦艇任務的轉換，可隨時因應海巡署巡防艦維護海洋安全執法的支援需求。因此，海軍艦艇指揮官及海巡署巡防艦指揮官都必須對《聯合國海洋法公約》的法規運用要有基本素養。

　　上述的假設想定事件是以 1980 年代我國在北太平洋從事非法捕魚的遠洋漁船被美國海軍軍艦發現後，開始採取緊追權爲參考案例，期間由美國海岸巡防艦接替緊追權，一直追到我國漁船進入我國鄰接區附近海域，美國海岸巡防艦才停止追逐。雖然我國漁船幸運未被查緝，但是這個事件告訴我們，如何運用國際法維護國家海洋安全與權益。

（二）非戰爭下軍事行動

　　台灣與日本在東海釣魚台列嶼及沖之鳥礁附近海域，歷年來經常發生我作業漁船遭受日本海上保安廳巡防艦驅離、扣押等情事發生。在巴士海峽海域台灣與菲律賓重疊的專屬經濟區海域，也時有遭受菲律賓海岸防衛隊巡防艇的驅離、扣押等情事發生。而在南海的太平島附近海域，則經常遭受越南武裝漁船的襲擾。這些台灣在與他國就島礁主權、領海爭端，以及海洋權益維護對峙過程中，非武力衝突或有限度使用武力警告的狀況，發生機率相當高，但進而擴大成爲兩國的戰爭機率原則上很低。台灣必須就這些可能發生非戰爭下有限度的武裝衝突，提出因應的軍事行動，以確保不擴大成爲高強度軍事衝突的狀況下，維護我領土主權所需的海洋安全。

　　因此，運用假設想定當作範例的方式，說明非戰爭下軍事行動中有關海軍艦艇與海巡署巡防艦之間該如何協調合作，因應他國入侵的公務船（如政府武裝漁政船、海岸防衛隊巡防艦等具有政府公務執法權的船隻）與軍用飛機（海上巡邏機），在可控制、低強度武裝衝突可能發生的狀況下，採取適當的驅離作爲，想定假設狀況如下：

　　一般狀況：2000 年越南隨著經濟的增長開始整建海軍，以強化南海的主權

聲張能力，陸續從俄羅斯獲得 Kilo 級潛艦、獵豹型巡防艦、閃電級飛彈快艇。[67]
另越南在經濟發展的過程中，南海的石油資源能夠帶給越南經濟更大收益，因此，除積極邀請各國石油公司參與越南在南海的石油探勘與開發外，更運用其現代化的海軍與海岸防衛隊展開南海主權聲張行動。鑒於中國海軍、海警船、海上民兵採取強硬的行動干擾，使得越南在南海的主權聲張行動受挫。

特別狀況：越南海軍及海岸防衛隊為展示南海主權聲張的決心，對台灣太平島附近海域採取封鎖行動，並要求駐島的海巡署官兵限期一星期內離開。

我方反應：經太平島庫存糧食可滿足全島官兵至少一個月的需求，飲用水充足，發電機所需油料在節約的狀況下，可維持至少 2 個星期。總統對此事件的指導強調，將盡一切努力以和平的方式與越南解決爭端，但不排除發生武裝衝突的可能，並要求國防部及海洋委員會立即派遣海軍艦隊與海巡署巡防艦隊前往太平島支援，以確保我國南海海洋權益及太平島主權安全。

以上假設想定的狀況，國防部及海洋委員會海巡署受令執行此任務時，將面臨下列 4 項基本關鍵問題：1. 海軍特遣任務支隊及海巡署專案巡防任務艦隊的「交戰規則」由誰制定及誰賦予命令？2. 海軍特遣任務支隊與海巡署專案巡防任務艦隊之隸屬關係為何？3. 誰是現場最高指揮官及其權責？4. 海軍特遣任務支隊與海巡署專案巡防任務艦隊之間的行動作為與戰術指導準則為何？此外尚有其他技術性的問題，不在此一一贅述，且交戰規則、任務部隊編組與任務指揮官職責，亦不是本文研究的重點。因此，僅就海軍特遣任務支隊與海巡署專案巡防任務艦隊之間的行動作為與戰術指導準則問題，提出相關分析觀點，以說明共同作業準則的重要性。

在現今各國面對領海主權爭端的衝突事件中，以戰爭的方式處理領土爭端，基本上不會是優先的選項，而是低強度、有限度、非暴力性的武裝衝突。而對於低強度、有限度及非暴力性武裝衝突的定義，係採取礙航（obstruct）、碰撞（collision）及警告射擊（police fire）等作為。但不放棄採取軍事攻擊行動的

---

67 Chang, Felix K., "Resist and Reward: Vietnam's Naval Expansion," *Foreign Policy Research Institute*, November 9, 2019, <https://www.fpri.org/article/2019/11/resist-and-reward-vietnams-naval-expansion/>（檢索日期：2020年6月3日）。

反制作爲，如使用飛彈、火砲攻擊實施自衛性防禦措施，以達嚇阻敵人擴大軍事衝突，以及防禦我第一線維護主權艦艇的安全。所謂礙航作爲，就如同 2018 年 9 月 30 日美國迪凱特號（Decatur）驅逐艦以自由航行爲名，強行進入中國所屬南沙群島領海。中國蘭州號驅逐艦採取超越美國驅逐艦，並於美國驅逐艦前進航向前方減速，迫使美國驅逐艦轉向的「礙航」作爲，阻擋美國驅逐艦繼續進入中國所屬島礁的領海範圍內。[68]

所謂「碰撞」作爲，即運用噸位較小的海巡署巡防艦或艇，對於漁船或噸位大致相等的敵方公務船採取船隻實體「碰撞」的驅離作爲。例如：2020 年 4 月 4 日越南漁船進入南海爭議海域捕魚，不滿中國海警船的取締，在相互對峙下與中國海警船衝撞後沉沒。8 名船員落海後被中國海警船救起，移送到正在附近作業的越南漁船。[69]

而所謂「警告射擊」作爲，主要是使用大口徑機槍，或小口徑火砲的武器射擊展示，對侵入海域的船隻要求停船或轉向離開。當採取礙航及碰撞作爲均無法制止入侵的事實時，即可採取所謂「警告射擊」作爲。其步驟爲首先對入侵船隻艦艏前方 100 公尺處水面實施武器警告射擊，激起可達視覺效果的水花，並運用國際通用海事通信機第十六頻道通知入侵船隻停止前進或轉向離開。古巴危機期間美國海軍對蘇聯商船艦艏前方發射照明彈，原則上也是實施第一次警告射擊的手段之一。如果入侵船隻仍不加理會繼續前進時，接下來可採取攻擊入侵船隻艦艉船舵的位置，迫使入侵船隻操控能力受到限制。接下來第三步驟就是攻擊入侵船隻駕駛台，使入侵船隻失去操控能力。

上述反制他國入侵領海的作爲，基本上爲大多數國家所認可之低強度衝突的作爲。然而，從因應非戰爭下軍事行動的戰術部署角度來看，海巡署專案任務巡防艦隊通常會擔任第一線上述反制作爲的任務，而海軍則擔任第二線防止軍事衝

[68] Perlez, Jane and Myers, Steven Lee, "U.S. and China Are Playing ' Game of Chicken' in South China Sea," *The New York Time*, Nov. 8, 2018, <https://www.nytimes.com/2018/11/08/world/asia/south-china-sea-risks.html?_ga=2.215269719.1300920102.1591175988-1813969612.1566700335>（檢索日期：2020年6月3日）。

[69] 張子清，〈漁船遭中國海警船撞沉 越南正式向北京抗議〉，中央廣播電台，2020年4月4日，<https://www.rti.org.tw/news/view/id/2058354>（檢索日期：2020年6月3日）。

突升高的嚇阻力量，以及反制敵人對我海巡署巡防艦艇攻擊行動。

因此，依據假設事件，雙方可能的戰術態勢為越南入侵公務船之船位位於太平島鄰接區線上，並朝向太平島方向接近。我海巡署巡防艦一艘擔任干擾艦（Tit for Tat）位於越南公務船之船艏前方採取「礙航」行動，阻止越南公務船續向太平島接近。我另一艘海巡署巡防艦與越南入侵公務船的距離，設定在海巡署巡防艦火砲最大射程距離內，以掩護我擔任干擾艦任務的海巡署巡防艦。此時，我海軍特遣任務支隊發現 2 艘越南海軍艦艇，一艘為越南海岸巡防艦，位於我干擾艦在其最大火砲有效射程距離內的位置。另一艘為越南海軍飛彈巡防艦，位於我擔任掩護任務的海巡署巡防艦在其飛彈有效射程內的位置上，擔任對我海巡署巡防艦的「標定艦」（mark warship）。此時，我海軍特遣任務支隊應指定所屬飛彈巡防艦擔任反標定艦（countermark warship），支隊其他各艦則採取遠距制海阻柵任務，以遏制越南海軍後續增援部隊接近我太平島。（如圖 20）

從圖 20 之想定事件雙方可能發生的戰術態勢圖分析，可以了解海軍艦隊及海巡署巡防艦隊除了在通信硬體裝備上，必須要有共同的通信系統與保密設備外，在軟體上除須派遣海軍聯絡小組至海巡署巡防艦上，負責海軍特遣任務支隊部與海巡署專案任務艦隊部協調任務的軟體需求，以及海巡署巡防艦軍官亦須具備海軍作戰基本戰術概念外，最重要的是雙方必須要有共同作業準則，方能在行動不確定性、反應時間短暫及衝突有效控制性等複雜環境下採取適當行動措施，迫使入侵者退讓，確保我領土主權與海洋權益。

第四節　小結

本章從執行面藉由台灣海洋安全事務執行現況與檢討、台灣海洋安全政策及海上武力之建構 3 個面向，探討如何將總統的海洋安全戰略構想、目標及途徑，落實成為具體的海洋安全政策，以達成海洋安全戰略目標。在台灣的海洋安全事務執行現況與檢討部分，可以了解到台灣對海洋政策與海洋戰略之間的關係缺乏明確的定位，海洋委員會海巡署與國防部所屬海軍之間，缺乏相互支援的艦隊整合運用之共同作業準則，以及海洋安全政策制定的權責單位不明。而在台灣海洋

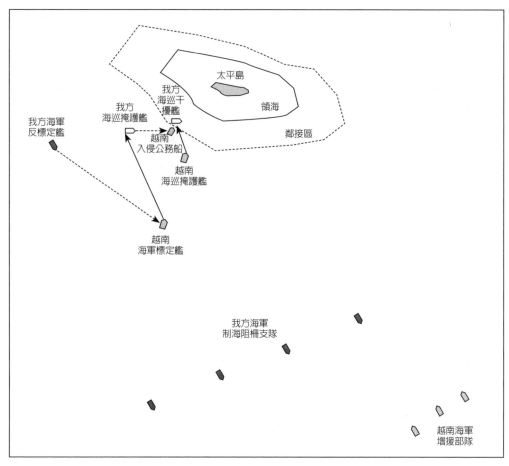

太平島

我方
海巡干
擾艦

領海

我方
海巡掩護艦

鄰接區

我方海軍
反標定艦

越南
入侵公務船

越南
海巡掩護艦

越南
海軍標定艦

我方海軍
制海阻柵支隊

越南海軍
增援部隊

圖 20　非戰爭下軍事行動的想定事件戰術態勢圖

安全政策建構上，了解到總統的海洋安全戰略是行政院制定海洋安全政策的核心依據，且海洋安全政策必須能夠具體指導行政院所屬與海洋安全事務有關的各部會，執行海洋事務工作的目標與方向，以及制定工作執行計畫，達成行政院院長所制定的海洋政策目標。

　　最後從探討支持海洋安全政策與達成海洋安全戰略目標的海上武力之建構，可以了解到台灣的海軍艦隊與海洋委員會海巡署之間的支援與合作，在實際的運作上將面臨重大挑戰。尤其是非戰爭下可能的衝突，基本上雙方除缺乏因應的構想與作為能力外，在彼此之間的支援與合作在協調上，亦將面臨更重大的挑戰。尤其是海軍若想要海巡署巡防艦隊肩負第二海軍的任務，就必須負起對

海巡署巡防艦籌購計畫實施指導、預算支援及裝備支援，否則此計畫構想將淪為空談。

　　本章僅就台灣當前海洋安全事務執行現況不足的部分，提出個人研究的觀點，此觀點在未來執行上是否可行，必須經由海洋安全戰略、海洋安全政策及海洋工作執行計畫完成制定後，透過實際的工作執行、目標驗證與成果檢討，方能了解在戰略、政策及工作執行計畫上，尚有那些缺失與不足，以作為後續戰略、政策及計畫改進之重要參考依據，這將是本書後續研究的重點。

第七章

結論

　　依據本書第四章的研究結論，中國的崛起已是不爭的事實。未來是否會走向極權國家衰敗的歷史宿命，從當前中國對內部社會的影響力來看，基本上短期內發生劇變的機率可說相當的小。西太平洋中美兩大強權對抗的國際格局，從美國前總統川普的推波助瀾下已然成形，所影響的層面將不僅限於軍事上的對抗，而是涵蓋政治、經濟、社會、文化及科技等全領域與全方位。尤其在資訊產業科技領域上，美國積極聯合傳統西方強權，期望能夠全面性及毀滅性的封殺中國民間通資訊企業「華爲」[1]，打破以往中美之間既合作又競爭的關係。

　　西太平洋區域各國從美國總統川普執政開始到拜登政府，即不斷受到美國要求選邊站的壓力。而台灣長久以來不管哪一個政黨執政，基本上都將美國視爲台灣唯一的安全保障，但與此同時內心仍對美國爲其國家利益出賣台灣，而與中國交換利益存有可能性的憂慮。依此，台灣的國家安全戰略選擇該如何呢？以及作爲一個海洋國家的台灣，其海洋安全戰略又爲何？本書結論計分 3 個部分，第一部分爲回顧各章研究過程與結果，以及命題與理論檢討。第二部分爲依據建構主義身分決定利益，以及無政府文化理論，提出本書的研究發現與心得啓示。第三部分爲針對在西太平洋中美對抗的國際格局下，提出台灣因應的海洋安全戰略、政策及海上武力需求。

第一節　台灣海洋安全與國家安全再檢視

　　本書研究是藉由整合國際關係與戰略研究理論之運用架構，從事實面、影響面、發展面、戰略面及執行面 5 個思考面向，解析海洋對台灣的影響、影響台灣海洋安全戰略的外在環境，以及建構台灣的海洋安全戰略、政策及海上武力。依據本書分別從台灣地理位置的身分、影響台灣「海洋安全戰略」的外在影響因素、建構台灣的「海洋安全戰略」理論、對台灣海洋事務執行現況之探討、建構

---

[1] Kang, Cecilia and Sanger, David, " Huawei Is a Target as Trump Moves to Ban Foreign Telecom Gear," *The New York Time*, May 15, 2019, <https://www.nytimes.com/2019/05/15/business/huawei-ban-trump.html?_ga=2.140905074.1300920102.1591175988-1813969612.1566700335>（檢索日期：2020年6月4日）。

台灣的「海洋安全戰略」、「海軍戰略」與「海洋安全戰略」之間關係及台灣未來「海上武力」的需求，獲得下列七項結果：

一、台灣地理位置的身分

　　台灣地理位置，位於西太平洋第一島鏈南北向的中央位置，東西向左鄰中國，右鄰以關島為中心的第二島鏈，可說位於西太平洋島嶼的中央位置。北邊控制東海與太平洋的海上通道、南邊控制巴士海峽、東邊控制西太平洋南北海上交通線、西邊控制台灣海峽。從海洋地緣戰略觀點，台灣具備成為西太平洋「衢位」的戰略鎖域。然台灣之所以未能成為海洋國家的主要原因，在於從未以台灣主體的觀點看待台灣的安全與發展。

　　若從台灣的發展歷史來看，大概只有明鄭時期才具有獨立自主的發展觀。清朝時期，台灣附屬於中國的一個待開發之地，當意識到台灣海權地位的重要性時，則為時已晚。日本統治時期，初期從日本殖民地的觀點看待台灣，後期進入中日戰爭時，日本改變對台灣的統治政策，將台灣視為國土的方式經營，但也是為時已晚。太平洋戰爭的爆發，台灣雖成為日本海軍的中繼基地，但不是海權發展的基地。國共內戰下中華民國退守台灣，雖然從攻勢作戰被迫改為守勢作戰，但始終沒有脫離陸權的觀念。

　　台灣人民的移民血淚史，對台灣人民來說記憶深刻，對海洋的恐懼深植於內心，再加上國共內戰期間的禁海令限制，更使台灣人民缺乏探索海洋的精神與勇氣。因此，我們必須跳脫台灣內部「統一或獨立」的意識形態，以客觀的角度看待台灣的身分。透過對台灣地理位置的解析、海權發展歷史的困境、國家安全的威脅來源及台灣人民對海洋的認知之研究，提出台灣不管是國家或地區的型態，其內在的身分屬性均是海洋國家的身分。

二、影響台灣「海洋安全戰略」的外在影響因素

　　台灣的地緣戰略基本上是受到外在國家利益的影響，雖然台灣對日本國家安全具有相當大影響，但台灣的戰略價值最終還是以中美關係的變化而有所調整。1979 年中國與美國建交，以抗衡蘇聯 1980 年代海軍與核子嚇阻能力的快速

發展，中國利用與美國關係的蜜月期，積極的發展經濟。此時，台灣的地緣戰略價值，從美國國家利益的觀點來看，當時的中國並不具備武力統一台灣的能力，利用降低台灣地緣戰略的價值與中國交換利益是可行的。

蘇聯垮台後，中國多年來經濟發展的努力成果逐漸彰顯，在美國忙於中東的反恐戰爭之際，2010 年中國躍升為世界第二大經濟體，已悄然取代蘇聯，成為世界第二強權的開發中國家。自美國川普政府於 2017 年執政以來，台美關係似乎納入美國國家安全戰略中「印太戰略」構想的一環，使得台灣的地緣戰略價值似乎又回到 1950 年代至 1960 年代的狀況，成為《美日安保條約》下對抗中國的戰略前沿。若從歷史角度分析台灣的命運，台灣必須從被美國拿來對付中國採取權力平衡政策的籌碼，轉變為成為中美權力平衡情勢的砝碼，方能使台灣獲取較大的自主權。

三、建構台灣的「海洋安全戰略」理論

國家戰略、國家安全戰略、海洋戰略、海洋發展戰略、國防戰略、軍事戰略、海軍戰略及海洋政策，這些名詞基本上對於從事國際事務、軍事戰略及海洋發展等領域的研究學者、專家，乃至於關心這些領域的人民都是耳熟能詳的，但對於「海洋安全戰略」一詞則是較為陌生，且「海洋安全戰略」在戰略上應該定位在哪個層級且定義為何？是必須釐清的關鍵。

對於「戰略」思考的內涵不外乎「安全」與「發展」兩個面向，美國的戰略體系架構於 1986 年的《高尼法案》，將「國家安全戰略」取代「國家戰略」，並以立法的方式要求政府公布周知，以作為國家戰略最高指導文件，此為各國競相效法的範例。這樣的轉變，其優點在於使政府各部門機構充分了解國家領導人未來施政的構想與目標，以及讓其他國家明確了解此國家未來的意圖，避免產生誤判的情勢。而其缺點就是忽略了國家「發展」的需求與目標，將國家帶向不斷尋求敵人，免於威脅的安全困境。

從我國 2002 年的戰略體系架構及政府組織架構分析，可以了解「海洋戰略」是屬於國家層級的戰略。對於一個臨海國家而言，海洋戰略是國家戰略的一部分。因為與他國接壤的陸上邊境，亦可能是國家戰略的另一個重要面向。國家必

須視地緣戰略的需求，在「陸為主，海為輔」或「海為主，陸為輔」之間做一選擇。如果採取「陸海兼顧」，則國家的資源必須夠大，且地緣戰略上沒有與其力量相等的國家，否則將面臨法國在 18 世紀時，同時在陸上必須對抗普魯士、在海上希望與英國競爭，但卻無法兼顧的窘境。

然對於一個島嶼國家來說，如英國、日本、印尼及台灣而言，國家戰略原則上如同海洋戰略。「國家戰略」的內涵包括「國家發展戰略」與「國家安全戰略」，依此，「海洋戰略」的內涵也應包括「海洋發展戰略」與「海洋安全戰略」兩個部分。「海洋發展戰略」係從「興利」的角度作為戰略思考，而「海洋安全戰略」則是以「安全與威脅」的觀點作為戰略思考。因此，海洋安全戰略在傳統安全與非戰爭下軍事行動的面向部分，基本上向下是指導國防體系的國防戰略、軍事戰略、軍種戰略及戰役戰略，在非傳統安全面向部分，則是指導遂行海洋秩序、權利及資源維護等海洋安全事務。

四、對台灣海洋事務執行現況之探討

2020 年 6 月 4 日行政院通過《國家海洋政策白皮書》，是行政院依據《海洋基本法》規定編纂的首部海洋政策專書，以「建構海洋生態、安全、繁榮的永續海洋國家」為願景，提出「建立區域戰略思維，保衛海域主權權益」、「落實海域執法作為，促進區域安全合作」、「維護海洋生態健康，優化海洋環境品質」、「確立產業發展目標，促進藍色產業升級」、「形塑全民親海風氣，培養海洋國家思維」與「孕育科學發展動能，厚植學術研究能量」等六大政策目標。[2] 經比較 2006 年的《海洋政策白皮書 2006》內容標題，可以看得出 2020 年的《國家海洋政策白皮書》在內容上，民進黨政府應不會有較大的政策方向改變。

若從戰略體系架構的觀點，行政院公布的《國家海洋戰略白皮書》其依據為何？則需要進一步分析。但依據《憲法》及《憲法增修條文》規定，總統直接任命行政院院長，且不需要立法院同意。由於總統是具有民意授權基礎，而行政院院長的任命無須立法院行使同意權，所以行政院院長原則上不具備間接民意授權

---

2 郭曉蓓，〈政院通過「國家海洋政策白皮書」揭示6大目標〉，《青年日報》，2020年6月4日，<https://www.ydn.com.tw/News/385382>（檢索日期：2020年6月10日）。

基礎。因此，行政院院長的「海洋政策」必須以總統的海洋戰略指導為準據。然自中華民國政府遷台以來，歷任總統至今均未曾明確指示或公布國家的「海洋戰略」。

依據2001年的《海洋白皮書》與2006年的《海洋政策白皮書2006》之內容，以及2020年的《國家海洋政策白皮書》大綱來看，均涵蓋海洋安全與海洋發展兩個部分，但對於「海洋安全政策」與「國防戰略」之間的關係如何，沒有明確的說明。以《海洋政策白皮書2006》在海軍武力的建軍構想上，認為需要建構遠海作戰能力與遠程打擊能力。但從國防部歷年的「國防報告書」中，始終忽略建構海軍遠海作戰能力的要求。這樣的差異主要在於總統、行政院院長及國防部部長之間，在進行國家安全戰略規劃時，作為總統國家安全諮詢機構的「國家安全會議」未盡到協調的功能。

五、建構台灣的「海洋安全戰略」

台灣的「海洋安全戰略」要做到將被動成為美國對抗中國權力平衡政策的籌碼，轉變為在中美權力平衡情勢下的砝碼，除了國家的戰略選擇之外，更重要的是實力。台灣受限於國際「一個中國」政策的國際政治現實狀況，要能展現其存在的價值，發揮翁明賢所說「能動者」、「操之在我」的作為。換言之，就是在西太平洋的地緣戰略區域上，與周邊國家建構多重角色與集體身分。也許對所謂傳統的盟國，如美國與日本，可能會帶來負面壓力，但卻可讓台灣在中美對抗的權力平衡態勢中，取得台灣應有的戰略價值。

台灣若要在西太平洋的地緣戰略作用上發揮積極性的影響力，台灣的海洋安全戰略構想與目標，就必須採取「攻勢防禦」的戰略構想，建構一支能夠爭取制海權、力量投射及反封鎖護航與封鎖作戰的國防自主海上力量，以因應海洋的傳統安全、非傳統安全及非戰爭下軍事行動的挑戰；發揮台灣在區域的嚇阻影響力，以作為台灣與區域各國建構集體身分的外交政策後盾。而達成海洋安全戰略目標的途徑為：1.提升攻勢防禦能力，促使敵人願意以和平談判的方式解決爭端；2.強化制海能力確保海上交通線，以消除或減低敵人海上封鎖的效能，以及作為和平談判的有力後盾；3.建構力量投射能力，以維護東海及南海領土、領海主權與專屬經濟區權益；4.維護台灣海洋邊境安全。

六、「海軍戰略」與「海洋安全戰略」之間關係

1890 年馬漢的《海權對歷史的影響：1660-1783》著作，將海權的概念做出具體化理論闡述。1911 年再著作《海軍戰略》，對於海軍作戰的概念與基本戰術構想提出明確的闡述，基本上此書是以美國海軍軍官為對象的戰爭教育所需教科書。與此同時，英國的柯白爵士也著作《海洋戰略原則》，其內容主要也是以海軍作戰為主的戰略構想與行動原則的海軍戰略。雖然柯白是提出「海洋戰略」一詞的第一人，但實則為「海軍戰略」。

蘇聯於 1970 年代依據海軍上將高希柯夫的「國家海權論」構想，為蘇聯海軍建構一支足以抗衡美國海軍的遠洋海軍艦隊（即所謂「藍水海軍」），並且於 1980 年代開始逐漸實現其構想，發揮對美國海軍的嚇阻力。美國依此威脅在 1981 年第一次向美國國會提出「海洋戰略」的概念，用以取代以往「海軍戰略」之構想，主要目的是在各軍種各自向國會積極爭取預算之中，能藉由新的戰略構想為海軍爭取更多的預算。因此，美國對「海洋戰略」一詞的提出是有其政治上的目的，但不可否認已將「海軍戰略」做廣義的論述。將和平時期的交通線安全維護，以及《聯合國海洋法公約》對公海自由航行權的維護，納入「海洋戰略」的構想之中實踐。

2001 年美國在 911 攻擊事件後，提爾認為在全球化的時代下，雖然特定國家的戰略學家與海軍軍官，同意海洋戰略的廣義觀點，但是有時對於制海、貿易保護及對岸上的兵力投射等主流觀點，仍然視為海洋戰略的核心。尤其是美國陸、海、空軍部及台灣的三軍司令部，不在軍事作戰指揮體系下，僅負責軍種建軍規劃、人才培育、部隊訓練及後勤補給與維修任務，軍種戰略制定的重點在因應未來科技發展與可能的威脅型態，提出上述的軍事整備需求向國會爭取預算。各戰區司令部（如「印太司令部」）則負責因應當前威脅，制定備戰計畫與作戰任務構想向國會提交預算需求。

因此，從戰略體系架構可以了解「海軍戰略」是「國防戰略」的一部分，而「國防戰略」又是「海洋安全戰略」的一部分。然在和平時期，「海洋安全戰略」所強調的海洋安全治理，對於海巡署在海洋安全戰略所扮演的角色與功能，往往是海軍戰略經常忽略的一個重點。

七、台灣未來「海上武力」的需求

執行海洋安全所需的海上武力，分別為海軍與海巡署。面對當前傳統安全、非傳統安全及非戰爭下軍事行動時，海軍艦隊與海巡署巡防艦隊要能充分的合作，除在通信硬體裝備上必須要有共同的通信系統與保密設備外，在軟體上除須派遣海軍聯絡小組至海巡署巡防艦，負責海軍特遣任務支隊部與海巡署專案任務艦隊部協調任務的軟體需求，以及海巡署巡防艦軍官亦須具備海軍作戰基本戰術概念外，最重要的是，雙方必須要有共同作業準則，方能在行動不確定性、反應時間短暫及衝突可控制性等複雜環境下採取適當行動措施，迫使入侵者退讓，確保我領土主權與海洋權益。

尤其是雙方對於對方的任務特性與行動準則不熟悉，且沒有可融合的通信系統裝備，以及在海巡署巡防艦在造艦的規劃上，未預留未來配合海軍作戰所需的武器系統裝備艙間的狀況下，國防部及海軍希望海巡署巡防艦隊能成為戰時第二海軍的計畫，基本上能實現的困難度相當高。

本書在第一章對台灣海洋安全戰略所提出的 5 項命題及假設，經過運用整合國際關係與戰略研究理論研究途徑，解析並建構台灣的海洋安全戰略的過程中，獲得其命題驗證結果如下：

（一）**命題一：基於傳統「一個中國」的因素，使得一個四面環海並在台灣海峽、東海及南海擁有島嶼主權的台灣，從未以海洋的角度思考台灣的安全與發展。**

此命題的假設為長久以來台灣在兩岸對抗的狀態下，「國家戰略」構想從「反攻大陸，統一中國」轉換到「國土防衛，保護台灣」。政府始終是從陸權的角度思考國家安全，卻忽略台灣當前所能治理的主要國土是台灣本島，及其周邊海域的島嶼，以及東沙島與南沙太平島；主要原因在於台灣的領導者及政府欠缺對於台灣所處地理環境的屬性認知。

依據馬漢將軍所提影響民族國家海權發展的 6 項原則條件，地理位置、自然構造、領土範圍、人口數量、人民特性及政府特質，以及提爾認為 21 世紀海權的構成要素為人口、社會及政府、海洋地理、資源、海洋經濟、獲得海權的手段及科技等 6 項。台灣除了人民特性與政府特質外，其他都符合發展海權所需的

條件要素。而人民特性與政府特質，卻是台灣爲何不重視海洋安全戰略的核心原因。

溫特的社會建構主義從國家層次的分析觀點，認爲國與國之間互動所產生的身分，決定國家的利益所在。雖然溫特的社會建構主義所談論的是國際之間的關係，不涉及國內政治的意向，但是科斯洛夫斯基和克拉托奇維爾則認爲，不管是國內還是國際，在所有政治中的爭論，都是行爲者藉由自身的行動來複製或改變體系。國際行爲者（即國家）實踐的再製，取決於國內行爲者（即個人和團體）實踐的再製。所以，當國內行爲者的信念和身分發生變化，從而也改變了構成其政治實踐的規則和規範時，國際政治就會發生根本變化。

這就是台灣人民對海洋的歷史記憶與兩岸軍事對抗的過程中，海洋被視爲是台灣安全的天然屏障，也因爲如此將海洋的屏障當作護城河的功用，用以建構台灣的國家安全，而失去以海洋觀點來建構台灣的國家安全。另一個原因在於藍、綠「統或獨」意識形態的爭論，讓台灣的國家安全失去客觀分析的觀點。且總統自改爲民選後，國家施政方針在政黨政治惡鬥下，國家的發展與安全因而缺乏理性、客觀及長遠的戰略思考，更何況國家層級之「海洋安全戰略」的提出。

（二）命題二：由於台灣欠缺一個明確的「國家安全戰略」，使得台灣的「國防戰略」構想被限縮在國防部所負責的軍事安全層面。

針對此命題的假設，認爲現今國防安全的內涵已超越傳統的軍事安全層面，其已包含非傳統安全（如人道救援、災害防救、環境汙染、邊境安全與疫情防治等）及非戰爭下軍事行動（海洋專屬經濟區權力的維護、反海盜、反恐怖主義等），而且台灣與日本、越南及菲律賓等國家，在東海、南海及巴士海峽有領土、領海與海洋專屬經濟區亦有無法迴避的爭端，因此，在權力行使過程中是有可能發生非傳統安全及非戰爭狀態下軍事衝突的情勢，但卻未能明確納入國防戰略構想之中。主要因素在於長期以來我國將中國統一台灣的企圖，視爲台灣唯一安全威脅的來源，致使支撐國家安全需求的「國防戰略」，始終無法跳脫軍事安全層面的思維。

依據國防部《中華民國 81 年國防報告書》，開宗明義即說明報告書的內容限定在「軍事戰略」的範疇內。2006 年「國家安全會議」依總統指示完成《國家安全報告 2006》，並提出「拒敵境外的聯合戰力」的軍事戰略，但《中華民

國 95 年國防報告書》則強調，國防政策基本目標為「預防戰爭、國土防衛、反恐制變」，也就是爭取台海相對優勢，以預防戰爭；建立「戰略持久、戰術速決」的國土防衛與嚇阻戰力。其中對於所謂「境外」的定義沒有明確的指導，使得國防部的台澎防衛作戰之「軍事戰略」構想與指導，自 1979 年將軍事戰略調整為以「國土防衛」為主的「守勢防衛」以來，制空、制海、反登陸作戰的「防衛固守、有效嚇阻」軍事戰略構想始終沒有改變過。

即使 2019 年公布的《中華民國 108 年國防報告書》，將「軍事戰略」調整為「防衛固守、重層嚇阻」，但依其構想內容仍跳脫不了以台灣本島為基點所遂行之制空、制海、反登陸作戰的「國土防衛」軍事戰略思維。然自 2006 年台灣公布第一本有關「國家安全戰略」的報告，並於 2008 年提出修訂版本。自此之後，未再有總統所指導有關「國家安全戰略」的正式報告。

雖然台灣未曾公布一本正式的「國防戰略」報告，而是以國防部部長的名義公布「國防報告書」的方式闡述「國防戰略」的構想。但在缺乏「國家安全戰略」指導，以及行政院院長被排除在國家戰略體系之外的狀況下，有關國防安全所需跨部會的協調與需求，又非國防部部長所能詳加律定的，這必須由行政院院長來整合協調與指導。致使國防部在制定「國防戰略」時，僅能著重於傳統安全的軍事戰略面向，對於非傳統安全與非戰爭下軍事行動所引發的安全威脅，始終未能納入國防戰略的構想與目標之中。

（三）命題三：從台灣的國防報告書係由國防部長署名公布的觀點分析，台灣現行的戰略體系架構，行政院院長是被排除在外的。

針對此命題的假設為行政院在《憲法》上是政府最高行政機構，行政院院長為最高行政首長，負有承擔達成總統的國家戰略構想與施政方向之責。然台灣在行政院長對於總統職責所任命的人事權失去副署權，與總統所任命的行政院院長不需要立法院行使同意權，以及傳統認為國防與外交是總統專屬權利的狀況下，造成行政院院長被排除在國家戰略體系架構外。主要原因在於行政院院長迫於其職務屬於政治任命，使得行政院院長無法有效行使憲法賦予的行政權責。

而行政院院長之所以被排除在國家戰略體系之外的主要原因，在於《憲法增修條文》規定，總統有權任命行政院院長，且不須經由立法院同意，但行政院有向立法院提出施政方針及施政報告之責。雖然台灣在民選總統的憲政體制下，可

能會發生總統「有權無責」、行政院長「有責無權」的情況，但依據《憲法》，行政院為我國最高行政機關，國防部直屬行政院而非總統府。總統對於軍隊統帥權的行使，應僅在《憲法》第 38 條所規定重大緊急事件及宣戰的發布開始，由總統責成國防部部長行使軍隊指揮權。然在非戰爭時期對戰略制定的體系上，應該仍以行政體系為主要考量，而非以統帥權體系為考量。

　　由於行政院院長沒有民意基礎，因而缺乏對總統的制衡能力，以及一般認為國防與外交是總統的權責，致使行政院院長被排除在國家戰略體系之外，這也就是國防部在制定「國防戰略」與「軍事戰略」時所遭遇的最大困境。

（四）命題四：沒有「海洋安全戰略」，「海洋安全政策」就失去其目標；沒有「海洋安全政策」，「海洋安全戰略」就缺乏行動力與執行力。

　　針對此命題的假設為對於指導有關台灣海洋事務工作的政府政策報告，僅分別於 2001 與 2006 年公布過兩次《海洋政策報告書》，以及 2004 年公布《國家海洋政策綱領》，共計 3 本，之後就未再有相關的政策報告書公布。而這些政策報告書也僅對台灣的海洋事務工作狀況提出建議，使得台灣無法對四面環海的海洋資源做有效運用與管理，以及領海安全的維護。主要原因在於缺乏指導海洋安全的「海洋安全戰略」。

　　行政院海洋事務推動委員會於 2006 年公布的《海洋政策白皮書 2006》，明確說明「海洋戰略」屬國家戰略層級。因此，「海洋戰略」的制定，基本上應由「國家安全會議」依據總統的施政理念擬訂，並奉總統核可後以其名公布之。行政院院長方能依總統的「海洋戰略」指導，據以制定「海洋政策」。然行政院院長在缺乏總統的「海洋戰略」指導下，由行政院院長以「海洋事務推動委員會」召集人的名義，制定《海洋政策白皮書》。從名義上這可說是代表行政院院長的「海洋政策」理念，但從法規的角度來看，是否具有行政命令的效力，則必須端視行政院長是否真正將其理念，以行政命令的方式要求各部會執行後續制定執行計畫的工作。

　　由於「海洋政策」的制定是承襲著「海洋戰略」的指導而來，而海洋戰略通常包含「發展」與「安全」2 個面向。所以，「海洋政策」基本上也包含發展與安全 2 個面向。從《海洋政策白皮書 2006》的內容分析，其政策內容可說涵蓋台灣的海洋發展與安全 2 個面向。尤其在海上防衛與國家安全的政策目標上，特

別強調海軍艦隊應強化獨立持久作戰能力，建構遠程反封鎖兵力，並提出擴充大型海巡艦，增進海域安全秩序維護能力，以及海軍與海巡武力的統合運用，以因應平時與戰時的任務需求。

　　因此，如果「海洋政策」的制定僅作摘要方向性的政策指導時，「海洋政策」之下就必須再制定更為具體的「海洋發展政策」及「海洋安全政策」。尤其是屬行政院層級制定的「海洋安全政策」，有關防衛國土、海洋領土（島、礁）及其領海等傳統安全與非戰爭下軍事行動部分，亦必須將其納入「國防戰略」與「軍事戰略」構想與防衛目標。

（五）命題五：從軍事戰略的角度，國防部希望海巡署的武力在戰時能成為第二海軍。

　　依據此命題的假設為從海洋安全的觀點，海軍武力與海巡武力是支持海洋安全所需海上武力的二大支柱。在和平時期的非傳統安全與非戰爭下的軍事行動，海軍武力的支援可有效提升海巡武力，行使與海洋安全有關的司法警察權之效能。在戰時於海軍艦隊執行制海作戰任務時，對於海岸安全防護則可運用海巡武力填補海軍武力的不足。海軍艦隊與海巡艦艇在建軍與兵力運用構想上無法連接與相互支援的主要原因，在於缺乏一個共同的「海洋安全政策」之指導，使「海軍武力」及「海巡武力」能據以執行相互協調與支援的工作，達成台灣的「海洋安全戰略」目標。

　　由於海軍艦隊與海巡署巡防艦隊在海巡署巡防艦艇硬體裝備的有機整合、海軍艦隊與海巡署艦隊分署勤指中心系統整合及海軍艦艇與海巡署巡防艦共同作業準則之建立等各個主要問題尚待解決的狀況下，海軍艦隊及海巡署巡防艦隊除了在通信硬體裝備上，必須要有共同的通信系統與保密設備外，在軟體上須派遣海軍聯絡小組至海巡署巡防艦，負責海軍特遣任務支隊部與海巡署專案任務艦隊協調任務的軟體需求，以及海巡署巡防艦軍官亦須具備海軍作戰基本戰術概念外，最重要的是雙方必須要有共同作業準則，方能在行動不確定性、反應時間短暫及衝突可控制性等複雜環境下採取適當行動措施，迫使入侵者退讓，確保我領土主權與海洋權益。

　　因此，國防部想要戰時將海巡署巡防艦作為第二海軍作戰部隊運用，就必須由國防部透過行政院主動與海洋委員會協調，並依據行政院院長報請總統同

意，對於籌購艤裝海巡署巡防艦所需硬體備用裝備，以及協助海巡署籌建巡防艦所需海軍作戰艤裝艙間與部位所增加之經費，由國防部海軍司令部負責編列經費外，人員訓練與編制部署等軟體需求以及共同行動標準作業程序，亦須由海軍協調海巡署共同制定，方能發揮海洋安全戰略目標所需的海上武力整合能力。

第二節　海洋事務的戰略思考與其機制

在整合國際關係與戰略研究理論的綜合理論運用解析途徑部分，從事實面、影響面、發展面、戰略面及執行面 5 個思考面向，建構台灣的海洋安全戰略、政策與海上武力所獲結論如下：

在事實面部分：運用國際關係建構主義身分與利益的理論觀點，分析本書的問題意識，藉由對台灣所處的地理位置與地緣戰略價值的探討、台灣人民及政府對國家安全的認知及台灣人民對海洋的態度之研究，提出台灣的身分屬性是海洋國家的屬性。

在影響面部分：運用國際關係新現實主義權力平衡理論、新自由主義複合相互依存理論及建構主義無政府文化理論的觀點，分析美國、日本及中國的海洋安全戰略構想與目標，提出西太平洋區域基本上是中美全面戰略競爭的架構，美國對中國基本上是採取權力平衡的對抗政策。相對中國而言，面對美國挑戰所面臨的是權力平衡的「情勢」。而日本則面臨在中美之間選邊站的困境，從而也凸顯台灣的地緣戰略價值。

在發展面部分：運用國際關係權力平衡理論，以及馬漢、柯白及高希柯夫的海權論觀點，探討台灣的國家戰略體系、美國與中國在西太平洋的戰略構想。提出美國的印太戰略將在「北韓去核」、「台灣統獨」及「南海主權爭議」3 個議題上發揮影響力，以抗衡中國在西太平洋海軍擴張的威脅。而中國則仍會維持「積極防禦」的國家安全戰略構想，但將採取針對性、區域性的軍事戰略，以「堅守原則，面對衝突」的指導原則，以因應美國的挑戰。

在戰略面部分：運用戰略研究理論，探討台灣的內外困境及國家安全戰略的選擇。提出台灣在中美西太平洋對抗的國際格局下，最佳選擇是在中美「一個中

國」的原則下，避免成為美國抗衡中國的「台灣牌」，並藉由爭取拖延中國對台灣採取「武力統一」的時間，強化軍事力量與經濟能力，作為與中國在「和平統一」談判時，獲取最大的自主權利的機會。另運用建構主義無政府文化的戰略三角理論，依據台灣國家安全戰略的最佳選擇，提出台灣的海洋安全戰略目標為「運用海上武力提升台灣在西太平洋區域的影響力與外交自主性」；其達成戰略目標的途徑為提升攻勢防禦能力、強化制海能力確保海上交通線、建構力量投射能力及維護海洋邊境安全 4 項手段。

在執行面部分：藉由戰略途徑、資源及能力的研究，探討台灣海洋安全事務執行現況與檢討，以及建構台灣海洋安全政策與海上武力，提出行政院在制定海洋安全政策時，必須針對因應傳統安全、非傳統安全及非戰爭下軍事行動的安全情勢，指導行政院所屬各部會依據政策目標與指導，制定達成海洋安全戰略目標的執行計畫。另在海上武力建構上，提出海軍期望海巡署巡防艦隊能夠肩負第二海軍的任務，就必須負起對海巡署巡防艦籌購計畫實施指導、預算及裝備之支援，否則此計畫構想將淪為空談。

從本書對整合國際關係與戰略研究理論途徑的建構，經由問題意識、問題性質、戰略環境分析、戰略目標的選擇與制定、戰略途徑方案的選擇及戰略行動計畫指導的運用過程，檢討運用整合國際關係與戰略研究理論對事件之分析及因應作為，證明此理論具有由上而下的指導，與由下而上支持的可行性。

本書經過研究途徑的理論建構，以及實際問題的探索，針對章節的研究結論及命題與假設的驗證，從台灣地緣戰略價值、台灣對海洋認知的內在因素、影響台灣海洋安全的外在因素、台灣的國家安全思考分析，以建構台灣的海洋安全戰略、政策及海上武力。從研究的過程中，提出本書的研究發現。

一、冷戰前的海權理論偏重於軍事面向的海軍戰略，而海軍戰略則偏重於海軍作戰的戰術運用原則

本書在建構台灣的海洋安全戰略的過程中，除發現對於「海洋」的英文用語，如 sea、ocean、maritime、marine、nautical 等與海洋事務有關的語意眾多，以及翻譯上的問題外，對於海洋戰略與海軍戰略之間的概念、意涵及定義的

界定，在戰略學界及官方也已發生讓讀者混淆的狀況。因此，本書研究認為，「戰略」必須具有「目標」與達成目標的「途徑」2 個要件。而冷戰前馬漢及柯白的傳統「海權」理論，在其具體的論述中，通常偏向於軍事層面的「海軍戰略」，而對於「海軍戰略」的論述，則著重於「海軍作戰」的戰術與原則。冷戰期間，蘇聯高希柯夫的「國家海權論」雖然強調《聯合國海洋法公約》的功能與運用，但仍以因應美國海軍武力威脅所發展的海權理論為基礎。但在冷戰後的全球化時代下，「海洋戰略」概念擴大了「海軍戰略」的範疇，成為國家層級的戰略指導，使得海權理論不再只是聚焦於軍事安全的層面，更擴大到平時的非傳統安全與非戰爭下軍事行動等領域的國家海洋安全層面。

故對於「海權」、「海洋戰略」、「海洋發展戰略」、「海洋安全戰略」、「國防戰略」、「軍事戰略」的內涵定義，提出本書的觀點。「海權」為一個國家運用海洋獲取國家利益與確保國家安全的構想與意圖；「海洋戰略」為運用國家各種力量，以達成獲取海洋利益及維護海洋安全的目標；「海洋發展戰略」為獲得與運用國家海洋資源，以提升國家經濟與工業實力，如海洋資源永續發展與管理、海洋工業與交通運輸發展及海洋能源與礦產開發等，所有與海洋資源獲得與運用有關的戰略目標與執行手段；「海洋安全戰略」為建構與運用海上武力，以達成維護國家海洋權益與防禦來自海洋的威脅；「國防戰略」為建構國防力量，以因應及防禦對國家安全的可能威脅；「軍事戰略」為運用軍事力量，以因應及防禦可能的軍事威脅；「海軍戰略」為建構海軍力量，以因應海洋安全的可能威脅。

二、美國的「海洋戰略」與日本的「國家安全戰略」，原則上偏向於「海洋安全戰略」

經本書研究發現，美國自 1981 年開始提出「海洋戰略」以來，2007 年美國海軍、海軍陸戰隊及海岸防衛隊共同公布的〈21 世紀海權的合作戰略〉，使得海洋戰略已然成為美國海軍、海軍陸戰隊及海岸防衛隊戰略發展的共同概念，以因應多重性與多樣化新的海洋威脅，所建構出新的海洋戰略。強調「海洋戰略」既不是「海軍戰略」，也不是「軍事戰略」，而是討論上述 3 個軍事部門的其他

功能，包括國家權力的其他要素，以及與實際的聯盟夥伴在維護和平與和平維持全球經濟安全的作用。

2015 年美國國防部公布的〈亞太海洋安全戰略〉開宗明義即指出美國在整個歷史中，始終主張以經濟和安全為由的「海洋自由」。換言之，就是在國際法所承認下，自由與合法使用海洋與領空的所有權力，以使美國海洋武力在任何可能對美國威脅，以及在地區盟友或夥伴利益遭遇威脅衝突和災難時，能夠藉由海洋自由迅速做出反應。因此，美國的「海洋戰略」原則上偏向於「海洋安全戰略」，其戰略目標為海洋的「自由航行」，而其戰略途徑就是前進部署與力量投射，「制海」為其戰略手段。

對於日本而言，《1997 年防衛白書》在其防衛政策中即指出，日本的地理特性是一個四面環海、缺乏縱深，且位於戰略要衝的位置，基本上是一個海洋國家，保護海上交通線是國家生存保障的基礎。並且自 2004 年起認為，中國崛起後對西太平洋的海洋軍事擴張行動，已嚴重威脅日本的國家安全，為此制定西南大戰略目標與行動指導以為因應。因此，對日本來說，國家安全戰略即是以海洋為主體的「海洋安全戰略」。

三、行政院院長的功能未納入台灣國家戰略體系內

雖然台灣僅在 2006 年公布過第一本《國家安全報告 2006》，之後政府再未公布。但「國家戰略」或「國家安全戰略」是屬總統權責的國家層級戰略，並由「國家安全會議」依據總統施政理念與戰略構想制定「國家安全戰略」，基本上是台灣所有學者、專家及政府官員無異議的共識。但對於國防戰略、國防政策制定的權責機構、層級與負責人，經本書研究發現，國防部在制定國防戰略時，大部分會專注於傳統軍事安全的面向，主要原因在於缺乏行政院院長的協調與支持。

尤其是 2019 年 12 月中國所發生的「新冠肺炎」（COVID-19）之全球性傳染，行政院全民國防動員會報在非傳統安全的因應上，並未發揮其功能。以口罩需求的因應對策為例，衛福部提出公共空間人民必須戴口罩的政策，但台灣的現存口罩庫存量不足，需要緊急大量採購。與此同時世界各國亦有此需求，並且紛

紛採取口罩管制措施。若從政府組織的角度分析，此時行政院院長即可運用全民動員會報，由行政院院長命令經濟部統整國內企業，緊急成立口罩生產線以為因應，並要求國防部協調後備人力支援，何須動用總統戰爭時期的統帥權呢？換言之，未來亦有可能發生非傳統安全與非戰爭下軍事行動的危及國防安全之情況，作為《憲法》上最高行政首長的行政院院長，必須納入國家戰略體系架構內，負起其應有的職責，以使政府組織更能發揮整體效能，因應未來全方位、多變性與複雜性的安全挑戰。

四、海巡署巡防艦隊無法成為國防部所構想的第二海軍

當前海洋委員會海巡署巡防艦的建造，主要以海洋執法與海洋安全維護需求而設計，雖然由海軍提供小型火砲及輕型武器安裝需求，以及武器操作人員訓練，但這些武器基本上無法擔負海軍制海與反封鎖作戰的任務要求，而海軍並未積極參與協助海巡署巡防艦建造之工作，且海軍亦無儲備或預留艤裝海巡署巡防艦所需之武器、監偵、通信系統等裝備。

另海軍在平時針對與海巡署巡防艦實施整合訓練與戰鬥部位編組，以及支援海巡署巡防艦作戰所需之人員需求與規劃，均沒有相關協調計畫。且海軍艦隊與海巡署艦隊分署勤指中心尚未建構海空情資共同圖像平台、所需的共通裝備、保密器裝備與通信標準作業程序，以及艦隊共同作業準則。因此，從海巡署巡防艦的軟硬體設備來看，要成為海軍構想中的第二海軍，基本上有相當大的困難。

五、台灣海洋事務的推展，基本上受到內部「統獨」意識形態的影響

海洋立國、海洋國家的國家施政目標，原則上是民進黨政府所推展的國家政策核心主軸，從其口號與內容不難看出，其目的是希望從歷史面與中國切割。當國民黨主政時，雖然也同樣重視國家在海洋面向的發展，但其內容在歷史面上的論述相對就保守許多，基本上這就是統獨意識形態對台灣海洋事務推展的最大阻礙。因為不管是哪一個政黨主政，對於海洋事務的推展都未能從國家安全威脅來源的角度，分析台灣安全威脅是來自海上，而不是來自陸地。基本上海洋安全不應涉及國家內部統獨意識形態之爭，必須以客觀的角度凝聚國家內部對國家安全

的共識。

六、台灣的國家安全戰略原則上應歸屬於海洋安全戰略

英國於 18 世紀發展海權，並獲取「日不落國」的歷史地位。主要因素是對於一個資源不足的英國，海洋就是國家發展與安全的核心。英國海軍的傳統觀念就是當英國的艦隊被打敗，也就是國家遭受入侵與滅亡的開始。對於日本而言，一個缺乏天然資源的島嶼國家，海上交通線就是國家的生命線。因此，對於英國及日本來說，國家安全戰略基本上等同於海洋安全戰略。而對美國來說，在陸上邊境沒有可以威脅美國的鄰國，且同時擁有太平洋與大西洋的海洋出入口，海洋就是獲取國家利益與介入地緣政治的途徑，美國的國家安全戰略原則上偏向於海洋安全戰略。

對台灣而言，與英國、日本傳統西方強權相比，面臨天然資源不足的問題更加嚴重，對於海洋貿易與海洋安全的依賴應更加重要。尤其面對中國軍事的威脅，從防禦的觀點是從海上而來，而不是陸地。所以，台灣的國家安全戰略應偏向於以海洋為主的海洋安全戰略。如果台灣不能從海洋觀點分析威脅的來源，而是從陸地防衛作戰的觀點建構台灣的國防安全的話，未來兩岸的戰爭不管結果如何，戰後的台灣必定殘破不堪。

從本書的研究過程中，了解到所有的國際關係理論都無法對國際事件的現象做權威性的解釋。以美國及中國為例，美國在冷戰期間對蘇聯採取現實主義權力平衡理論的政策，因而建構了以美蘇兩大強權為主的對抗陣營。冷戰結束後，在「一超多強」的國際體系格局裡，美國採取新自由主義國際機制理論的政策，實施全球化與全球治理。但中國崛起後，也運用新自由主義的國際機制逐漸發揮其影響力。不可否認的是，在國際組織中對於政策方向的決策，通常是由國際組織內貢獻最多的會員國之國家意志來決定。

美國總統川普在任時，不斷譴責「世界衛生組織」祕書長支持中國，並宣布停止對該組織的經費支援，考慮退出該組織就是明顯的例子。此時的美國，似乎又重回經濟保護主義與現實主義權力平衡的政策，只不過敵人已從蘇聯換成中國。

對中國而言，提出「中美新型大國關係」的主張，若從建構主義的理論觀點，中國似乎期望在美國的認同下，獲得世界「大國」的身分。且在面對美國貿易戰與科技戰的保護主義政策下，中國則以倡議多邊主義與全球化的命運共同體以為因應對策。可以看得出中國運用新自由主義國際機制理論的政策，因應美國霸權的挑戰，似乎也步入美國崛起的相同歷史過程。

從本書對國際關係理論的研究與驗證所獲得的心得，認為當前的全球化時代，某些國家認為其損害了國家利益而採取反全球化的措施，但在資訊科技無遠弗屆，以及交通工具的快速發展下，全球化的趨勢仍是無法阻擋的。因此，面對複雜的國際環境，以單一國際關係理論分析國家或國際的發展趨勢，似乎是不足的，應該採用宏觀性的綜合理論運用方式分析國際事件，將會更貼近事實面。但不可否認運用單一理論的微觀角度，分析國際事件亦可獲得國際事件深層面向的省思。

一次大戰後，美國已成為影響國際政治的主要國家，二次大戰後，美國更成為主導國際政治的核心國家。美國的國際影響力推動了美國觀點的馬漢海權理論。相對的，二次大戰後英國的沒落，間接使得英國觀點的柯白海權理論被忽略。雖然如此，傳統上臨海或島嶼國家在探討國家的海權或海洋戰略時，兩者海權理論都會成為納入國家建構海洋戰略思考與運用的參考依據。

尤其美國及日本的戰略研究學者與智庫，對於中國的海權發展分析，大部分是運用馬漢的海權理論作為分析依據。提出中國的海洋戰略構想是在第二島鏈建構所謂「反介入、區域拒止」（Anti-Access/Area Denial, A2AD）的能力，基本上就是馬漢海權理論中的「制海」與「艦隊殲滅主義」觀點。而被忽略的海權理論除了英國觀點的柯白海權理論之外，還有1970年代蘇聯觀點的高希柯夫的「國家海權論」。

蘇聯觀點的海權理論，強調海權發展是國家經濟與實力的象徵，同時也代表著國家在國際社會上的地位。蘇聯在海軍艦隊的建設中，面對西方優勢的龐大水面艦隊及造船工業，相較之下優先發展潛艦部隊，可以較少的資源和時間，迅速增加對優勢的敵人艦隊形成相當高的制衡力量。由於科技的發展，核子彈道潛艦可在整個海洋世界任何地方攻擊敵人本土。所以，海軍武力的建立不僅在對抗來自海上的威脅，更重要的是，維護這些海洋資源的利益，以增加經濟的發展。

　　因此，從中國「積極防禦」戰略構想下的海軍戰略行動，可以看出中國的「海洋安全戰略」構想主要是防禦來自海洋的威脅。雖然保護遠海的海上交通線已是中國海軍戰略任務之一，但中國海軍也了解保護遠海的海上交通線，在和平時期的反海盜作為是可行的。若在戰爭時期沒有一個具有防護、監偵、補給、維修能力的海外前進基地，中國海軍艦隊要在遠海遂行制海任務，以確保海上交通線的安全，其困難性非常的大。即使中國已有航空母艦，在沒有海外基地的狀況下，中國的海權思想與未來發展，基本上仍是以蘇聯的國家海權理論概念為參考依據，主要原因是 2010 年後的中國是一個「以海權為主，以陸權為輔」的臨海國家。

　　對於兩岸的統一或獨立問題，就當前中國的軍事實力，相信即使許多民主國家都不願看到兩岸的統一，但都無法否定中國統一台灣的決心是無法改變的。台灣面對這樣的國際情勢，該如何思考戰略選擇？從國際現實來看，台灣選擇「獨立」（不是自認為主權獨立，而是擁有國際法人的身分）的機會可說微乎其微。如果選擇「統一」，基本上不是在民進黨政府的考量之中。因此，國、民兩黨都認為國家安全戰略的最佳選擇是「維持現狀」。換言之，就是「既無法獨立，也不願意統一」的狀態。

　　然台灣在國家安全戰略的思考過程中，必須認清兩岸「維持現狀」的情勢。台灣是被動處於中美競合的結果，還是由台灣所主導的中美對抗情勢下的結果。如果是前者，台灣會被美國當成對抗中國的籌碼。如果是後者，台灣是否有實力能成為中美權力平衡的平衡者？當友好台灣的西方強權不斷提出台灣要對國際發揮軟實力的影響力，但即使是提出軟實力理論的奈伊，都認為如果沒有硬實力支持，基本上軟實力是無法發揮其影響力的效能。

　　因此，台灣的國家安全戰略選擇的基礎，必須以國防武力的實力為後盾，並對可能的威脅採取積極性的「攻勢防禦」，發揮戰略存在的價值，成為「和平談判」的後盾，方能具備成為中美權力平衡下的砝碼。

　　由於台灣的國家安全戰略原則上偏向於海洋安全戰略，然大部分的論述核心都在於傳統的軍事安全面向。但我們不能忽視因應非傳統安全與非戰爭下軍事行動的安全因素，且南海已成為中美可能發生非戰爭下軍事行動的最大熱點。台灣在此狀況下，在海洋安全戰略的思考上是要選擇獨善其身呢？還是要選擇積極參

與？這是台灣海洋安全戰略必須要面對的問題。尤其當美國以「自由航行權」挑戰台灣與中國宣稱的南海歷史主權聲張時，台灣在南海長期缺席的情況下，如何讓「擱置爭議、共同開發」的主權政策宣示口號受到國際重視，並落實成為實際的行動，這是台灣海洋安全戰略必須思考的重要課題，在殘酷的國際現實裡，唯有實力才有論述權（話語權）。所以，海上武力實力的建構才是達成海洋安全戰略目標的憑藉。

第三節　未來台灣海洋安全挑戰與芻議

台灣的海洋安全戰略經過本書研究後，已提出個人的觀點。但在整合國際關係與戰略研究理論運用之實踐、比較台灣與日本海洋安全戰略之研究、中國海洋安全戰略發展對西太平洋區域安全的影響，以及在非傳統安全與非戰爭下軍事行動的海洋安全領域，對於國家安全戰略與海洋安全戰略之間的關係與規劃構想，需要更進一步研究。

壹、未來台灣海洋之挑戰

針對當前台灣在建構海洋安全戰略時所面臨的挑戰提出建言，以下提出建議。

一、整合國際關係與戰略研究理論運用之實踐

本書的整合國際關係與戰略研究理論是在指導教授翁明賢的指導下建構而成的，於 2021 年 7 月出版的《戰略與國際關係：運籌帷幄之道》一書中，有更系統的詳細介紹。經本書運用與驗證後，原則上尚無發現明顯缺失。但為使本理論更為完善，未來須持續針對國際事件再實施理論檢證，以使本理論更具有實用性，也是未來持續研究的課題之一。

二、比較台灣與日本海洋安全戰略之研究

從本書研究的結果可以了解，台灣與日本均屬於島嶼型的海洋國家，且所面

對的海洋威脅同樣來自中國。所不同的是日本沒有國家被消滅的危機，而台灣在國際一個中國政策的框架下，則有國家被統一消滅的危機。因此，日本的海洋安全戰略與台灣的海洋安全戰略，基本上仍有許多共通之處值得台灣在制定海洋安全戰略時參考，此為本書後續可持續研究的議題之二。

三、中國海洋安全戰略發展對西太平洋區域安全的影響

中國隨著海軍現代化的發展，逐漸將西太平洋第二島鏈區域納入海洋安全的防禦範圍。挑戰美國與日本於冷戰時期，在圍堵政策下所建立的海洋安全戰略。除縮短了美國的防禦縱深，也威脅到日本通往印度洋的海上能源運輸線。因此，中國海洋安全戰略的發展將會改變美國在西太平洋的權力消長，進而改變美國在西太平洋所建構的國際安全秩序，此為本書後續待研究的議題之三。

四、非傳統安全下海上武力整合作業之研究

在和平時期有關海洋事務的非傳統安全，諸如海洋安全搜救、環保與執法、軍火走私、毒品攔截、國際合作、人道行動與災難救援等，主要是由海巡署負責，但國防部所屬海軍艦隊及陸軍部隊，以及警政署警察部隊，都應配合海巡署之執法需求而實施支援。國家安全局亦須統合政府各情治單位所蒐集的情報，提供海巡署據以因應海洋、海岸威脅，適時採取因應措施；方能使國家的海洋安全戰略目標在政府整體資源整合與規劃下有效達成。因此，行政院應責成海洋委員會海巡署，建立海洋安全工作協調會議的共同作業平台，並針對各單位的支援合作事項，建立標準作業程序準則呈奉行政院核定，以作為行政院所屬各部會支援合作的準據，是為本書後續待研究的議題之四。

五、非戰爭下軍事行動有關國際法運用之研究

對於非戰爭下軍事行動中的海洋安全行動，諸如反封鎖、強制媾和行動、非戰鬥人員撤離及反制恐怖主義攻擊等，以及海軍特遣任務支隊與海巡署專案巡防任務艦隊之間的情資交換、指揮權責、戰術作為及安全維護等，都必須要有明確的標準作業程序與準則。而且對於交戰規則的制定，以及武力使用比例原則劃

分，都與《聯合國海洋法公約》、《武裝衝突法》、《戰爭法》及《人道法》等國際法的運用有直接關係。而海軍與海巡署對武力使用的認定，必須透過彼此共同的教育與實作訓練方能達成。因此，這將是本書後續待研究議題之五。

貳、對台灣海洋安全之芻議

一、以立法方式明定國家戰略體系與權責單位

「國家安全戰略」是政府各機構執行總統施政理念的基礎文件，作為總統之國家安全有關大政方針諮詢機構的「國家安全會議」，應在新政府主政開始，即不待總統之命令或指示，執行「國家安全戰略」制定之準備工作。並呈請總統指導國家安全大政方針，以利於一年內完成〈國家安全戰略報告〉，並由總統明令公布之。當前行政院海洋委員會在制定《國家海洋政策白皮書》及國防部在制定《國防報告書》時，所面臨最大的問題就是缺乏一個明確由總統公布的〈國家安全戰略報告〉，抑或是總統提出明確的戰略構想或指導。行政院海洋委員會及國防部公布的報告書，其中有關國家層級的戰略構想與指導，是否為總統所授意認可，容易讓他國有想像的空間，以及產生誤判的危機。因此，國家安全會議的職能必須要能夠充分的發揮，方能發揮國家安全或海洋安全戰略的指導作用。

二、制定明確的台灣海洋安全戰略，以利因應多重面向的海洋安全議題

台灣是一個海島，從國家的角度，台灣是一個海洋國家。若從地理位置來看，台灣是一個海洋地區。不管是國家的身分或是地區的身分，海洋都是台灣發展與安全的關鍵要素，也是核心要素。因此，台灣的「國家安全戰略」原則上應偏向於「海洋安全戰略」。所以，台灣在制定「國家安全戰略」時，必須從海洋的觀點來看國家的安全，並將非戰爭下可能的軍事衝突納入國家安全戰略構想中必須思考的核心因素，方能因應台灣在東海與南海可能的威脅情勢。

三、建構具備遠海嚇阻能力的海上武力

雖然中國是台灣海洋安全之最核心因素，但是對中國來說，台灣是中國不可

分割的領土。從政治戰略的觀點分析，一個中國統一下殘破的台灣，不會是中國所願意期待的結果；相反的，中國所期待統一下的台灣，是一個社會穩定、經濟發達的台灣。所以，兩岸之間的武力衝突應不會朝向毀滅性的戰爭，除非台灣有戰到一兵一卒的堅定抵抗決心。這是否有此可能，在此不做評論，但是一支具備遠海嚇阻能力的海上武力，不論在戰時或平時都擁有強制敵人採取媾和行動的實力憑藉。因此，台灣的海上武力建構必須跳脫國防部所規劃之軍事戰略台澎防衛作戰之桎梏，方能發揮海軍外交與警察性質任務的特性。

參考文獻

中文

專書

「國軍統帥綱領」編審指導委員會，2001。《國軍統帥綱領》。台北：國防部。

《武經七書：陽明先生手批》，1988。桃園：國防大學戰爭學院。

《鄧小平評論國防和軍隊建設》，1992。北京：軍事科學出版社。

三軍大學，2000。《國軍軍事戰略要綱》。台北：國防部。

中華民國「106年國防報告書」編纂委員會，2017。《中華民國106年國防報告書》。台北：國防部。

中華民國「98年國防報告書」編纂委員會，2009。《中華民國98年國防報告書》。台北：國防部。

中華民國「108年國防部報告書」編纂委員會，2019。《中華民國108年國防報告書》。台北：國防部。

中華民國「112年國防部報告書」編纂委員會，2023。《中華民國112年國防報告書》。台北：國防部。

日本防衛廳，2003。《2003年防衛白書》。東京：日本防衛廳。

日本防衛廳，2003。《2005年防衛白書》。東京：日本防衛廳。

日本防衛廳，2006。《2006年防衛白書》。東京：日本防衛廳。

日本防衛廳，2007。《2007年防衛白書》。東京：日本防衛廳。

日本防衛廳，2009。《2009年防衛白書》。東京：日本防衛廳。

日本防衛廳，2012。《2012年防衛白書》。東京：日本防衛廳。

日本防衛廳，2014。《2014年防衛白書》。東京：日本防衛廳。

日本防衛廳，2015。《2015年防衛白書》。東京：日本防衛廳。

日本防衛廳，2016。《2016年防衛白書》。東京：日本防衛廳。

王生榮，2001。《金黃與蔚藍的支點：中國地緣戰略論》。北京：國防大學出版社。

王俊評，2014。《和諧世界與亞太權力平衡——中國崛起的世界觀、戰略文化，與地緣戰略》。台北：致知學術出版社。

王厚卿，2000。《中國軍事思想論綱》。北京：國防大學出版社。

王家儉，2000。《李鴻章與北洋艦隊——近代中國創建海軍的失敗與教訓》。台北：國立編譯館。

王崇儀，2012。《海巡報告2012》。台北：行政院海岸巡防署。

王崇儀，2015。《成長與蛻變——2015海巡艦艇誌》。台北：行政院海岸巡防署。

王傳照，2004。《地緣政治與國家安全》。台北：幼獅文化。

王鍵，2018。《戰後美日台關係關鍵50年1945~1995：一堆歷史的偶然、錯誤與大國的博弈造成台灣目前的困境》。台北：崧燁文化。

巨克毅，2000。《全球安全與戰略研究的新思維》。台北：鼎茂圖書。

平可夫，2010。《中國製造航空母艦》。香港：漢和出版社。

田中明彥，1997。《安全保障──戰後50年的摸索》。東京：讀賣新聞社。

石之瑜，2003。《社會科學方法新論》（*A Contemporary Methodology of the Social Sciences*）。台北：五南圖書。

江畑謙介，2007。《日本的防衛戰略》。東京：講談社。

行政院海岸巡防署，2007。《2007海巡白皮書》。台北：五南圖書。

行政院海洋事務推動委員會，2006。《海洋政策白皮書2006》。台北：行政院海洋事務推動委員會。

行政院新聞局，2010。《98年中華民國年鑑（中文版）》。台北：行政院新聞局。

何學明、王華民，2009。《美國海上安全與海岸警衛戰略思想研究》。北京：海軍出版社。

呂亞力，1994。《政治學方法論》。台北：三民書局。

宋燕輝，2016。《美國與南海爭端》。台北：元照出版。

李世暉，2016。《日本國家安全的經濟視角：經濟安全保障的觀點》。台北：五南圖書。

李其霖，2018。《清代黑水溝的島鏈防禦》。新北：淡江大學出版中心。

李樹正，1989。《國家戰略研究集》。台北：新文化。

沈志華，2003。《朝鮮戰爭：俄國檔案館的解密文件（中冊）》。台北：中央研究院近代史研究所。

沈志華，2003《朝鮮戰爭：俄國檔案館的解密文件（上冊）》。台北：中央研究院近代史研究所。

沈明室，1995。《改革開放後的解放軍》。台北：慧眾文化出版。

肖偉，2000。《戰後日本國家安全戰略》。北京：新華出版社。

周熙，2001。《冷戰後美國的中東政策》。台北：五南圖書。

林欽隆，2016。《海域管理與執法》。台北：五南圖書。

林穎佑，2008。《海將萬里：中國人民解放軍海軍戰略》。台北：時英出版社。

武宦宏主編，1973。《領袖國家戰略思想之研究》。台北：三軍大學政治研究所。

邱文彥，2000。《海岸管理：理論與實務》。台北：五南圖書。

邱文彥，2017。《海洋與海岸管理》。台北：五南圖書

姚有志、黃迎旭，2009。《鄧小平大戰略》。北京：解放軍出版社。

胡念祖，2013。《海洋政策：理論與實務研究》。台北：五南圖書。

胡波，2015。《2049年的中國海上權力：海洋強國崛起之路》。台北：凱信企業。

胡彥林、陳國健，1996。《人民海軍征戰紀實》。北京：國防大學出版社。

軍事科學院軍事歷史研究部，1997。《中國人民解放軍的七十年》。北京：軍事科學出版社。

軍事科學院軍事歷史研究部，2000。《中國人民解放軍全史·第二卷──中國人民解放軍

七十年大事記》。北京：軍事科學出版社。

倪世雄，2014。《當代國際關係理論》。台北：五南圖書。

時殷弘，2006。《國際政治與國家方略》。北京：北京大學出版社。

翁明賢，2001。《突圍：國家安全的新視野》。台北市：時英出版社。

翁明賢，2010。《解構與建構：台灣的國家安全戰略研究（2000-2008）》。台北：五南圖書。

翁明賢、常漢青，2019。《兵棋推演：意涵、模式與操作》。台北：五南圖書。

翁明賢主編，2007。《新戰略論》。台北：五南圖書。

馬維野主編，2003。《全球化時代下的國家安全》。武漢：湖北教育出版社。

高希均，2007。《我們的V型選擇：另一個台灣是可能的》。台北：天下遠見出版公司。

高連升、郭竟炎，1997。《鄧小平新時其軍隊建設發展史》。北京：解放軍出版社。

啓南主編，1992。《中國傳統兵法大全》。長沙：三環出版。

國防部「四年期國防總檢討」編纂委員會，2009。《中華民國98年「四年期國防總檢討」》。台北：國防部。

國防部「國防報告書」編纂小組，1992。《中華民國81年國防報告書（修訂版）》。台北：黎民文化。

國防部「國防報告書」編纂委員會，2002。《中華民國91年國防報告書》。台北：國防部。

國防部「國防報告書」編纂委員會，2006。《中華民國95年國防報告書》。台北：國防部。

國防部「國防報告書」編纂委員會，2013。《中華民國102年國防報告書》。台北：國防部。

國防部「國防報告書」編纂委員會，2015。《中華民國104年國防報告書》。台北：國防部。

國家海洋局發展戰略研究所課題組，2007。《中國海洋發展報告2007》。北京：海洋出版社。

康紹邦、宮力，2010。《國際戰略新論》。北京：解放軍出版社。

張馭濤，1998。《新中國軍事大事紀要》。北京：軍事科學出版社。

紹永靈，2015。《戰爭與大國崛起》。遼寧：遼寧人民出版社。

莫大華，2003。《建構主義國際關係理論與安全研究》。台北：石英出版社。

許惠祐主編，2005。《台灣海洋》。台北：行政院海岸巡防署。

郭秋永，2010。《社會科學方法論》。台北：五南圖書。

陳水源，2000。《台灣歷史的軌跡（下）》。台中：晨星出版。

陳向明，2009。《質的研究方法與社會科學研究》。北京：教育科學出版社。

陳在正，2001。《台灣海將使研究》。廈門：廈門大學出版社。

陳建民，2007。《兩關關係中的美國因素》。台北：秀威資訊科技。

陳國棟，2005。《台灣的山海經驗》。台北：遠流出版。

陳碧笙，1993《台灣人民歷史》。台北：人間出版社。

傅高義，2019。《中國與日本：1500年的交流史》。香港：香港中文大學出版社。

曾瓊葉，2008。《越戰憶往口述歷史》。台北：國防部史政編譯室。

華國富、溫瑞茂、姜鐵軍，2010。《中國人民解放軍軍史第三卷》。北京：軍事科學出版社。

貴華、李傳剛，1999。《共和國軍隊回眸──重大事件決策和經過寫實》。北京：軍事科學出版社。

鈕先鍾，1997。《孫子三論》。台北：麥田出版。

鈕先鍾，1998。《戰略研究入門》。台北：麥田出版。

鈕先鍾，2003。《中國戰略思想新論》。台北：麥田出版。

黃玉章，1993。《鄧小平思想研究（第一卷）》。北京：國防大學出版社。

黃石山，2011。《海洋臺灣：歷史上與東西洋的交接》。台北：經聯出版。

黃傳會、舟欲行，2007。《中國人民海軍紀實》。北京：學苑出版社。

楊貴華，2011。《中國人民解放軍軍史第五卷》。北京：軍事科學出版社。

楊毅，2008。《國家安全戰略理論》。北京：時事出版社。

黃鴻釗，1996。《中東簡史》。台北：書林出版。

趙一平、溫瑞茂、郭德河，2007。《中國人民解放軍歷史圖志》。北京：上海人民出版社。

趙丕、李效東主編，2008。《大國崛起與國家安全戰略選擇》。北京：軍事科學出版社。

趙翊達，2008。《日本海上自衛隊：國家戰略下之角色》。台北：紅螞蟻圖書。

趙景芳，2009。《美國戰略文化研究》。北京：時事出版社。

劉中民，2009。《世界海洋政治與中國海洋發展戰略》。北京：時事出版社。

劉赤忠，1983。《海洋與國防》。台北：中央文物供應社。

劉華清，2004。《劉華清回憶錄》。北京：解放軍出版社。

劉華清，2008。《劉華清軍事文選（上冊）》。北京：解放軍出版社。

劉華清，2008。《劉華清軍事文選（下冊）》。北京：解放軍出版社。

潘彥豪，2012。《中共海軍武力的發展與影響（1992-2010）──海權力論的觀點》。台北：粵儒文化。

潘淑滿，2008。《質性研究：理論與應用》。台北：心理出版社。

潘誠財，2017。《小泉政府的外交政策》。台北：五南圖書。

鄧禮峰、徐金洲，2011。《中國人民解放軍軍史第六卷》。北京：軍事科學出版社。

戴學文，2017。《從台灣海防借款到愛國公在債，歷數早期中國對外公債(1874-1949)》。台北：商周出版。

戴寶村，2011。《台灣的海洋歷史文化》。台北：玉山社。

謝國興，1993。《官逼民反：清代台灣三大民變》。台北：自立晚報社。

韓乾，2008。《研究方法原理》。台北：五南圖書。

譚江山主編，2009。《共和國長程──中國人民解放軍60年（1949-2009）戰鬥歷程》。長沙：湖南人民出版社。

專書譯著

Collins, John M.著，鈕先鍾譯，1975。《大戰略》（*Grand Strategy*）。台北：國防部史政編譯局。

Earl, Babbie著，陳文俊譯，2005。《社會科學研究方法》。台北：新加坡湯姆生亞洲私人台灣分公司。

Jarol B. Manheim、Richard C. Rich著，冷則剛、任文姍譯，1998。《政治學方法論》。台北：五南圖書。

Malcolm, Williams著，王盈智譯，2005。《研究方法的第一本書》。台北：韋伯文化國際出版公司。

Thomas A. Lane著，陳金星譯，1979。《越戰考驗美國》（*America on Trial The war for Vietnam*）。台北：國防部。

Wendt, Alexander著，秦亞青譯，2001。《國際政治的社會理論》。上海：人民出版社。

包爾溫（Hanson W. Baldwin）著，溪明遠譯，1976。《明日戰略》。台北：黎明文化。

安德魯‧埃里克森（Erickson Andrew S.）等主編，徐勝等譯，2014。《中國、美國與21世紀海權》（*China, the United States, and 21st century sea power*）。北京：海軍出版社。

西格佛里多‧伯格斯‧卡塞雷斯（Sigfrido Burgos Caceres）著，童光復譯，2016。《南海資源戰：中共的戰略利益》（*China's Strategic Interests in the South China Sea*）。台北：中華民國國防部。

佐道明廣著，趙翊達譯，2017。《自衛隊史：日本防衛政策70年》。新北：八旗文化。

佘拉米（Cerami, Joseph R.）及侯肯（Holcomb, James F. Jr.）著，高一中譯，2001。《美國陸軍戰爭學院戰略指南》（*U.S. Army War College Guide t o Strategy*）。台北：國防部史政編譯局。

克勞塞維茨（Carl Von Clausewitz）著，楊南芳譯校，2013。《戰爭論（卷一）：論戰爭的性質、軍事天才、精神要素與軍隊的武德》。新北：左岸文化。

克勞塞維茨（Carl Von Clausewitz）著，楊南芳譯校，2013。《戰爭論（卷二）：完美的防禦》。新北：左岸文化。

沈大偉（David Shambaugh）著，高一中譯，2004。《現代化中共軍力：進展、問題與前景》。台北：國防部史政編譯室。

彼得‧多姆布羅夫斯基斯（Dombrowski Peter）著，張台航等譯，2006。《廿一世紀的美國海軍戰略》。桃園：國防大學。

阿爾弗雷德‧賽耶‧馬漢（Mahan Alfred Thayer）著，簡寧譯，2015。《海權戰略：全面透析海權在英國、美國、德國、俄羅斯等大國興衰中的歷史影響》（*Naval Strategy: Compared and contrasted with the principles and practice of military operations on land*）。北京：新世界出版社。

約米尼（Jomini Antoine Henri）著，鈕先鍾譯，1999。《戰爭藝術》。台北：麥田出版。

夏爾－菲利普‧戴維（Charles-Philippe David）著，王忠菊譯，2011。《安全與戰略：戰爭與和平的現時代解決方案》（*La Guerre et la paix. Approches contemporaines de la Sécurité et de la stratégie*）。北京：社會科學文獻出版社。

熱拉爾‧迪梅尼爾（Gerard Dumenil）、多米尼克‧萊維（Dominique Levy）著，魏怡譯，2015。《新自由主義的危機》（*The Crisis of Neoliberalism*）。北京：商務印書館。

諾曼‧傅利曼（Norman Friedman）著，翟文中譯，2001。《海權與戰略》。桃園：國防大

學。

羅伯特・麥納瑪拉（Robert S. McNamara）、布萊恩・范德瑪（Brian VanDeMark）著，汪仲、李芬芳譯，2004。《麥納瑪拉越戰回顧：決策與教訓》（*In Retrospect The Tragedy and Lessons of Vietnam*）。台北：智庫文化。

專書論文

王芳、楊金森著，2010。〈中國的海洋戰略〉，高之國主編，《中國海洋發展報告》。北京：海軍出版社。頁460。

王思為，2015。〈瑞士之中立政策與實踐〉，施正鋒主編，《認識中立國》。台北：財團法人國家展望文教基金會。頁91-107。

包宗和，2009。〈戰略三角個體論檢視與總體論建構及其對現實主義的衝擊〉，包宗和、吳玉山主編，《重新檢視爭辯中的兩岸關係理論》。台北：五南圖書。頁335-352。

李世輝，2016。〈外交的爭點：領土紛爭與歷史認識〉，李世輝等著，《當代日本外交》。台北：五南圖書。頁185-200。

顧立民，2007。〈國家安全戰略規劃與設計〉，翁明賢主編，《新戰略論》。台北：五南圖書。頁83-117。

翁明賢，2021。〈建構戰略與國際關係地解析架構〉，翁明賢主編，《戰略與國際關係：運籌帷幄之道》。台北：五南圖書。頁81-125。

期刊論文

Jose Maria Alvarez著，吳孟眞、李毓中譯，2003/9。〈荷蘭人、西班牙人與中國人在福爾摩莎〉，《臺灣文獻季刊》，第54卷，第3期，頁1-16。

Macabe Keliher克禮，2002/12。〈施琅的故事——清朝為何占領臺灣〉，《臺灣文獻季刊》，第53卷，第4期，頁1-23。

Wendt, Alexander，2001夏季號。〈國際政治中第三種無政府文化〉，《美歐季刊》，第15卷，第2期，頁153-198。

方眞眞，2009/9。〈明鄭時期金屬第流通與市場需求：以西班牙史料為討論中心〉，《臺灣文獻季刊》，第60卷，第3期，頁89-112。

王振東，2004/7。〈軍事事務革命對現代戰爭之影響〉，《遠景基金會季刊》，第5卷，第3期，頁99-133。

王梨光、藤永俊，2007/2。〈海巡體系大型巡防艦籌獲方向研析〉，《海巡雙月刊》，第25期，頁25-33。

石萬壽，2003/9。〈鄭成功登陸臺灣日期新論〉，《臺灣文獻季刊》，第54卷，第3期，頁209-248。

江宜樺，1997/3。〈自由民主體制下的國家認同〉，《台灣社會研究季刊》，第25期，頁83-121。

艾克・哥洛夫（Eric Grove），2001/2002年冬季。〈台灣海權的整體分析〉，《國防政策評論》，第二卷，第二期，頁274-283。

吳孟眞、李毓中，2002/12。〈Jose Maria Alvarez的《福爾摩莎，詳盡的地理與歷史》：第一

章史前時代帶至十七世紀第三節〉，《臺灣文獻季刊》，第53卷，第4期，頁133-149。

吳若瑋，2018/3。〈中國大陸倡設「亞投行」的策略、發展與影響〉，《展望與探索》，第16卷，第3期，頁42-63。

吳崇涵，2018/12。〈中美競逐影響力下的臺灣比險策略〉，《歐美研究》，第48卷，第4期，頁513-547。

宋燕輝，2012/8。〈有關黃岩島爭議的國際法問題〉，《海巡雙月刊》，第58期，頁39-49。

李世暉，2017/7。〈臺日關係中「國家利益」之探索：海洋國家間的互動與挑戰〉，《遠景基金會季刊》，第18卷，第3期，頁1-40。

李兵，2006。〈日本海上戰略通道思想與政策探析〉，《日本學刊》，第1期，，頁94-104。

李其霖，2010/9。〈鴉片戰爭前後臺灣水師布署之轉變〉，《臺灣文獻季刊》，第61卷，第3期，頁75-106。

李明，2007/1。〈韓戰期間的美國對華政策〉，《國際關係學報》，第23期，頁57-90。

李華，2002。〈1959年中印邊界衝突起因及蘇聯反應探析〉，《黨的文獻》，第2期，頁58-66。

李毓峰，2018/1。〈淺析南海行爲準則之進展與前景〉，《歐亞研究》，第2期，頁125-133。

沈志華，2003/12。〈蘇聯與中國的核武器研製(1949-1960)〉，《二十一世紀雙月刊》，總第80期，頁65-78。

林正中，2006/3。〈日據時期台灣教育史研究——同化教育政策之批判與啓示〉，《國民教育研究學報》，第16期，頁109-128。

林正義，1992/9。〈從危機處理分析布希總統的波斯灣戰爭決策〉，《歐美研究》，第22卷，第3期，頁23-65。

林彬，2013/12，〈台灣商船人力資源與就業發展探討〉，《台灣海事安全與保安研究學刊》，第4卷，第6期，頁15-24。

林碧炤，2010/1。〈國際關係的典範發展〉，《國際關係學報》，第29期，頁11-68。

林賢參，2011。〈北韓威脅對日本飛彈防禦戰略發展之影響〉，《全球政治評論》，第33期，頁97-124。

施正鋒，2010秋季號。〈戰略研究的過去與現在〉，《台灣國際研究季刊》，第6卷，第3期，頁31-64。

紀舜傑，2016夏季號。〈美國中立政策之探討〉，《台灣國際研究季刊》，第12卷，第2期，頁175-190。

胡念祖，2002/9。〈海洋事務部之設立：理念與設計〉，《國家政策季刊創刊號》，頁53-90。

胡念祖，2009/4。〈對海洋設部的總體觀〉，《海洋與水下科技季刊》，第19卷，第1期，頁17-27。

徐國章，1997/9。〈日本侵臺的思想起源與占領臺灣〉，《臺灣文獻季刊》，第48卷，第3

期，頁65-100。

海巡署企劃處，2006/4。〈國家海洋政策綱領〉，《海巡雙月刊》，第20期，頁8-11。

秦亞青，1998。〈國際制度與國際合作──反思新自由制度主義〉，《外交學院學報》，第 1期，頁40-47。

秦亞青，2001夏季號。〈國際政治的社會建構──溫特及其建構主義國際政治理論〉，《美 歐季刊》，第15卷，第2期，頁231-264。

翁明賢，2017/2。〈菲國動向對亞太戰略之影響：建構主義「集體身分」與「角色身分」的 抗衡〉，《展望與探索》，第15卷，第2期，頁45-63。

翁明賢、吳東林，2002/3，〈建構新世紀的台灣海洋戰略願景〉，《尖端科技軍事雜誌》， 第211期，頁68-77。

翁明賢、吳東林，2001/2002冬季。〈新安全環境下的台灣海洋戰略〉，《國防政策評 論》，第2卷，第2期，頁234-270。

袁易，2001夏季號。〈對於Alexander Wendt有關國家身分與利益分析之批判：以國際擴散建 置為例〉，《美歐季刊》，第15卷，第2期，頁265-291。

常漢青，2020/6。〈解構與建構中華民國戰略體系──以美國戰略體系為例〉，《國防雜 誌》，第35卷，第2期，頁1-22。

張弘遠，2008/12。〈全球金融風暴下的中國角色與地位〉，《展望與探索》，第6卷，第12 期，頁8-13。

莊吉發，1999/12。〈故宮檔案與清代臺灣史研究──清朝政府禁止偷渡臺灣的史料〉， 《臺灣文獻季刊》，第50卷，第4期，頁149-164。

莫大華，2002/9。〈國際關係「建構主義」的原型、分類與爭論──以Onuf、Kratochwil及 Wendt的觀點分析〉，《問題與研究》，第41卷，第5期，頁111-148。

許世融，2011/9。〈1928年中國的排日運動及其對臺、中貿易的影響〉，《臺灣文獻季 刊》，第62卷，第3期，頁55-91。

許惠萍，2015/6。〈自文化間傳播視角探論中共推展「孔子學院」的問題與因應作法〉， 《復興崗學報》，第16期，頁135-156。

許毓良，2006/12。〈清法戰爭前後的北臺灣（1875-1895）──以1892年基隆聽、淡水廳輿 圖為的利討論〉，《臺灣文獻季刊》，第57卷，第4期，頁263-303。

陳國棟，2003/9。〈十七世紀的荷蘭史地與荷據時期的臺灣〉，《臺灣文獻季刊》，第54 卷，第3期，頁107-138。

彭錦鵬，2001/6。〈總統制是可取的制度嗎？〉，《政治科學論叢》，第14期，頁75-105。

童振源，2009/2。〈台灣對外經濟戰略之檢討與建議〉，《研習論壇》，第98期，頁15-23。

黃秀政，1988/9。〈臺灣割讓與乙未抗日運動〉，《臺灣文獻季刊》，第39卷，第3期，頁 1-163。

黃阿有，2003/12。〈顏思齊 鄭芝龍入墾臺灣研究〉，《臺灣文獻季刊》，第54卷，第4 期，頁93-122。

黃政秀，2006/3。〈1895年清廷割臺與臺灣命運的轉折〉，《臺灣文獻季刊》，第57卷，第

1期，頁255-286。

黃偉修，2017/8/1。〈日本對外政策之中的亞洲區域主義：從自民黨政權到民主黨政權〉，《當代日本與東亞研究》，第1卷，第1號，頁1-18。

楊永明，1998/6。〈美日安保與亞太安全〉，《政治科學論叢》，第9期，頁275-304。

楊永明，2002/9、10。〈冷戰時期日本之防衛與安全保障政策：一九四五～一九九○〉，《問題與研究》，第41卷，第5期，頁13-40。

楊昊，2018/6。〈形塑中的印太：動力、論述與戰略布局〉，《問題與研究》，第57卷，第2期，頁87-105。

楊護源，2016/3。〈國民政府對臺灣的軍事接收：以軍事接收委員會爲中心〉，《臺灣文獻》，第67卷，第1期，頁39-79。

鄭淑蓮，2016/8/15。〈清初漳州人來臺拓墾時代背景之研究〉，《東海大學圖書館館刊》，第8期，頁31-49。

鄭瑞耀，2001夏季號。〈國際關係「社會建構主義理論」評析〉，《美歐季刊》，第15卷，第2期，頁199-229。

蕭高彥，1997/6。〈國家認同、民族主義與憲政民主：當代政治哲學的發展與反思〉，《台灣社會研究季刊》，第26期，頁1-27。

閻學通，2006/7。〈崛起中的中國國家利益內涵〉，《國際展望》，第14期，總544期，頁76-77。

謝奕旭，2014/11。〈非戰爭性軍事行動的重新審視與分析〉，《國防雜誌》，第29卷，第6期，頁1-22。

蘭寧利，2007/8。〈由近岸跨向遠海：中國解放軍水面艦防空戰力發展〉，《全球防衛雜誌》，第276期，頁68-75。

顧立民，2009/7。〈中國海洋地緣戰略與石油安全研究〉，《遠景基金會季刊》，第10卷，第3期，頁79-113。

學位論文

李其霖，2009。《清大前期沿海地水師與戰艦》。南投：國立暨南國際大學歷史研究所博士論文。

研討會論文

胡念祖，2009年12月31日。〈政策論談〉，「海洋專責機構之設立」座談會。台北教師會館120室：中華民國海洋事務與政策協會。

2016年11月28日。〈105年度「國際海運資料庫」更新擴充及資料分析服務期末報告書〉，105年度「國際海運資料庫」座談會。台北：交通部運輸研究所。

Srikanth Kondapalli，2018年5月19日。〈The idea of Indo-Pacific Strategy and the Role of India〉，2018年淡江戰略學派年會。新北：淡江大學國際事務與戰略研究所。

常漢青，2019年5月18日。〈東亞西太平洋中、美競合下的台灣安全戰略〉，2019年淡江戰略學派年會。新北：淡江大學國際事務與戰略研究。

官方文件

國防部軍語字典及條款（Department of defense dictionary of military and associated terms）爲美國國防部聯合術語主要資料庫於1998年6月10出版的準則。

中華人民共和國國務院辦公室，2000/10/16。〈2000年中國的國防〉。

安全保障と防衛力に関する懇談会，2004/10。《「安全保障と防衛力に関する懇談会」報告書—未来への安全保障・防衛力ビジョン》。

國家安全會議，2006/5/20。《國家安全報告2006》。

宋燕輝，2007/12。〈「日本海洋政策發展與對策」政策建議書〉，行政院研究發展考核委員會編印。

蕭全政、張瓊玲，2009/11。〈行政院組織改造效益及其實施方式之研究〉，《行政院研究發展考核委員會委託研究》。

許德惇，2010/3。〈我國海洋政策白皮書之規劃研究〉，《行政院研究發展考核委員會》，RDEC-RES-099-002（政策建議書）。

黃朝盟、蕭全政，2011/12。〈行政院組織改造回顧研究〉，《財團法人國家政策研究基金會》，RDEC-RES-099-039（委託研究報告）。

立法院，2012/2/29。〈案由行政院函請審議「海洋委員會組織法草案」及「海洋委員會海巡署組織法草案」案〉，《立法院議案關係文書》，總院第1603號政府提案第13001號。

立法院，2014/1/1。〈本院委員田秋堇、姚文智、李昆澤、陳亭妃、林佳龍等25人，有鑒於氣候變遷與能源危機的雙重威脅下，海洋已是全球積極探索與捍衛的最後領域。其中海洋學術研究爲一國之海洋政策擬定、擘劃永續海洋戰略的根基與羅盤，創設國家級的海洋研究單位早已是國際間展現守護海洋權利決心的表現。台灣爲海環繞，我國迫切需要一個統領整合海洋資源、海洋科技、海洋生態、海洋文化與海洋法政相關學術研究的中央機構，確保我國海洋資源永續發展、創新海洋科技研究與鞏固國際海權地位。配合行政院組織改造，開創未來海洋相關研究的順利拓展，建議於海洋委員會下增設國家海洋研究院。爰擬具「國家海洋研究院組織法」草案。是否有當，敬請公決。〉，《立法院議案關係文書》，總院第1603號政府提案第15982號。

立法院，2014/1/1。〈本院委員田秋堇、姚文智、陳亭妃、李昆澤、林佳龍等25人，鑒於台灣四面環海，爲使我國海洋生態得以適當保存與資源永續使用，相關海洋保育法律與政策得以落實與執行，增進國民了解與愛護海洋之保育意識，並跟上國際間維護海洋權利、整合海洋管理之趨勢。爰擬具「海洋委員會海洋保育署組織法」草案。是否有當，敬請公決。〉，《立法院議案關係文書》，總院第1603號委員提案第16005號。

經濟部能源局，2018/6。《106年經濟部能源局年報》。

交通部航管局，2018/7。《中華民國106年航港統計年報》。

交通部，2019/12。《2020年運輸白皮書——海運》。

網際網路

〈108年海巡統計年表：壹、業務績效綜合概況表〉，海洋委員會海巡署，<https://www.cga.gov.tw/GipOpen/wSite/lp?ctNode=11351&mp=999&nowPage=1&pagesize=15>。

〈1976年國防白書第一章国際情勢の動き〉，防衛省・自衛隊，<http://www.clearing.mod.go.jp/hakusho_data/1976/w1976_01.html>。

〈1977年國防白書第二章防衛計画の大綱〉，防衛省・自衛隊，<http://www.clearing.mod.go.jp/hakusho_data/1977/w1977_02.html>。

〈1978年國防白書第二部分わが国の防衛政策〉，防衛省・自衛隊，<http://www.clearing.mod.go.jp/hakusho_data/1978/w1978_02.html>。

〈1984年防衛白書資料11海上防衛力整備の前提となる海上作戦の地理的範囲について〉，防衛省・自衛隊，<http://www.clearing.mod.go.jp/hakusho_data/1984/w1984_9111.html>。

〈1992年防衛白書第三章国際眞献と自衛隊〉，防衛省・自衛隊，< http://www.clearing.mod.go.jp/hakusho_data/1992/w1992_03.html>。

〈1995年防衛白書第三節わが国周辺の軍事情勢〉，防衛省・自衛隊，<http://www.clearing.mod.go.jp/hakusho_data/1995/ara13.htm>。

〈1996年防衛白書第三章第一節新中期防衛力整備計画〉，防衛省・自衛隊，<http://www.clearing.mod.go.jp/hakusho_data/1996/301.htm>。

〈1997年防衛白書第三章第二節防衛力の意義と役割〉，防衛省・自衛隊，<http://www.clearing.mod.go.jp/hakusho_data/1997/def32.htm>。

〈1999年防衛白書ミサイルによる攻撃と自衛権の範囲について〉，防衛省・自衛隊，<http://www.clearing.mod.go.jp/hakusho_data/1999/column/index.htm>。

〈1999年防衛白書第一章第三節第二款(1) 北朝鮮〉，防衛省・自衛隊，<http://www.clearing.mod.go.jp/hakusho_data/1999/honmon/index.htm>。

〈1999年防衛白書第一章第三節第四款軍事態勢〉，防衛省・自衛隊，<http://www.clearing.mod.go.jp/hakusho_data/1999/honmon/index.htm>。

〈1999年防衛白書第二章第一節第二款(2) 憲法第9条の趣旨についての政府見解〉，防衛省・自衛隊，<http://www.clearing.mod.go.jp/hakusho_data/1999/honmon/index.htm>。

〈1999年防衛白書第二章第一節第三款(3) その他の基本政策〉，防衛省・自衛隊，<http://www.clearing.mod.go.jp/hakusho_data/1999/honmon/index.htm>。

〈2001年防衛白書第一章第三節第四款(5) 軍事態勢〉，防衛省・自衛隊，<http://www.clearing.mod.go.jp/hakusho_data/2002/honmon/index.htm>。

〈イラクにおける人道復興支援活動及び安全確保支援活動の実施に関する特別措置法〉，內閣官房，2003年8月1日，法律第137號，<http://www.cas.go.jp/jp/hourei/houritu/iraq_h.html>。

〈中華民國第12任總統馬英九先生就職演說〉，總統府，<https://www.president.gov.tw/NEWS/12226>。

〈方域業務〉，中華民國內政部地政司，<https://www.land.moi.gov.tw/chhtml/content/68?mcid=3225&qitem=1>。

《日本國憲法》，Web Japan，<https://web-japan.org/factsheet/ch/pdf/ch09_constitution.pdf>。

〈全球化的行政院〉，行政院組織改造檔案展，<https://atc.archives.gov.tw/govreform/guide_03-4.html>。

〈行政院所屬中央二級機關〉，行政院，<https://www.ey.gov.tw/Page/62FF949B3DBD
D531>。

〈行政院海岸巡防署海洋巡防總局公開徵求「籌建海巡艦艇發展計畫」採購階段廠商參考意
見暨召開邀商說明會資料〉，海洋委員會海巡署艦隊分署，<https://www.cga.gov.tw/GipO-
pen/wSite/ct?xItem=125670&ctNode=2118&mp=9997/>。

〈行政院組織法之制定及修正經過〉，行政院，<https://www.ey.gov.tw/Page/D3FCC10227
EB927E>。

〈制定國防部參謀本部組織法〉，總統府，<https://www.president.gov.tw/Page/294/38144/%E
5%88%B6%E5%AE%9A%E5%9C%8B%E9%98%B2%E9%83%A8%E5%8F%83%E8%AC%
80%E6%9C%AC%E9%83%A8%E7%B5%84%E7%B9%94%E6%B3%95->。

〈制定國防部組織法〉，總統府，<https://www.president.gov.tw/Portals/0/Bulletins/paper/
pdf/2218-1.pdf>。

〈武力攻擊事態等における我が国の平和と独立並びに国及び国民の安全の確保に関する法
律〉，內閣官房，<https://www.cas.go.jp/jp/hourei/houritu/jitai_h.html>。

〈南海各方行為宣言〉，外交部，<https://www.fmprc.gov.cn/web/wjb_673085/zzjg_673183/
yzs_673193/dqzz_673197/nanhai_673325/t848051.shtml>。

〈修正國防組織法〉，總統府，<https://www.president.gov.tw/PORTALS/0/BULLETINS/PA-
PER/PDF/7062-1.PDF>。

〈修正國家安全局組織法條文〉，總統府，<https://www.president.gov.tw/Page/294/33345/%E
4%BF%AE%E6%AD%A3%E5%9C%8B%E5%AE%B6%E5%AE%89%E5%85%A8%E5%B1
%80%E7%B5%84%E7%B9%94%E6%B3%95%E6%A2%9D%E6%96%87->。

〈馬蕭海洋政策：藍色革命海洋興國〉，財團法人國家政策研究基金會，<https://www.npf.
org.tw/11/4119>。

《動員戡亂時期臨時條款》，立法院法律系統，<https://lis.ly.gov.tw/lglawc/lawsingle?0^1306
0CC4060CCD53060CC0CB0C0C83260DC0E6CC0C23064CD006>。

〈國家安全會議簡介〉，總統府，<https://www.president.gov.tw/NSC/index.html>。

〈執法範圍〉，海洋委員會海巡署，<https://www.cga.gov.tw/GipOpen/wSite/ct?xItem=5138&
ctNode=891&mp=999>。

〈禁止核試驗國際日〉，聯合國，<https://www.un.org/zh/events/againstnucleartestsday/history.
shtml>。

《臺灣地區近岸海域遊憩活動管理辦法》，全國法規資料庫，<https://law.moj.gov.tw/Law-
Class/LawAll.aspx?pcode=K0110011>。

〈憲法本文〉，總統府，<https://www.president.gov.tw/Page/94>。

〈憲法的三次增修〉，總統府，<https://www.president.gov.tw/Page/93>。

〈憲法第一次增修〉，總統府，<https://www.president.gov.tw/Page/322>。

〈憲法第四次增修〉，總統府，<https://www.president.gov.tw/Page/93>。

〈聯邦行政機構〉，美國資料中心，<https://www.americancorner.org.tw/zh/executive-dept.
html>。

〈關於孔子學院／課堂〉，孔子學院／課堂，<http://www.hanban.org/confuciousinstitutes/node_10961.htm>。

〈艦艇〉，海洋委員會海巡署艦隊分署，<https://www.cga.gov.tw/GipOpen/wSite/lp?ctNode=2317&mp=9997&nowPage=1&pagesize=45>。

1982/9/8。〈胡耀邦在中國共產黨第十二次全國代表大會上的報告〉，中國共產黨歷次全國代表大會數據庫，<http://cpc.people.com.cn/BIG5/64162/64168/64565/65448/4526430.html>。

1996/4/19。〈聯合國海洋法公約已於民國八十三年十一月十六日正式生效〉，外交部，<https://www.mofa.gov.tw/News_Content.aspx?n=FAEEE2F9798A98FD&sms=6DC19D8F09484C89&s=D5BBFC8E31BFA9C3>。

1997/11/11。〈中華人民共和國和日本國漁業協定〉，外交部，<https://www.fmprc.gov.cn/web/ziliao_674904/tytj_674911/tyfg_674913/t556672.shtml>。

1999/5/28。〈周辺事態に際して我が国の平和及び安全を確保するための措置に関する法律〉，眾議院，<http://www.shugiin.go.jp/internet/itdb_housei.nsf/html/housei/h145060.htm>。

2000/1/26。〈制定行政院海岸巡防署組織法〉，中華民國總統府，<https://www.president.gov.tw/Page/294/35274/制定行政院海岸防署組織法-海岸巡防署組織法>。

2000/1/26。〈制定海岸巡防法〉，中華民國總統府，<https://www.president.gov.tw/Page/294/35272/%E5%88%B6%E5%AE%9A%E6%B5%B7%E5%B2%B8%E5%B7%A1%E9%98%B2%E6%B3%95-%E6%B5%B7%E5%B2%B8%E5%B7%A1%E9%98%B2%E6%B3%95>。

2000/1/29。〈制定國防法〉，中華民國總統府，<https://www.president.gov.tw/Page/294/35292/%E5%88%B6%E5%AE%9A%E5%9C%8B%E9%98%B2%E6%B3%95->。

2000/11/20。〈中華人民共和國和大韓民國政府漁業協定〉，外交部，<https://www.fmprc.gov.cn/web/wjb_673085/zzjg_673183/bjhysws_674671/bhfg_674677/t556669.shtml>。

2000/12/25。〈中越北部灣劃界協定情況介紹〉，外交部，<https://www.fmprc.gov.cn/web/ziliao_674904/tytj_674911/tyfg_674913/t145558.shtml>。

2001/7/25。〈行政院海岸巡防署與國防部協調聯繫辦法〉，全國法規資料庫，<https://law.moj.gov.tw/LawClass/LawAll.aspx?pcode=D0090025>。

2002/3/30。〈政府改造委員會第三次委員會議〉，總統府，<https://www.president.gov.tw/NEWS/1619#>。

2002/5/19。〈副總統前往龜山島發表「海洋立國宣言」〉，中華民國總統府，<https://www.president.gov.tw/NEWS/1436>。

2002/6/6。《國防法》，全國法規資料庫，<https://law.moj.gov.tw/LawClass/LawAll.aspx?pcode=F0010030>。

2002/6/6。《國防法》，國防部法規資料庫，<https://law.mnd.gov.tw/scp/Query4B.aspx?no=1A000705601>。

2003/5/9。〈國務院關於印發全國海洋經濟發展規劃綱要的通知〉，中華人民共和國中央人

民政府，<http://big5.www.gov.cn/gate/big5/www.gov.cn/gongbao/content/2003/content_62156.htm>。

2005/12/25。〈曾培炎會見朝鮮副總理簽署海上共同開發石油協定〉，中華人民共和國中央人民政府，<http://www.gov.cn/ldhd/2005-12/25/content_136709.htm>。

2005/6/17。〈總統主持《國家安全報告》高層會議〉，中華民國總統府，<https://www.president.gov.tw/NEWS/9542>。

2006/5/18。〈總統主持國家安全會議〉，中華民國總統府，<https://www.president.gov.tw/NEWS/10440>。

2007/8/29。〈江澤民在中國共產黨的十四次全國代表大會上的報告〉，中華人民共和國中央人民政府，<http://www.gov.cn/test/2007-08/29/content_730511.htm>。

2008/10/1。〈行政院海洋事務推動小組第一次會議，務實規劃，積極推動〉，行政院，<https://www.ey.gov.tw/Page/9277F759E41CCD91/58891419-20e4-4ff5-807f-8ee0f4440d55>。

2008/10/21。〈總統參加國軍97年重要幹部研習會〉，總統府，<https://www.president.gov.tw/NEWS/12720>。

2008/6/26。〈中海油：歡迎日本法人參加春曉油氣田開發〉，中國評論新聞網，<http://hk.crntt.com/doc/1006/8/1/7/100681756.html?coluid=7&kindid=0&docid=100681756>。

2009/11/27。〈胡錦濤在紀念毛澤東誕辰110周年座談會的講話〉，中華人民共和國中央人民政府，<http://www.gov.cn/test/2009-11/27/content_1474642.htm>。

2010/10/12。〈日美出動軍艦聯合「監視」中國艦艇〉，中國評論新聞網，<http://hk.crntt.com/doc/1014/7/1/7/101471710.html?coluid=4&kindid=16&docid=101471710>。

2010/3/8。〈行政院設立「海洋委員會」之理由及海岸巡防署組織調整規劃〉，國家發展委員會，<https://www.ndc.gov.tw/News_Content.aspx?n=4E74733CFC036328&sms=245623737C91E0FC&s=4924F1C8B480CD7A>。

2012/11/20。〈胡錦濤十八大報告（全文）〉，中國時政，<http://news.china.com.cn/politics/2012-11/20/content_27165856_7.htm>。

2012/7/7。〈關於日本政府擬將釣魚台列嶼私有島嶼國有化事，外交部重申我國擁有釣魚台列嶼主權〉，中華民國外交部，<https://www.mofa.gov.tw/News_Content_M_2.aspx?n=8742DCE7A2A28761&sms=491D0E5BF5F4BC36&s=FE7197BFA51DD3F3>。

2013/10/1。〈世界海洋日 四、海洋台灣〉，行政院農委會漁業署，<https://www.fa.gov.tw/cht/ResourceWorldOceansDay/content.aspx?id=6&chk=81775f27-b2ef-4981-98c4-dafea8450011>。

2013/10/1。〈台灣海洋事務地發展與願景——海洋興國〉，行政院農業委員會漁業署，<https://www.fa.gov.tw/cht/ResourceWorldOceansDay/content.aspx?id=6&chk=81775f27-b2ef-4981-98c4-dafea8450011>。

2013/11/23。〈中華人民共和國東海防空識別區航空器識別規則公告〉，中華人民共和國國防部，<http://www.mod.gov.cn/affair/2013-11/23/content_4476910.htm>。

2013/4/16。〈國防白皮書：中國武裝力量的多樣化運用（全文）〉，中華人民共和國國防

部，<http://www.mod.gov.cn/affair/2013-04/16/content_4442839_3.htm>。

2013/8/7。〈「廣達興28號」漁船遭菲律賓巡邏艦人員槍擊事件調查結果，法務部說明如下〉，中華民國法務部，<https://www.moj.gov.tw/cp-21-50935-d0788-001.html>。

2016/3/28。〈日本啓用與那國島雷達站〉，美國之音，<https://www.voacantonese.com/a/japan-radar-station-20160328/3257908.html>。

2016/4/8。〈總統出席「南海議題及南海和平倡議」講習會〉，總統府，<https://www.president.gov.tw/NEWS/20310>。

2017/10/27。〈加泰隆尼亞宣布獨立歐盟表態不挺〉，中央通訊社，<https://www.cna.com.tw/news/aopl/201710270394.aspx>。

2017/10/27。〈習近平：決勝全面建成小康社會奪取新時代中國特色社會主義偉大勝利——在中國共產黨第十九次全國代表大會上的報告〉，中華人民共和國中央人民政府，<http://www.gov.cn/zhuanti/2017-10/27/content_5234876.htm>。

2017/11/12。〈川普APEC演講釋放重大訊息（全文）〉，壹讀，<https://read01.com/zh-tw/oLOdKEP.html#.WzJjjPZuLVg>。

2017/12/18。〈美國國家安全戰略綱要〉，美國在台協會，<https://www.ait.org.tw/zhtw/white-house-fact-sheet-national-security-strategy-zh/>。

2017/5/14。〈習近平在「一帶一路」國際合作高峰論壇開幕式上的演講（全文）〉，中華人民共和國國防部，<http://www.mod.gov.cn/shouye/2017-05/14/content_4780544_4.htm>。

2017年10月18日。〈習近平強調堅持中國特色強軍之路，全面推進國防和軍隊現代化〉，中華人民共和國中央人民政府，<http://www.gov.cn/zhuanti/2017-10/18/content_5232658.htm>。

2018/12/18。〈在慶祝改革開放40周年大會的講話〉，新華社，<http://www.xinhuanet.com/politics/leaders/2018-12/18/c_1123872025.htm>。

2018/3/1。〈美國國會通過「台灣旅行法」重啓美台高層互訪〉，BBC News中文，<https://www.bbc.com/zhongwen/trad/chinese-news-43246361>。

2018/4/26。〈海洋委員會28日成立賴揆：系統性統合海洋事務〉，行政院，<https://www.ey.gov.tw/Page/9277F759E41CCD91/fd6a23af-7a01-45c2-8c59-4a4bb48cb442>。

2018/6/14。〈上海舉行國際航運中心建設三年《行動計劃》新聞發布會〉，中華人民共和國國務院新聞辦公室，<http://www.scio.gov.cn/xwfbh/gssxwfbh/xwfbh/shanghai/Document/1631439/1631439.htm>。

2019/1/10。〈水域遊憩活動管辦法〉，全國法規資料庫，<https://law.moj.gov.tw/LawClass/LawAll.aspx?pcode=k0110024>。

2019/1/2。〈習近平在《告臺灣同胞書》發表40周年紀念會上的講話〉，中國人大網，<http://www.npc.gov.cn/npc/xinwen/2019-01/02/content_2070110.htm?from=singlemessage>。

2019/10/3。〈各級水域遊憩活動管理機關相關公告〉，行政院資訊網交通部觀光局，<https://admin.taiwan.net.tw/FileUploadListC003210.aspx?Cond=950015e2-2f1b-4668-bd5d-2c6b718170b4&appname=FileUploadCategory3213>。

2019/11/20。〈制定海洋基本法〉，中華民國總統府，<file:///C:/Users/USER/Downloads/

ff30c7c5-3b41-4936-aff9-b5285fd0ede2.pdf>。

2019/3/22。〈（兩會授權發布）政府工作報告〉，新華社，<http://www.xinhuanet.com/politics/2018lh/2018-03/22/c_1122575588.htm>。

2019/3/4。〈呂秀蓮推台灣和平中立公投　明送交第一階段署書〉，《蘋果日報》，<https://tw.appledaily.com/new/realtime/20190304/1526998/>。

2019/4/25。〈行政院會通過「海洋基本法」草案〉，行政院國家永續發展委員會，<https://nsdn.epa.gov.tw/archives/6064>。

2019/6/21。〈修正海岸巡防法〉，中華民國總統府，<file:///C:/Users/USER/Downloads/a7d31838-6a6c-472b-9ac1-a120d12e75ac.pdf>。

2019/9/10。〈緣起〉，海洋委員會海巡署，<https://www.cga.gov.tw/GipOpen/wSite/ct?xItem=3761&ctNode=782&mp=999>。

2020/3/28。〈特朗普簽署「台北法案」中國稱威脅中美關係台海穩定〉，BBC News中文，<https://www.bbc.com/zhongwen/trad/chinese-news-52061844>。

2020/8/18。〈華為5G：美國再出重手全方位封殺　第三方擔心「巨大衝擊」〉，BBC News中文，<https://www.bbc.com/zhongwen/trad/world-53820545>。

2021/12/14。〈【2021台美日三邊印太安全對話——繪製新世代民主議程】日本前首相安倍晉三專題演講〉，遠景基金會，<https://www.pf.org.tw/tw/pfch/20-7230.html>。

2022/2/24。〈俄羅斯入侵烏克蘭，普丁宣布發起「特別軍事行動」〉，紐約時報中文網，<https://cn.nytimes.com/world/20220224/russia-ukraine/zh-hant/>。

2022/4/14。〈美國事務羅斯對烏克蘭戰爭的最大受益者〉，ALJAZEERA，<https://chinese.aljazeera.net/behind-the-news/2022/4/14/%E7%BE%8E%E5%9B%BD%E6%98%AF%E4%BF%84%E7%BD%97%E6%96%AF%E5%AF%B9%E4%B9%8C%E5%85%8B%E5%85%B0%E6%88%98%E4%BA%89%E7%9A%84%E6%9C%80%E5%A4%A7%E5%8F%97%E7%9B%8A%E8%80%85>。

2023/7/12。〈臺灣民眾統獨立場趨勢分布（1994年12月~2023年6月）〉，政治大學選舉研究中心，<https://esc.nccu.edu.tw/PageDoc/Detail?fid=7805&id=6962>。

2023/7/24。〈台灣進出口統計〉，兩岸經貿網，<https://www.seftb.org/cp-1009-1464-c0fcf-1.html>。

丁楊，2019/7/24。〈《新時代的中國國防》白皮書全文〉，中華人民共和國國防部，<http://www.mod.gov.cn/big5/regulatory/2019-07/24/content_4846424_2.htm>。

小野田治，〈「日本有事」はどのように起こるか─「台湾有事」の検討を中心に─〉，SSDP安全保障・外交政策研究會，<http://ssdpaki.la.coocan.jp/proposals/122-2.html>。

內閣官房，〈テロ対策特法の概要〉，首相官邸，<http://www.kantei.go.jp/jp/singi/anpo/houan/tero/gaiyou.html>。

王承中、顧荃，2020/6/4。〈政院通過海洋政策白皮書鼓勵民眾向海前進〉，中央通訊社，<https://www.cna.com.tw/news/aipl/202006040145.aspx>。

王建民，2006/12/28。〈按照革命化現代化正規化相統一的原則鍛造適應我軍歷史使命要求的強大人民海軍〉，人民網，<http://paper.people.com.cn/rmrb/html/2006-12/28/con-

tent_12168965.htm>。

王緝思、仟勝奇，2014/10/14。〈中美對新型大國關係的認知差異及中國對美政策〉，中國 共產黨新聞網，<http://cpc.people.com.cn/BIG5/n/2014/1014/c68742-25828529.html>。

白宇、閻嘉琪，2015/12/2。〈專家：日本在西南諸島部署兵力和導彈亦在釣魚島〉，人民 網，<http://military.people.com.cn/BIG5/n/2015/1202/c1011-27878320.html>。

立法院，〈立法院公報〉（委員會紀錄），第102卷，第5期，頁20-30，<http://口袋國會.tw/ document/law_process_final/1491/P.2028-2064.pdf>。

艾米，2022/3/28。〈俄烏將再次談判 澤倫斯基願意有條件談「中立國」條款〉，法國國 際廣播電台（rfi），<https://www.rfi.fr/tw/%E5%B0%88%E6%AC%84%E6%AA%A2%E 7%B4%A2/%E8%A6%81%E8%81%9E%E8%A7%A3%E8%AA%AA/20220328-%E4%BF %84%E7%83%8F%E5%B0%87%E5%86%8D%E6%AC%A1%E8%AB%87%E5%88%A4- %E6%BE%A4%E9%80%A3%E6%96%AF%E5%9F%BA%E9%A1%98%E6%9C%89% E6%A2%9D%E4%BB%B6%E8%AB%87-%E4%B8%AD%E7%AB%8B%E5%9C%8B- %E6%A2%9D%E6%AC%BE>。

安德烈，2020/1/31。〈亞洲對中國關閉多國撤僑加速北京警告不要無謂恐慌批美國不 厚道〉，法國國際廣播電台（rfi），<http://www.rfi.fr/tw/%E4%B8%AD%E5%9C%8B/ 20200131-%E4%BA%9E%E6%B4%B2%E5%B0%8D%E4%B8%AD%E5%9C%8B%E9%97 %9C%E9%96%89-%E5%A4%9A%E5%9C%8B%E6%92%A4%E5%83%91%E5%8A%A0%E 9%80%9F-%E5%8C%97%E4%BA%AC%E8%AD%A6%E5%91%8A%E4%B8%8D%E8%A6 %81%E7%84%A1%E8%AC%82%E6%81%90%E6%85%8C-%E6%89%B9%E7%BE%8E%E 5%9C%8B%E4%B8%8D%E5%8E%9A%E9%81%93>。

朱則瑋，2017/3/30。〈爆破直升垂降世大運反恐演練逼眞〉，中央通訊社，<https://www. cna.com.tw/news/asoc/201703300302.aspx>。

朱英，2020/5/28。〈全國人民代表大會關於建立健全香港特別行政區維護國家安全的法 律制度和執行機制的決定〉，中華人民共和國中央人民政府，<http://www.gov.cn/xin- wen/2020-05/28/content_5515684.htm>。

江今葉，2020/5/30。〈港版國安法／制裁中國 美取消香港特殊待遇並退出WHO〉，中央通 訊社，<https://www.cna.com.tw/news/firstnews/202005300010.aspx>。

行政院，〈行政院組織法的制定及修正經過〉，行政院，<https://www.ey.gov.tw/Page/D3FC- C10227EB927E>。

呂國英，2011/3/31。〈中國政府發表《2010年中國的國防》白皮書（全文）〉，中華人民 共和國國防部，<http://www.mod.gov.cn/big5/regulatory/2011-03/31/content_4617810.htm>。

扶婧穎，李源，2019/7/11。〈建設海洋強國，習近平從這方面提出要求〉，中國共產黨新 聞網，<http://www.gov.cn/zhuanti/2017-10/27/content_5234876.htm>。

李宗澤、王歡，2011/2/14。〈日本公布2010年GDP數據中國超越日本世界第二〉，環球 網，<http://world.huanqiu.com/roll/2011-02/1494343.html?test=1>。

李慎明，2014/3/24。〈蘇聯解體是一場巨大的歷史災難〉，中共中央黨史和文獻研究院， <http://www.dswxyjy.org.cn/BIG5/n1/2019/0617/c427165-31161362.html>。

李靖棠，2019/8/27。〈【強化國防】南韓承諾再增除役浦頂級　菲律賓海軍擬增購2艘新巡邏艦〉，上報，<https://www.upmedia.mg/news_info.php?SerialNo=70206>。

亞東太平洋司，2013/4/29。〈臺日漁業協定〉，中華民國外交部，<https://www.mofa.gov.tw/cp.aspx?n=90BEE1D6497E4C58>。

周桂蘭，2018/8/27。〈全球原油海上貿易超過30%需要通過南海水域，中國與美國積極布局南海能源運輸安全策略〉，能源知識庫，<https://km.twenergy.org.tw/Data/share?N291Y692r3myoErkC6tXZA==>。

林治平，2018/1/10。〈兩韓破冰　北韓願赴冬奧及舉行軍事會談〉，中央通訊社，<https://www.cna.com.tw/news/aopl/201801100004.aspx>。

邱文彥，2015/6/4。〈台灣海洋政策與管理（上）〉，《National Geographic國家地理》，<https://www.natgeomedia.com/environment/article/content-3908.html>。

邱俊福，2016/4/27。〈我漁船在沖之鳥礁海域作業遭日方扣押　至今已3起〉，《自由時報》，<https://news.ltn.com.tw/news/society/breakingnews/1678229>。

胡念祖，2013/5/24。〈不懂海軍外交護漁無效（中國時報）〉，國立中山大學，<https://www.nsysu.edu.tw/p/404-1000-77366.php?Lang=zh-tw>。

胡浩，2010/5/11。〈2010中國海洋發展報告提出未來十年海洋發展戰略〉，中華人民共和國自然資源部，<http://www.mnr.gov.cn/dt/hy/201005/t20100511_2329386.html>。

原野誠治，2014/1/17。〈國家安全保障會議成立〉，nippon.com，<https://www.nippon.com/hk/behind/l00050/>。

孫立為，2015/5/26。〈中國的軍事戰略（全文）〉，中華人民共和國國防部，<http://www.mod.gov.cn/big5/regulatory/2015-05/26/content_4617812_6.htm>。

張子清，2020/4/4。〈漁船遭中國海警船撞沉　越南正式向北京抗議〉，中央廣播電台，<https://www.rti.org.tw/news/view/id/2058354>。

張戌誼，1995/6/1。〈交通部長劉兆玄：亞太營運中心為何非做不可？〉，《天下雜誌》，<https://www.cw.com.tw/article/5105995>。

郭正原，2020/3/24。〈強化防務　日26日宮古島部署新岸基飛彈單位〉，《青年日報》，<https://www.ydn.com.tw/News/377587>。

郭曉蓓，2020/6/4。〈政院通過「國家海洋政策白皮書」揭示6大目標〉，《青年日報》，<https://www.ydn.com.tw/News/385382>。

陳家倫、馮昭，2018/12/4。〈中國製造2025分析：或成中美貿易談判的障礙〉，中央通訊社，<https://www.cna.com.tw/news/firstnews/201812040208.aspx>。

陳惠鈴，2020/2/14。〈臺灣民眾臺灣人／中國人認同趨勢分布（1992年6月~2019年12月）〉，政治大學選舉研究中心，<https://esc.nccu.edu.tw/course/news.php?Sn=166#>。

陳妍君，2023/6/8。〈小馬可仕：菲律賓外交中立　美中兩國間不選邊站〉，中央通訊社，<https://www.cna.com.tw/news/aopl/202306080265.aspx>。

陳麗芬，2015/6/26。〈蘇聯海軍騰飛催化劑〉，中華人民共和國國防部，<http://www.mod.gov.cn/big5/hist/2015-06/26/content_4591797.htm>。

新聞傳播處，2018/4/26。〈海洋委員會28日成立賴揆：系統性統合海洋事務〉，行政

院，<https://www.ey.gov.tw/Page/9277F759E41CCD91/fd6a23af-7a01-45c2-8c59-4a4b-b48cb442>。

楊紹彥，2019/3/26。〈強化防衛力　日本在宮古島等地部署飛彈部隊〉，中央廣播電臺，<https://www.rti.org.tw/news/view/id/2015807>。

葉強，2016/4/11。〈島礁建設第法理正當性〉，中國南海研究院，<http://www.nanhai.org.cn/review_c/155.html>。

劉子雄，2017/7/14。〈台灣解嚴30年：平民生活的記憶〉，BBC News中文，<https://www.bbc.com/zhongwen/trad/chinese-news-40593296>。

蕭文彥，2020/1/20。〈爭水域闖梅花湖！屢勸不聽遭縣府開罰〉，TVBS News，<https://news.tvbs.com.tw/local/1265357>。

繆宗翰，2019/5/25。〈研究：台灣已成國家認同視中共為不同國家〉，中央通訊社，<https://www.cna.com.tw/news/aipl/201905250088.aspx>。

羅沙，2013/7/22。〈重組後的國家海洋局掛牌　中國海警局同時掛牌〉，中華人民共和國中央人民政府，<http://big5.www.gov.cn/gate/big5/www.gov.cn//////jrzg/2013-07/22/content_2452257.htm>。

躍生，2015/8/26，〈透視中國：一廂情願的「新型大國關係」〉，BBC News中文，<https://www.bbc.com/zhongwen/trad/china/2015/08/150826_focusonchina_us_china_new_relations>。

顧長河，2010/11/23。〈「第三次世界大戰」1999年險些在科索沃引爆？〉，人民網，<http://history.people.com.cn/BIG5/198306/13296192.html>。

外文

專書

Algosaibi, Ghazi A., 1993. *The Gulf Crisis*. New York: Kegan Paul.

Babbie, Earl, 2001. *The Practice of Social Research,* 9[th]ed. U.S. : Wadsworth/Thomson Learning.

Baldwin, David A., 1993. "Neoliberalism, Neorealism, and World Politics," Baldwin, David A., *Neoliberalism and Neorealism*. New York: Columbia University Press.

Beaufre, D'Armee Andre, 1965. *An Introduction to Strategy*. London: Faber & Faber.

Bruns, Sebastian, 2018. *US Naval Strategy and National Security: The Evolution of American Maritime Power*. New York: Routledge.

Buzan, Barry, Jones, Charles, and Lattle, Richard, 1993. *The Logic of Anarchy: Neorealism tp Structural Realism*. New York: Columbia University Press.

Buzan, Barry, *People, 1983. states and fear: the national security problem in international relations*. Sussex: Wheatsheaf.

Carpenter, Ted Galen, 1992. *A search for enemies: America's Alliances after the cold war*. Washington, DC: Cato institute.

Carr, Edward Hallett, 1946. *The twenty years' crisis, 1919-1939: an introduction to the study of international relations*. London: Macmillan.

Chiu, Hungdah, 1973. *China and the Question of Taiwan: Documents and Analysis*. New York: Praeger.

Claude Jr., Inis L., 1962. *Power and International Relations*. New York: Random House.

Clinton, David W., 1994. *The two faces of national interest*. Baton Rouge: Louisiana State University Press.

Cole, Bernard D., 2010. *The Great Wall at Sea: China's Navy in the Twenty-First Century*. Maryland: Naval Institute Press.

Collins, John M., 1973. *Grand Strategy: Principles and Practices*. Maryland: Naval Institute Press.

Corbett Julian S., 2014. *Some principles of maritime strategy*. Lexington: Filiguarian publishing.

Corbett, Julian S., 2004. *Principles of Maritime Strategy*. New York: Dover Publications.

Dennis, George Y., 1984. *Maurice's Strategikon: Handbook of Byzantine Military Strategy*. Philadelphia: University of Pennsylvania.

Dickinson, G. Lowes, 1920. *Causes of International Warp*. New York: Harcourt Brace & Howe.

Dougherty, James E., Pfaltzgraff Jr., Robert L. 1981. *Contending Theories of International Relations: a comprehensive survey*. New York: Longman.

Dougherty, James E. and Pfaltzgraff Jr., Robert L., 1996. *Contending Theories of International Relations: A comprehensive Survey*. New York: Addison Wesley.

Dougherty, James E., Pfaltzgraff Jr., Robert L., 2001. *Contending Theories of International Relations: A Comprehensive Survey*. New York: Addison Wesley Longman.

Finnemore Martha, 1996. *National Interests in International Society*. New York: Cornell University Press.

Frankel, Joseph, 1970. *National Interest*. New York: Praeger Publishers.

Norman Friedman, 1988. *The US Maritime Strategy*. New York: Jane's Publishing Inc.

Norman Friedman, *Seapower as Strategy: Navies and National Interests* (Maryland: Naval Institute Press, 2001), p. 180.

Fuller, J. F. C., 1962. *The Conduct of War*. London: Eye & Spottiswoode.

Gilpin, Robert, 1975. *U.S. Power and the Multinational Cooperation: The Political Economy of Foreign Direct Investment*. New York: Basic Book.

Gilpin, Robert, 2001. *Global Political Economy: understanding the international economic order*. New Jersey: Princeton University Press.

Gorshkov S.G., 1983. *The sea power of the state*. Florida: Robert E. Krieger publishing company.

Eric Grove, 1990. *The future of sea power*. Maryland: Naval institute press.

Hattendorf John B., Jordoan Robert S., 1989. *Maritime strategy and the balance of power*. New York: ST. Martin's press.

Hattendorf, John B., Phil, D., and King, Ernest J., 1989. *The Evolution of the U.S. Navy's Maritime Strategy, 1977-1986*. Newport: Naval War college Press.

Eric, Heginbotham, 2015. *U.S. - China Military Scorecard: Forces, Geography, and the Evolving Balance of Power 1996-2017*. Santa Monica: Rand.

Hill, Christopher, 2003. *The changing Politics of Foreign Policy*. New York: Palgrave Macmillan.

Hobson, John Atkinson, 1902. *Imperialism a Study*. London: James Nisbet.

Jennifer D. P. Moroney, et al., 2007. *Building Partner Capabilities for Coalition Operations*. California: RAND Corporation.

Jervis, Robert, 1970. *The Logic of Images in International Relations*. Princeton, N. J. : Princeton University Press.

Jervis, Robert, 1976. *Perception and misperception in International politics*. Princeton, N. J. : Princeton University Press.

John M. Hobson, 2000. *The State and International Relations*. Cambridge: Cambridge University Press.

Kaplan Morton A., 1957. *System and Process in International Politics*. New York: John Wiley & Son Inc.

Katzenstein Peter J., 1996. *The Culture of national security: norms and identity in world politics*. New York: Columbia University Press.

Kelsen, Hans, 1956. *Collective Security under International Law*. Washington: United States Government Printing Office.

Kennam, George F., 1996. *At a Century's Ending: Reflections, 1982-1995*. New York: Norton & Company.

Kenneth N. Waltz, 2010. *Theory of International Politics*. Long Grove: Waveland Press.

Keohane, Robert O., 1981. *After Hegemony: Cooperation and Discord in the World Political Economy*. New Jersey: Princeton University Press.

Keohane, Robert O., Nye, Joseph S., 2001. *Power and interdependence*. New York: Longman.

Kindermann, Gottfried-Karl, 1985. *The Munich School of Neorealism in International Politics*. Unpublished Manuscript: University of Munich.

Kissinger, Henry, 2011. *On China*. New York: The Penguin Press.

Krasner, Stephen D., 1978. *Defending the National Interest: Raw Material Investments and U.S. Foreign Policy*. New Jersey: Princeton University Press.

Langdon, Frank C. and Ross, Douglas A., 1990. *Superpower Maritime Strategy in the Pacific*. New York: Routledge.

Liddell Hart, B. H., 1967. *Strategy*. London: Faber & Faber.

Lieber Robert J., 1972. *Theory and World Politics*. Cambridge, Mass.: Winthrop.

Lin, Yves-Heng, 2014. *China's Naval Power: An Offensive Realism Approach*. Burlington: Ashgate Publishing Company.

Mahan Alfred Thayer, 1987. *The influence of sea power upon history 1660-1783*. New York: Dover publication.

Mahan, Alfred Thayer, 1918. *The influence of sea power upon history*. Boston: Little, Brown and company.

Marriott, Leo, 2005. Treaty Cruisers: The World's First International Warship Building Competition. South Yorkshire, Pen & Sword Books Limited.

McClelland Charles, 1996. *Theory and International System*. New York: Macmillan.

Mearsheimer, John J., 2003. *The Tragedy of Great Power Politics*. New York: Norton paperback.

Morgenthau, Hans J., 1949. *Politics Among Nations: The Struggle for Power and Peace*. New York: Alfred A. Knopf.

Nicholas Onuf, 1989. *World of Our Making: Rules and Rule in Social Theory and International Relations*. Columbia, SC: University of South Carolina Press.

Nye, Joseph S. Jr., Welch, David A., 2010. *Understanding Global Conflict and Cooperation: An Introduction to Theory and History*. New York: Longman.

Olsen, Edward A., 2002. *US National Defense for the Twenty-First Century: The Grand Exit Strategy*. London: Frank Cass.

Onuf, Nicholas Greenwood, 1989. *World of our making: Rules and Rule in Social Theory and International Relations*. Columbia, SC: University of South Carolina Press.

Onuf, Nicholas Greenwood, 2013. *Making Sense, Making Worlds: Constructivism in Social Theory and International Relations*. New York: Routledge.

Parker, Geoffrey, 1985. *Western Geopolitical Thought in the Twentieth Century*. New York: St. Martin's Press.

Paul A. Arnold, 2014. *About America: How the United States is Governed*. Virginia: Bureau of International Information Programs.

Peter Navarro, 2015. *Crouching Tiger: What China's Militarism Means for the World*. New York: Prometheus Books.

Pfaltzgraff, Robert L. Jr., Dougherty, James E., 1981. *Contending theories of international relations*. New York: Harper & Row.

Reilly, Thomas P., 2004. *The national security strategy of the united states: Development of grand strategy*. Pennsylvannia: U.S. army war college.

Sinclair, John, *Essential English Dictionary* (London: Collins Publishers, 1988), p. 478.

Singleton, Royce A., Jr. Bruce C. 1993. *Straits and Margarer Miller Straits, Approach to Social Research*. New York: Oxford University Press.

Sloggett, David, 2013. *The Anarchic Sea: Maritime Security in the Twenty-First Century*. London: Hurst & Company.

Snyder, Jack L., 1977. *The Soviet Strategic Culture: Implications for Limited Nuclear Operations*. California: Rand.

Sprout, Harold and Margaret, 1979. *The Ecological perspective on Human Affairs*. Westport: Greenwood Press.

Sprout, Harold and Margaret, 1968. *An Ecological Paradigm for the Study of International Politics*. Princeton, N. J. : Center for International Studies.

Spykman Nicholas John, 1942. *Ameriva's Strategy in World Politics*. New York: Harcourt, Brace and Company.

Taylor, Maxwell D., 1972. *Swords and Plowshares*. New York: Norton & Company.

Thompson, Kenneth W., 1994. *Fathers of International Thought: The Legacy of Political Theory*. Baton Rouge and London: Louisiana State University Press.

Till, Geoffrey, 2009. *Sea power: a guide for the twenty-first century*. Oxon: Routledge.

Till, Geoffrey, 1982. *Maritime Strategy and the Nuclear Age*. New York: St. Martin's Press.

Till, Geoffrey, 2009. *Seapower: A Guide for the Twenty-First Century*. London and New York: Routledge.

Toshi Yoshihara and James R. Holmes, 2010. *Red Star Over the Pacific: China's Rise and the Challenge to U.S. Maritime Strategy*. Maryland: Naval Institute Press.

Waltz, Kenneth N., 2010. *Theory of International Politics*. Long Grove Il: Waveland Press.

Waltz, Kenneth N., 1979. *Theory of International Politics*. Reading, MA: Addison Wesley.

Wendt, Alexander, 1999. *Social Theory of International Politics*. Cambridge: Cambridge University Press.

Winston S. Churchill, 1978. *The Gathering Storm*. Boston: Houghton Mifflin.

專書翻譯

Jomini, Antoine-Henri Baron de, 1971. *Art of War*, trans. Mendell, G. H. and Craighill, W. P. Westport: Greenwood Press.

專書論文

Baldwin, David A., 1993. "Neoliberalism, Neorealism, and World Politics," in David A. Baldwin, ed., *Neorealism and Neoliberalism: The Contemporary Debate*. New York: Columbia University Press.

Goldstein, Judith and Keohane, Robert O., 1993. "Ideas and Foreign Policy: An Analytical Framework," Goldstein, Judith and Keohane, Robert O., *Ideas and Foreign Policy: Beliefs, Institutions, and Political Change*. New York: Cornell University Press.

Katzenstein, Peter J., 1996. "Norms, Identity, and Culture in National Security," Jepperson, Ronald L., Wendt, Alexander, and Katzenstein, Peter J. *The culture of national security: norms and identity in world politics*. New York: Columbia University Press.

Keohane, Robert O., 1986. "Realism, Neorealism and the Study of World Politics," Keohane, Robert O., *Neorealism and Critics*. New York: Columbia University Press.

Paret, Peter, 1986. "Napoleon and the Revolution in War," Paret, Peter, Craig, Gordon Alexander, and Gilbert, Felix, *Makers of Modern Strategy: From Machiaveli to the Nuclear Age*. Princeton, N. J. : Princeton University Press.

Uhlig, Frank Jr., 2005. "Fight at and from the Sea: A second Opinion," Dombrowski, Peter, *Naval power in the Twenty-first Century: A Navy War College Review Reader*. Newport: Naval War College Press.

Wood, Robert S., 1989. "Fleet Renewal and Maritime Strategy in the 1980s," Hattendorf, John B. and Jordon, Robert S., *Maritime Strategy and the Balance of Power: Britain and America in the*

Twentieth. New York: St. Martin's Press.

期刊論文

Haftendorn, Helga, 1991/3. "The Security Puzzle: Theory-Building and Discipline-Building in International Security," *International Studies Quarterly*, Vol. 35, No. 1, pp. 3-17.

Hidemi, Sugnani, 1998/10. "A Note on Some Recent Writings on International Relations and Organizations," *International Affair*, Vol. 74, No. 4, pp. 903-910.

Hoyt, Timothy D., Winner, Andrew C., 2007/Winter. "A Cooperative Strategy for 21st Century Seapower: Thinking About the New US Maritime Strategy," *Maritime Affairs*, Vol. 3, No. 2, pp. 7-19.

Kennam, George F., 1959/7. "World Problems in Christian Perspective," *Theology Today*, XVI, pp. 155-172.

Koslowski, Rey and Kratochwil, Fridrich V., 1994/Spring "Understanding change in international politics: the Soviet empire's demise and the international system," *International Organization*, Vol. 48, No. 2, pp. 215-247.

Levy, Jack S., 1983/10. "Misperception and the Cause of War: Theoretical Linkages and Analytical Problems," *World Politics*, Vol. 36, No. 1, pp. 76-99.

Martinson, Ryan D., 2016/Summer. "Panning for Gold: Assessing Chinese Maritime Strategy from Primary Source," *Naval War College Review*, Vol. 69, No. 3, Article 4, pp. 22-44.

Mastanduno, Michael, Lake, David A., and Ikenberry John G. 1989/12. "Toward a Realist Theory of State Action," *International Studies Quarterly*, Vol. 33, No. 4, pp. 457-474.

Singer, David J., 1963/6. "Inter-nation Influence: A Formal Model," *The American Political Science Review*, Vol. 57, No. 2, pp. 420-430.

Till, Geoffrey, 2015/Autumn. "The New U.S. Maritime Strategy: Another View from Outside," *Naval War College Review*, Volume 68, Number 4, pp. 34-45.

Ullman, Richard H., 1983/Summer. "Redefining Security," *International Security*, Vol. 8, No. 1, pp. 129-153.

Wendt, Alexander, 1995/Summer. "Constructing International Politics," *International Security*, Vol. 20, No. 1, pp. 71-81.

官方文件

1960. *Treaty of Mutual Cooperation and Security Between the United States of America and Japan*, Article VI, 19th January.

Caspar W. Weinberger, 1983/2/1. *Annual Report to the Congress Fiscal Year 1984*.

Caspar W. Weinberger, Secretary of Defense, 1982/2/8. *Annual Report to the Congress Fiscal Year 1983*.

Chief of Naval Operations, 2021/1. *CNO NAVPLAN*.

Chairman of the Join Chiefs of Staff, 2022. *National Military Strategy 2022*.

Commandant of the Marine Corps, Chief of Navy Operations, and Commandant of the Coast

Guard, 2007/10. *A Cooperative Strategy for 21ˢᵗ Century Seapower*.

Commandant of the Marine Corps, Chief of Navy Operations, and Commandant of the Coast Guard, 2015/3. *A Cooperative Strategy for 21ˢᵗ Century Seapower*.

Department of Defense of United States of America, 2018. *Summary of the National Defense Strategy of the United States of America: Sharpening the American Military's Competitive Edge*.

Department of Defense United States of America, 2015/8/21. *Asia-Pacific Maritime security Strategy*.

Department of Defense, 2022/10/27. *National Defense Strategy 2022*.

Joint Chiefs of Staff, 2015/6. *The National Military Strategy of the United States of America 2015*.

Naval Research Program, 2015/7. *Navy Strategy Development: Strategy in the 21ˢᵗ Century*. Project #FY14-N3/N5-001.

Office of the Secretary of Defense, *Annual Report to Congress: Military and Security Development Involving the People's Republic of China 2010*.

Office of the Secretary of Defense, *Annual Report to Congress: Military and Security Development Involving the People's Republic of China 2011*.

Office of the Secretary of Defense, *Annual Report to Congress: Military and Security Development Involving the People's Republic of China 2016*.

Office of the Secretary of Defense, *Annual Report to Congress: Military and Security Development Involving the People's Republic of China 2015*.

Office of the Secretary of Defense, *Annual Report to Congress: Military and Security Development Involving the People's Republic of China 2018*.

Seal of the President of the United States, 2017/12. *National security strategy of the United States of America*.

Secretary of the Navy, 2020/10. *Advantage at sea: Prevailing with Integrated All-Domain Naval Power*.

Senate and House of Representatives of United States of America in congress assembled,1986/10/1. *Goldwater-Nichols Department of Defense Reorganization Act of 1986, Public Law*, pp. 99-433.

The David & Lucide Packard Foundation, 2018/2. *U.S. Marine Strategy Phase II: 2018-2021*.

The Department of Defense, 2019/6/1. *Indo-pacific Strategy Report: Preparedness, Partnerships, and Promoting a Networked Region*.

The Joint Staff, 2018. *Description of the National Military Strategy 2018*.

U.S. Coast Guard Headquarters, 2002/12. *Maritime Strategy for Homeland Security*.

The White House, 2021/3. *Interim National Security Strategic Guidance*.

The White House, 2021/9/24. *Indo-Pacific Strategy of the United States*.

The White House, 2022/10. *National Security Strategic*.

網際網路

"sea power," E*ncyclopedia Britannica*, <https://www.britannica.com/topic/sea-power>.

"Secretary of State John Hay and Open Door in China, 1899-1900," *Office of the Historian, Foreign Service Institute United States Department of State*, <https://history.state.gov/milestones/1899-1913/hay-and-china>.

"U.S. Entry into World War, 1917," *Office of the Historian, Foreign Service Institute United States Department of State*, <https://history.state.gov/milestones/1914-1920/wwi>.

"A Return to Isolationism," *Office of the Historian, Foreign Service Institute United States Department of State*, <https://history.state.gov/milestones/1914-1920/wwi>.

"Kennan and Containment, 1947," *Office of the Historian, Foreign Service Institute United States Department of State*, <https://history.state.gov/milestones/1945-1952/kennan>.

"National Defense Strategy," *Historical Office of Office of the Secretary of Defense*, <https://history.defense.gov/Historical-Sources/National-Defense-Strategy/>.

"National Military Strategy," *Historical Office of Office of the Secretary of Defense*, <https://history.defense.gov/Historical-Sources/National-Military-Strategy/>.

"National Security Strategy," *Historical Office of Office of the Secretary of Defense*, <https://history.defense.gov/Historical-Sources/National-Security-Strategy/>.

"Quadrennial Defense Review Report," *Historical Office of Office of the Secretary of Defense*, <https://history.defense.gov/Historical-Sources/Quadrennial-Defense-Review/>.

"Remember the Marine": The Beginnings of War,"*Library of Congress*, <https://www.loc.gov/collections/spanish-american-war-in-motion-pictures/articles-and-essays/the-motion-picture-camera-goes-to-war/remember-the-main-the-beginnings-of-war/>.

"Security of Defense Annual report," *Historical Office of Office of the Secretary of Defense*, <https://history.defense.gov/Historical-Sources/Secretary-of-Defense-Annual-Reports/>.

"The Formation of the United Nations, 1945," *Office of the Historian, Foreign Service institute United States Department of State*, <https://history.state.gov/milestones/1937-1945/un>.

"The national strategy for maritime security, 2005/9/20." *The white house*, <https://georgewbush-whitehouse.archives.gov/homeland/maritime-security.html>.

"The Republic of Philippines v. The People's Republic of China," Permanent Court of Arbitration, <https://pcacases.com/web/view/7>.

"The World of 1898: The Spanish - American War," *Library of Congress*, <https://loc.gov/rr/hispanic/1898/intro.html>.

"Time line 1900's-2000's," *United States Coast Guard Historian's Office*, <https://www.history.uscg.mil/Complete-Time-Line/Time-Line-1900-2000/>.

"United States Code Title 14/Subtitle1/Chapter 1/ § 101," *Office of the Law Revision Counsel*, <https://uscode.house.gov/view.xhtml?req=granuleid:USC-prelim-title14-section101&num=0&edition=prelim>.

"United States Code Title 14/Subtitle1/Chapter 1/ § 102," *Office of the Law Revision Counsel*, <https://uscode.house.gov/view.xhtml?req=granuleid:USC-prelim-title14-section102&num=0&edition=prelim>.

"United States Code Title 14/Subtitle1/Chapter 1/§103," *Office of the Law Revision Counsel*, <https://uscode.house.gov/view.xhtml?req=granuleid:USC-prelim-title14-section103&num=0&edition=prelim>.

"United States Code Title 14/Subtitle1/Chapter 7/§701," *Office of the Law Revision Counsel*, <https://uscode.house.gov/view.xhtml?req=granuleid:USC-prelim-title14-section705&num=0&edition=prelim>.

2018/10/17. "U.S. Secretary of Defense Makes Second Visit to Vietnam in 2018, Highlights Growing U.S.-Vietnam Partnership," U.S. embassy & consulate in Vietnam, <https://vn.usembassy.gov/u-s-secretary-of-defense-makes-second-visit-to-vietnam-in-2018-highlights-growing-u-s-vietnam-partnership/>.

2018/11/13., "National Defense Strategy Commission Releases Its Review of 2018 National Defense Strategy," *United States Institute of peace*, <https://www.usip.org/press/2018/11/national-defense-strategy-commission-releases-its-review-2018-national-defense>.

2018/6/1. "James Mattis: US leadership and the challenges of Asia-Pacific security," The International Institute for Strategic Studies, <https://www.youtube.com/watch?v=ffQ_twen7Qg>.

2018/6/12. "Joint Statement of President Donald J. Trump of the United States of America and Chairman Kim Jong Un of the Democratic People's Republic of Korea at the Singapore Summit," *The white house*, <https://www.whitehouse.gov/briefings-statements/joint-statement-president-donald-j-trump-united-states-america-chairman-kim-jong-un-democratic-peoples-republic-korea-singapore-summit/>.

2019/3/24. "Core National Strategy Documents of the United States of America," *Berlin Information-Center for Transatlantic Security(BITS)*, <https://www.bits.de/NRANEU/others/strategy.htm>.

2020/5/20. "United States Strategic Approach to The People's Republic of China," *Seal of the President of United States*, <https://www.whitehouse.gov/wp-content/uploads/2020/05/U.S.-Strategic-Approach-to-The-Peoples-Republic-of-China-Report-5.20.20.pdf>.

Bolor Lkhaajav, 2018/11/17. "US-Mongolia 'Third Neighbor Trade Act' On The Way," *The Diplomat*, <https://thediplomat.com/2018/11/us-mongolia-third-neighbor-trade-act-on-the-way/>.

Brian Duignan, "Alfred Thayer Mahan," *Encyclopaedia Britannica*, <https://www.britannica.com/biography/Alfred-Thayer-Mahan>.

Chang, Felix K., 2019/11/9. "Resist and Reward: Vietnam's Naval Expansion," *Foreign Policy Research Institute*, <https://www.fpri.org/article/2019/11/resist-and-reward-vietnams-naval-expansion/>.

Eleanor Albert, 2018/3/7. "The Evolution of U.S.-Vietnam Ties," *council on foreign relations*, <https://www.cfr.org/backgrounder/evolution-us-vietnam-ties>.

Fravel, Taylor M., J. Stapleton Roy, 2019/7/3. "China is not an enemy," *The Washington Post*, <https://www.washingtonpost.com/opinions/making-china-a-us-enemy-is-counterproductive/2019/07/02/647d49d0-9bfa-11e9-b27f-ed2942f73d70_story.html>.

Jane perlez, Steven Lee Myers, 2018/11/8. "U.S. and China Are Playing 'Game of Chicken' in South China Sea," *The New York Times*, <https://www.nytimes.com/2018/11/08/world/asia/south-china-sea-risks.html?_ga=2.215269719.1300920102.1591175988-1813969612.1566700335>.

John J.Hamre, 2016/1/27. "Reflections: Looking Back at the Need for Goldwater-Nichols," *Center for Strategic & International Studies*, <https://www.csis.org/analysis/reflections-looking-back-need-goldwater-nichols>.

Kang, Cecilia, Sanger, David, 2019/5/15. " Huawei Is a Target as Trump Moves to Ban Foreign Telecom Gear," *The New York Times*, <https://www.nytimes.com/2019/05/15/business/huawei-ban-trump.html?_ga=2.140905074.1300920102.1591175988-1813969612.1566700335>.

Maria Abi-Habib, 2018/9/6. "U.S. and India, Wary of China, Agree to Strengthen Military Ties," *The New York Times*, <https://www.nytimes.com/2018/09/06/world/asia/us-india-military-agreement.html>.

Mike McKinley, 2017/9/5. "Cruise of the Great White Fleet," *Naval History and Heritage Command*, <https://www.history.navy.mil/research/library/online-reading-room/title-list-alphabetically/c/cruise-great-white-fleet-mckinley.html>.

Mohammad Zargham, 2018/9/25. "U.S. approval of $330 million military sale to Taiwan draws China's ire," *REUTERS*, <https://www.reuters.com/article/us-usa-taiwan-military/u-s-approval-of-330-million-military-sale-to-taiwan-draws-chinas-ire-idUSKCN1M42J9>.

Olcott, Eleanor, 2023/9/13. "US struggles to mobilise its East Asian 'Chip 4' alliance," *Financial Times*, <https://www.ft.com/content/98f22615-ee7e-4431-ab98-fb6e3f9de032>.

Oliver Hotham, 2019/2/28. "U.S. refused to sign deal with N. Korea amid disagreement over sanctions: Trump," *NK News*, <https://www.nknews.org/2019/02/u-s-refused-to-sign-deal-with-n-korea-amid-disagreement-over-sanctions-trump/>.

Panda, Ankit, 2019/4/30. "The US Navy's shift View of China's Coast Guard and 'Maritime Militia'," *The Diplomat*, <https://thediplomat.com/2019/04/the-us-navys-shifting-view-of-chinas-coast-guard-and-maritime-militia/>.

Ritu Prasad, 2020/3/17. "Coronavirus: Will US be ready in the weeks ahead?," *BBC News*, <https://www.bbc.com/news/world-us-canada-51938528>.

Robbie Gramer, 2019/2/28. "Pompeo: Time to 'Regroup' After Vietnam Summit," *Foreign policy*, <https://foreignpolicy.com/2019/02/28/pompeo-time-to-regroup-after-vietnam-summit-trump-kim-jong-un-north-korea-nuclear-summit-collapse-what-comes-next/>.

Rudenko, Olga, 2022/2/23 "The Comedian-Turned-President Is Seriously in Over His Head," *The New York Times*, <https://www.nytimes.com/2022/02/21/opinion/ukraine-russia-zelensky-putin.html?_ga=2.73277783.510479253.1699074207-232793697.1696038894>.

September 23, 1996/9/23. "NATIONAL DEFENSE AUTHORIZATION ACT FOR FISCAL YEAR 1997, Public Law 104-201," *Homeland security digital library*, pp. 2624-2625, <https://www.hsdl.org/?view&did=702603>.

Theodore Roosevelt, 1904/12/6. "State of the Union Addresses of Theodore Roosevelt," <https://

www.gutenberg.org/files/5032/5032-h/5032-h.htm#dec1904>.

Theodore Roosevelt, 1904/12/6. "State of the Union Addresses of Theodore Roosevelt," <https://www.gutenberg.org/files/5032/5032-h/5032-h.htm#dec1905>.

Theodore Roosevelt, 1904/12/6. "State of the Union Addresses of Theodore Roosevelt," <https://www.gutenberg.org/files/5032/5032-h/5032-h.htm#dec1907>.

Zhu Feng, "China's North Korean Liability: How Washington Can Get Beijing to Rein In Pyongyang," *Foreign Affairs*, <https://www.foreignaffairs.com/articles/china/2017-07-11/chinas-north-korean-liability>.

國家圖書館出版品預行編目(CIP)資料

台灣的海洋安全戰略：從海洋的視角檢視台
灣的國家安全／常漢青著. ――初版.――
臺北市：五南圖書出版股份有限公司，
2024.06
面；　公分
ISBN 978-626-393-332-3 (平裝)

1.CST: 海洋戰略　2.CST: 國家戰略
3.CST: 國家安全　4.CST: 臺灣

592.4933　　　　　　　113006176

1FU2

台灣的海洋安全戰略：
從海洋的視角檢視台灣的國家安全

作　　者 ― 常漢青

發 行 人 ― 楊榮川

總 經 理 ― 楊士清

總 編 輯 ― 楊秀麗

副總編輯 ― 侯家嵐

責任編輯 ― 吳瑀芳

文字校對 ― 石曉蓉

封面設計 ― 封怡彤

出 版 者 ― 五南圖書出版股份有限公司

地　　址：106台北市大安區和平東路二段339號4樓

電　　話：(02)2705-5066　　傳　　真：(02)2706-6100

網　　址：https://www.wunan.com.tw

電子郵件：wunan@wunan.com.tw

劃撥帳號：01068953

戶　　名：五南圖書出版股份有限公司

法律顧問：林勝安律師

出版日期：2024年6月初版一刷

定　　價：新台幣520元

經典永恆・名著常在

五十週年的獻禮——經典名著文庫

五南，五十年了，半個世紀，人生旅程的一大半，走過來了。

思索著，邁向百年的未來歷程，能為知識界、文化學術界作些什麼？

在速食文化的生態下，有什麼值得讓人雋永品味的？

歷代經典・當今名著，經過時間的洗禮，千錘百鍊，流傳至今，光芒耀人；

不僅使我們能領悟前人的智慧，同時也增深加廣我們思考的深度與視野。

我們決心投入巨資，有計畫的系統梳選，成立「經典名著文庫」，

希望收入古今中外思想性的、充滿睿智與獨見的經典、名著。

這是一項理想性的、永續性的巨大出版工程。

不在意讀者的眾寡，只考慮它的學術價值，力求完整展現先哲思想的軌跡；

為知識界開啟一片智慧之窗，營造一座百花綻放的世界文明公園，

任君遨遊、取菁吸蜜、嘉惠學子！